博雅

U0246777

3rd edition

实验流体力学（第三版）

Experimental Fluid Mechanics

颜大椿 编著

北京大学出版社
PEKING UNIVERSITY PRESS

图书在版编目 (CIP) 数据

实验流体力学 / 颜大椿编著．—3 版．—北京：北京大学出版社，2024.1
北京大学力学学科规划教材
ISBN 978-7-301-34744-7

Ⅰ.①实…　Ⅱ.①颜…　Ⅲ.①流体力学—实验—研究生—教材　Ⅳ.① O35-33

中国国家版本馆 CIP 数据核字 (2024) 第 004733 号

书　　名　实验流体力学（第三版）
SHIYAN LIUTI LIXUE (DI-SAN BAN)
著作责任者　颜大椿　编著
责 任 编 辑　王剑飞
标 准 书 号　ISBN 978-7-301-34744-7
出 版 发 行　北京大学出版社
地　　址　北京市海淀区成府路 205 号　100871
网　　址　http://www.pup.cn　新浪微博：@ 北京大学出版社
电 子 邮 箱　zpup@pup.cn
电　　话　邮购部 010-62752015　发行部 010-62750672　编辑部 010-62765014
印 刷 者　天津中印联印务有限公司
经 销 者　新华书店
730 毫米 ×980 毫米　16 开本　26 印张　481 千字
1992 年 3 月第 1 版　2019 年 9 月第 2 版
2024 年 1 月第 3 版　2024 年 1 月第 1 次印刷
定　　价　88.00 元

内容提要

实验流体力学是和理论流体力学、计算流体力学并列的流体力学三大分支之一，也是实验力学的重要组成部分。它有独立的研究体系，以及认识和解决理论及工程实践问题的独特方法；它是把模拟技术、测量方法及信息、图像、计算机科学等近代科学技术与流体力学的实验研究相结合的产物。本书对实验流体力学的近况做了较全面系统的介绍，是一本具有专著性质的教科书。

全书分五篇：流体力学问题的实验模拟、流动参量的测量、计算机技术在流体实验中的应用、近代流体力学中的实验研究、湍流及相关实验研究。

本书第三版增加了第五篇，主要介绍周培源和钱学森两位力学泰斗在实验中发现的以脉动压力为主导的强湍流流动，进而证明脉动压力对湍流流动的重要作用。

本书可作为理工科大学流体力学专业的研究生教材，也可作为高年级本科生或工程及科研部门有关研究人员的参考用书。

第三版前言

本书第三版增加了第五篇湍流及相关实验研究，对湍流研究做简单的回顾。

我国的湍流研究始于周培源先生1940—1945年建立的湍流基础理论，由纳维-斯托克斯方程出发采用统计理论证明湍流流场的统计特性。脉动压力与脉动速度的互相关量为零时，为各向同性湍流，脉动压力对湍流的作用为零；而当脉动压力梯度和脉动速度的互相关量为零时，产生以脉动压力为主导的强湍流。

1958年周培源先生和钱学森先生合作，在北京大学建成我国第一座大型低速湍流风洞，并对脉动压力有关湍流特性的重要作用做了必要的研究。风洞在流场校测中气流品质优良，湍流度可控制到万分之五以下。但是当实验段风速增至45 m/s时，流场转化为以脉动压力主导的强湍流流动，数米范围内人体无法接近，有强烈的声辐射使实验大厅四壁产生强烈的振动。这种以脉动压力主导的强湍流流动是周培源理论中脉动压力梯度和脉动速度的互相关量趋于零时的极限状态。提高互相关量可控制这种以脉动压力为主导的强湍流现象。因此，在实验段进口处沿周向均匀安装了12块矩形插板并逐步进入实验段气流，这样以脉动压力为主导的强湍流逐渐消失了。这是我国在湍流基础研究中第一次大型实验，是周培源和钱学森两位流体力学泰斗合作完成的重大研究成果和理论上的突破。70年来大风洞完成的大量航空领域中的课题和风工程实验都是“带板运行”。

1972年起国家强调基础理论研究。周培源先生在北京大学力学系组织了“湍流在国计民生重大课题中的应用”的学科调查，形成基础理论和实际结合的第二次湍流实验研究高潮。在首都钢铁厂转炉氧气顶吹的实验模拟中证明：以脉动速度为主的顶吹射流使液面呈碗状；而以脉动压力为主的射流在液面形成囊状空穴，射流中的氧气透过液面形成的无数氧气小气泡迅速在整个液体中全面扩散。这也进一步证明以脉动压力主导和以脉动速度主导的两种湍流特性的区别。

此外，针对大型冷却塔等高层建筑的风毁事件，按照周培源理论中脉动压力的牛顿势，在风洞中构建千分之一缩尺比的大气边界层模型，准确模拟了实验模型的湍流分离和相应的风荷载，开创了我国风工程学科的研究。随后，环境科学中的湍流扩散、多相流的离散相湍流、热湍流、湍流逆转捩、风工程、虎门悬索桥风振以及湍流测量技术等湍流基础研究全面展开。

1975年起周培源先生和约翰·霍普金斯大学、麻省理工学院、加州理工学院等名校建立了“关于网格湍流衰变规律”等课题的合作交流。1978年派出首批访问学者。1980—1982年在南加州大学和J. Laufer教授合作开展湍流声产生机制的研究。在气动声学中按照Lighthill理论,空气动力声产生的基本方程中声源项是脉动雷诺应力;而按照周培源湍流理论,脉动雷诺应力是脉动压力的泊松方程的驱动项,由此产生的脉动压力场才是真正的声源项。在这湍流和气动声学两大学科的主要奠基人之间的国际性大辩论中,周培源理论通过系列的实验得到了证明,这就是周培源理论的第三次大型湍流实验研究。

周培源理论认为,湍流是脉动压力和脉动速度两种独立随机变量相互作用的产物。如何用脉动压力和脉动速度的互相关量计算脉动速度的高阶矩,主要是计算力学问题。如何研究脉动压力梯度和脉动速度之间各种互相关条件下湍流平均流场和各阶矩的湍流特性变化是实验力学课题。笔者回顾70年来关于湍流认识的逐步深化,简要总结了周培源理论及其实验研究成果,汇集成第五篇湍流及相关实验研究增补于此。

颜大椿

2023年7月

第二版前言

本书第一版当年是应教育部理科数学和力学教学指导委员会之约为流体力学本科生和硕士研究生编著的实验流体力学教材，后又应约扩编为博士研究生的参考书。工科工程力学教学指导委员会审阅后决定统一作为理工科合用教材使用，不另编写。出版后是北京大学力学系本科生和研究生长期使用的教材。

实验流体力学的研究重点正逐步转向湍流。在湍流研究经过波涡之争、声产生机制之争和湍流与混沌随机特性之争这三次世纪性论争之后，实验流体力学的研究进入了更高更深远的水平。这三大世纪性论争是我国力学界的大家周培源先生与国际上顶尖流体力学大家之间就湍流本质问题的大型学术辩论，也是近百年世界自然科学史上我国科学界的理论成果在某学科领域具有主导和领先地位的少数事例之一，具体如下。

一是和普朗特关于湍流本质的波涡之争。雷诺发现圆管流速超过临界值时会产生流态转化，形成湍流流态，即有大量形态、大小各异的通称为涡的流体微团各自做着剧烈的随机运动。在对湍流脉动做统计平均后得到由湍流应力表示的雷诺方程。普朗特引进混合长来定义涡黏性系数，试图解决雷诺方程湍流封闭问题。

周培源(1940)指出，普朗特在湍流动量传递中的混合长是不确定的量，即便用冯·卡门的相似性原理也只限于湍流内层结构，不能表示湍流的一般规律。湍流是波，其中包含对流特性的行波成分和非对流特性的驻波成分；但涡只能表示流体微团的对流特性。无论是大气湍流或圆管湍流，所有湍流流动都有各自特有的基波尺度。用基波尺度做统计平均可以大大简化雷诺应力和高阶矩的关系并直接由基本方程求解得到流场中的雷诺应力分布，从而在湍流研究的发展史上第一次成功解决了湍流封闭问题，领先世界各国研究数十年。关于湍流中存在非对流成分的分析在以后的实验中得到充分证明。

二是和 Lighthill 关于湍流中声产生的机制之争。Lighthill 在气动声学的声类比理论中证明，气流中声产生机制来自流场具有对流特性的脉动雷诺应力，该应力也是声学波动方程中的声源项，因而声辐射具有多普勒频移。他的声类比理论曾得到学界的普遍认同，并在大量论著中被广泛引用。

周培源(1945) 证明，脉动雷诺应力是湍流流场中具有非对流特性的脉动压力场的驱动项，且脉动压力场满足泊松方程。因此，两位流体力学的学界泰斗在脉动雷诺应力是声场的声源项还是湍流流场中脉动压力场的驱动项之争,成为摆在实验流体力学面前迫切需要解决的问题。

为此,首先必须证明湍流流场中存在与具有对流特性的脉动速度场相互耦合的非对流性的脉动压力场,而以涡特性为基础的湍流学说中不存在非对流成分。其次,必须证明由实测的脉动雷诺应力按 Lighthill 理论得到的声辐射场或者与实测的声辐射场一致,或者小到完全可以忽略不计的程度,根本不是实际的声源项。最后,必须证明由实测的脉动雷诺应力按周培源理论得到的脉动压力场,再用声学中的体积弹性关系确定的声辐射场与实测声场一致。完成前两项研究后的结论是,Lighthill 理论只是 NS 方程的重组,而真实的声源是非对流性的脉动压力场。进一步的实验校核和数据分析与周培源湍流理论的计算完全一致,由此表明,湍流是综合性的物理现象,湍流宏观理论满足 NS 方程,而更深层次的研究属于湍流微观理论,不满足 NS 方程。我们有足够的理由说,周培源湍流理论的研究水平远在国际湍流研究水平之上,是我国处于学科前沿领先地位的少数基础科学研究之一,也是我国力学界引以为傲的重大科学成果。

三是关于湍流和混沌的随机特性之争。周培源湍流理论指出,湍流脉动在频域或波数域中用基波尺度作傅里叶谱展开后,可表示成诸多谱分量的高维随机运动;而混沌是低维随机运动。

实验证明湍流和混沌是两种不同类型并具有不同特性的随机过程。在低维随机运动时流函数的傅里叶谱中主要成分为一阶分量,与半椭球形分布的雷诺应力为线性关系,通常出现在转捩区和逆转捩区中,可直接检出。其间非线性动力学参数和标度指数快速变化,为混沌到湍流和湍流到混沌之间相互变化的主要特征。在进入湍流区时傅里叶谱的高阶分量快速增加并呈现广谱特性,反映两种随机现象的主要区别。

湍流研究的三大世纪性论争对流体力学产生重大影响,将实验流体力学的研究提高到一个以研究流体运动的深层次运动规律为目标的全新境界,在航空、航海、能源、动力、环境等领域有大量广泛的创新性应用。相关内容较庞杂,我们将在专辑中另行叙之。

颜大椿

2017 年 7 月 20 日

第一版前言

实验流体力学是流体力学的主要组成部分之一，它渗透到本学科的各个分支之中，对学科的基础研究起着十分重要的作用，在各个工程领域中的应用十分广泛。它不同于单纯的机械设备和仪器仪表的研究，也不同于单纯验证某些理论计算结果的辅助手段。它有独立的研究体系以及认识和解决理论问题的独特方法；它是把模拟技术、测量方法以及信息、图像、计算机科学等近代科学技术与流体力学的实验研究相结合的产物。有关实验流体力学的文献资料浩如烟海，散见于许多学科和工程领域的书刊之中。因此，目前写一本这方面的专著对实验流体力学的近况作全面系统的介绍是很有必要的。

近 30 年来是实验流体力学迅速发展的年代。在 20 世纪 50 年代以前航空研究在流体力学中占主导地位。至 70 年代初期，实验流体力学的研究已深入到各个工程领域，研究重点由经典的位势流动、边界层和气体力学转向湍流、多相流、非牛顿流、地球物理流和工业流体力学等分支学科，形成蓬勃发展的百家争鸣之势。因而，今天作为一个流体力学的专业人员，只知道流体力学的经典理论却对各个分支学科一无所知，往往是无法胜任工作的；而各个分支学科的现况几乎无一不依赖于实验研究作为先导和基础的。然而，正是这部分和各分支学科的发展息息相关的实验研究成果（包括与其配合的有关理论分析在内）是流体力学中最活跃和最具有生命力的地方。

本人自 1982 年回国后，为研究生开设这门课程，开始着手整理资料，撰写此书。但撰写本书的目的不是包罗万象地概括整个学科领域中的所有实验研究成果，而是以实验模拟，流体力学的测量方法，信息、图像和计算机等近代科技的渗透吸收以及用实验方法对各学科分支中典型课题的研究等四方面为基础来介绍实验研究的发展近况、主导思想和研究方法，以及某些典型的实验研究课题，以求更多地从物理角度认识学科的发展。书中内容的选取很多是结合我们的科研工作的，因此难免有错误与不当之处，仓促间可能有许多优秀的国内同行中的研究成果未能列入介绍，敬请原谅。

本书可作为理工科大学流体力学专业的研究生教材，并供本科生或工程及科研部门有关研究人员参考。

本书编写过程中曾得到许多院校和科研部门同行们的鼓励和帮助，在此一并致谢。

颜大椿

1991 年 3 月 25 日

目　　录

第三篇 计算机技术在流体实验中的应用

第四篇 近代流体力学中的实验研究

第五篇 湍流及相关实验研究

绪　　论

实验流体力学是和理论流体力学、计算流体力学并列的流体力学三大分支之一，也是实验力学的重要组成部分。它的研究贯穿着流体力学的各个领域。在整个流体力学发展的过程中，实验研究起到了关键性的作用。一方面，它用精细的观察和测量手段揭示流动过程中在流场各处的流态或流动特征；另一方面，通过流动参量的直接测量提供了各种特定流动的物理模型。例如，雷诺(Reynolds)1883 年通过在圆管流动的实验中用针管在流动中引入染色剂，发现当圆管的平均流量增加时，最初染色剂像一根丝一样向下游流去，几乎不和周围流体混合；当圆管的平均流量增加到某个临界值时染色剂迅速扩散并充满整个圆管(图 0.1)。前一种流动被称作层流，分子扩散起主要作用；后者被称作湍流，涡的扩散起主要作用。至今人们所研究的大多数流动现象，无论是超音速流动，还是高超音速流动，无论是大气和江河湖海中的流动，还是动力机械中的流动，大部分情况下属于湍流流动。又如，马赫在研究弹体运动时发现了气体运动中密度场的强间断——激波，证明在超音速流动中弹体绕流具有和亚音速流动完全不同的流态(图 0.2)。一百多年来对于超音速或高马赫数飞行器的研究，使人类走出地球，进军宇宙空间的理想逐步成为现实。

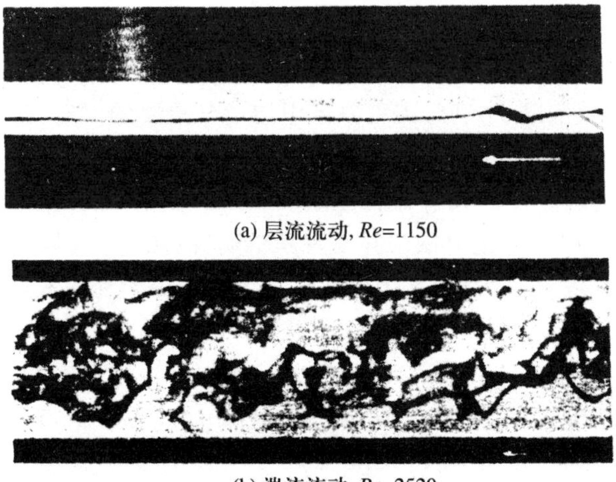

(a) 层流流动, Re=1150

(b) 湍流流动, Re=2520

图 0.1　雷诺实验

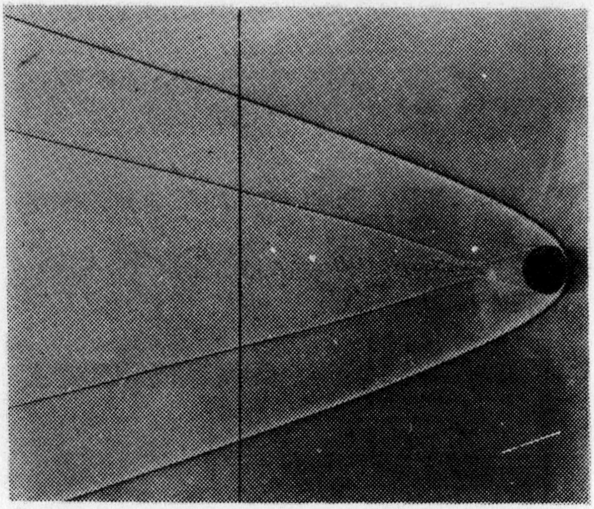

图 0.2 圆球在高超音速飞行时的纹影照片

这种例子即便在近代实验流体力学的研究中也是屡见不鲜的。流体力学每一个分支的发展几乎总是和有关的实验现象的研究联系在一起的。而实验在学科的发展中常常起着先导的作用,在认识某一种流动状态的特征和机制时具有关键性的意义。例如,在观察气-液、液-固或气-固两相流的一维管道流动时发现随着两种成分的比例的改变,出现各种不同的流态。在气-液两相流中出现的不同流态有:气泡流、柱塞流、弹状流、环状流和滴状流等;而在水平管道中则出现气泡流、柱塞流、环状流、分层流和波状流等不同流态。不同流态具有完全不同的流动特性,需要用不同的物理模型来加以分析和解释。对于这种在动力、化工、机械、宇航、水利等工程领域中均十分重要的课题,实验研究至今仍然起着主导的作用。与此相似,近四十年来湍流的实验研究一直不断地在对纯属理论设想的均匀各向同性湍流模型进行冲击。混合层或射流中的大尺度拟序结构的发现(图 0.3)、边界层中猝发现象的研究(图 0.4),以及剪切湍流外沿或管道中的间歇现象的观测(图 0.5)等这一系列实验研究的成果促使湍流的理论工作不得不走出象牙塔来面对着学科发展的真正前沿。又如,在观察和模拟地球(或某些行星)表面的大气(或江河湖海)的大尺度运动中,人们对地球物理流动中各种形式的波动逐渐有了清晰的认识,并能在实验室中成功地对这些现象进行模拟和观察,通过对有关地转效应的诸如惯性波(图 0.6)、罗斯贝(Rossby)波(图 0.7)的模拟,对高纬度冷锋运动中的斜压波(图 0.8)以及关于台风中心运动规律的模拟等,逐渐形成和发展了旋转流体力学。有关温度、密度和浓度分层下的重力效应,诸如内波(图 0.9)、山后波(图 0.10)、孤立波以及在特殊地形和外流条件下的各种特殊流动现象，逐渐形成了分层流动的研究方向，它和旋转流体力学合在一起称作地球物理流体力学。又如在分离流动中关于分离条件的研究，关于分离涡破碎机制的研究以及湍流分离的判据和流动特性的研究都需要以大量的实验资料为依据。这些实验流体力学的研究成果使人们对流体运动规律的认识不断受到启迪，逐步得到深化并形成一定的物理模型，给出某些主要物理参量之间的定量关系，通过分析或数值计算方法简化数学关系式，形成数学模型；进一步对比理论和实验结果，修正数学模型，使大量实际课题在以上两方面的配合下逐步得到满意的解决。

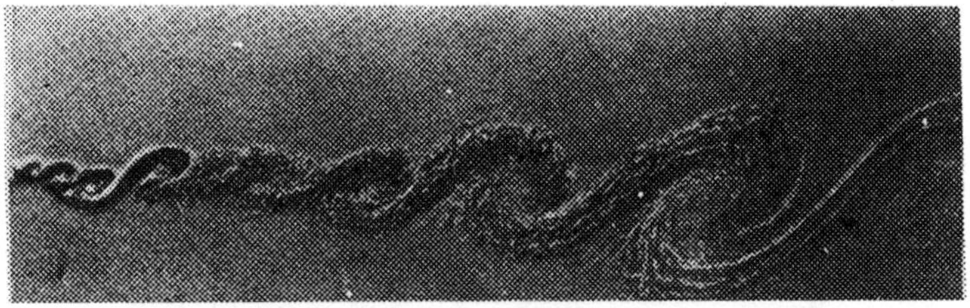

(a) 2 atm

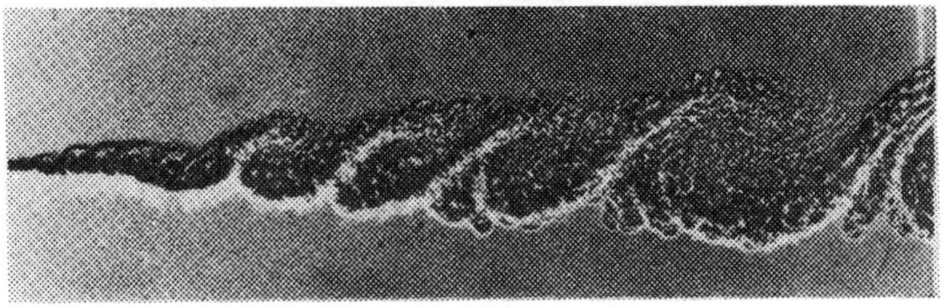

(b) 8 atm

图 0.3　混合层中的大尺度结构

除了实验室研究外，近年来在现场观察技术方面亦有很大的发展。例如宇宙飞船探空技术能清晰地拍摄木星表面中纬度大气层中的大尺度湍流结构；由于水平尺度较垂直尺度大数千倍，因而该结构具有明显的二维性；可以证明在极高雷诺数的木星表面大气层中湍流流动的大部分能量集中在这种二维的大尺度结构中。这是早期湍流研究中的均匀各向同性或小尺度湍流理论所无法解释的。现场观察技术的进展，例如气象卫星资料已逐步成为天气和海洋预报的重要依据，水文资料的卫星探测配合着大量无人水文站的工作正逐步开展。显然，实验工作在这些方面的优势是任何理论工作所望尘莫及的。

至今，流体力学虽然在物理学中被认为属于经典力学的范畴，但是它在许多分支中的新发现和重大研究成果仍然不断涌现。大量的研究领域和课题仍属于未知，特别是两种流态转换或过渡时的流动规律尚有多数还未能很好解

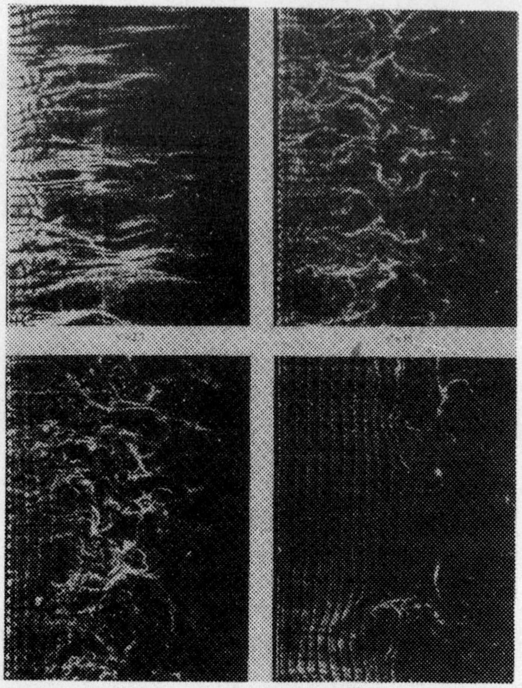

图 0.4 边界层中的猝发现象

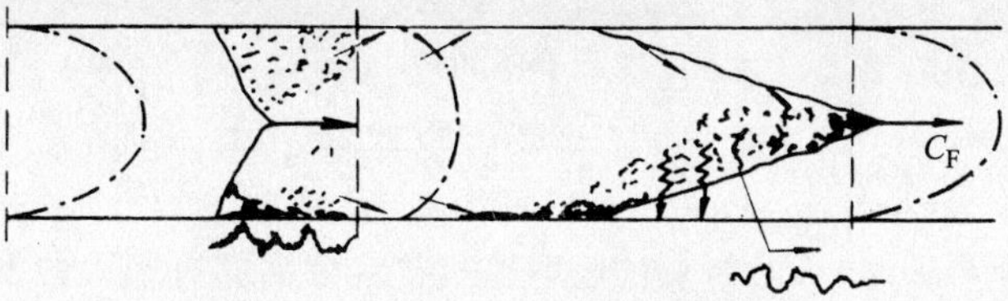

图 0.5 圆管流动中的间歇现象

决,而这远非单纯的分析或数值计算方法所能够胜任的。因此,不断研究流体运动中的新现象,探索相应的基本规律应是实验流体力学的一项主要任务。即便某些流动规律已经可以从理论上得到预测,但在没有得到充分的实验检验之前通常是不会得到人们的正式承认。因此怎样运用实验研究中特有的技巧来证明一个新的现象或规律也同样是一种开创性的工作。为此,本书将用较大的篇幅来介绍实验流体力学在各个学科分支中的研究成果和某些新的研究方向。由于各学科分支之间的实验研究方法经常是相互借鉴的,因此实验流体力学的研究人员需要熟知其中的一些重要的研究成果、方法和技巧,例如湍流、多相流

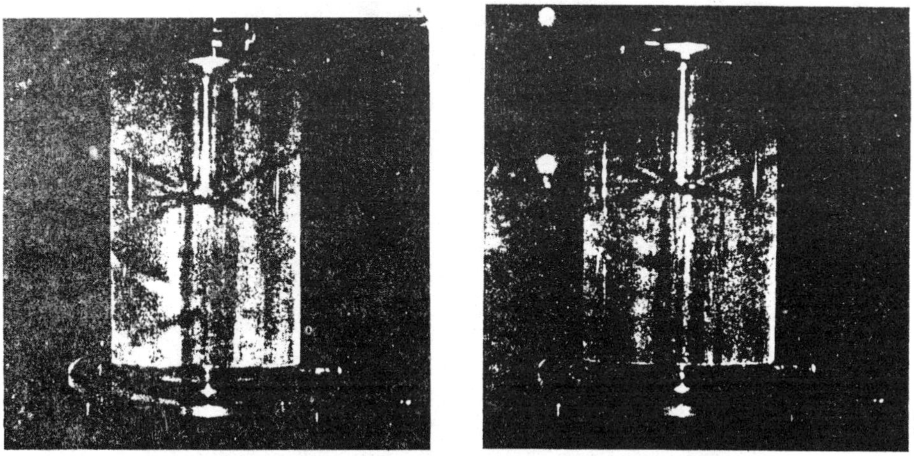

(a) 振动圆盘ω/Ω=1.75，半顶角59°　　(b) ω/Ω增加时的波形

图 0.6　旋转容器中的惯性波,其中 ω 与 Ω 分别为内柱与柱形容器的角速度

(a)　(b)　(c)

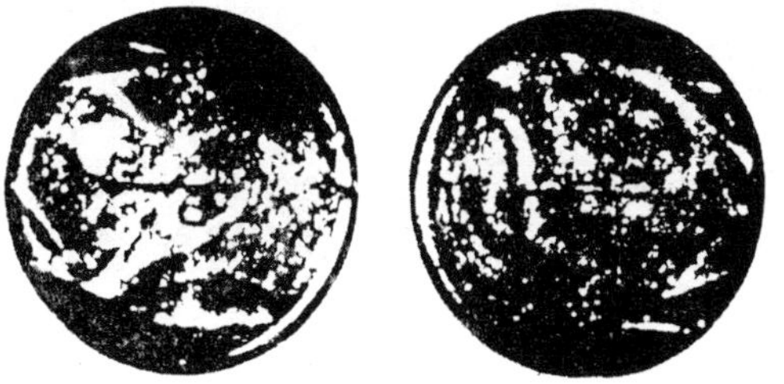

(d)　(e)

图 0.7　减速时倾斜柱形容器中 Rossby 波的形成和传播

等。当然,在研究新的重大课题时不断发展新的方法也是必要的。

实验流体力学的另一项任务是研究各种流动现象的本构关系。和固体力学不同的是,固体的材料性质常常是均匀的和确定的,而流体的本构关系因流

图 0.8 高纬度冷锋运动中的斜压波

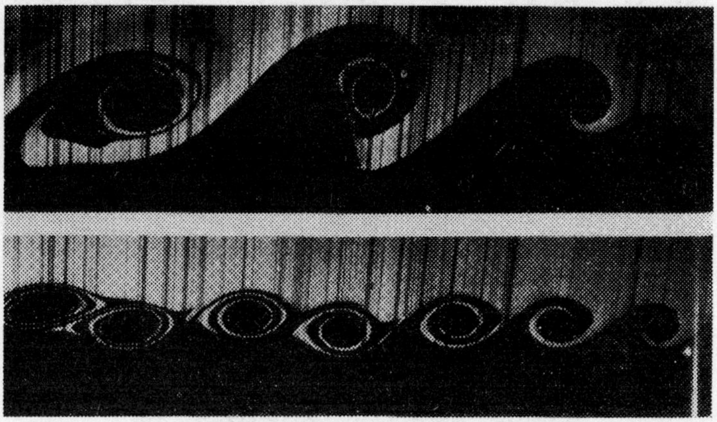

图 0.9 分层流中的内波

体的流态(如层流或湍流)、可压缩性、外力的影响以及边界条件的变化而异。例如在绕流问题中,远离物体的流动可以看作是理想流体,只有法向应力起作用;而在物体附近的流动应看作是黏性流体,切向应力因流态是层流还是湍流而具有明显的区别;当流速接近音速时,流体的应力和应变率之间的关系必须考虑可压缩性的影响;而在稀薄气体中黏性影响区大大超出通常的边界层概念的量级。特别是对于湍流边界层而言,在它的外沿存在着明显的湍流和非湍流

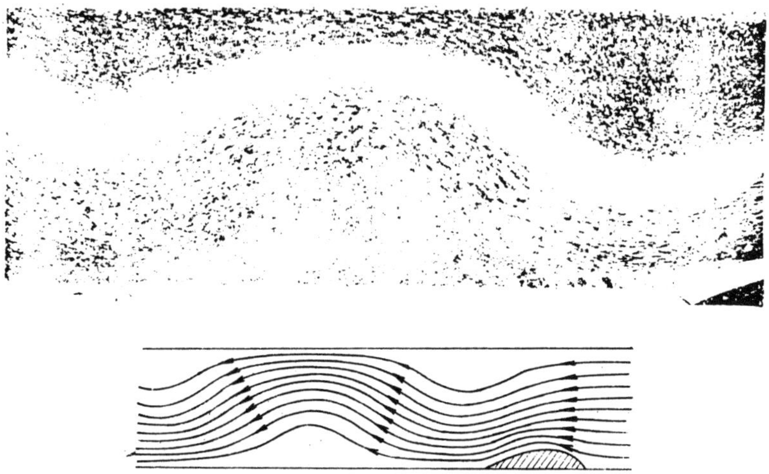

(a) $U\Big/\sqrt{g\dfrac{\Delta\rho}{\rho}H}=\begin{cases}0.35(\text{实验})\\0.5(\text{计算})\end{cases}$

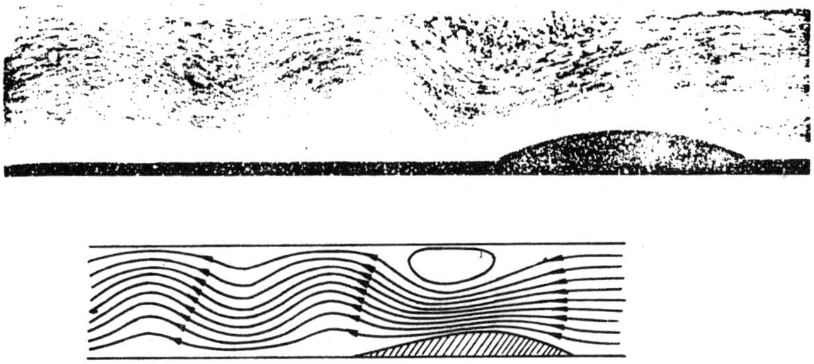

(b) $U\Big/\sqrt{g\dfrac{\Delta\rho}{\rho}H}=\begin{cases}0.084(\text{实验})\\0.091(\text{计算})\end{cases}$

图 0.10　分层流中的山后波，障碍物的外形为$\dfrac{a}{2}\left(1+\cos\dfrac{\pi x}{b}\right)$

的很不规则的分界面，其中的应力-应变率关系是十分复杂的。湍流模式理论试图给出湍流流场中近似的本构关系，但是这方面的努力至今还不能说是完全成功和可信的。对于大量的实际流体来说，它们的本构关系大多有待于研究和确定。化工、动力、航空、机械等领域中广泛出现的多相流、有相变和化学反应的流动、有高浓度固体粒子的流动以及在高温下带有大量原子、离子和电子成分的等离子体流动等，都是实验研究大有作为的对象。

实验流体力学的第三项任务是利用模拟技术解决工程实际问题和研究流

动规律。例如,用某些对流体微元的运动起主要作用的力(如惯性力、弹性力、黏性力、浮力或重力、柯氏力等)组成无量纲参数来确定这些相似性参数与流态转换以及流场特性的定量关系,从而最大限度地精简实验内容,使很多大尺度流体运动的原型可以在实验室内简单的条件下得到重现,或者使得在特定实验条件下的研究结果能在较一般的情况下得到解释。实验技术的诀窍在于怎样利用模拟技术以最小的代价和实验条件来发现、证实或重现某种具有研究价值的物理规律或工程问题。这对大量工程实际问题尤其具有重要意义。一个大型化工设备在设计和施工过程中都需要在缩尺约数十至数千分之一的模型中进行试验,而试验的成败往往决定某一方案的舍取。每一个新型号的飞机或舰艇的设计过程都需要作大量的模型实验。至今为止,风洞实验仍是决定飞机气动力方案的主要依据之一。英国渡桥电厂的大型冷却塔倒塌事件及美国塔柯玛大桥事件等都曾引起国际上的广泛关注并被人们引为不重视实验研究的教训。

实验流体力学的第四项任务是发展实验仪器和测量方法。实验仪器是开展实验研究的必要手段。在多数情况下实验工作者可以利用或购置现有的产品,他们的任务更多侧重在正确并熟练地使用仪器,并根据仪器和设备的功能范围来设计实验方案和确定实验的目标,因而对仪器的原理、功能以至结构有全面的了解是必要的。当然在许多新的实验研究课题中常常需要实验工作者自行研究、设计和开发新的仪器或测量方法。

目前,计算机技术的发展和应用在实验流体力学中显示出了越来越大的影响,使许多新的动态或多点的实验研究方法迅速发展起来。它使各种强有力的统计方法在实验中得到广泛的应用,并使迅速发展的图像处理技术和流动显示技术结合起来成为有可能获取整个流场在某一瞬时的全部流动信息的有效方法。计算机技术的应用还进一步加速仪器的智能化和测量的自动化,使实验技术发生革命性的变化。限于篇幅,本书只能在有关章节做简要的介绍。

一般来说,一个国家的科学技术水平常常反映在实验室中。因而,实验流体力学的研究在一定意义上反映着整个学科的水平。近年来,我们建造了大量用于尖端科学研究的设备,试制和引进了大量先进的实验仪器,使实验流体力学的研究具备了良好的条件。但是就总的情况说来,实验研究工作的状况、发展水平和形势与社会需要是不相适应的。因此,实验研究工作者应能够正确地设计和组织实验研究工作,有远见地选择和安排实验课题,合理地使用仪器和充分发挥仪器的作用,应用实验技术以最有效的方法来实现预期的研究目标,围绕着课题的研究目标、经费、人力和实验条件的最大可能性,灵活地完成研究目标,并在这无数次的循环中锻炼自己学识、研究水平和驾驭学科中某个研究领域的能力。

参考文献

1. Schlichting H. Boundary Layer Theory. Pergamon Press, 1955.
2. Liepmann H W, Roshko A. Elements of Gas Dynamics. John Wiley & Sons Inc, 1957.
3. Butterworth D, Hewitt G F. Two Phase Flow & Heat Transfer. Oxford Univ. Press, 1977.
4. Hinze J O. Turbulence. McGrow-Hill Book Co, 1959.
5. Townsend A A. The Structure of Turbulent Shear Flow. Cambridge Univ. Press, 1968.
6. Greenspan H P. The Theory of Rotating Fluids. Cambridge Univ. Press, 1968.
7. Turner J S. Bouyancy Effects in Fluids. Cambridge Univ. Press, 1973.
8. Emrich R J. Methods of Experimental Physics in: vol. 18, Fluid Dynamics. Academic Press, 1981.
9. Goldstein R J. Fluid Mechanics Measurements. Hemisphere Publishing Corporation, 1983.
10. Yih C S. Fluid Mechanics. Academic Press, 1969.
11. Schowalter W R. Fundamentals of Non-Newtonian Fluid Mechanics. Wiley & Son Inc, 1964.
12. Bradshaw P. Experimental Fluid Mechanics. Pergamon Press, 1964.
13. Reinhold T A. Wind Tunnel Modeling for Civil Engineering Application. Cambridge Univ. Press, 1982.
14. Drazin P G, Reid W H. Hydrodynamic Stability. Cambridge Univ. Press, 1981.
15. Hewitt G F. Measurement of Two Phase Flow Parameters. Academic Press, 1978.
16. 中国大百科全书总编辑委员会《力学》编辑委员会,中国大百科全书出版社编辑部. 中国大百科全书:力学. 北京:中国大百科全书出版社,1985.
17. Batchelor G K. An Introduction to Fluid Mechanics. Cambridge Univ. Press, 1979.
18. Van Dyke M. An Album of Fluid Motion. Parabolic Press, 1982.
19. Brown G L, Roshko A. On density effects and large structure in turbulent mixing layers. Fluid Mech., 1974, 63: 775-816.

第一篇　流体力学问题的实验模拟

实验研究中现场观测和实验室模拟是常用的两种方法。现场或原型的观测和研究是对大量工程或实际问题的最直接的或更基础性的实验研究，在实验流体力学的研究中现场实测的原始资料常常是研究人员手中的第一手材料，它在工程问题的决策中往往是举足轻重的。但是，实测工作耗资巨大，需要大量人力长期工作在野外和实验条件都比较困难的场合。例如，一个建筑物风载的现场实验需要安置大量的适合野外恶劣条件的仪器，长年累月等候特定气象条件的到来，而某一部分仪器的工作失误往往导致整个实验的失败。某些建筑物设计中的风载预测和环境规划等问题常常需要在建筑物的设计建造之前确定它的风压分布或对环境的影响，这种情况下实验室模拟具有明显的优越性。例如，某些山区火电站由于对烟气排放考虑不周而长期废置或停产，其实如果经过系统的模拟实验，这种经济损失是完全可以避免的。对于飞行器和舰船来讲，不经过模型实验而直接做飞行实验或试航是十分危险的，可能造成的牺牲或经济损失与模型实验的代价是不可比拟的。因此，近代的实验流体力学的研究特别强调实验模拟，使现场或原型中的主要流动规律能够在实验室得到模拟或在一定程度上的重现，故流体力学实验研究应逐步把实验模拟技术建立在严格和科学的理论基础上，将实验模拟与现场观测资料相结合以解决各种工程实际问题。由于实验室的工作条件优越，各种精密的测量仪器可以得到应用，使飞速发展的测量技术得到广阔的应用天地。

流体力学的研究对象是多种多样的，相应的实验模拟装置也是种类繁多，而且常常是为特定的实验目的和要求而专门设计的。当研究课题确定之后，主要考虑的问题是如何形成所要求的流动以及如何对流动特性进行有效的观察和测量。对流动的显示和观察，也可以看作是一种定性的测量。在历史上早期的水力学实验中曾对各种不同管径的流体阻力进行过系统的测量并编出相应的图表，确立相似理论后人们开始认识到对于相同流态的流动常常只需要一组典型的实验结果或一个公式就可以给出流动的规律。即便如此，由于流体力学中出现的流态和流型千变万化，研究对象复杂多样，实验工作者所面临的问题仍然是层出不穷的。

在实验室模拟的整个过程中，首先要确定研究课题的主要相似性参量是什么，应该使用哪一种设备及如何建造和使用这些设备；同时还要考虑到实验设备的品质和经济性。对于某些较复杂的工程问题，常常需要同时考虑几种相似性参量。但是,要同时模拟两种以上的相似性参量时所需的设备多半比较昂贵;通常所尽可能采用的较经济的方法是对一种主要相似性参量进行模拟,同时考虑其他较次要的相似性参量的影响并进行修正。这时,可以借助于某些原型或现场实验得到的原始数据,也可以借助于某些现有实验资料或计算分析结果,采用模拟实验和数值计算相结合的方法,往往可以得到较好的效果。因此,原型或现场实验的结果以及某些经得起考验的实验和计算资料通常是每一个实验工作者最珍贵的财富。对于某些基础研究来说,注意的焦点经常在于流态的转换和某些流动特征的确定,而一些次要因素的影响在整个实验中只占很小的比重。这两类实验的研究目的虽然有较大差别,但是同样体现了实验研究中的科学性、严密性、灵活性和技巧性的统一。一方面努力实现模型和原型之间的相似性,另一方面要考虑到人力、物力和经济性。因此,在实验室模拟中必须考虑模拟方法是否正确,选用设备是否合理,预期的精度是否能满足实验要求,以及采用经验或半经验方法修正的效果。

实验研究面临的问题最初往往是不明确的,甚至无法确定哪些相似性参量或物理因素是主要的。许多相似性规律及其应用范围是在实验过程中逐渐明确的。因此,实验研究常常是理论工作的先驱。寻找实验结果中的相似性规律并应用这些规律来不断推广和发展实验研究成果,这对于实验研究来说是十分必要的。例如,关于建筑物风载问题的最初的实验是在航空风洞的均匀流中做的,主要模拟雷诺数;以后逐渐认识到来流中湍流特性的重要性,注意到模拟大气边界层中湍流结构的重要性。在有温度层结的大气扩散问题中最初仅考虑地表和高空的温差,以后逐渐改进到能够模拟温度梯度。因而模拟技术随着认识的发展而不断改进,使实验结果可以用更严格的相似理论得到解释。

本篇在第一部分着重介绍模拟技术的基础知识,包括量纲分析、相似理论以及设备品质、仪器精度和实验误差;第二部分介绍实验模拟的常用设备,但限于篇幅,只能从实验模拟需要的角度对这些设备和装置的类型、性质、特点、用途和可能达到的要求做简要的介绍。

第一章　实验模拟的基础知识

实验研究包括现场实验（如飞行实验，水利、环境或化工中的现场测量等）和实验模拟两种方法。现场实验耗费人力，是在实验研究未能充分发展时不得已采用的办法，对于某些大型项目和设施来说常常是对全部研究工作的最后检验以及对实验模拟中忽略或不足之处的必要补充。实验室模拟则利用自然现象中惊人的相似性在实验室中用较简单的设施进行精细的观察测量，从而使人们的认识过程产生新的飞跃。

在研究某些具体流动现象时，必须考虑哪些参量在流动中起主要作用，怎样利用流动过程的相似性来系统地研究它们之间的函数关系，怎样在实验室简单条件下模拟大型工程或自然现象中的大尺度现象。这些都是实验流体力学首先关心的问题，也是相似理论首先研究的问题。因此在实验研究中，首先需要确定实验中主要满足的相似条件，从而可以有计划地对实验做系统的组织和安排；其次，必须考虑相应的实验手段，以便最有效地完成实验目的。

1.1　量纲分析

任何一个物理规律所反映的都是物理量之间的关系，而任一物理量可以用其他物理量以方程式形式表示。于是该物理量的量纲可以表示为其他量的量纲积。所有量纲指数都等于零的量称为量纲一的量（常称为无量纲量），否则为有量纲量。在流体力学中，诸如长度、质量、体积、速度、密度、力和力矩等物理量都是有量纲量，而机翼的攻角、气体的比热比等是无量纲量。应该强调指出的是，表示某种物理规律的函数形式不应受单位选取的影响。

在物理学中选取长度、质量、时间、电流、热力学温度、物质的量和发光强度为基本量，它们在量纲上是相互独立的。而力、体积、速度、加速度、功等其他物理量的单位均可由基本量定义的基本单位导出，称作导出单位，将这些量称作导出量。将长度、质量和时间的量纲记作 L，M 和 T，则以下各量的量纲为：

速度 v 的量纲 LT^{-1}，其单位为米/秒；

力 F 的量纲 MLT^{-2}，其导出单位为千克·米/秒^2＝牛顿(N)；

能量 e 的量纲 ML^2T^{-2}，其导出单位为牛顿·米＝焦耳(J)；

压力 p 的量纲 $ML^{-1}T^{-2}$，其导出单位为牛顿·米$^{-2}$＝帕(Pa)；

密度 ρ 的量纲 ML^{-3},其单位为千克·米$^{-3}$;

动力黏度 μ 的量纲 $ML^{-1}T^{-1}$,其导出单位为牛顿·秒·米$^{-2}$=帕·秒;

加速度 a 的量纲 LT^{-2},其单位为米·秒$^{-2}$;

运动黏度 ν 的量纲 L^2T^{-1},其单位为米^2·秒$^{-1}$。

在流体力学中常见的各物理量之间的关系式有两种:一种是代数关系,如热力学方程;另一种是微分方程,如连续方程和动量方程。这些方程给出某个物理量 u 和其他的物理量 $x_1, x_2, \cdots$ 的函数关系。在理论研究中,通常将这些函数关系无量纲化,将各物理量组成若干个无量纲组合,而方程本身也就成为无量纲的纯数学问题了。由此得到的参数形式的解可以适用于某一类相当广泛的流动,具有普遍意义。在实验流体力学中,我们研究这些无量纲组合和具体流场特性的关系,不需要事先知道它们之间的函数关系。由此得到的实验结果同样具有一定的普遍意义,它适用于某一类流动而不只是在某种特殊实验条件下的产物。下面的讨论将展示出,在将有量纲量之间的函数关系转化为等价的无量纲组合之间的关系后,新的函数关系所具有的特点。

π-定理 假设某物理量 u 与某三个基本参量 a, b, c 及其他参量 $x_1, x_2, \cdots, x_N$ 之间存在以下的函数关系

$$u = f(a, b, c, x_1, x_2, \cdots, x_N), \tag{1.1}$$

其中基本参量 a, b, c 可任选,但在量纲上是相互独立的,u 和其他参量 $x_i (i = 1, 2, \cdots, N)$ 均可与基本参量一起分别构成无量纲组合 $\pi, \pi_1, \pi_2, \cdots, \pi_N$,则上述有量纲量之间的函数关系可以由以下无量纲组合之间的函数关系取代:

$$\pi = \varphi(1, 1, 1, \pi_1, \pi_2, \cdots, \pi_N). \tag{1.2}$$

π-定理告诉我们,具有 $N+4$ 个有量纲量的函数关系可以转化为具有 $N+1$ 个无量纲量的函数关系。这两种形式在物理学上是等价的。在基本参量选定之后,可以唯一确定无量纲量之间的函数关系。在数学上讲,应用 π-定理可使 $N+4$ 维空间上的点映射到 $N+1$ 维空间去。这种映射关系表明,当有量纲参量 $u, a, b, c, x_1, x_2, \cdots, x_N$ 改变时(流动条件变化时),如果它们构成的无量纲组合 $\pi, \pi_1, \pi_2, \cdots, \pi_N$ 不变,则它们在物理上是等价的,只需对一种具体的流动认真加以研究即可。利用这一特点,我们可以人为地选择某种最有利条件来安排实验,可以判断这种函数关系随无量纲参数的变化趋势,并对数据加以修正或对实验条件加以改进,从而使实验工作可以集中在某些主要参数的测量上,节省大量的人力、物力和时间。正确地运用这些技巧可以使小小的实验室反映出原型或大自然中的大尺度流动,或者针对问题的特点利用小型设备去完成通常要大型设备才能开展的工作。

其次，上述基本参量的选取是带有任意性的，仅要求基本参量之间在量纲上独立。因而，在流体力学问题中可以选取最容易测量的物理量作为基本参量，它的单位不一定就是基本单位(如米、千克、秒)。通常选取流体运动中某个具有代表性的特征量，如密度、速度、长度等作为基本参量。例如，无穷远来流的密度 ρ_∞，无穷远来流的速度 V，物体的某个特征长度 L，而这些量在来流或边界条件中已经给出。也可以不必明确指明基本参量的大小，而在分析过程中适当给出；在仅作定性分析的更一般问题中则完全不需要具体给出。

下面以不可压缩流体的基本方程组为例进行具体说明。其动量方程为

$$\underbrace{\underbrace{\rho\frac{\partial \boldsymbol{v}}{\partial t}}_{\text{瞬变项}}+\underbrace{\rho(\boldsymbol{v}\cdot\nabla)\boldsymbol{v}}_{\text{对流项}}}_{\text{惯性力}}=\underbrace{-\nabla p}_{\text{压力}}\underbrace{-\frac{2}{3}\nabla(\mu\nabla\cdot\boldsymbol{v})+2\nabla\cdot(\mu S)}_{\text{黏性力}}+\underbrace{\rho\boldsymbol{g}}_{\text{重力}},\tag{1.3}$$

能量方程为

$$\rho\theta\frac{\mathrm{d}s}{\mathrm{d}t}=\underbrace{\rho q}_{\text{热源}}+\underbrace{\nabla\cdot(k\nabla\theta)}_{\text{传导热}}+\underbrace{2\mu S^2-\frac{2}{3}\mu(\nabla\cdot\boldsymbol{v})^2}_{\text{黏性耗损生热}}=\underbrace{\rho\frac{\mathrm{d}i}{\mathrm{d}t}-\frac{\mathrm{d}p}{\mathrm{d}t}}_{\text{携带热}},\tag{1.4}$$

其中 ρ 为密度，$\boldsymbol{v}$ 为流速，μ 为动力黏度，θ 为温度，s 和 i 分别为熵和焓，S 为应变速率，k 为热传导系数，p 为压强；并有 $i=c_p\theta$，c_p 为气体的定压比热。

取 ρ_∞，V 和 L 为基本参量，则由动量方程和能量方程的各项可以组成以下无量纲组合(略去下标∞)：

$$\frac{\text{惯性力的瞬变项}}{\text{惯性力的对流项}}=\frac{\rho VT^{-1}}{\rho V^2L^{-1}}=\frac{L}{VT}=Sr,$$

Sr 为 Strouhal 数(斯特劳哈尔数)；

$$\frac{\text{黏性力}}{\text{惯性力的瞬变项}}=\frac{\mu VL^{-2}}{\rho VT^{-1}}=\frac{\mu T}{\rho L^2}=N_{\mathrm{S}}^2,$$

N_{S} 为 Stokes 数(斯托克斯数)；

$$\frac{\text{惯性力}}{\text{黏性力}}=\frac{\rho V^2L^{-1}}{\mu VL^{-2}}=\frac{\rho VL}{\mu}=Re,$$

Re 为 Reynolds 数(雷诺数)；

$$\frac{\text{惯性力}}{\text{重力}}=\frac{\rho V^2L^{-1}}{\rho g}=\frac{V^2}{gL}=Fr,$$

Fr 为 Froude 数(弗劳德数)；

$$\frac{\text{表面力}}{\text{惯性力}}=\frac{pL^{-1}}{\rho V^2L^{-1}}=\frac{p}{\rho V^2}=Eu,$$

Eu 为 Euler 数(欧拉数)。

能量方程中携带热的对流项为$\rho(\boldsymbol{v}\cdot\nabla)i=\rho(\boldsymbol{v}\cdot\nabla)c_p\theta$,它和传导热之比的量纲为

$$\frac{携带热}{传导热}=\frac{\rho c_p\theta VL^{-1}}{k\theta L^{-2}}=\frac{\rho VL}{\mu}\cdot\frac{\mu c_p}{k}=Re\cdot Pr=Pe,$$

Pe 为 Péclet 数(贝克来数),Pr 为 Prandtl 数(普朗特数)。多数气体的 Pr 数为接近于 1 的常数。

在可压缩情况下,考虑到 $\Delta p=c^2\Delta\rho$,c 为流体中的声速,则

$$\frac{惯性力}{弹性力}=\frac{\rho V^2L^{-1}}{c^2\rho L^{-1}}=\frac{V^2}{c^2}=Ma^2,$$

Ma 为 Mach 数(马赫数)。

当均匀来流经过二维加热圆柱时,圆柱表面的对流热损失为

$$\frac{\mathrm{d}Q}{\mathrm{d}t}=hS(\theta-\theta_0), \tag{1.5}$$

其中 S 为散热面积(圆柱周长 L 与轴向单位长度的乘积),$\theta-\theta_0$ 为圆柱表面和外围流体的温度差,h 为对流热传递系数,$\nabla\cdot(k\nabla\theta)$表示单位体积流体在单位时间内的传导热,故有

$$\frac{对流热损失}{传导热}=\frac{hL\theta}{k\theta L^{-2}}=\frac{hL}{k}=Nu,$$

Nu 为 Nusselt 数(努塞尔数)。

以上无量纲集合在将基本方程组无量纲化时必然会出现。例如,不可压黏性流体的 Navier-Stokes 方程中,令 $t=T\tau$,$(x,y,z)=(Lx',Ly',Lz')$,$\boldsymbol{v}=V\boldsymbol{v}'$,$p=p_\infty p'$,可得

$$Sr\frac{\partial\boldsymbol{v}'}{\partial\tau}+(\boldsymbol{v}'\cdot\nabla)\boldsymbol{v}'=-Eu\nabla p'+\frac{1}{Re}\nabla\boldsymbol{v}', \tag{1.6}$$

无量纲化后的方程即成为纯数学问题。但是它表明,模型和原型之间只有当 Sr,Eu,Re 均相等时才能相似,其中 L,T,V,p_∞ 分别是模型或原型的特征长度、特征时间、特征速度和无穷远处静压。加上流体密度 ρ 和动力黏度 μ,共有六个有量纲量,因而得到三个无量纲组合参量,这和 π-定理相符。

在实际流动中遇到的问题显然要复杂得多。对于在理论流体力学中采用"理想流体""不可压缩性""无旋运动""二维流动""均匀来流"等建立的物理模型和由此得到的结果,都需要作具体的分析:(1)修正实际流动和理论模型之间的差别,例如可压缩性修正、实际流体修正等;(2)确定实验条件和理论模型之间的误差,如来流不均匀度、原始湍流度等;(3)根据课题的需要增加新的参量,如表面粗糙度,外流湍流强度,来流的温度、密度和浓度梯度等;(4)根据问题的性质增加新的方程和引进新的无量纲参量,例如气体力学需引进热力学方程,非牛顿流动需引进本构关系式,燃烧或化学流体力学需引进化学反应动力学方

程等。由此又产生一系列新的理论模型和实际流动的差别，需要引进新的无量纲参量和相应的关系式。

圆球、圆柱、圆管和平板的阻力系数是流体力学中的一个古老的问题，但是用一般的数学模型作理论分析或数值模拟都不能得到它们随雷诺数变化的一般关系式。以圆管为例，它的无量纲损失系数 ζ 主要是 Re 的函数：

$$\zeta = f(Re). \tag{1.7}$$

随着 Re 的增加，圆管流动由层流转化为湍流流动，直到成为充分发展湍流，但是在大雷诺数下它的平均速度剖面始终不能用统一的函数形式来表达。特别是在临界雷诺数附近，管壁的表面粗糙度和来流湍流度对损失系数的变化规律影响很大，因而可表示成以下关系式：

$$\zeta = f(Re, \Delta, \varepsilon), \tag{1.8}$$

其中 Δ 为管壁平均粗糙高度和管径之比，ε 为管道进口处的原始湍流度。相对粗糙度的影响较大时对圆管湍流的影响尤为明显。对于不同的 Δ 可以得到一组 ζ 和 Re 的曲线，故有

$$\zeta = f(Re, \Delta),$$

对于高速气体流动还需考虑 Ma 的影响，

$$\zeta = f(Re, Ma, \Delta). \tag{1.9}$$

对于这类问题尽管函数形式事先并不知道，但实验结果仍具有普适性。

1.2　相似理论

从 π-定理的讨论可以看到，对大型工程或自然界的大尺度流动的实验模拟，需满足一定的相似性条件。一种是几何相似，即长度尺度按原型缩小后，模型的外形和流动结构的尺度也应有相应的缩小。另一种是运动学相似，指模型和原型的流场中相对应点的速度之间有一定的比例关系。第三种是动力学相似，指模型和原型的流场中对应位置上的流体质点所受的力具有一定的比例关系。具体说来：

几何相似　设原型中（指实际流动）取某个确定的长度量，例如机翼的弦长或展长、某建筑物的高度、边界层的厚度、圆管的直径等，作为原型的特征长度 L_{P}，则在模型中也取相应量作为模型的特征长度 L_{M}。例如，若 $L_{\mathrm{M}}/L_{\mathrm{P}} = 1/1000$，则模型的整个流场都应按原型的 1/1000 缩小。特征长度的值通常在边界条件上可以得到反映。

在某些情况下，对不同的问题需要引进不同的尺度。例如，对于绕机翼的位势流可以引进弦长为特征长度；但是对于机翼表面的边界层来说，则需要用边界层厚度作为特征长度。这两种特征长度之间并不存在比例关系。因此，流

场的几何相似关系是针对具体的问题或特定的区域而言的。特别是在大缩尺比条件下,要使模型和原型的流场处处按同样比例缩小或放大并满足同样的相似条件或缩尺比是不可能的。这类问题需要引进两个以上的特征长度,故称作多尺度问题。

运动学相似 在原型的流场中选取某点或某个截面的平均流速作为特征速度 V_{P},例如无穷远来流的速度、管道截面的平均速度、边界层外的位势流速度等;同样,在模型的流场中也可以得到相应的特征速度 V_{M}。假如二者之比为 $V_{\mathrm{M}}/V_{\mathrm{P}}=1/10$,而且模型和原型的流场中所有对应点的速度比都等于 1/10,则两个流场之间满足运动学相似。

显然,运动学相似的条件也是在特定的区域或场合下才能成立。它和流场中的本构关系是相互联系的。例如,在机翼绕流问题中设背风面没有气流分离且边界层厚度较薄时,机翼表面的速度分布与按理想流体中机翼理论的计算值十分接近(除了后缘附近外)。由此表明,模型与原型机翼的流场,在边界层外较好地满足了运动学相似条件。当然,这种相似条件也是有区域性的。对于特殊的流动,往往需要考虑几种不同的速度尺度,在不同的区域(例如在尾迹流中)考虑不同的相似条件。在多数情况下,运动学相似是否成立,往往取决于动力学条件。因此,仅考虑在边界条件上怎样做到相似,并不能保证在流场中各点的运动学相似,因为运动学相似的条件是要求在流场给定区域中的每一个点上严格成立。

动力学相似 要求模型流场的各点上流体微团所受的力与原型流场中的各对应点所受的力(例如惯性力、黏性力、重力、弹性力等)具有相同的比例。也就是说,模型和原型的无量纲参量(例如 Re,Fr,Ma 等)应相等。要求所有无量纲参量都相等的条件称作完全相似。事实上,由于流体实验的模型通常仅为原型的 1/10～1/10000,要同时保证所有无量纲参量都相等几乎是不可能的。然而,对于具体的课题或流场中某个区域来说,往往只有一种或几种参量起主要作用。例如在黏性影响起主要作用时应考虑 Re,压缩性影响较显著时应考虑 Ma,重力或浮力影响较重要时应考虑 Fr 等等。只考虑一种或几种参数的模拟,称作局部相似。

事实上,即使只考虑模拟 Re,要使模型和原型的 Re 完全相等也很难做到。例如,大型建筑物的风载问题。原型的 Re 为 10^8～10^{10},而模型实验通常只能做到 10^4～10^6。这时,就需要对 Re 的影响做系统的研究,配合现场测量来解决问题。而现场测量的人力和物力消耗很大,往往要等候一年半载才能出现若干次较理想的气象条件,因此大量的研究工作仍需在实验室中进行。在这种不完全的局部相似条件下,如何利用某些实验技巧来模拟原型中的流动,是实验流体力学中技巧性很强的课题。

1.3　实验设备的品质、仪器的精度和实验误差

在开展一项实验课题时必须考虑以下三个基本环节:实验设备、测量仪器和实验方法。它们的选择和使用对于实验的成败起着关键的作用。

判断一个设备能否满足实验要求取决于它的气流品质或流场特性。例如,在使用一个风洞前必须知道它的速度场、方向场、静压的轴向梯度和湍流度等。通常要求:速度场在实验区的不均匀度不超出$\pm 0.1\%\sim\pm 0.3\%$,方向场的偏差不超出$\pm 0.5°$,湍流度小于0.1%,静压梯度沿实验段轴线的变化不超过动压的$\pm 0.1\%$。

选择仪器时首先需要考虑它们的量程和动态特性是否满足要求。其他重要的性能指标有:灵敏度、感度、准确度、精密度。其中,灵敏度为仪器读数的改变量与被测物理量的改变量之比;感度为仪器所能反映的待测物理量的最小值;准确度为仪器系统误差与量程之比;精密度为仪器重复测量时数据密集度,由量程与偶然误差之比来量度。这些指标反映使用某种仪器的测量结果所能达到的综合精度或误差。

例如,用皮托管或热线风速计测量风洞中某点的风速,经多次重复测量得到的结果常常有较大的差别,它和风洞中气流速度的脉动或气体温度的变化以及仪器稳定性有关。用两个相隔 1 m 的压力传感器测量激波管中的激波速度时,由于高压段每次的充气压力的波动,使测量激波速度的结果存在一定的误差。

统计学告诉我们,由多次测量得到的某个物理量的最可几值是它们的算术平均值(假定每次测量的条件完全相同)。假设对某物理量的 N 次测量值为 $x_1,x_2,\cdots,x_N$,则它们的算术平均值为

$$\bar{x}=\frac{1}{N}\sum_{k=1}^{N}x_k. \tag{1.10}$$

在用已有的测量值对真值的估计中,算术平均值 $\bar{x}$ 和真值的差别最小。将实验测量值 x_k 和真值 x 之差称为某次测量的误差,则 N 次测量的误差的均方根值称作标准误差 σ,故有

$$\sigma=\left[\frac{1}{N}\sum_{k=1}^{N}(x_k-x)^2\right]^{\frac{1}{2}}. \tag{1.11}$$

将实验测量值 x_k 和它们的算术平均值之差称作偏差,则 N 次测量的偏差的均方值 s^2 称作方差,并有

$$s^2=\frac{1}{N}\sum_{k=1}^{N}(x_k-\bar{x})^2. \tag{1.12}$$

由式(1.11)和(1.12)可得到,$\sigma^2-s^2=(\overline{x}-x)^2\ll\sigma^2$ 或 s^2,通常用 $\sigma^2=\frac{N}{N-1}s^2$ 来计算标准误差 σ。

在许多实验中,当测量值逐渐增大时它的算术平均值与真值之差也随之增加,并表现出一定的规律,这种性质的误差称作系统误差。通常,在实验前需要对仪器和设备进行校准,用标准仪器(或设备)所得到的测量值和现用仪器(或设备)的测量值相比较,用一定的函数关系对它们的变化规律进行拟合并确定有关的经验常数,这样就能够基本上消除这种系统误差。

例如,杯式压力计中贮液杯的直径 D 通常为玻璃细管直径 d 的数十倍,使用时只需读取细管液柱高度和初始值之差($h-h_0$)而忽略贮液杯中液面的变化。在精确测量时需要用校准实验确定压力计的校准系数 $K\approx1+\left(\frac{d}{D}\right)^2$,则得到

$$\Delta p=\gamma K(h-h_0),\tag{1.13}$$

其中 $\gamma=\rho_{液}g$,$\rho_{液}$ 为压力计中工作液体的密度,g 为重力加速度。校准时在杯式压力计两端输入 N 个已知的压差 Δp,与压力计读测的 $\gamma(h-h_0)$,用最小二乘法拟合后得到 K,供实验时使用。

风速管的总压孔和静压孔测得的压力和实际的总压和静压有一定差别,因此要通过校准实验确定风速管校准系数 ξ 后,才能由实验测得的总压 p_0 和静压 p 之差 p_0-p 得到实际的风速 v,即

$$v=\left[\frac{2}{\rho}\xi(p_0-p)\right]^{\frac{1}{2}},\tag{1.14}$$

其中 ρ 为空气密度。精确的风速管校准要用飞行实验或旋臂机来确定(距离—时间法)。通常采用的简便方法是在气流均匀的风洞中用一个校准系数已知的精度较高的风速管作比较来确定(比较法)。

又如,用热线风速计测量热丝所在位置的风速 v 时,热线风速计的桥顶电压 E 与 v 之间的关系为

$$E^2=A+B\sqrt{v}.\tag{1.15}$$

用热线风速计测量 N 个已知的风速 v 并记录相应的桥顶电压 E,用最小二乘法拟合可以得到校准系数 A 和 B。由于热丝的性能易变,这类校准工作应在每次实验前进行。

另一种实验误差是偶然误差。它用来表示系统误差以外的测量值和真值之间的随机误差。在多数情况下偶然误差满足高斯分布规律

$$p(\Delta x)=\frac{1}{\sqrt{2\pi}\sigma}\mathrm{e}^{-\Delta x^2/2\sigma^2},\tag{1.16}$$

其中 $p(\Delta x)$ 为测量值与真值之差 Δx 的概率密度。仪器的精密度可以用测量中的标准误差来估计，即 $h=\frac{1}{\sqrt{2}\sigma}$，其中 h 称作精密度指标，在排除其他偶然误差的因素后可用来表示仪器的精密度。精密度越高的仪器在测量中的偶然误差越小。

在实验中有时会出现个别偏差值很大的数据，对整个数据组的精度带来很坏的影响。这类数据产生的原因往往是由于实验中的过失或某些异常情况下采集数据所造成的误差，故称之为过失误差。根据绝大多数的数据满足高斯分布规律的假定，可以将偏差值大于 5σ 的数据当作异常数据并予以舍弃。

在湍流流动中测量得到的数据涨落不完全是偶然误差，应该将湍流脉动的影响和误差区别开来。要确定湍流造成的速度、温度或密度的涨落时必须尽可能减小仪器的标准误差和提高它的频率响应，使仪器输出的电压均方根值远小于仪器的标准误差，即 $\sqrt{s^2}\ll\sigma$。在需要测量流动参量的平均值或确定仪器的精密度时需要用较大的阻尼或保证很低的湍流强度。

在分析实验误差的各种原因时，需要考虑各种可能因素的影响，特别是在间接测量时，即某物理量 F 由其他有关物理量的测量值来确定时。假定它们之间的关系为

$$F=f(u_1,u_2,\cdots,u_N),\tag{1.17}$$

则得误差传递公式

$$\Delta F=\frac{\partial f}{\partial u_1}\Delta u_1+\frac{\partial f}{\partial u_2}\Delta u_2+\cdots+\frac{\partial f}{\partial u_N}\Delta u_N,\tag{1.18}$$

那么 F 的偶然误差由下式确定

$$\sigma=\left\{\left(\frac{\partial f}{\partial u_1}\right)^2\sigma_{u_1}^2+\left(\frac{\partial f}{\partial u_2}\right)^2\sigma_{u_2}^2+\cdots+\left(\frac{\partial f}{\partial u_N}\right)^2\sigma_{u_N}^2\right\}^{\frac{1}{2}},\tag{1.19}$$

其中 σ_{u_i} 为有关物理量 u_i 的标准误差。例如，在测力实验中空气动力系数 c_{f} 由下式确定：

$$c_{\mathrm{f}}=\frac{F}{\frac{1}{2}\rho v^2 S},\tag{1.20}$$

式中 F 为天平测得的空气动力，S 为机翼面积，则 c_{f} 的标准误差为

$$\sigma_{c_{\mathrm{f}}}=\left(\frac{\sigma_F^2}{F^2}+\frac{\sigma_\rho^2}{\rho^2}+4\frac{\sigma_v^2}{v^2}+\frac{\sigma_S^2}{S^2}\right)^{\frac{1}{2}}\cdot\frac{F}{\frac{1}{2}\rho v^2 S}.\tag{1.21}$$

用风速管测量流速

$$v=\left(\frac{2}{\rho}\gamma K\xi\Delta h\right)^{\frac{1}{2}}, \tag{1.22}$$

其中 K 和 ξ 分别为压力计和风速管的校准系数,Δh 为压力计中细管液柱高度的变化,ρ 为空气密度,则流速 v 的标准误差为

$$\sigma_v=\left(\frac{\sigma_\rho^2}{\rho^2}+\frac{\sigma_\gamma^2}{\gamma^2}+\frac{\sigma_{\Delta h}^2}{\Delta h^2}\right)^{\frac{1}{2}}\cdot\left(\frac{1}{2\rho}\gamma K\xi\Delta h\right)^{\frac{1}{2}} \tag{1.23}$$

其中 $\gamma=\rho_{液}g$,$\rho_{液}$ 为压力计中工作液体的密度。注意:在式(1.21)和(1.23)中的各物理量 F,ρ,v,S,γ 和 Δh 等均取它们的平均值。它们的标准误差和平均值之比称作相对误差。因此,在间接测量时被测量的相对误差等于各有关物理量的相对误差的均方值。

参考文献

1. Sedov L I. Similarity and Dimensional Methods in Mechanics. Academic Press, 1959.
2. Pankhurst R C. Dimensional Analysis and Scale Factors. Chapman and Hall, 1952.
3. Allen J. Scale Models in Hydraulic Engineering. Longmans, Green and Co., 1952.
4. Грцгарян С С. 高速空气动力学. 北京大学讲义, 1960.

第二章　实验模拟的常用设备

流体力学的实验设备多数是为模拟某种流动现象而专门设计的。例如，研究低速气流的设备中最常见的是低速风洞，即在风速小于 100m/s 且空气压缩性的影响可以忽略的条件下运行的风洞。低速风洞模拟的主要相似性参数是雷诺数(Re)。研究高速气流的设备有跨音速风洞、超音速风洞、高超音速风洞和激波管、激波风洞等，它们主要考虑马赫数(Ma)或空气压缩性的影响。在水洞、水槽、水池等设备中，弗劳德数(Fr)是主要相似性参数。

这些设备按目的分为以下两种：

一种是生产性设备，用于飞行器或舰船的模型实验、大型工程或高层建筑物风载的模型实验等，这些实验设备都要求有相当高的 Re，在原则上讲是希望 Re 越接近原型越好，其造价和运转费用都是相当高的。例如，低速全尺寸航空风洞、模拟大型客机的 Ma 和 Re 的高压风洞、模拟温度层结的大型环境风洞、模拟海洋中水气交接面相互作用的风水槽、做舰船模型实验的大型水槽等，这些设备通常要求 Re 在 10^8 左右，造价在数百万元以上。

另一种类型是研究性设备，重点是研究某些典型流动的规律，如低湍流风洞，研究雾滴形成和发展的雾风洞，研究翼型的二元风洞、翼栅风洞，作流动显示用的烟风洞或水槽，研究波浪的波浪槽等。这些设备大多专用，模拟某一种相似性参数，观察它们变化时流动特性或流态变化的规律及各种流态下的流动特性。这些设备一般说来都要考虑经济性并兼顾某些生产性课题的需要。

因流体力学实验设备种类繁多，以下我们分别根据它们所模拟的相似性参数分类介绍。

2.1　低速风洞和高 Re 的模拟

低速风洞是一种全封闭或部分封闭的管道系统，用来形成具有一定速度和压力的均匀气流或一定温度和速度剖面的流动。实验段是风洞中气流最好的部分。按一定的设计指标，实验段中流场的均匀度、方向场和湍流度均应满足一定的要求。在此实验段中安装按原型的一定比例精心制作的模型。在给定风速下，保持气流稳定，以便对流动现象和模型的绕流特性做系统的观测和研究；改变风速或相应的流动参数，以便对流动规律做系统的研究或对原型做实验模拟。

在20世纪60年代前，低速风洞主要用于航空研究。例如，一架大型飞机的风洞实验通常要在数万小时以上，它包括在飞机低速和高速时对各种飞行状态下的空气动力特性的研究。除了改变飞机的攻角和偏航角外，对于常规风洞实验，一般还要考虑各种舵面的偏转角(升降舵、方向舵、副翼、襟翼等)对飞行器力矩特性的影响及各种附件或外挂物如减速板、副油箱、起落架、导弹对空气动力特性的影响。在选型阶段，要考虑机翼上反角，水平安定面和垂直安定面的位置和大小，翼刀和翼－身过渡的形状等因素的改变。在静态模型实验完成之后，要做动导数实验，以确定飞行器在非定常飞行或在阵风中飞行时的稳定性；要做空气弹性模型实验，以确定飞行器空气弹性失稳(颤振等)的临界速度；为了结构设计的需要，还要做全机压力分布模型实验。在这些实验中，Re 是主要相似性参数，要求模型尺寸足够大，使操纵面等主要部件有较高的 Re 并进入自模拟区。因此，以翼弦为特征长度的 Re 通常要求在 10^6 以上，风洞实验段直径一般应在2m以上。此外，还有许多专用风洞，如尾旋风洞、自由飞行风洞、结冰风洞、垂直起落风洞等。

近年来，风洞的非航空应用迅速发展，如研究大气扩散、风环境、城市规划和高层建筑风荷载的环境风洞，研究沙漠迁徙的风砂风洞，研究风生浪、冷却池热水循环的风水槽，研究轮船、帆船和潜艇水动力学特性的专用风洞等。

低速风洞的结构大体分为以下几部分：实验段、收缩段、扩散段、风扇段等。实验段是安装模型并进行观察测量和实验的部分。它的形状尺寸应根据实验的需要而定。例如，做全机模型实验的风洞，实验段的高宽比最好是在 $\frac{2}{3}\sim\frac{3}{4}$ 之间，形状为矩形、八角形或椭圆。做翼剖面研究的风洞，实验段的高宽比最好大于5；做桥梁实验的实验段希望其高宽比小于 $\frac{3}{5}$。实验段分开口和闭口两种。闭口实验段四周为洞壁包围，外形多数为矩形或八角形。由于四壁边界层沿轴向增厚，使管道有效截面积减小，如不补偿会使实验段风速沿轴向增加而静压沿轴向降低，因而使模型在轴向静压梯度作用下受到一个水平的“浮力”。在设计时通常使四壁向外扩展0.5°，以补偿边界层增厚的影响。开口实验段的四周为大厅中的静止气体，气流以射流形式进入实验段，射流核心区的气流均匀并用作实验区。速度均匀区可延伸到4.5倍直径处，但在1.5倍直径处湍流度明显增高，因而实验段一般不宜太长。射流核心区外围是混合层，它以5°～7°向外扩展并与外围气体剧烈混合，形成大幅度气流脉动，常常会激起整个风洞的强烈振动。因而，在扩散段进口的设计中，除了采用喇叭口外形以便收集外围低速气流来保持管道中的流量平衡外，在管壁四周开一排或数排换气孔来消减混合层中的大幅度脉动，并用消振环来调节外围的脉动气流，减小由气流脉动造成的管道壳体和大厅四壁的振动。开口实验段通常采用圆形或椭圆形。它的优点是安装模型和观察测量方便，缺点是气流均匀区面积或有效实验面积减小，能量损失比闭口风洞明显增大。按圆管损失公式计算，直径为 d，长度为 L 的圆管的压力损失 Δp 用下式计算：

$$K_1 = \frac{\Delta p}{q} = \lambda \frac{L}{d}, \tag{2.1}$$

其中 K_1 称作损失系数，$q = \frac{1}{2}\rho v^2$ 为管道中流体的平均动压，v 为平均流速，ρ 为液体密度，λ 为圆管的压力损失系数。对于矩形或其他截面形状的管道，d 表示管道的水力直径，即四倍管道截面积与截面周长之商。对于闭口风洞，λ 由经验公式

$$\frac{1}{\sqrt{\lambda}} = 2\lg(Re\sqrt{\lambda}) - 0.8 \tag{2.2}$$

确定；对于开口风洞，由以下公式确定：

$$\lambda = 0.0845 + 0.053 \frac{L}{d}. \tag{2.3}$$

收缩段位于实验段上游，目的在于提高气流速度并配合上游稳定段中的阻尼网和蜂窝器使实验段气流达到较好的指标。收缩段的型线（即收缩曲线）必须经过精确计算并保证加工质量，才能防止收缩段侧壁的气流分离，并满足实验段流场均匀度和湍流度的设计指标。三维收缩段的收缩曲线通常采用钱学森方法、Syczeniowski 方法或 Thwaites 方法等，其基本思想是给定一个轴向流速分布，例如

$$f_0(x) = A + B\int_0^x e^{-\frac{1}{2}x^2}\,dx. \tag{2.4}$$

该轴向流速分布沿 x 轴方向单调增加，在理想不可压假定下求出外围流场，选取一条单调变化的流线作为型线。其他较简便有效的方法有 Витощинский 公式，即

$$R = R_2\left\{1 - \left[1 - \left(\frac{R_2}{R_1}\right)^2\right]\frac{\left(1 - \frac{3x^2}{a^2}\right)^2}{\left(1 + \frac{x^2}{a^2}\right)^3}\right\}^{-\frac{1}{2}}, \tag{2.5}$$

其中 R_1，R_2 分别为收缩段进口和出口半径；a 为特征长度，一般取 $a = \sqrt{3}L$；L 为收缩段总长。这种方法在许多三维收缩段中采用。更简便的方法是直接用四次多项式对系数做优化选择后作为型线。二维收缩段较成功的有林同骥法、Hughes 法、Cheers 法、Libby 和 Reiss 法等。基本思想是将二维收缩段侧壁取作对 x 轴对称的两根流线，用保角变换转换到条带、单位圆、弓形或其他简单几

何图形的廓线上,由流函数和进出口速度确定流线上的速度,使之满足一定的单调增长规律,再由逆变换确定侧壁形状。Batchelor 和 Shaw 给出计算二维收缩段的简便公式:

$$\frac{1}{F^2}-\frac{1}{F_{\mathrm{i}}^2}=\frac{1}{F_{\mathrm{o}}^2}-\frac{1}{F_{\mathrm{i}}^2}\left(\frac{x}{L}-\frac{1}{2\pi}\sin\frac{2\pi x}{L}\right), \tag{2.6}$$

其中 F 为收缩段某截面的面积,下标 i 和 o 分别代表进口和出口截面,L 为收缩段总长,x 为进口到下游方向的轴向距离。收缩段的损失系数 K_2 约占风洞总损失的 3%,则

$$K_2=0.32\lambda\,\frac{L}{d}, \tag{2.7}$$

其中 d 为收缩段的进口水力直径。

阻尼网对于改善实验段流场和降低湍流度有重要作用,尤其是低湍流风洞通常需要多层阻尼网再配合大收缩比的收缩段才能满足要求。湍流度下降因子为

$$f=\frac{1}{(1+k)^{n/2}}, \tag{2.8}$$

其中 n 为网的层数,k 为阻尼网的压降系数。根据美国国家标准学会的资料,18 目/in[①]和丝径为 0.011 in 的网 $k=0.895$;20 目/in 和丝径为 0.017 in 的网 $k=2.18$;24 目/in 和丝径为 0.0075 in 的网 $k=0.73$;60 目/in 和丝径为 0.007 in 的网 $k=4.20$。蜂窝器可降低湍流度和改进实验段方向场,特别是对方向场有明显作用。常见的有六角形、正方形、圆形和梯形等四种,长径比通常为 5~10,损失系数 k 分别为 0.20,0.22,0.30 和 0.40。计算稳定段能量比 K_3 时需按(2.1)式管道损失折算为相当的实验段损失,即

$$K_3=\lambda\,\frac{L}{d}\left(\frac{d}{d_{\mathrm{s}}}\right)^4, \tag{2.9}$$

其中 d_{s} 为稳定段水力直径。

扩散段的作用是尽快将实验段气流的动能转化为压力能,从而减小管道损失或出口损失,提高风洞效率。三维扩散角 $2\theta=6°$,二维扩散角 $2\theta=11°$时性能最好。扩散段的损失包括扩压损失和摩擦损失两部分,在整个风洞中占较大成分。它的损失系数

$$K_4=\left(\frac{\lambda}{8\tan\frac{\theta}{2}}+0.6\tan\frac{\theta}{2}\right)\left[1-\left(\frac{d_{\mathrm{i}}}{d_{\mathrm{o}}}\right)^4\right]\left(\frac{d}{d_{\mathrm{i}}}\right)^4, \tag{2.10}$$

---

① 1 in(英寸)=25.4 mm.

其中下标 i 和 o 分别表示扩散段进口和出口。某些风洞中为了提高扩散段效率，采用曲壁、边界层抽吸和安装导向片等方法。在某些风洞中为了节省造价，采用大扩散角和大收缩比的结构；为了减少扩压损失，可用加网的方法防止扩散段气流分离。

风扇段通常在扩散段下游流速已经有所降低后的位置，它的作用是产生一定的推力来平衡总的管路损失(包括风扇段和整流部分的损失)。将风扇所在截面分成一组半径为 r、宽度为 dr 的环形区域，作用在环形面积上的推力为

$$\mathrm{d}T=\sum_i K_i\cdot\frac{1}{2}\rho V^2\cdot 2\pi r\,\mathrm{d}r. \tag{2.11}$$

由于风扇旋转产生了附加气流旋转，其相应的扭矩为

$$\mathrm{d}Q=\rho\,\omega r^2\cdot 2\pi r\,\mathrm{d}r\cdot u_{\mathrm{f}}, \tag{2.12}$$

其中 V 和 u_{f} 分别为实验段和风扇段的平均流速，ω 为气流的旋转角速度。它们消耗的能量与电机扭矩所做的功相平衡，即

$$\eta_{\mathrm{f}}\cdot 2\pi n\,\mathrm{d}Q=u_{\mathrm{f}}\mathrm{d}T+\frac{1}{2}\omega\,\mathrm{d}Q, \tag{2.13}$$

其中 η_{f} 为风扇效率，n 为风扇转速。沿径向积分可得整个风扇的推力、气流旋转所产生的扭矩和轴的输入功率。

设风扇翼片数为 N，则风扇提供的推力 $\mathrm{d}T$ 和扭转力 $\mathrm{d}X$ 可分解为翼片的升力 $\mathrm{d}L$ 和阻力 $\mathrm{d}D$，它们可以由实际的局部气流速度 $\boldsymbol{W}$ 以及 $\boldsymbol{W}$ 与翼弦的夹角 α，根据翼型资料来确定。具体而言 $\boldsymbol{W}$ 是风扇段气流轴向速度 $\boldsymbol{u}_{\mathrm{f}}$，是翼片旋转的切向速度 $2\pi nr$ 和气流旋转的切向速度 $-\frac{1}{2}\omega r$ 的矢量和。它和切向的偏角为 ϕ，并满足以下关系式

$$\cot\phi=\frac{2\pi nr-\omega r/2}{u_{\mathrm{f}}}. \tag{2.14}$$

因此，每个径向位置上翼片的扭转角为 $\phi+\alpha$，且

$$\mathrm{d}T=N(\mathrm{d}L\cos\phi-\mathrm{d}D\sin\phi), \tag{2.15}$$

$$\mathrm{d}X=N(\mathrm{d}L\sin\phi+\mathrm{d}D\cos\phi)=\mathrm{d}Q/r. \tag{2.16}$$

在设计中确定总的风洞损失后，根据经验给出 η_{f} 的估计值(典型值如 0.95)，然后确定转速 n、翼型升阻比以及 ϕ，再依次确定翼片参数。由于近轴部分的气流较差，通常只用靠近外侧的环形区，内侧用状如飞艇的轴对称整流体屏蔽起来，使风扇段工作在高效率状态。对于小型研究风洞，不必过于拘泥于风扇段效率的提高，可以在离心风机的定型产品中选用。

从扩散段或风扇段直接将气流排入室内或大气的风洞称作直流风洞。它

的造价较低,但排出气流的动能全部消耗掉了。如排入室内,则要求房屋高大,室内容积为 $500d^3$(d 为实验段水力直径)以上;排入大气则容易受自然风的影响,风洞噪声对周围环境的干扰亦较大。将出口气流通过回流管道重新引入收缩段的风洞称作回流风洞。它使扩散段出口气流的能量能够被充分利用。它的造价较高,但运转费用较低。回流通道可以是一个(单回流风洞)或两个(双回流风洞),也可以是环形回流。单回流风洞通常有四个拐角,气流在拐角的能量损失较大。通常在拐角安装一组导流片,以便减少损失和改善气流。导流片使拐角的高宽比大大增加,因而气流中不致形成大尺度涡。导流片形状可以选用翼型,也可以用弯圆弧或弧形带直线后缘,它们的损失系数分别为 0.11,0.20 和 0.138。

以上讨论可以看到风洞性能的另一项指标是它的经济性,通常用实验段动能 $\frac{1}{2}\rho v^2 \cdot Av$ 与电机输入功率 $75W\eta_f$ 之比表示,称之为能量比,记作 ER。

北京大学四号风洞(图 2.1)是典型的单回流风洞。实验段为圆形开口,直径 2.25 m。上游收缩段分两段收缩:第一段由 7 m 收缩至 4 m,断面为八角形;第二段由 4 m 再收缩到直径 2.25 m,断面也由八角形过渡到圆形。收缩曲线两段均用 Витощинский 公式。收缩段上游有较长的平直段,可安放多层铜网(阻尼网),以降低实验段湍流度并提高气流品质。扩散段接实验段出口,有喇叭口、换气孔和消振环以减少射流冲击引起的振动。为使布局紧凑,在整个回流段中均有一定的扩散角。风扇动力系统在回流段中,采用轴流式风机。风扇前后和各拐角均有整流片和导流片,以改善回流段气流。实验段中心区有直径为 1.8 m 的气流核心,气流偏角在 0.2°以下,流场不均匀度低于 0.2%,湍流度约为 0.08%。

图 2.2 为中国空气动力研究与发展中心(China Aerodynamics Research and Development Center,CARDC)的直流式双实验段风洞,截面尺寸分别为 8 m×6 m 和 16 m×12 m,为目前亚洲最大的低速风洞。进气口与排气口均直接通大气。由于当地气象条件特殊,常年无风或微风气候甚多,故不影响使用。气流条件能满足飞行器模型实验要求,并对舰船、汽车、桥梁、建筑物风载等实验研究均有较好的结果。

在模型缩尺比很大的情况下要使模型 Re 尽可能接近原型 Re 是比较困难的,提高模型 Re 的办法有以下几种:(1)增加实验段尺寸。例如某些全尺寸航空风洞,这种风洞造价昂贵,消耗功率很大,做实验很不方便,在全世界只有少数几个。(2)增加风速。风速增加一倍,风洞所消耗的功率为原来的 8 倍。当风速超过 100 m/s 时要考虑压缩性影响。(3)高压风洞。将空气压缩到 8 个工程大

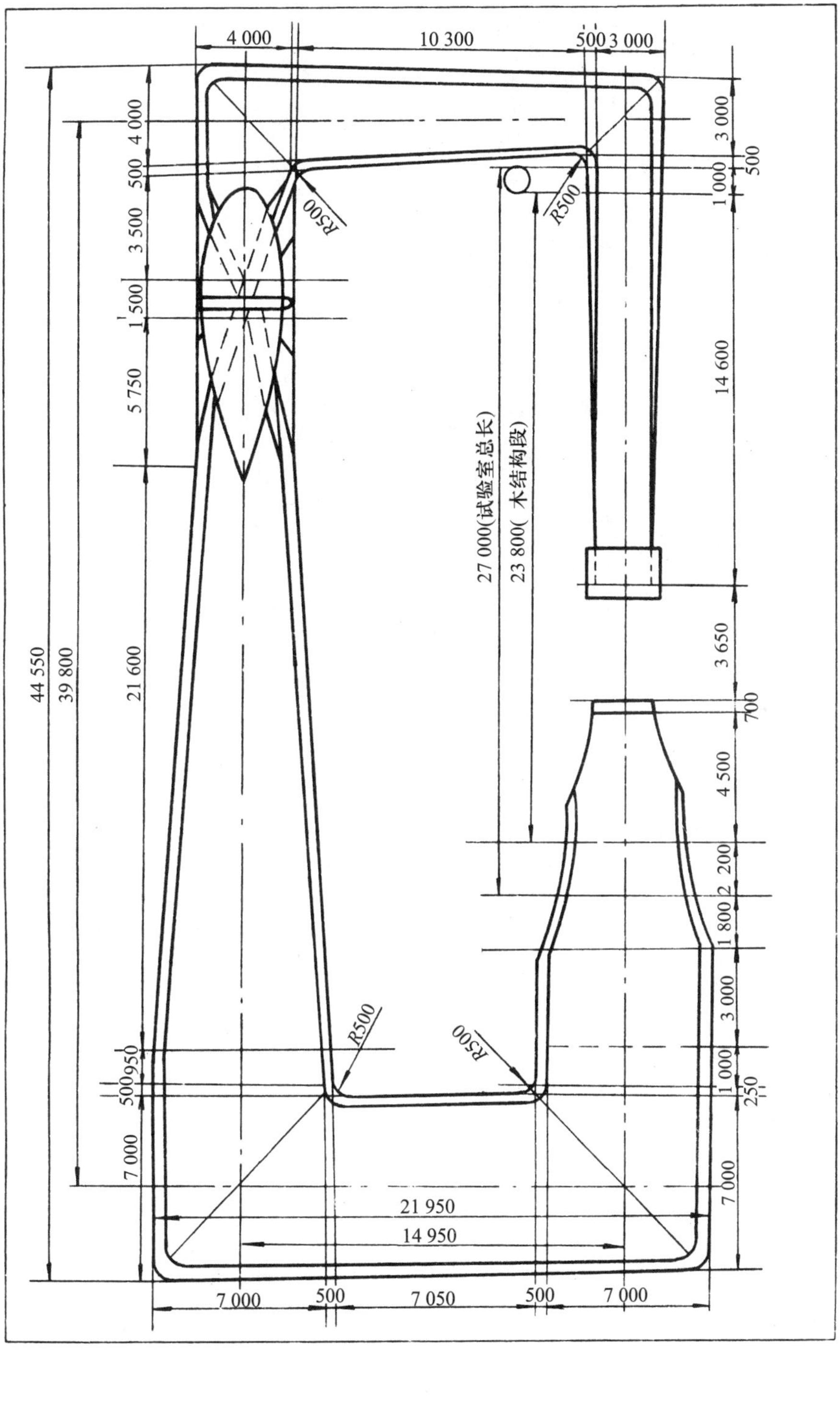

图 2.1　北京大学直径 2.25 m 低速风洞(四号风洞)的轮廓图(单位:mm)

(a)

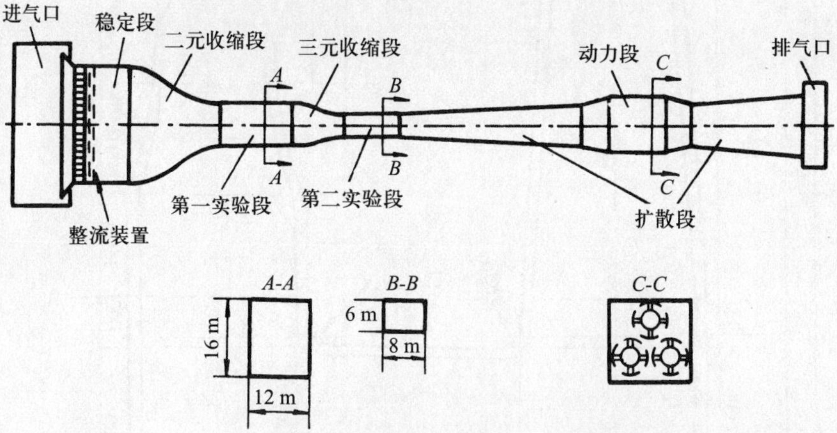

(b)

图 2.2 中国空气动力研究与发展中心的 8 m×6 m
和 16 m×12 m 串接直流式双实验段风洞

气压①，使密度增加一个量级；或者用氟利昂气体作工作介质，均可使雷诺数有大幅度提高。但是风洞需用高压结构，气密性要求很高，模型的安装很不方便，而造价也很高，实验费用高昂。即便采取上述措施，对某些实验来说仍不能满足 Re 要求。例如，目前世界上最大的环境风洞为 9m×9m，和 1km 高的大气边界层相比仍差两个量级。在高层建筑的风载问题中原型的 Re 为 $10^8 \sim 10^{10}$，而目前圆柱模型的风洞实验资料中最高 Re 为 10^7（在英国皇家航空组织的 7ft×10ft② 高压风洞），仍比原型小两个量级。因此，在解决实际问题时还要配合现场观测和某些实验技巧。

2.2　高速风洞、激波管和 Ma 的模拟

随着航天事业的发展，对 Ma 的模拟一度是实验流体力学中最具有挑战性的课题，其中多数研究是需要在风洞中进行的。将各种高速风洞按 Ma 的大小来分类：Ma 在 0.8 到 1.4 之间的风洞称作跨音速风洞；Ma 在 1.4 和 5 之间的风洞称作超音速风洞；Ma 大于 5 的风洞称作高超音速风洞。

超音速风洞　从风洞结构来说，超音速风洞有连续式和暂冲式两种。连续式超音速风洞的结构和回流式低速风洞相似。风扇段通常要用多级涡轮风机或离心风机才能提供足够能量以补偿管路的压力损失和激波损失，但同时也使空气的温度大幅度上升，因此需要用冷却器使气流温度下降到实验要求的总温。另外，要采用拉伐尔喷管使气流在喉道加速到音速后继续膨胀成为超音速气流。为了使实验段达到预期的超音速风速，要求在收缩段进口到实验段之间有足够的压力比。因此，连续式超音速风洞的功率消耗很大，一个大型的连续式风洞常常需要专用的发电站提供它的能量。用航空发动机做动力较电力系统简单，但风洞必须采用开路或半回流形式。连续式风洞虽然造价高，功耗大，起动时间长，但是气流稳定，数据的重复性较好。

大多数超音速风洞和高超音速风洞都是暂冲式风洞。图 2.3 所示的风洞在准备时用空气压缩机逐渐将高压空气通过干燥器和滤油器送入高压气罐作为启动风洞的能量储备，直到气罐压力达到预定的启动压力时为止。在实验时开启阀门，控制空气的流率，使实验段气流达到预定的 Ma，直到气罐逐渐放空，前室压力无法保持时为止。在这段有效工作时间内完成一定的实验项目。这种风洞称作暂冲式吹气风洞。另一种风洞在拉伐尔喷管和实验段上游直接由大气取气，扩压段下游经阀门接真空罐，形成一定的压力比，使实验段形成超音

① 1at（工程大气压）＝98 066.5 Pa，以后文中简称大气压。

② 1 ft（英尺）＝12 in（英寸）＝0.304 8 m.

速气流,这种风洞称作暂冲式吸气风洞,如图 2.4 所示。在某些超音速或高超音速风洞中,为了形成较高的压力比,形成 Ma 较高的实验段气流,同时配有高压气罐和真空罐,这种风洞称作暂冲式压力-真空超音速风洞,它的示意图如图 2.5 所示。

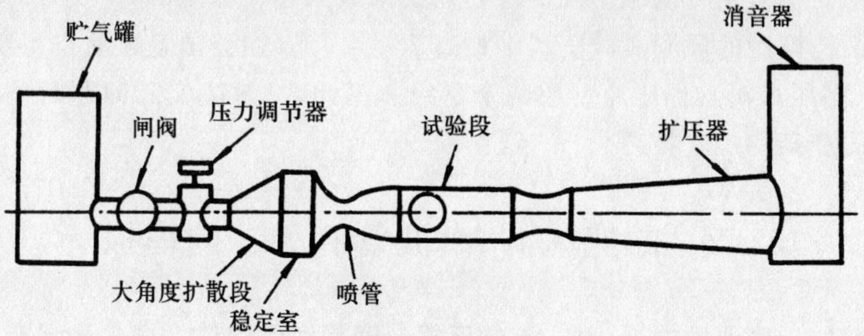

图 2.3 暂冲式吹气风洞示意图

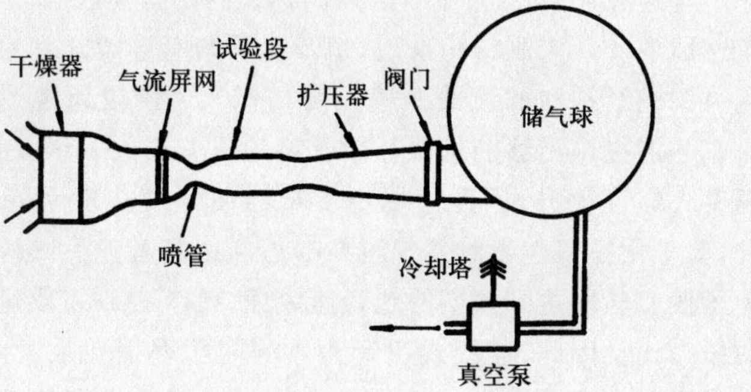

图 2.4 暂冲式吸气风洞示意图

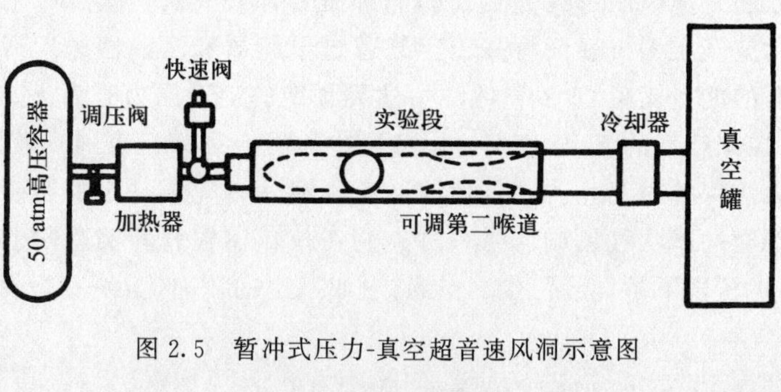

图 2.5 暂冲式压力-真空超音速风洞示意图

拉伐尔喷管是超音速风洞的关键性部分。从喷管进口到喉道是亚音速收缩段，它的作用是使气流均匀加速，收缩段廓线应有平缓的曲率使气流静压单调下降，避免因收缩太快导致气流在管壁产生局部分离。根据等熵条件和动力学方程，有

$$u\,\mathrm{d}u=-\frac{1}{\rho}\mathrm{d}p=-c^2\frac{\mathrm{d}\rho}{\rho}=-\frac{c^2}{\gamma}\frac{\mathrm{d}p}{p}, \tag{2.17}$$

式中 γ 为气流的比热比，u 为流速，ρ 为气流的密度，p 为压力，c 为声速。将式(2.17)代入连续方程的微分形式后，可得

$$\frac{\mathrm{d}A}{A}=-(1-Ma^2)\frac{\mathrm{d}u}{u}=-\frac{1}{\gamma}\left(1-\frac{1}{Ma^2}\right)\frac{\mathrm{d}p}{p}. \tag{2.18}$$

它表明：(1)在亚音速收缩段(喉道上游)，截面积 A 减小时流速 u 增加；(2)在超音速段，要使流速增加则截面积必须相应增加；(3)不管前室压力或上游总压如何增加，在喉道处的流速都不能超过音速；(4)当喉道下游的静压低于喉道压力时有局部的超音速气流出现，它通常经过正激波后过渡到亚音速气流。增加前室压力使正激波的位置向下游移动，直到通过整个实验段并进入扩散段为止。由等熵关系得到从喉道到正激波之间的静压和 Ma 的关系为

$$\frac{p_0}{p}=\left(1+\frac{\gamma-1}{2}Ma^2\right)^{\frac{\gamma}{\gamma-1}}, \tag{2.19}$$

或截面积与 Ma 的关系式为

$$\frac{A}{A^*}=\frac{1}{Ma}\left(\frac{2}{\gamma-1}+Ma^2\right)^{\frac{1}{2}\frac{\gamma+1}{\gamma-1}}, \tag{2.20}$$

其中 A^* 为喉道截面积。选择实验段的截面积 A 便可得到所要求的 Ma。

喷管轮廓线直接关系到实验段气流的品质，需要经过精确计算，防止气流在管壁分离，保证实验段近壁气流与喷管管壁平行并且不出现激波和膨胀波。从喷管进口到喉道为亚音速收缩段，对三维收缩廓线可用钱学森方法，二维收缩段可用 Stanitz 方法计算。从喉道到喷管出口为超音速段，它的喷管型线通常被一拐点分为两部分。从喉道到拐点为初始段，型线的斜率逐渐增加，使气流逐渐扩展，并从管壁出发产生一族膨胀波，它们和管壁或流线的夹角为马赫角 $\mu=\arcsin\frac{1}{Ma}$，Ma 为当地马赫数。设通过流场中某点(或管壁某点)的流线与喷管轴线的夹角为 θ，则由两侧管壁产生的膨胀波斜率为

$$\left(\frac{\mathrm{d}y}{\mathrm{d}x}\right)_{1,2}=\tan(\theta\pm\mu). \tag{2.21}$$

对于匀熵和总焓的二维超音速流场，由位势流理论可以得到流速 v 和流线偏转角 θ 之间的关系式

$$\pm 2\theta = \sqrt{\frac{\gamma+1}{\gamma-1}} \arcsin\left(\frac{v^2}{v_{\max}^2} - \gamma\right) + \arcsin\left[(\gamma-1)\frac{v_{\max}^2}{v^2} - \gamma\right] + \text{常数}, \tag{2.22}$$

其中 $v_{\max}$ 为气流膨胀到真空时的极限速度。将速度矢量用极坐标表示,则上式在速度图中代表一族外摆线。当气流偏转角增到新的 θ 值时可以由速度图查到相应的速度值。

从拐点到喷管出口的廓线称为喷管后段。流线偏转角 θ 逐渐减小到与喷管轴线平行为止。喷管后段管壁斜率的逐渐减小,将从管壁出发产生一族压缩波。这时,由初始段两个对称壁面发出的斜率分别为 $\left(\frac{\mathrm{d}y}{\mathrm{d}x}\right)_1$ 和 $\left(\frac{\mathrm{d}y}{\mathrm{d}x}\right)_2$ 的膨胀波逐一顺序相遇后使流速、流向和膨胀波方向逐渐改变,并由速度图可查出相应的变化。在初始段产生的膨胀波最终抵达对面管壁时,应使因管壁斜率变化而产生的压缩波与膨胀波相抵消,使膨胀波不致在管壁反射并进入实验段流场。具体设计方法在 Puckett 文中有详细介绍,在 Foelsch 文中也提出了设计喷管后段的分析方法;有关估计边界层增厚的方法可查阅 Sivells 或 Tucker 的文章。

由于一种喷管型线只能在一个确定的 Ma 运行,要在实验过程中改变 Ma 就必须更换喷管或者采用柔壁喷管来随时调节喷管形状。这种柔壁喷管在大型超音速风洞中应用得十分普遍。它可以在功率许可的范围内随意调节实验段 Ma,可以精确修正喷管形状和边界层影响以便得到非常均匀的实验段气流;它表面光洁度高,并且能在实验过程中改变风洞 Ma。柔壁由一柔性钢板制成,每隔一定距离有一支点以调节曲壁的形状。目前所用的柔壁喷管设计方法大多是在 Riise 法基础上逐渐发展和完善的,详见 Kenny 和 Webb 的有关总结性文章。

超音速风洞的实验段基本上都是闭口的,开口实验段仅在极个别的情况下使用。截面形状多半为矩形或正方形,因为喷管和扩压段大多为二维的,采用柔壁喷管时更是这样,另外对光学测量也比较合适。对于一般应用的实验段最好用正方形截面。实验段上、下壁可做微调,以便补偿边界层增厚的影响。

超音速扩压段的作用是将实验段的超音速气流降到亚音速,然后再经扩散管道减少亚音速气流的动能损失。要从超音速气流连续过渡到亚音速流动而不经过激波压缩,一般说来是不可能的。正激波前后总压变化的公式为

$$\frac{p_0'}{p_0} = \left[\frac{(\gamma+1)Ma^2}{2+(\gamma-1)Ma^2}\right]^{\frac{\gamma}{\gamma-1}} \left[\frac{\gamma+1}{2\gamma Ma^2 - \gamma + 1}\right]^{\frac{1}{\gamma-1}}, \tag{2.23}$$

其中 p_0 为激波前的总压,p_0' 为激波后的总压。因此,降低气流 Ma 可以减少激

波造成的压力损失。常用的方法是在实验段下游加第二喉道，通过收缩减小气流的 Ma。第二喉道的截面积应比喷管喉道大，以保证实验段超音速气流的建立。较理想的方案是采用可调喉道，在启动时尽可能将喉道截面积扩大，在超音速气流建立后再将第二喉道的截面积适当减小，同时用调压阀降低前室压力，以减小激波损失和延长风洞工作时间。在理论上，第二喉道与实验段的面积比的最小值为

$$\frac{A_2^*}{A}=\frac{(5+Ma)^{\frac{1}{2}}(7Ma^2-1)^{\frac{5}{2}}}{216Ma^6}, \tag{2.24}$$

其中 A 为实验段的面积，A_2^* 为第二喉道的截面积。但实际情况比上式计算值要大许多。在使用超音速风洞时通常将使实验段形成超音速气流并使正激波顺利通过第二喉道所需的最小前室压力和扩压段出口压力之比称作启动压力比，在启动后第二喉道截面积已做调节后维持实验段超音速气流所需的最小前室压力和扩压段出口压力之比称作运行压力比。

对于高压直冲式风洞，最主要的性能指标之一是它的最小运行时间，一般要求不低于 30 s。设气罐容积为 V_p，起始压力和终止压力为 p_i 和 p_e，气罐的起始温度和终止温度分别为 T_i 和 T_e，设风洞的质量流率保持恒定，则暂冲式风洞的运行时间为

$$t=0.0353\,\frac{V_p}{A_*}\sqrt{\frac{T_e}{T_i}}\cdot\frac{p_i}{p_e}\left[1-\left(\frac{p_e}{p_i}\right)^{\frac{1}{n}}\right], \tag{2.25}$$

其中 n 为具有较高热容量的气罐填充物的常数。对于吸气风洞，

$$t=0.0205\,\frac{V_v(1+0.2Ma^2)^3}{MaAT_e^{1/2}}\,\frac{p_e}{p_i}\left[1-\left(\frac{p_i}{p_e}\right)^{\frac{1}{n}}\right], \tag{2.26}$$

其中 V_v 为真空罐容积。给定风洞的最小运行时间，可以根据以上公式确定气罐或真空罐的最小容积。也可以根据所需要的运行时间将若干个气罐联网使用。由于充气时间长而运行时间很短，要求全部测量手段尽可能做到快速和自动，充分发挥风洞和有限气源的效率。

水汽凝结是超音速风洞中必须考虑的问题。由于气流在喷管中做超音速膨胀时，气体温度迅速下降使气流中携带的水蒸气凝结，随之在喷管中出现浓雾；又因为气流中水蒸气凝结时释放出大量潜热，使实验段 Ma 随之变化。这种现象对于不加干燥处理的吸气风洞来说尤为严重，气候条件的变化将直接导致实验段 Ma 的相应改变。因此，超音速风洞的气源部分需要配备干燥器，对风洞中的工作气体预先做干燥处理。

气体液化是高 Ma 气流中必须防止的问题。事实上，在 Ma 大于 3 时高速气流在喷管中的迅速膨胀所产生的低温便开始导致某些气体成分的液化。例如，设喷管 Ma 等于 4，则常温（$T_0=290$K）下的空气经喷管做超音速膨胀后的

温度按等熵流公式计算,可得

$$T = T_0\left(1+\frac{\gamma-1}{2}Ma^2\right)^{-1} = 69\ \text{K}. \tag{2.27}$$

由于氮和氧在大气压条件下的正常沸点为 77.5 K 和 90.6 K,所以这时均已开始液化。若用皮托管在喷管和实验段中测量,则可以看到总压沿轴向逐渐下降并出现明显波动。为了防止风洞中的气体液化,需要在气流进入喷管前配置加热器,有的加热器配置在高压气罐中并充填高热容量介质来存储较多的热量;有的采用电加热的气流加热器直接在调压阀和截止阀之间对气流加热。另外,高焓气流经过实验段之后需要对下游管道采取冷却措施,防止管道过热造成的各种可能的损害。

(a) 1.2 m×1.2 m 跨超音速风洞照片

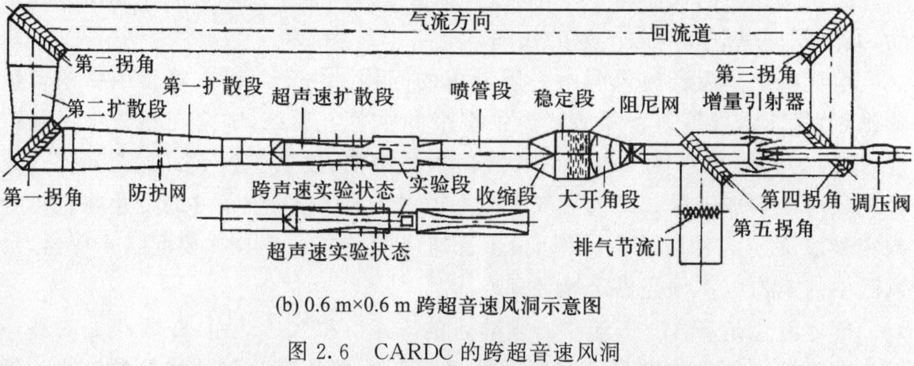

(b) 0.6 m×0.6 m 跨超音速风洞示意图

图 2.6 CARDC 的跨超音速风洞

工作气体在进入高压气罐之前还要经过净化，滤去空气中的灰尘，防止管道中灰尘的沉积和高速粒子对模型或风洞管壁的冲击。此外，还需要配备滤油器，防止燃油在管道中沉积引起的爆炸事故。图 2.6 为 CARDC 的跨超音速风洞简图。

高超音速风洞　当 Ma 大于 5 时，需要产生很高的驱动压力比，此时如何防止工作气体的液化成为设计中的主要困难。多数高超音速风洞均采用压力-真空式结构(图 2.7)。为了防止工作气体的液化，需要提高气体的总温或滞止焓。采用较低的工作压力可以使气体液化问题略为缓解，但 Re 随之降低，并需要防止气体的离解。另一种方法是采用沸点较低的氦气，氦的正常沸点只有 4.29 K。例如，在以空气为介质的高超音速风洞中要模拟 Ma 等于 20、环境温度为 250 K 的宇宙飞船回地问题，则要求风洞总温高达 20 000 K，这是高超音速风洞中一般加热方法很难做到的；另外，由于氧和氮等气体成分的离解使气体的比热比 γ 大大降低，因而实验段气流的总温只有理想气体时的 1/3。然而，用氦做工作介质可以在滞止温度为常温的条件下得到 Ma 等于 25 的高超音速气流，而且比用空气或氮气做工作介质有更高的 Re。因此，用氦做工作介质是目前多数高超音速风洞所采用的方案。图 2.8 为 CARDC 的直径 0.5 m 氦气高超音速风洞。加热器的选择和设计是高超音速风洞的另一关键性问题，特别是以空气为工作介质的高超音速风洞必须有大功率的加热器。采用燃气加热器可以使气体温度上升到 750 K，满足 Ma 等于 8 的实验要求。钨电阻式加热器可以将气体温度加到 2200 K；石墨电阻加热器可以加热到 2800 K 以上，但由于氧化反应使它受到一定的限制。另一种方案是选用短时间运行的蓄热式加

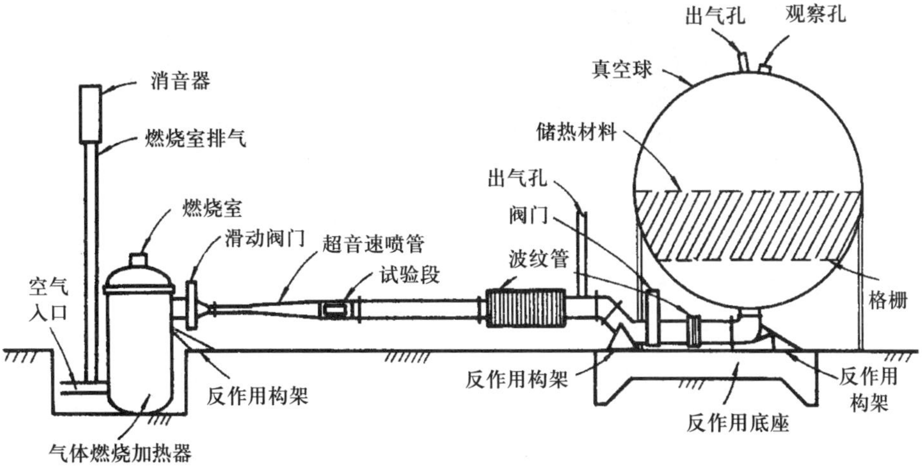

图 2.7　高超音速风洞示意图

热器，它的运行功率较低而温度可达 2100 K 以上，在气罐中充以热容量较高的高温陶瓷，事先用燃气或电阻法加热，以保证实验过程中工作介质具有较高的滞止温度。也可以安装在喷管上游的管路中，当工作介质通过时给予加热。此外，采用电弧射流加热器可以使氮、氦等惰性气体的总温上升到 5500 K 以上，但是要求有较长的稳定段来形成均匀稳定的气流，从而使总焓受到较大的损失。

高超音速风洞的另一种趋势是缩短工作时间，由几分钟减少到 0.1 s，因而需要测试设备满足快速测量的要求。

图 2.8 CARDC 的直径 0.5 m 高超音速风洞

跨音速风洞 模拟飞行器的跨音速飞行是风洞实验的另一个重要课题。这类风洞实验由于激波和边界层相互干扰，流动图形相当复杂；因此除了模拟 Ma 外，还要求有较高的 Re。近代飞行器在跨音速飞行时以机翼平均空气动力弦长为特征长度的 Re 大致为 $2\times10^7\sim2\times10^8$。实验证明，当 $Re>10^7$ 时 Re 对空气动力特性的影响才逐渐减小。通常 $Re>6\times10^6$ 的风洞数据外插到实际飞行条件去还是比较可信的。Re 下降到 3×10^6 时，虽然 Re 的影响较大，但除后掠翼和钝体外用外插法仍有一定的精确性。当 $Re<10^6$ 时再用外插法推算就

不行了，特别是后掠翼、钝体、大攻角、大偏航角时机身和升力面外围的流态随 Re 有很大的变化。边界层转捩点的大幅度移动使表面摩擦阻力、背压、分离点和激波-边界层干扰均有明显的改变。增加实验段压力是提高 Re 的有效方法，例如波音 747 客机的模型实验在实验段压力为 130 个大气压的 2.5 m 跨音速风洞中进行，使模型 Re 达到 6×10^7。

模拟跨音速飞行的 Ma 也有许多困难。首先是气流阻塞，对于闭口实验段的跨音速风洞来说，在 Ma 趋向于 1.0 时截面积 A 的微小变化都将使风速产生很大变化。无论空风洞 Ma 大于或小于 1.0，都将在模型位置产生声速截面，增加或减少压力比对实验段流场不起作用。在 Ma 接近 1.0 的某个范围内实验结果实际上已毫无意义。即使对很小的模型，在 Ma 位于 0.95～1.05 之间时做空气动力实验也是没有意义的。在超音速流动时，激波在洞壁的反射因马赫角很大也给实验带来很大的困难。采用开口实验段则由于气流振荡，在 Ma 位于 0.9～1.1 范围内很难正常使用。采用开孔或开缝壁板在一定意义上解决了气流阻塞问题。

由连续方程和动量方程

$$\frac{\mathrm{d}A}{A}+\frac{\mathrm{d}u}{u}+\frac{\mathrm{d}\rho}{\rho}=\frac{\mathrm{d}m}{m}, \tag{2.28}$$

$$\frac{\mathrm{d}\rho}{\rho}=-Ma^2\frac{\mathrm{d}u}{u}, \tag{2.29}$$

可以得到

$$\frac{\mathrm{d}u}{u}=-\frac{1}{1-Ma^2}\left(\frac{\mathrm{d}A}{A}-\frac{\mathrm{d}m}{m}\right). \tag{2.30}$$

上式表明，当跨音速风洞实验段的 Ma 等于 1.0 和它的邻域时，只要调节实验段的质量流率使 $\frac{\mathrm{d}A}{A}-\frac{\mathrm{d}m}{m}=0$，就可以使实验段流速连续地在音速附近变化。实验证明，采用开孔或开缝壁板来调节实验段质量流率的方法可以消除气流阻塞和激波反射造成的洞壁干扰问题。

实际装置是在开孔或开缝壁板外围做成一个密封的调压室，用抽气机调节调压室中的压力，控制和抽去经过壁板的实验段中多余的流量。在亚音速时，实验段风速由驱动风扇调节。开孔或开缝壁板的作用是控制边界层的增长和消除激波反射引起的洞壁干扰。在 $Ma=1$ 时控制调压室和实验段的压差，调节抽吸的质量流率使实验段保持稳定的音速流。除模型产生的激波外，风洞本身的激波无法在风洞中停留，或者因波后压力上升而增加质量流率使激波被移出实验段，或者迅速耗散。在超音速流动时，主要应防止模型产生的激波在洞壁的反射所产生的干扰。这时，抽吸的质量流率应是气流 Ma 和激波强度的函数,随模型的大小、类型和姿态而变。当 Ma 在 1.02~1.10 范围内时,模型前有弓形脱体激波,方向与气流近似垂直。但 Ma 在 1.02~1.04 范围内激波较弱,用消减措施可以基本解决,Ma 在 1.10~1.15 范围内时反射激波多数已在模型下游了。Ma 在 1.04~1.10 范围内时,需要对开孔和开缝壁板的形式有特殊考虑,并在技术上采取措施尽可能减弱反射激波所产生的干扰。

等离子体风洞 这种风洞利用大功率电弧加热气流,形成高温高速的等离子体流动,使模型驻点附近产生很高的热流率,常用来研究弹头在高温时的烧蚀。但因其气流品质差,工作气体处在热力学非平衡状态,只能作为高超音速风洞的一种补充手段。

低密度风洞 当宇宙飞船在 50 km 高度上飞行时,大气密度为海平面的千分之一,飞行速度为 6 km/s,这时头部温度高达 6000 K,氧分子离解了,氮分子也开始离解并形成 NO 分子,因此需要设计特殊结构的低密度风洞(图 2.9)。这类风洞采用高真空容器产生很大的压力比,但 Re 不高,边界层很厚,需要用很大的实验段才能得到有一定直径的射流核心区作为模型实验区。低密度风洞的主要相似性参数为 Knudsen 数,它等于分子平均自由程和物体的特征长度之比,即

$$Kn = \sqrt{\frac{1}{2}\pi\gamma}Ma/Re. \tag{2.31}$$

例如,在 85 km 高度时大气密度为 7.9×10^{-6} km/m^3,分子平均自由程为 1 cm,与宇宙飞船头部为同一量级。这时在弹体表面产生滑流,壁面流速已不等于零。在稀薄气体动力学中将 $Kn=0.01\sim0.1$ 的区域称作滑流区,$Kn=0.1\sim10$ 的区域称作过渡区,$Kn>10$ 的区域称作自由分子流区。

图 2.9 CARDC 低密度风洞

激波管和激波风洞　激波管是模拟激波运动并产生超音速气流的一种实验装置。它的结构是一根方形或圆形截面的长管,用金属膜或塑料膜分隔为高压段和低压段。在高压段充以高压气体,将低压段抽到一定的真空度,形成实验所要求的初始压力比 p_4/p_1,其中 p_4 和 p_1 分别为高压段和低压段压力。高压段和低压段压力。将膜片刺破,高压段气体涌向低压段,随即形成激波并向低压段传播。通常将未受激波干扰的低压区称作 1 区;高压段随着气体向下游膨胀,形成一族稀疏波向上游传播,通常将未受稀疏波干扰的高压区称作 4 区。原来高压段气体与低压段气体的接触面随气流向下游推移,通常将激波与接触面之间的区域称作 2 区,将接触面与稀疏波之间的区域称作 3 区。因为激波和接触面之间的气流相当均匀和稳定,多数实验在 2 区中进行。当激波从低压段端面反射回来与从高压段端面反射回来的稀疏波头相遇时,2 区结束。将相遇位置选作模型安装位置,可以充分利用 2 区气流的全部时间,并将激波通过模型的时间和反射激波与稀疏波头相遇的时间的间隔称作有效工作时间。以后管中的气流就十分混乱了。激波管的有效工作时间取决于激波管的长度和激波强度。对于小型激波管和中等强度激波,有效工作时间约几百微秒,如果是强激波则远小于 100 μs。大型激波管工作时间可以到毫秒量级。典型波系图如图 2.10 所示。

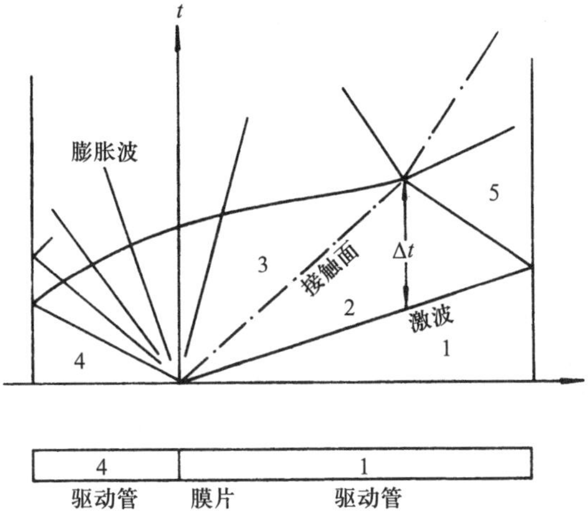

图 2.10　等面积激波管中流动波系图

数字指的是工作区域,各区的性能参数用该区数字作下标注明。

激波后的气流速度由激波前后的压力比 p_2/p_1 决定,即

$$u_2 = a_1(1-\mu_1)\left(\frac{p_2}{p_1}-1\right)\left[(1-\mu_1)\left(\frac{p_2}{p_1}\right)+\mu_1\right]^{-\frac{1}{2}}, \tag{2.32}$$

其中 p_1 和 p_2 为激波前和激波后压力即 1 区和 2 区压力;a_1 为 1 区声速;$\mu_1=\frac{\gamma_1-1}{\gamma_1+1}$;$\gamma_1$ 为 1 区气体比热比。$\frac{p_2}{p_1}$又称激波强度,可以由 4 区和 1 区的压力比$\frac{p_4}{p_1}$求出,即

$$\frac{a_1}{a_4}\cdot\frac{(1-\mu_1)\left(\frac{p_2}{p_1}-1\right)}{\left[(1+\mu_1)\left(\frac{p_2}{p_1}+\mu_1\right)\right]^{\frac{1}{2}}}=\frac{2}{\gamma_4-1}\left[1-\left(\frac{p_2}{p_1}\Big/\frac{p_4}{p_1}\right)^{\frac{\gamma_4-1}{2\gamma_4}}\right], \quad (2.33)$$

以上关系式在激波管手册中有专用的图册供使用者查阅。下标 i 表示 i 区的参数,$i=1,2,4$。

在激波管实验中通常用激波速度 u_s 和声速 a 之比作为基本参数,称作激波 Ma(记作 Ma_s),即 $Ma_s=\frac{u_s}{a}$.当 1 区和 4 区气体的比热比确定后,不断增加高压段和低压段的初始压力比$\frac{p_4}{p_1}$,则激波 Ma 很快趋于极限值

$$(Ma_s)_{\max}\approx\left(\frac{\gamma_1+1}{\gamma_4-1}\right)\frac{a_4}{a_1}. \quad (2.34)$$

上式表明,用空气驱动空气($\gamma=1.4$),如果高压段和低压段的温度相等,则可能达到的最大激波 Ma 仅为 1.89。用声速较高的高温低分子量气体来驱动声速较低的低温高分子量气体,可使声速比$\frac{a_4}{a_1}$有较大提高,从而得到较高的激波 Ma。例如,用氦气对空气冷驱动可以使激波 Ma 增加一倍,用氢气对空气冷驱动可以使激波 Ma 增加两倍。又如,用氢氧燃烧驱动可使激波 Ma 达到 15 以上,用电弧加热驱动可使激波 Ma 达到 100 左右,但有效实验时间极短,气流品质也较差。采用电磁驱动的等离子体激波管可以产生很强的激波和很高的温度,曾用于热核反应中强激波的模拟。利用激波管中气体的非平衡态所产生的粒子能级反转,可以用作气动激光器,或用来研究高温气体的性质和化学动力学的反应过程等。

激波在低压段端面反射后,激波和端面之间的气体经过两次激波压缩后形成高温高压区,称作 5 区。它的压力和温度可以由下式确定

$$\frac{p_5}{p_2}=1+\frac{2\gamma_1}{\gamma_1+1}(Ma_r^2-1), \quad (2.35)$$

$$\frac{T_5}{T_2}=\frac{[2\gamma_1 Ma_r^2-(\gamma_1-1)][(\gamma_1-1)Ma_r^2+2]}{(\gamma_1+1)^2 Ma_r^2}, \quad (2.36)$$

其中 Ma_r 为反射激波 Ma。图 2.11 为 5 区压力、温度、密度和反射激波 Ma 与 Ma_s 的关系。

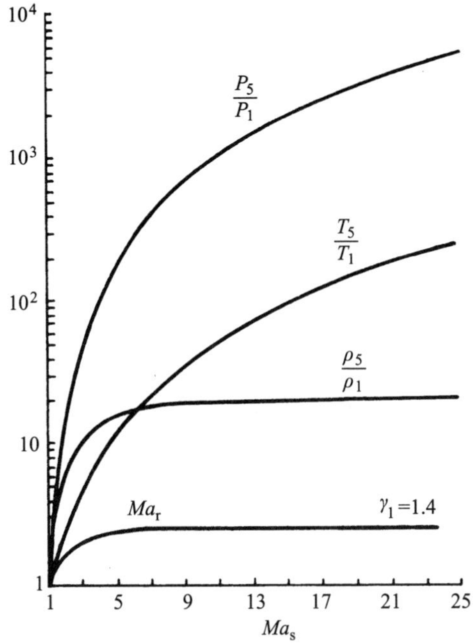

图 2.11　5 区压力、密度、温度和 Ma_r 对 Ma_s 的关系

由于 5 区的高温高压特性对高超音速风洞来说是十分理想的气源，因而在低压段端部设置第二膜片，下游是超音速喷管、实验段和扩散段，并用大容量的真空罐来提高驱动压力比。激波在低压段端部反射后，通过二次破膜使高温高压的 5 区气体经过喉道从下游的超音速喷管进入实验段，形成高 Ma 气流。这种实验装置称作激波风洞，它的有效工作时间比常规的高超音速风洞小得多，而一些实验，如气动热的实验，需要较长的工作时间，但是它的经济性具有很大的优势，在解决大量高超音速流动的实验模拟中起着重要的作用。

为了延长激波风洞的有效工作时间，通常采用缝合技术，使反射激波和接触面相遇时不产生反射波并完全通过接触面。这样，激波风洞的有效工作时间 t_1 可以延长到使接触面到达端面，全部低压段气体通过喉道时为止；工作时间 t_3 可增加 3～5 倍。缝合条件要求 2 区和 3 区的激波阻抗相等，即比热比和声速都相等（$\gamma_2=\gamma_3, a_2=a_3$）。为此，必须提高经过稀疏波后的驱动气体的声速 a_3，故而驱动段的初始温度必须很高。激波风洞的典型波系图如图 2.12 所示。现在，我国大型激波风洞的研制已有许多成果，典型的如 CARDC 的 2 m 激波风洞（图 2.13）。

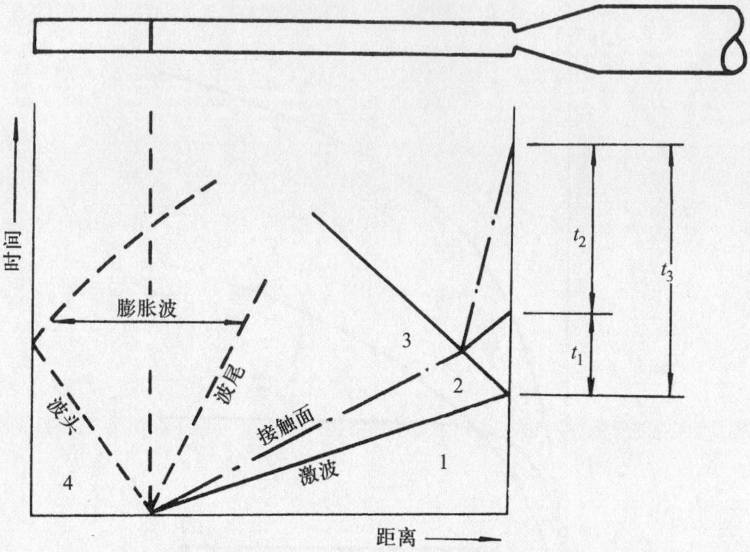

图 2.12 反射型激波风洞波系图

t_1—由接触面反射的一次扰动所限定的时间;t_2—假设二次以后的反射较弱时接触面到达所限定的时间(“平衡中间面法”);t_3—假设无反射时(“缝合法”),由接触面运行到达管末端所限定的时间。

图 2.13 CARDC 直径 2 m 激波风洞

活塞式风洞 在高压段和低压段之间用一个自由活塞分隔。当活塞向下游快速推进时，它的前面形成激波。激波抵达管的端面后在活塞和端面之间往返多次反射，形成高温高压气体，然后破膜驱动下游的高超音速风洞。采用重活塞以 10 m/s 量级的速度向下游运动，则破膜前低压段气体处于等熵压缩状态，有较高的 *Re*，而破膜后实验段 *Ma* 可达到 14 以上，工作时间为 0.1 s 量级。采用轻活塞以 500 m/s 量级的速度推进，则称作炮风洞。滞止温度可达 2000 K，实验段 *Ma* 为 10 左右，工作时间为 10 ms 量级。它的结构和工作过程如图 2.14 所示。

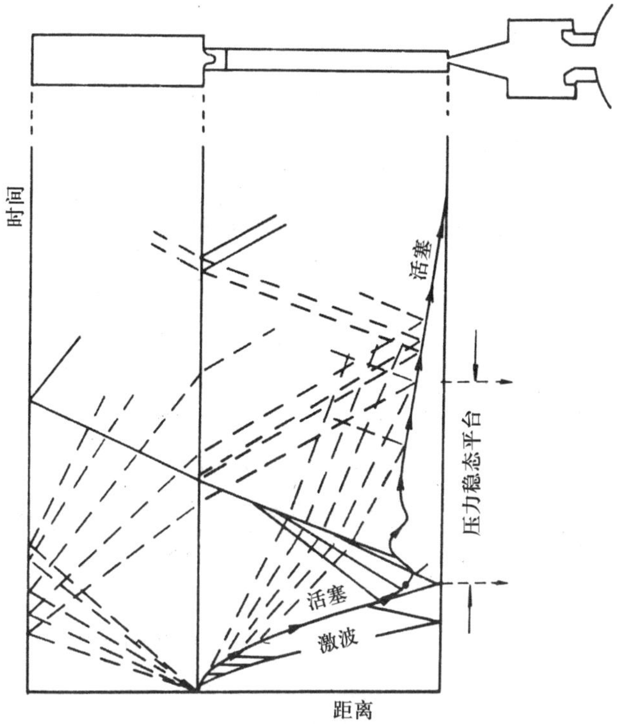

图 2.14 炮风洞的结构及其工作过程(Bray,1962)

弹道靶和逆流靶 尽管高超音速风洞的实验技术有了飞速的发展，但是要同时模拟高 *Ma* 和高 *Re* 并考虑真实气体效应，仍然是一大难题。因而，弹道靶和逆流靶实验技术又开始活跃起来。

弹道靶包括模型发射器(又称高速炮)和密封靶体两部分。密封靶体用作观察和测量，并用来调节环境温度和压力。环境温度可在 100～800 K 之间调节，环境压力可以从大气压下降到 0.01 mmHg，气体成分也可以根据大气条件的需要做相应的控制。靶体侧壁配有许多观察窗口并配备雷达、纹影、X 射线摄影等测量仪器。

高速炮通常分为两级：第一级用火药驱动炮管中的活塞，活塞推进时压缩管中的轻气体形成激波并在炮管端部和活塞之间经过多次反射后达到预定的高压,这时弹射体底部的膜片破裂,使弹射体在炮膛中发射。这种高效率的发射器可以使弹射体速度高达 12 km/s 以上,其大致结构见图 2.15。

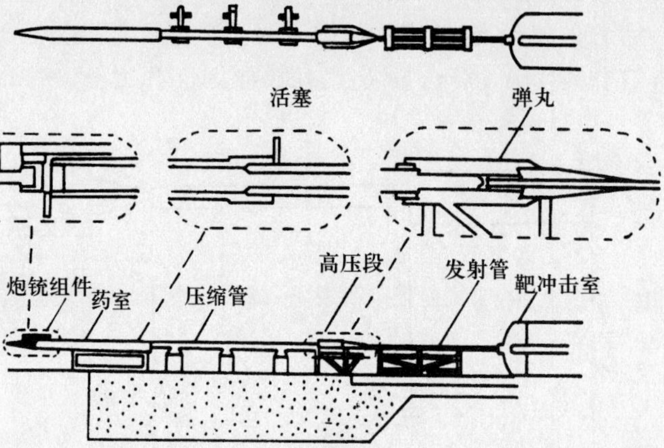

图 2.15　2.5 英寸口径逆流靶的设计(AEDC-VKF)

逆流靶是激波风洞和高速炮的组合。设风洞 Ma 为 3,配合每秒数千米的炮,可以得到 Ma 为 20 以上的相对运动,Re 可达到 10^7 量级。但是由于时间和空间位置不易准确地确定,因而在测量上有很大的困难,其简单结构如图 2.16 所示。

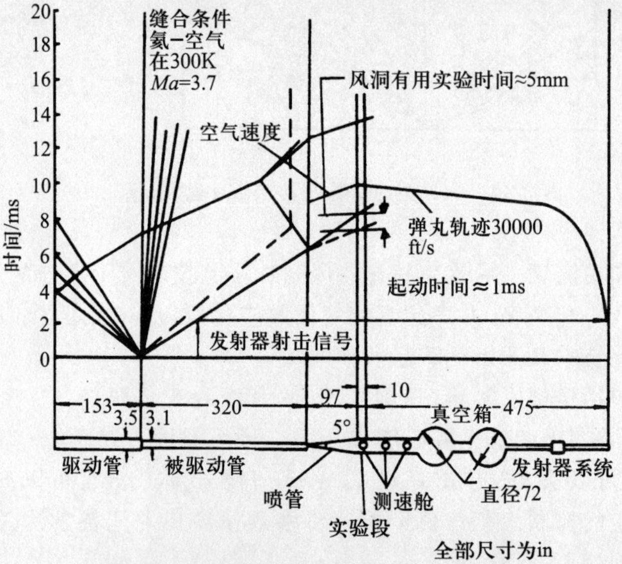

图 2.16　激波风洞逆流靶设计和运行过程

2.3　水动力学实验装置和 Fr 的模拟

水动力学实验装置是流体力学中以水为介质的又一类设备。由于水的密度约为空气的 800 倍，因而浮力效应起主要作用，Fr 是主要的相似性参数。在许多课题中存在水气交界面，例如波浪、潮汐、海流、掺气、船波、风生浪、导弹出水与入水问题等。这时，除了浮力效应外，表面张力常常是重要的因素。此外，还需要考虑水和蒸汽之间的相变，特别是在流场中局部压力小于饱和蒸气压时产生的空化现象，它对水坝、泄洪道、水翼、螺旋桨等绕流问题均有重要的影响。因此，水动力学实验设备和空气动力学实验设备有很大的区别。常用的水动力学设备有以下几种。

水工模型实验装置　常规的水工模型实验采用循环水装置(图 2.17)。将水用水泵从水库抽到水塔，当水塔中的水位超过指定高度时，多余的水流通过水塔顶部的平水堰自行溢出，使整个模型实验过程中水压保持稳定。模型实验所需要的水流由水塔经阀门流经水工模型(水坝、溢洪道、水渠、河流等模型)，最后流入水库。这种循环水装置的优点是工作介质可以重复使用，节省水源，水流稳定。

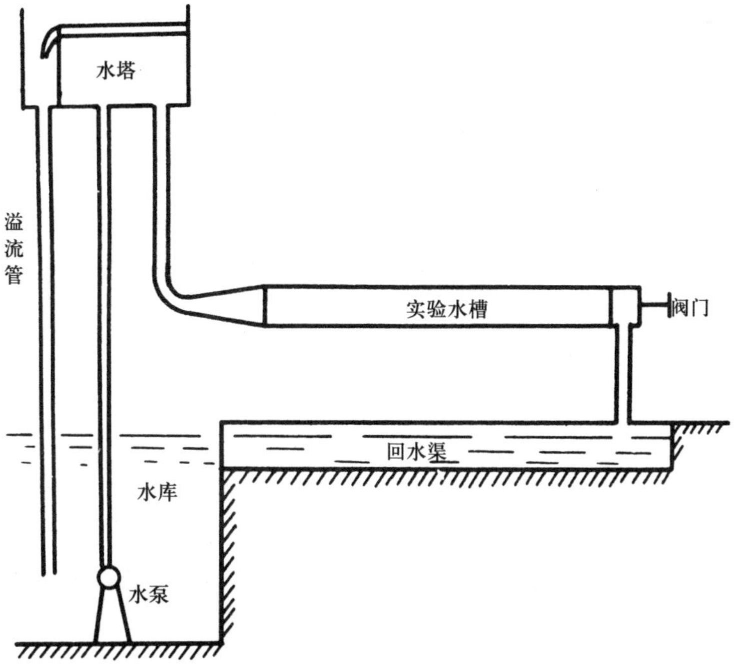

图 2.17　循环水装置

在模拟空化现象时,需要将模型放在减压箱中(图 2.18),使模型的空化数

$$\sigma=\frac{p-p_{\mathrm{v}}}{\frac{1}{2}\rho u^2} \tag{2.37}$$

和 Fr 与原型相等,其中 p_{v} 为液体的饱和蒸气压,ρ 为液体的密度,u 为来流速度,p 为来流静压。设模型缩尺比为 k,原型和模型的饱和蒸气压相等,则模型的水面压力 p 应为原型的 k 倍。

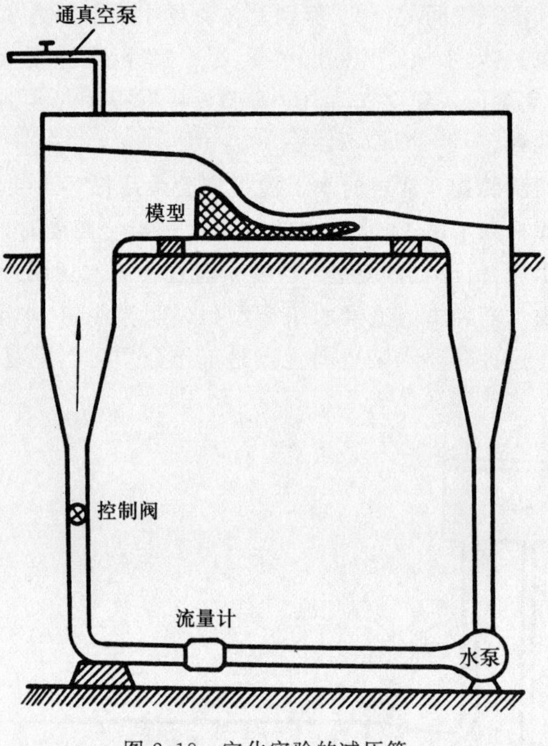

图 2.18 空化实验的减压箱

拖曳水槽 典型的拖曳水槽以中国船舶科学研究中心的水槽为例,该水槽全长 474 m,宽 14 m,水深可调节到 7 m(图 2.19)。槽体为钢筋混凝土结构,侧壁铺有轨道,拖曳速度可控制在 0.03%～0.1%精度内。水槽一端有造波机,另一端有消波装置,可用于研究船舶的迎波或顺波时的动态特性和耐波性能。常规实验有船模阻力实验和自航实验、水上飞机撞水实验、螺旋桨敞水实验等。拖架上带有横向移动机构供测量船模操纵性能之用。

旋臂水池 水池为圆形。圆心处为中心岛,作为旋臂的旋转中心,旋臂的另一端在水池周围的圆形轨道上滚动。船模固定在旋臂上,以一定的半径随旋

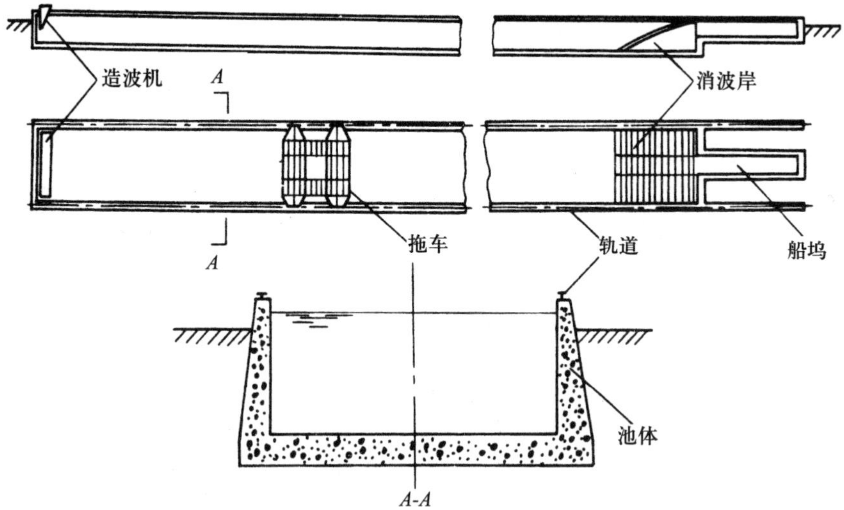

图 2.19 拖曳水槽

臂做圆周运动,并保持角速度恒定,则船模运动的纵轴与该点的切线方向一致。旋臂上装有测力装置,可以同时测量船模在不同漂角和舵角(即圆周切线方向与船体纵轴之间的夹角和舵面)的状态下船模所受到的定常水动力和力矩,扣除机械装置产生的离心力和船模连续运动带动水流运动所产生的切向力。图 2.20 为中国船舶科学研究中心建造的直径 48 m,水深 4.5 m 的旋臂水池的示意图。

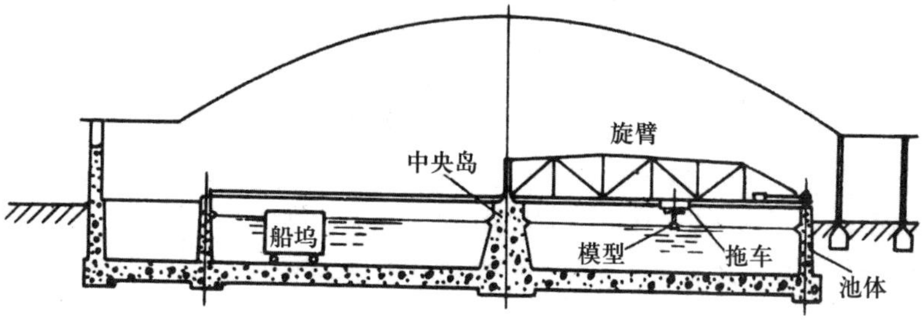

图 2.20 旋臂水池

水洞 水洞是一种结构与风洞类似的水动力学实验装置,用于舰船模型、空化、流体弹性、湍流和边界层等课题的实验研究。多数水洞是封闭回流管道,水流在管路中循环使用。它的结构包括收缩段、实验段、扩散段等部分(图 2.21)。大型水洞常用轴流式水泵驱动,回流段中有拐角导流片以减少能耗。

有的水洞直接从水压稳定的水库直接取水,经收缩段流入实验段,称作自由降落式水洞。这种水洞的湍流度低,常用作流动显示实验,由于能量损失大、流速变化范围有限,多数为小型水洞。

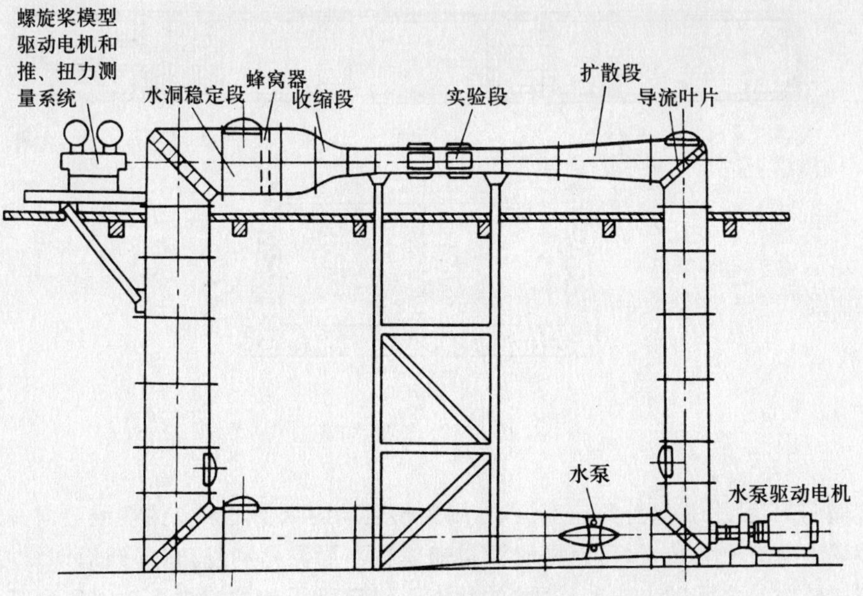

图 2.21 水洞

循环式水洞由于水中气泡等杂质甚多,需要有水净化装置定期作净化处理,将循环用水经过滤系统和净水塔进入洞体,以防止洞体污染和沉积。水洞的形式很多。用作船体和螺旋桨研究的水洞要求有较大的实验段截面积,有自由水面。例如,有的水洞顶部有自由水面,用真空泵抽取空气,调节实验段静压和模型的空化数。研究空化现象的专用水洞要求能产生高速水流,因功耗较大,实验段截面积通常较小。用于湍流和边界层研究的水洞要求原始水流有很低的湍流度,由于水中杂质很多,容易把阻尼网堵塞,又难以清洗;因此除了需要有水净化装置定期处理外,采用精心设计的蜂窝器可以起到整流和降低湍流度的作用。

波浪水池 波浪水池是模拟江河湖海中波浪运动规律以及波浪对舰船和水工建筑的影响的主要实验装置。早期的波浪水池多数是狭长的,用摇板式造波机产生周期性二维正弦波或任意波谱的不规则波;用拖曳法做模型实验来观测波浪对物体的作用或直接在水池一端布置堤坝或河岸模型观察波浪的破坏作用。近期的波浪水池的一端为空气式造波机,另一端有消波装置,水池的宽度有明显的增加,水池上架有回转桥,桥上铺设铁轨,用来拖曳船模以一定速度并与波浪传播方向成一定角度行进，从而测试波浪对船舶的作用力和对船舶稳定性的影响。图 2.22 为中国船舶科学研究中心的波浪水池，长 69 m，宽 46 m，水深 4 m。

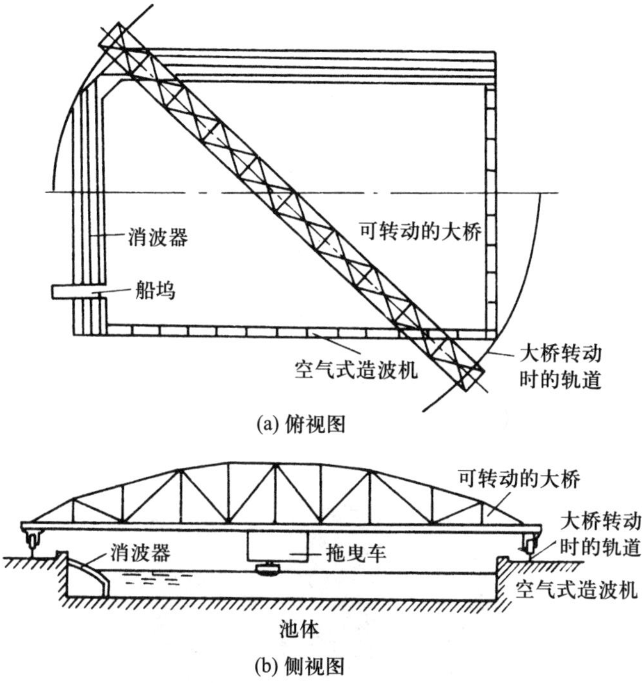

图 2.22　波浪水池

风水槽　这是用于研究风对水流和波浪作用的一种专用设备。水池的上方为一风洞，形成一定速度剖面的气流，通过水气交界面的作用形成波浪和水池中的流动。风水槽除了用于海洋动力学研究外，对于海浪平台的风浪荷载、热电厂冷却水池的回流等课题的研究而言也是基本的实验手段。

2.4　多相流和燃烧实验装置

多相流和燃烧的实验研究是流体力学中应用很强的课题。泥沙流、风砂流、大型动力装置中的气泡流、管道输送、流化床、渗流、喷雾、燃烧等课题均有专用的实验装置。多相流包括气-液、气-固、液-固以及多种成分的气体和液体携带固体颗粒的流动。对于泥沙流、风砂流和气泡流，均以一相流体(空气或水)为载体，携带另一相的颗粒做相应的运动。对于渗流或流化床等流动，固体成分是静止的或限制在某一局部范围内做随机运动。对于喷雾或颗粒沉降，则某一相介质常常是静止或近似于静止的。许多多相流实验研究,如锅炉和核动力装置中的水汽两相流、粉煤的流化床燃烧、河流中的泥沙运动、大型油气田渗流的模拟等均系国家重点投资的项目。

泥沙水槽 泥沙运动包括悬浮质和推移质两种运动形式。悬浮质是在大尺度湍流作用下挟带在水流中的泥沙颗粒;推移质是在水流冲击下不离开河床或在河床附近做间歇性跳进的泥沙砾石颗粒,它们的运动表现为滑移、层移、滚动和跃移等四种形式。泥沙水槽主要研究悬浮质的运动和沉积规律。

由于我国北方黄土地带的河流在上游冲刷严重,雨量集中于夏季,河流在汛期含沙率可高达50%以上,因此对于高含沙水流的研究具有很大的实用价值。这时,流体常常具有明显的非牛顿流动特性。通常,河流含沙量随上游水文情况而变,而水流中应力-应变率关系随泥沙流中含沙量和湍流特性亦有明显的变化。因而,用泥沙水槽进行模拟时需要同时模拟 Fr 和 Re,且模拟缩尺比不能太小。例如,模拟黄河三门峡至花园口之间河道所用的泥沙水槽长近百米。高含沙水流的沉积、冲刷及对堤坝的作用均属泥沙流中的难题(图 2.23)。

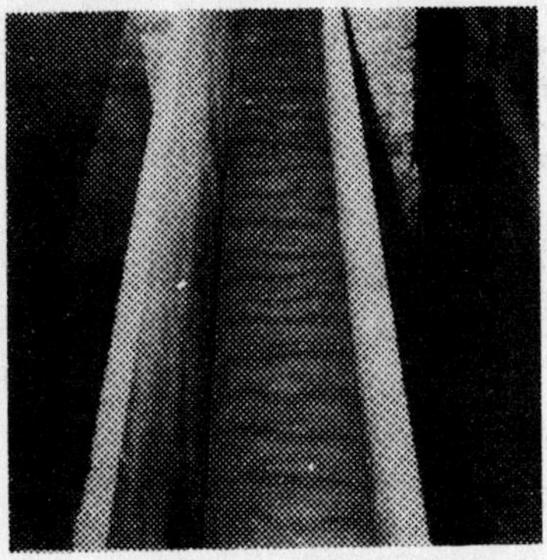

图 2.23 泥沙水槽

固体颗粒的管道输送 这是目前燃料和动力工业中的重要课题。在我国煤的储藏量丰富而石油储藏量有限的情况下为了推广高效率煤燃烧装置,需要解决煤粉的管道输送问题。典型的实验装置如图 2.24 所示,其中空气经鼓风机压入管道,固体颗粒经料斗进入管道与空气混合后通过水平或垂直长管。由于煤粉和空气混合物中煤粉的浓度较高,管道损失系数受浓度变化的影响较大,需要对各种 Re 以及煤粉浓度下各种管道的沿程损失和局部损失系数进行系统的研究。此外,各种材料和添加剂对摩擦阻力的影响也很明显,这也是工程中很感兴趣的问题。通过选取适当流动参量可以形成柱塞流,并使固体颗粒的速度大于气体的平均速度，以产生最大推进效率。

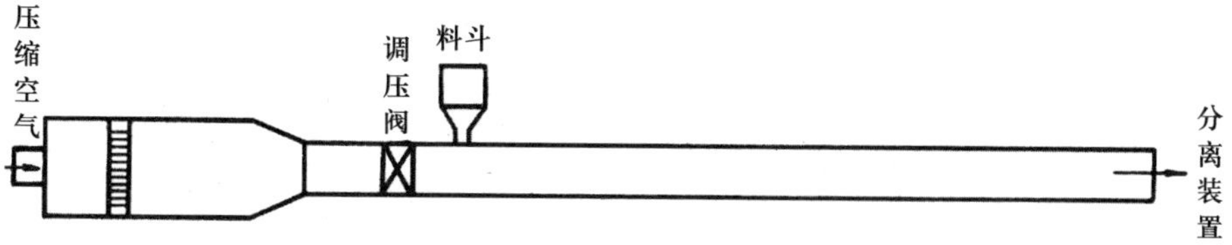

图 2.24　管道气力输送装置

除了气力输送煤粉外，也经常采用水煤浆。用水煤浆燃烧可以充分利用煤的热值，也比较容易输送，但水要吸收汽化热，使燃烧效率明显降低。因而水煤浆适用于工业用炉，不适用于发电。

风砂风洞　这是研究沙漠中风沙运动规律的专用实验装置。结构与普通长实验段风洞相似，但在实验段进口处有料斗装入砂粒，实验段地面铺有较厚的沙层。调节风速可以观察沙粒沉降和沙堆迁徙的规律。

渗流实验装置　该装置主要用于研究流体在多孔介质中的运动规律，该实验以这一领域的开创者达西命名，称作达西实验，它对于研究油、水在地下的运动规律有重要价值。目前渗流研究从层流渗流发展到湍流渗流，介质从水扩展到气或油气水多相流，并在生物脏器和黏膜中液体运动规律方面开展大量的研究。

油、气和煤粉燃烧的实验装置　关于油、气燃烧中湍流火焰的结构和机理以及相应的理论模型的研究在近年来有迅速的发展，与数值计算的结合也取得较好的结果，但在重油和煤粉燃烧中还存在许多具体的课题。常见的燃烧方法有以下几种：

(1) 煤粉的射流燃烧装置。将直径为 50 μm 左右的煤粉用空气动力方法喷入炉膛并形成多股射流。空气和煤粉混合前预热至 375 K，喷出后点火燃烧。喷口附近再引入二次空气使燃烧完全，燃烧效率大大提高。射流通常为渐扩喷口，并加以不同程度的旋转，形成不同的气流结构，以满足炉温的需要(图 2.25)。

(2) 煤粉的流化床燃烧。由容器底部鼓入空气，使煤粉离开炉箅处于悬浮状态，但不致随气流从顶部逸出，因煤粉在气流作用下起伏翻滚，搅拌混合十分充分，能够得到很高的传质传热效率，故称为流化床或沸腾床。这种装置可使用劣质煤，煤粉能得到充分燃烧，燃烧室中炉膛较小，炉温较高，燃烧温度均匀，易于控制和脱硫，使空气污染明显减少(图 2.26)。

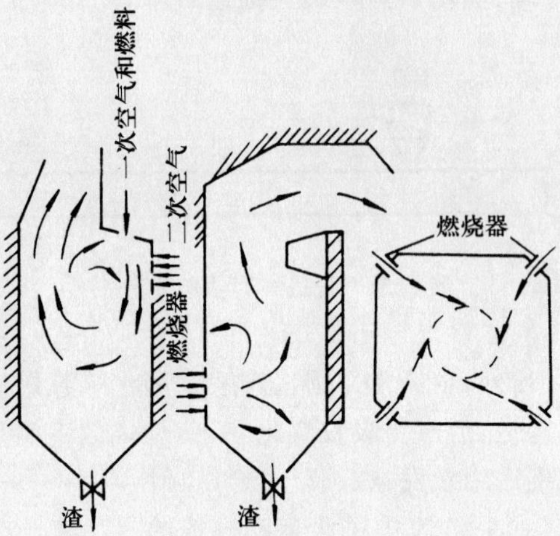

(a) U形火焰炉膛 (b) 前墙喷燃炉膛 (c) 四角喷燃炉膛

图 2.25 煤粉射流燃烧室

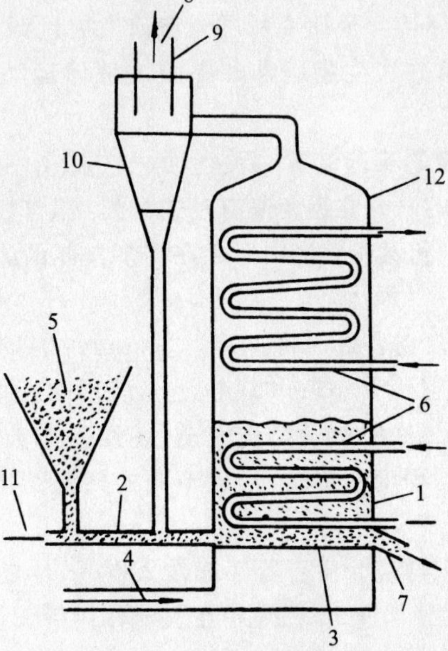

图 2.26 流化床燃烧

1—燃烧室;2—气力输送系统;3—有孔炉箅;4—燃烧空气(约 400℃);5—煤粉;6—受热面;7—排渣槽;8—排烟;9—烟囱;10—烟灰分离器;11—运载空气;12—蒸气锅炉

(3) 煤粉的旋风炉燃烧。这种装置利用旋风原理改变炉膛内的火焰结构，减小炉膛体积，提高炉膛截面的热负荷；适用性强，可燃烧低热值燃料，直径 100 μm 至 5 mm 的煤粉颗粒均可使用(图 2.27)。

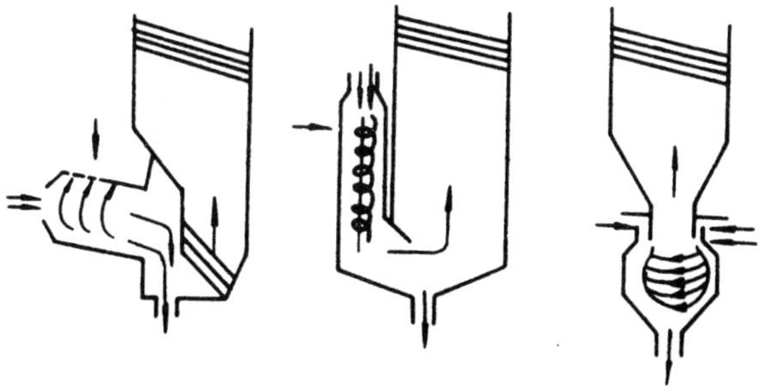

图 2.27 旋风炉燃烧室

对燃烧装置中炉型、喷头、雾化或混合扩散过程的研究通常是用冷态模型在实验室内进行，然后直接做现场实验。

2.5 地球物理流动的模拟

在地球物理流体力学的实验研究中，流体处于旋转坐标中。由于地球的自转速度变化不大，对动量方程做一定简化后，可得

$$\rho\left(\frac{\mathrm{d}\boldsymbol{v}}{\mathrm{d}t}+2\boldsymbol{\Omega}\times\boldsymbol{v}\right)=-\nabla p+\rho\,\nabla\Phi+\mu\Delta\boldsymbol{v},$$

其中 ρ 为流体密度，$\boldsymbol{v}$ 为流体速度，μ 为动力黏度，$\frac{\mathrm{d}\boldsymbol{v}}{\mathrm{d}t}$为惯性力，$\boldsymbol{\Omega}$ 为地球的自转角速度，Φ 为外力的势，$2\boldsymbol{\Omega}\times\boldsymbol{v}$ 为科氏力。由量纲分析可知

$$\frac{\text{惯性力}}{\text{科氏力}}=\frac{V^2/L}{V\Omega}=\frac{V}{L\Omega}=Ro,$$

Ro 为 Rossby 数(罗斯比数)。

模拟 Ro 的实验装置是一个转台(图 2.28)。通过渠流在转台上的偏转反映北半球江河对右岸的冲击，通过底部倾斜的柱体模拟海洋中的各种罗斯比波。直径 2.24 m，水深 10 cm 的转台，转速约 1 r/s，由失稳形成的表面波即可很好模拟大气中的罗斯比波。用矩形容器做旋转可以模拟底部地形产生的惯性波。这类装置对于模拟墨西哥湾流的生成或渤海湾及附近海域中海流的研究都有很好的现实意义。

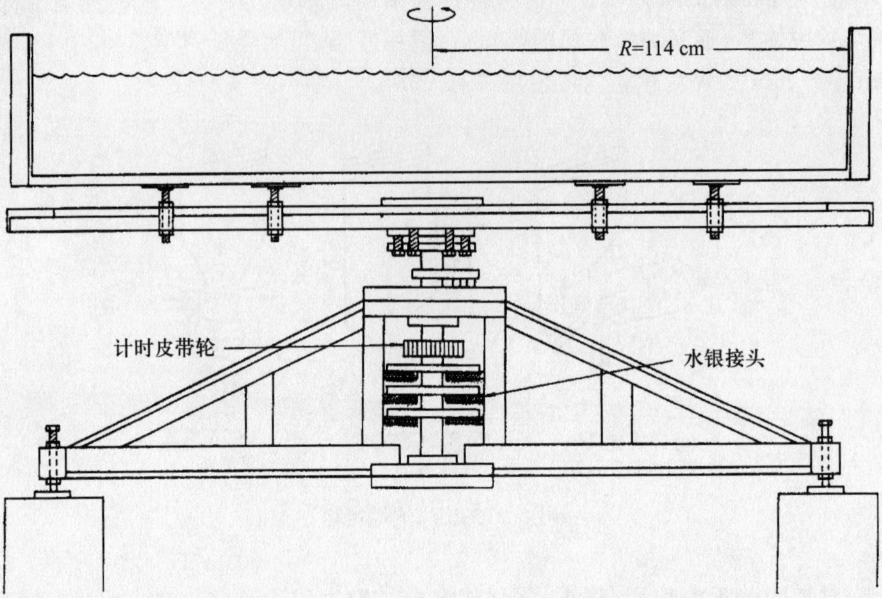

图 2.28 旋转平台

在考虑有温度、密度梯度的大气层或江河海洋中的异重流时，浮力是重要的因素。动量方程的形式为

$$\rho_0 \frac{\mathrm{d}\boldsymbol{v}}{\mathrm{d}t}=-\nabla p+\rho \boldsymbol{g}+\mu \Delta \boldsymbol{v},$$

其中 ρ_0 为密度的静态平均值，p 和 ρ 为压力和密度的扰动值。通过量纲分析，由浮力或惯性力的特征量可得

$$\frac{\text{浮力}}{\text{惯性力}}=\frac{\rho g}{\rho_0 V^2}L=\frac{\rho}{\rho_0}\frac{1}{Fr}=Ri,$$

Ri 为 Richardson 数(理查森数)。

模拟大气边界层流动中的 Ri 的装置为速度和温度剖面可以调节的长实验段风洞，在水中则为分层流水槽。在数米长的水槽中逐次注入不同盐度的水，在水槽中形成一定的密度分层，拖动实验模型来模拟密度分层对流动规律的影响，但这种方法不能模拟速度剖面。另一种方法是分层流循环水槽(图 2.29)。在循环水槽中形成密度分层后，用特殊设计的动力装置(Kovasznay 泵)分别对每层流体以不同速度加以驱动，形成具有一定密度剖面和速度剖面的流动。这类装置对模拟大气扩散和江河湖海中异重流的特殊运动规律具有重要意义。

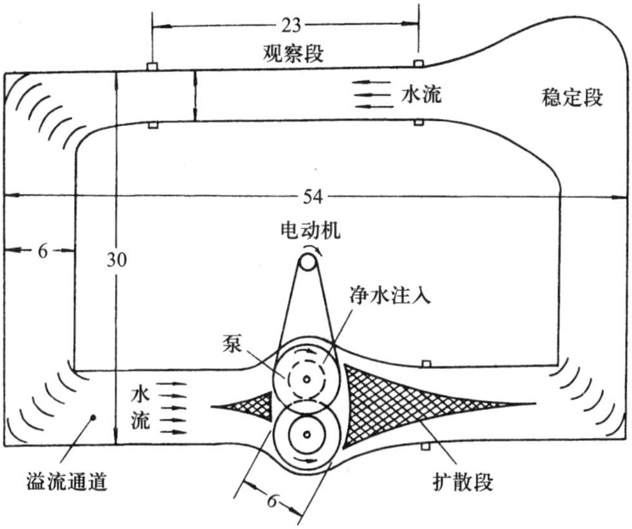

图 2.29　分层流循环水槽(单位:m)

2.6　低 *Re* 流动的实验研究

关于极低 *Re* 的实验研究在生物力学和非牛顿流体力学的研究中有大量的应用。多数实验研究依赖于流动观测。例如,在显微镜下观测海洋浮游生物的运动和生物膜的运动。生物学上用荧光染色法将观测对象染色,然后用激光照射使被测点短期内荧光消退后,在扩散作用下使消退部分恢复之前观测该点的运动。又如用超声流速计测量血管流动中不同径向位置的流速分布。在对人工心脏瓣膜的研究中采用激光流速计观测瓣膜运动和附近的流动。此外,对鱼类、鸟类和昆虫运动的研究也取得了许多有价值的结果,从理论上说明了鱼群运动中产生推力的机制,鸟类的扑翼产生高升力的原理,蝴蝶等平板翼在飞行过程中保持无气流分离的奥秘,等等。

纸浆、润滑油、高分子溶液、血液、泥浆等非牛顿流体的特性早已引起人们的兴趣。有些特性已成功地应用在生产中,例如拉取单晶硅的爬杆效应,照相底片制造中控制各胶层使流动保持稳定性的研究,造纸工业中保证纸质均匀而对纸浆运动的研究等。

实验一　大气边界层的风洞模拟

大气边界层的风洞模拟,是目前研究建筑物风载、污染质的大气扩散以及解决某些环境科学和军事科学中大型课题的重要手段之一。在许多国家,风洞模拟已成为环境部门设计大型工程、林区、厂区和城区规划的主要依据。

最初的大气边界层模拟装置,仅考虑形成一定的平均风速廓线,并未考虑到气流的湍流特性。从 20 世纪 50 年代开始,一些研究大气扩散和建筑物风载问题的长实验段风洞相继筹划和建立,其中较著名的有:美国科罗拉多州立大学的 1.8 m×1.8 m×30 m 的回流式长实验段气象风洞、加拿大西安大略大学的 2.4 m×2.4 m×17.4 m 的直流式大气边界层风洞以及法国马赛湍流统计研究所的 8 m×3 m×30 m 的回流式风水槽。此后,在日本也先后建起若干个 2 m 量级的大气边界层风洞。

与此同时,各种人工加厚的大气边界层模拟装置也相继出现,这类装置不需要很长的形成段,能有效地利用空间,造价较同样大小的长实验段气象风洞便宜很多,也能应用于大型环境风洞。例如,在英国中央电力局的 Marchwood 工程实验室的 9.1 m×2.7 m×24 m 的大型环境风洞,便是成功的一例。这类方法要使气流的湍流特性和原型相似,需经仔细的调整和实验分析。然而,由于人工增厚技术的逐渐完善和它的经济性,这类风洞大有取代自然形成的长实验段边界层风洞的趋势。在我国经费不很充裕的情况下尤其值得推广。

通过对湍能、雷诺应力、温度和浓度脉动以及热或浓度流率的传递方程中各项的分布规律的测量,可以使模拟技术建立在更可靠的基础上,从而和计算流体力学的研究相辅相成,更加密切地配合起来解决各种大型工程实际问题。

1972 年以来,北京大学在大气边界层模拟方面做了系统的工作。1973 年用旋涡发生器法,产生了 0.5 m 厚的大气边界层模型,并开展了环境流体力学的大量研究。1984 年建成 3 m×2 m×32 m 的环境风洞。以后,对各种大气边界层模拟方法做了系统的比较,并在解决工程实际问题中取得较好的效果。目前,国内环境风洞的相继建立,对于解决各种环境工程和城市规划问题起到重要的作用。

基本方程和边界条件的模拟 在讨论风洞模拟的相似条件时,同样可以用基本方程和边界条件相似为依据,对不同类型的问题选择相应的方程和相似条件。

对于建筑物的风载问题,可以从下列雷诺方程出发:

$$\frac{\partial U_i}{\partial t}+U_j\frac{\partial U_i}{\partial x_j}=-\frac{1}{\rho}\frac{\partial P}{\partial x_i}-\frac{\partial \overline{u_i u_j}}{\partial x_j}+\nu\frac{\partial^2 U_i}{\partial x_j \partial x_j},$$

其中 U_i 和 u_i 分别为 i 方向的平均速度和脉动速度分量;x_i 表 i 方向的坐标;P 为平均压力;ρ 和 ν 分别为流体的密度和运动黏度;$i,j=1,2,3$ 分别表轴线方向、高度方向和侧向。令 V 和 L 分别为特征速度和特征长度,则 $V_i=U_i/V$,$v_i=u_i/V$,$r_i=x_i/L$,$\overline{P}=(P-P_\infty)/\rho V^2$,$\tau=tV/L$,雷诺数 $Re=VL/\nu$,可得

$$\frac{\partial V_i}{\partial \tau}+V_j\frac{\partial V_i}{\partial r_j}=-\frac{1}{\rho}-\frac{\partial P}{\partial r_j}\frac{\partial v_i v_j}{\partial r_j}+\frac{1}{Re}\frac{\partial^2 V_i}{\partial r_j \partial r_j}.$$

由于大气边界层底部的湍流强度较高(约 10%),故黏性项的影响较小,Re 仅作为较次要的量出现(和粗糙壁边界层的情况相似),并有

$$\left|-\frac{\partial\,\overline{v_i v_j}}{\partial r_j}\right| \gg \frac{1}{Re}\left|\frac{\partial^2 V_i}{\partial r_j \partial r_j}\right|.$$

除了建筑物模型附近的边界层和尾迹区外,黏性项的影响可以忽略。因此,最基本的相似条件为:(1)原型和模型中来流的本构关系相似。因而要求平均风速廓线和雷诺应力的分布相似,这里 L 和 V 取作边界层厚度和位流速度;(2)建筑物模型的表面应力分布(主要是平均压力分布)和原型相似。

图 2.30 所示是在北京大学 2.25 m 低速风洞中得到的 1/1000 大气边界层模型中的平均风速,其中 x_1 为风洞轴线方向的坐标,x_2 为高度方向坐标,x_3 为侧向坐标,L 为边界层名义厚度,并有 $r_1=x_1/L$,$r_2=x_2/L$ 和 $r_3=x_3/L$ 。又设边界层外沿速度为 V,则有 $V_i=U_i/V$,$v_i=u_i/V$,$i=1,2,3$。风速廓线 V_1 ($V_2=V_3=0$),湍流强度$\sqrt{v_i^2}$ $(i=1,2,3)$,雷诺应力$\overline{v_1 v_2}$沿高度的分布与 Harris 对平坦地形的大气实测资料接近。在做大型火电站双曲型冷却塔的风载实验时,由于边界层底部的湍流强度很高,模型的周向压力分布为超临界状态,与实测资料相近。暂且忽略塔顶自由端影响和底部的地面效应,则调节模型表面的粗糙度,就可使中部 1/3 塔面的平均周向压力分布和原型一致(图 2.31),其中 $P_1=(P-P_\infty)/\rho U_1^2=\overline{P}/V_1^2$,取中部 1/3 的平均值,$S$ 表示沿母线粘贴直径 0.11 mm 丝线,数字为丝线根数。图 2.31 中 S_{16} 的压力分布 P_1 与多数实测资料相近。

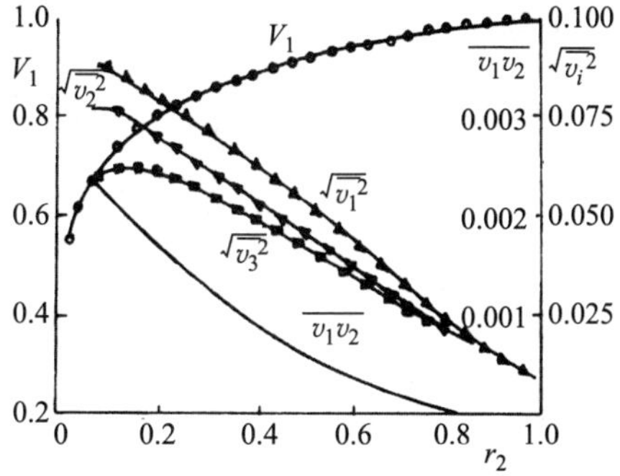

图 2.30　1/1000 中性大气边界层模型的平均风速廓线、湍流强度和雷诺应力沿高度的分布

湍流结构的模拟　在模拟大气边界层的实验中除了平均流动特性的模拟

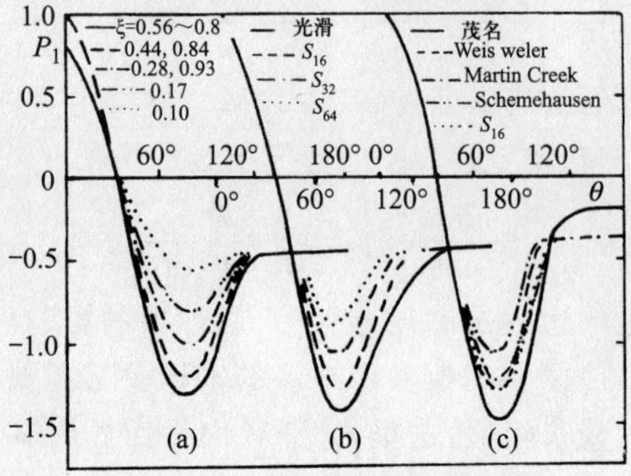

图 2.31 冷却塔的周向压力分布

(a)不同高程的周向压力分布;(b)不同粗糙度的平均周向压力分布;

(c)和实测资料比较 ζ 为测点高度与塔高之比

外,必须考虑湍流结构的相似性。这些有关湍流结构的特性,反映在两点的空间互相关和有时间滞后的自相关及其傅氏变换——能谱和功率谱上,采用 Taylor 的冻结假定,则有时间滞后的自相关可以等价于纵向的两点互相关,从相似理论的观点看,湍流结构的模拟需要满足以下三种相似条件:

(1) 几何相似。除了要求模型各部分的几何尺寸以一定缩尺比按原型缩小外,还应要求来流的湍流尺度也按缩尺比缩小。对于风载一类课题,主要考虑湍流的积分长度尺度,它可以从两点的空间互相关曲线得到。图 2.32 所示是在 1/1000 大气边界层模型中得到纵向脉动速度的互相关曲线,$R_{uu}(0,r,0)$表示在垂向间隔 r 下测得的两点纵向脉动速度 u_1 的互相关,$R_{uu}(0,0,r)$表示横向间隔 r 下的两点脉动速度 u_1 的互相关。它和平坦地形的大气实测结果相当符合,所得的积分尺度沿高度的分布也和大气实测结果一致。

对于污染质的扩散问题,应该用 Kolmogorov 长度尺度 $\eta=(\nu^3/\varepsilon)^{\frac{1}{4}}$ 作为湍流惯性子区中涡的平均尺度,$v=(\nu\varepsilon)^{\frac{1}{4}}$ 为 Kolmogorov 速度尺度,其中 ν 是流体的运动黏度,ε 为湍流的能量耗散率。要求模型和原型的涡尺度之比,等于模型和原型的特征长度之比,即

$$\eta_m/\eta_p=L_m/L_p,$$

下标 m 和 p 分别表示模型和原型。Cermak 认为,在模型和原型的湍流强度不相等的情况下,应采用

$$\frac{L_m}{L_p}=\frac{\eta_m}{\eta_p}\cdot\frac{(\sqrt{\overline{u_1^2}}/V)_m}{(\sqrt{\overline{u_1^2}}/V)_p},$$

其中$\sqrt{\overline{u_1^2}}$为纵向湍流强度,V 为边界层外沿的速度。在实验中,由于基本达到

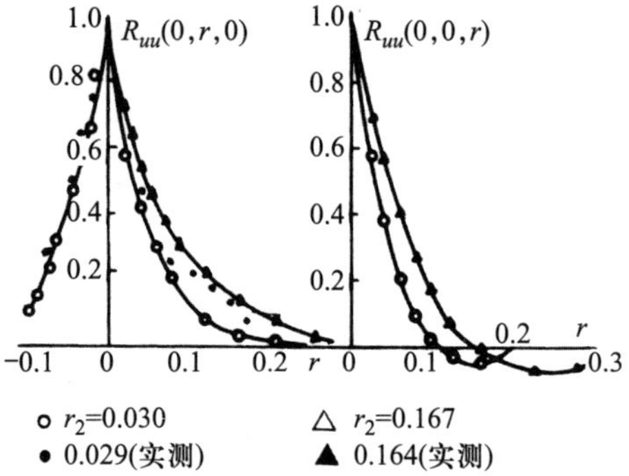

图 2.32 大气边界层模型中的空间相关

(a)垂向间隔下的空间相关;(b)横向间隔下的空间相关

了谱相似的要求,以上几种几何相似条件均能得到满足。

(2) 运动学相似。它要求模型中各点的速度和原型中相应点的速度保持一定的比例。除了平均流速之外,应要求无量纲湍流强度$\sqrt{\overline{u_1^2}}/V$ 的分布和原型一致。图 2.30 所示为我们在模拟装置中得到的纵向、横向和垂向的湍流强度沿高度的分布,它与长实验段的边界层风洞以及大气实测的结果基本一致。运动学相似的另一方面要求是谱相似。湍流能谱表示不同尺度的涡所具有的能量,为速度平方的量级。对于风载问题,要求谱的低频端和原型一致。用积分长度尺度做无量纲化后,得到

$$\frac{E(k)}{\overline{u_1^2}L_1}=F(kL_1),$$

其中 k 为波数,L_1 为积分长度尺度,$F(kL_1)$又称大尺度谱。对于污染质的扩散问题,要求谱的高频端和原型一致。用 Kolmogorov 长度尺度作无量纲化,得到

$$\frac{E(k)}{v^2\eta}=f(k\eta)$$

称作 Kolmogorov 谱。图 2.33 所示为我们在模拟装置中得到的大尺度谱。由于模型的雷诺数为原型的 1/1000,惯性子区的范围较原型稍窄,因此不能要求和原型完全一致。此外 Davenport 和 Harris 曾从实测资料提出大气中强风谱的经验公式

$$nS(n)\propto\begin{cases}\dfrac{X^2}{(1+X^2)^{\frac{4}{3}}} & \text{(Davenport)},\\[2ex] \dfrac{X^2}{(2+X^2)^{\frac{5}{6}}} & \text{(Harris)},\end{cases}$$

其中

$$X=(n/\overline{U}_{10})L_b,$$

$S(n)$为谱在频率域的表示形式，称作功率谱；$nS(n)$为使用百分带宽的滤波器库测量功率谱时的常用表示形式；n 为频率，$\overline{U}_{10}$为 10 m 高程的平均流速，L_b 为大气边层高度。如图 2.34 所示，模拟实验中得到的功率谱和上述经典公式大体相符。对于湍流扩散及钝体绕流中的涡脱落频率来说，谱特性相似具有重要作用。

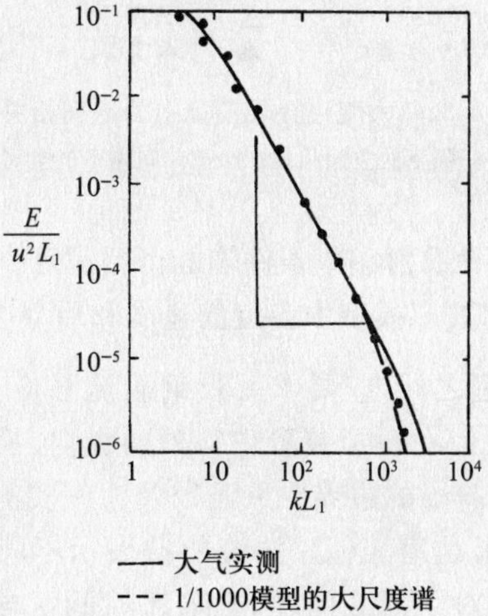

图 2.33 大气边界层中的大尺度谱

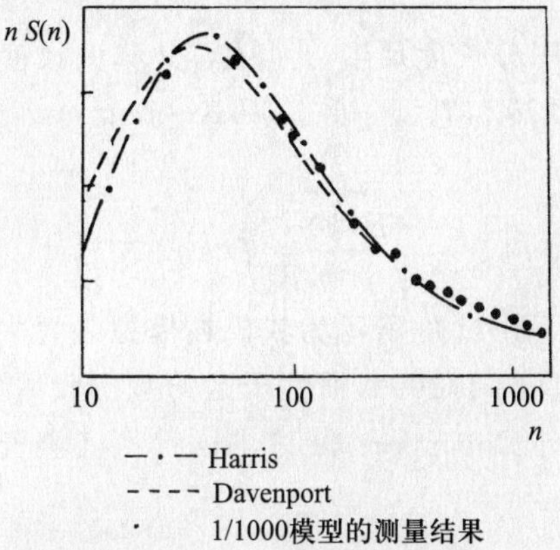

图 2.34 大气边界层中的功率谱

(3) 动力学相似。关于平均流动的动力学相似条件已在上节讨论，与湍流结构有关的还有湍流雷诺数 $Re_L=\sqrt{\overline{u_1^2}}L_1/\nu$ 和 $Re_\eta=\sqrt{\overline{u_1^2}}\eta/\nu$。前者在大尺度谱中对惯性子区的高频端有直接影响，$Re_L$ 越大则惯性子区的范围越宽；后者对湍流扩散有直接影响，特别是对中远距离的扩散规律影响较大。

湍流特性的控制和调节　任何一种大气边界层模拟装置中的湍流特性都是在一定的风速、地形和具体的实验条件下得到的。当风速、地形等实验条件改变时，要保持湍流特性的相似性，就必须对形成装置加以控制和调节。另一方面，不同的实验课题要求模拟装置具有不同的湍流特性，因而也需要对形成装置加以调节。不能将一种风速下测得的湍流特性，盲目地用到别的风速上去。即便是自然增厚法得到的边界层，在实验条件和实验要求改变时，仍需对形成装置做细致的调节。具体做法有以下几种：

(1) 风速廓线的控制。在粗调时，风障对风速廓线起很大作用，特别是对边界的中下部产生很强的影响。粗糙元仅对底层的速度分布起作用，该作用逐步向上传递(图 2.35)。

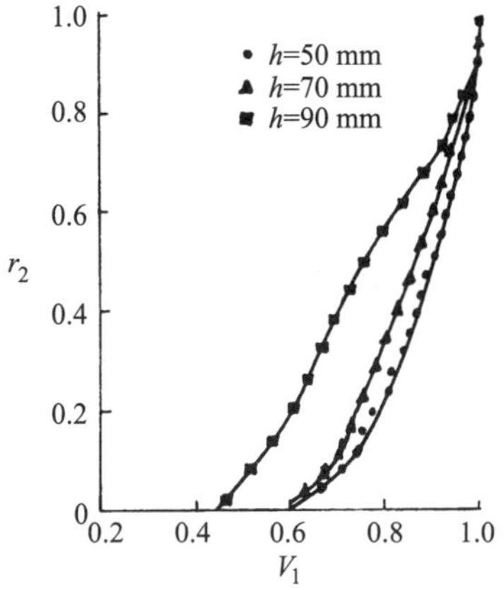

图 2.35　风障高度 h 对风速廓线的影响

(2) 雷诺应力的控制。粗糙元的调节对边界层底部的雷诺应力分布起主要作用。例如将部分粗糙元撤除，使气流从粗糙壁面突然过渡到光滑壁面时，雷诺应力变化最为灵敏，经过较长距离后才开始影响到风速廓线和湍流强度的分布(图 2.36)。

(3) 湍流尺度的控制。除了风障对近地层的大尺度结构起到明显的调节作用外，改变旋涡发生器的间距，可以对边界层中上部的湍流积分尺度产生明显的影响(图 2.37)。

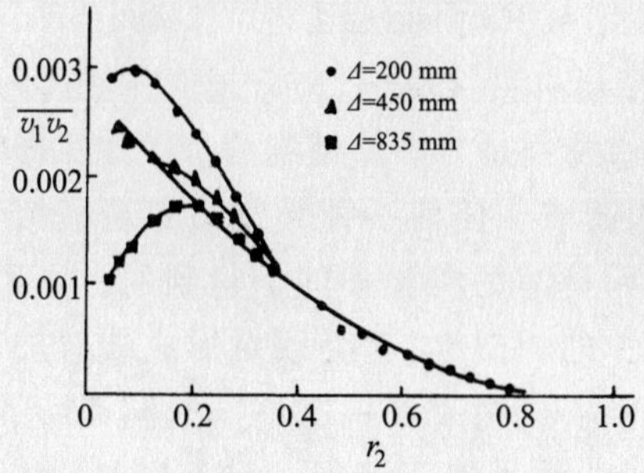

图 2.36 粗糙度对雷诺应力分布的影响

(Δ 为到粗糙壁与光滑壁分界点的距离)

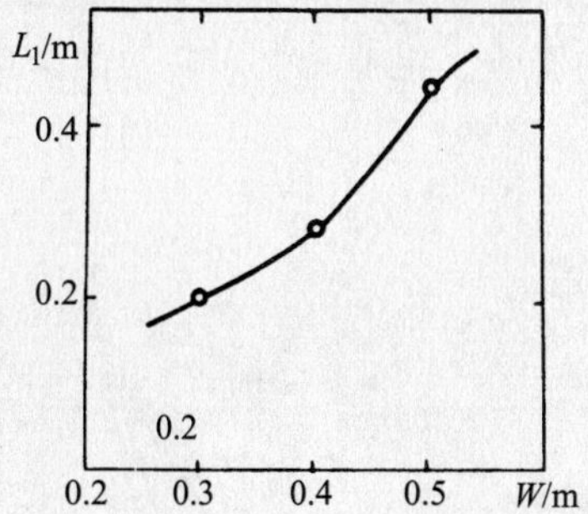

图 2.37 旋涡发生器的间距 W 对积分尺度的影响

(4) 能谱的调节。上述改变积分尺度的方法对于调节能谱的低频端有明显的作用。此外,用活动栅板法,对于控制湍流能谱的低频部分亦能起到一定的作用。

大气边界层模拟的应用 在解决我国生产和大型工程建造所提出的大量课题中,大气边界层模拟技术得到日益广泛的应用。在风载方面,例如广州白云宾馆的风载实验和大型冷却塔群的风载实验,均得到比较成功的结果。事实上,由于大气底层的强剪切层的作用,对于较低建筑物或大型构件,同样需要做系统的实验研究。在污染质扩散方面,例如石景山电厂烟囱高度的模拟实验、徐州电厂和渡口电厂的污染扩散实验等,均有较好的结果。配合排放标准对烟囱出口高度的研究也有了一定的进展。

图 2.38 所示为烟囱出口附近沿烟流(指断面上最大风速点两侧的气流)的流动特性,其中 ζ 为从烟囱出口沿烟流轴线的曲线距离与烟囱直径之比,η 为沿烟流轴线方向测量时测点和轴线的距离和烟囱直径之比。图 2.38 示出了由特征速度做无量纲化后在距烟囱出口 $\xi=10,20$ 和 40 处的平均速度 V_1 的法向正态分布、

湍流强度 $\sqrt{\overline{v_1^2}}=\sqrt{\overline{u_1^2}}/V_1$ 的法向变化，以及雷诺应力 $\overline{v_1v_2}/V_1^2=\overline{u_1u_2}/\sqrt{\overline{u_1^2}}\sqrt{\overline{u_2^2}}$ 在烟流两侧的变化。此外，有大量的课题通过利用大气边界层模拟技术得到了较好的结果，如风沙迁移规律的研究、防风林带渗透率对有效防护面积影响的研究、城区风场的研究、某些军事项目中对大气扩散问题的研究以及对河道中推移质的运动规律的研究等。

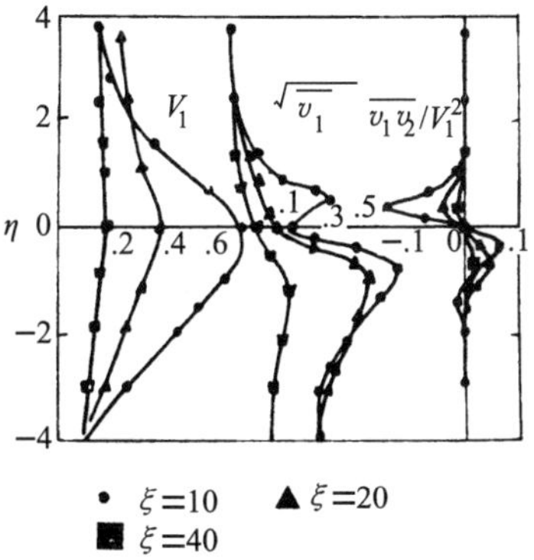

图 2.38　垂直烟流轴线的速度和雷诺应力分布

参考文献

1. Rae W H Jr., Pope A. Low Speed Wind Tunnel Testing. John Wiley and Sons Inc., 1984.
2. Pope A, Goin K L. High Speed Wind Tunnel Testing. John Wiley and Sons Inc., 1965.
3. Pankhurst R C, Holder D W. Wind Tunnel Technique. Pitman and Sons, 1952.
4. 中国大百科全书总编辑委员会《力学》编辑委员会. 中国大百科全书：力学. 中国大百科全书出版社，1985.
5. Emrich R J. Methods of experimental physics in: vol. 18, Fluid Dynamics. Academic Press, 1981.
6. Lukasiewiez J. Experimental Methods of Hypersonics. Marcel Dekker, Inc., 1973.
7. Tsien H S. On the design of the contraction cone. JAS, 1943: 69-71.
8. Lin T C. Ducts for accelerated flow. Proc. 2nd US Nat. Conf. Appl. Mech., 1954.
9. Cheers F. Note on wind tunnel contractions. ARC, R&M no.2137, 1945.
10. Libby P A, Reiss H R. The design of two dimensional contraction section. QAM, 1951, 9.
11. Bederson B, Fite W L. Methods of Experimental Physica in: vol. 7B: Shock Tubes. Academic Press, 1968.
12. Stambuleanu A. Flame Combustion Processes in Industry. Abacus Press, 1976.
13. Odell G M, Kovasznay L S G. A new type of water channel with density stratification. J. Fluid Mech., 1971, 50: 535-543.

14. 颜大椿. 大气边界层模拟的湍流相似. 力学进展，1986，16：473-481.
15. Stambuleanu A. Flame Combustion Processes in Industry. Abacus Press，1976.
16. Tsien H S. On the design of the contraction cone for a wind tunnel. JAS，1943：69-71.
17. Lin T C. Ducts for accelerated flow. Proc. 2nd U.S. Nat. Conf. Appl. Mech.，1954.
18. Cheers F. Note on wind tunnel contractions. ARC R&M no.2137，1945.
19. Libby P A，Reiss H R. The design of two dimensional contraction section. QAM，1951，9.
20. Bossel H H. Computation of axisymmetric contractions. AIAA J. 7，1969：2017.
21. Thwaites B. On the design of contractions for wind tunnels. ARC R&M2278，1946.
22. Syczeniowski B. Contraction cone for a wind tunnel. JAS，1943：311.
23. Puckett A E. Supersonic nozzle design. J. Appl. Mech.，1946，13：A265.
24. Foelsch K. A new method of designing two dimensional Laval nozzles for a parellel and uniform jet. North. Amer. Aviation，Rept. NA-46-235-1，1946.
25. Sivells J C. Design of two dimensional continuous curvature supersonic nozzles. JAS，1955，22：685.
26. Tucker M. Approximate calculation of turbulent boundary layer development in compressible flow. NACA TN，1951，2337.
27. Staniz J D. Design of two dimensional channels with prescribed velocity distribution along the channel wall. NACA Rept.，1953，1115.
28. Riise N N. Flexible-plate nozzle design for two-dimensional supersonic wind tunnel. CIT，Jet Propul. Lab.，Rept.，1954：20-74.
29. Kenny J T，Webb L M. A summary of the techniques of variable Mach number supersonic wind tunnel nozzle design. NATO AGARDograph，1954，3.
30. Dryden H L，Abbott I H. The design of low-turbulence wind tunnel. NACA Rept.，1950，940.
31. Schubauer G B，et al. Aerodynamic characteristics of damping screens. NACA TN，1950，2001.
32. Lukasiewiez J. Experimental Methods of Hypersonics. Marcel Dekker Inc.，1973.
33. Counihan J. Simulation of an adiabatic urban boundary layer in a wind tunnel. Atmos. Envir.，1973，7：673-689.
34. Cermak J E. Wind tunnel design for physical modeling of atmospheric boundary layers. J. Engrg. Mech. Div. ASME 107，EM3，1981：623-642.
35. Nee N V T，et al. The simulation of the atmospheric surface layer with volumetric flow control. Proc. 19th Annual Tech. Meeting，1973：483-487.
36. Counihan J. A method of simulating a neutral atmospheric boundary layer in a wind tunnel. AGARD CP no.48.

第二篇　流动参量的测量

除了少数定性观察流动现象的实验外，在绝大多数实验研究中都要依靠各种测量方法和仪器来完成预定的实验目的。但是，每一种测量方法都只能反映流动特征的某个侧面，而实验的根本目的是怎样用最简便的方式来反映具有主导作用的流动规律，并将复杂的现象和实验观测得到的结果联系起来，使我们对实际流动得到完整的认识。这就是实验研究中的一个完整的认识过程。在不影响预定的实验目标的前提下，采用哪种测量方法以及怎样安排测量是每个实验工作者必须掌握的基本技巧。常常是用最好的仪器不一定能够得到好的成果，而相当复杂的课题却可以用十分简单的实验方法来完成。本篇的目的不在于详细介绍各种测量仪器的细节，而在于怎样选择和使用各种仪器去完成实验课题。为此，需要了解仪器的基本原理，以便在实验中灵活地使用它们，大胆地开拓它们的各种功能，使实验技术不断有所改进；熟悉仪器的物理机制，以便不断从邻近学科的最新发展中吸收有益的东西。

第三章　流动参量测量中的力学方法和电学方法

3.1　平均压力测量

压力测量是流体力学实验中最基本的方法。压力是流场中应力的主要部分，它代表作用在流体中单位面积上的法向力。流场中某点的静压指的是该点三个主方向上法向应力的平均值，$p=-\frac{1}{3}(\sigma_{11}+\sigma_{22}+\sigma_{33})$，因压力方向指向受压表面故而取负值。对于通过该点的流管来说，静压也就是在该处流管侧壁上测得的压力。因此，可在物体表面开一小孔，经导管把压力引向压力计。由于导管内的流体是静止的，流体越过小孔时流线基本上不受干扰，故由小孔导出的压力就是在物体表面上该点的压力。为此，在工艺上要求测压孔的轴线应垂直于壁面，孔的外沿平滑、无毛刺或倒角，孔径为 1mm 左右为宜。最理想的办法是将压力传感器直接安装在物体表面，使传感器表面与物体表面对齐。但是目前的压力传感器的直径多数在 3mm 以上，且价格较昂贵。实验中即使在动态压力测量的情况下仍多用测压孔传递，然后通过校准来测定管道的声阻抗和相位滞后。

在测量流场中某点的静压时需要在流场中放入一个探头或传感器。它的直径与所观测的流动结构相比应足够小，对流场的干扰可以忽略，测得的静压值与没有探头扰动时该点的静压值应尽可能接近。常用的静压探头是一段前端封闭的圆管，距前缘约三倍管径处开一圈静压孔。这里测得的静压受头部的影响较少，误差为百分之一量级，偏向负值。在距静压孔约十倍管径处安装一个垂直的支杆，它对上游的静压孔产生正的干扰，和头部的影响相抵消，并将静压孔处的压力导出。对于非均匀来流或有较大压力梯度的流场，这种静压探头仍可得到较大程度的近似，但是对气流偏角比较敏感(图 3.1(a))。

静压探头上得到的压力经导管引到 U 形管压力计(图 3.1(b))的一个支管上，由 U 形管两支管中液面的高度差 h_1-h_2 可以算出该点静压和大气压力之差 Δp，故这种压力计又称差压计。设 ρ 为 U 形管中工作液体的密度，则

$$\Delta p=\rho g(h_1-h_2), \tag{3.1}$$

其中 g 为重力加速度。若将 U 形管的一个支管做成截面积很大的贮液杯,称作杯式压力计(图 3.1(c))。在测量压力时,贮液杯中的液面高度的变化很小,而细管中液面有较大的升降。只需读出细管的液面高度,便可由细管和储液杯的截面积之比 f/F 得到压差

$$\Delta p = \rho g \Delta h(1 + f/F) = \rho g \Delta h K, \tag{3.2}$$

$K = 1 + f/F$ 称作杯式压力计的校准系数,可以由校准精确测定。Δh 为细管中液面高度与加压前的初始值之差。为了提高读数精度,设计时使细管和水平成 α 角,称斜管压力计(图 3.1(c)),并有

$$\Delta p = \Delta h \rho g \sin\alpha. \tag{3.3}$$

将许多细管经连通器和一个大贮液杯相连,可以测量多点的压力,称多管压力计(图 3.1(d))。在水力学实验中传递压力的介质是水,因而将各测压管的顶部用连通器连接,适当调节连通器中空气的压力,使各管水面均在连通器以下,读出各管的水柱高度可得到各管之间的差。

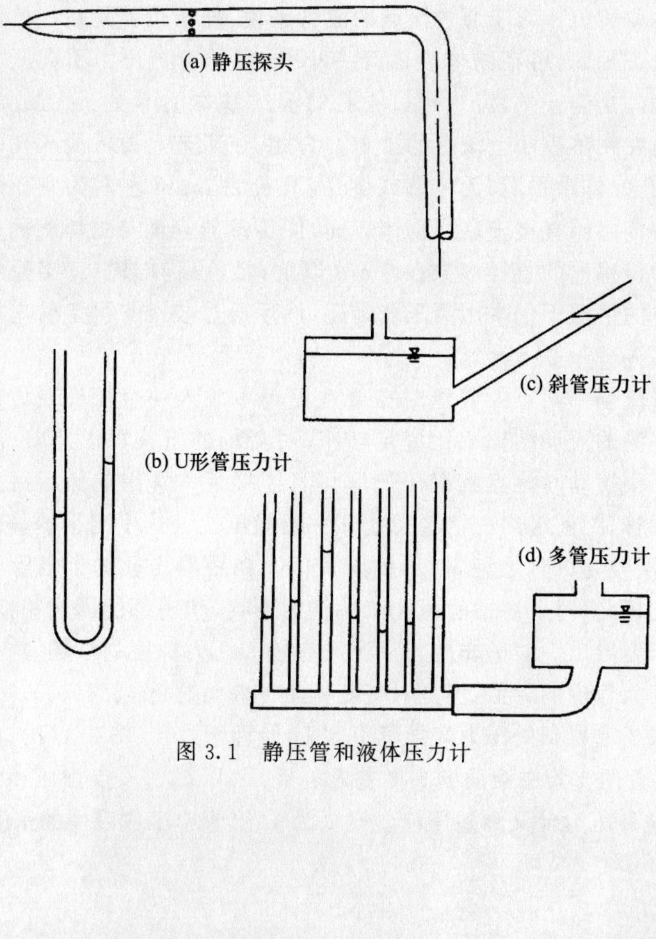

图 3.1 静压管和液体压力计

上述有自由液面的压力计通常称作液体压力计。在使用时，首先要考虑表面张力的影响。水、酒精等液体在表面张力的作用下使液面在细管中上升并形成下凹的表面，水银等液体的液面上凸，并使液柱略有下降。表面张力对液面高度的影响由下式表示：

$$\Delta h=\frac{2S\cos\beta}{(\rho_L-\rho_G)R}, \tag{3.4}$$

其中 S 为表面张力，ρ_L 和 ρ_G 分别为液体和气体的密度，R 为管的半径，β 为液-气交界面与管壁的夹角。因此在使用杯式压力计和多管压力计时应记下初始读数，将加压后的读数减去初始读数，以便消除表面张力造成的误差。其次，应注意环境温度对压力计工作介质密度的影响，

$$\rho=\rho_0[1-\alpha(T-T_0)], \tag{3.5}$$

设标准温度 T_0 为 15℃时介质的密度为 ρ_0，那么在环境温度 T 改变时液体的密度 ρ 随之改变，它的变化率由温度系数 α 确定。酒精的温度系数为 0.0011。在实验中尤其应注意在强烈的灯光或日光照射下工作介质温度的变化。

在液体压力计读数管的底部安装超声波探头，定期发出声脉冲到液体表面，经反射后回波仍由超声波探头接收。由于声速为常值，只要记录触发脉冲到检出回波的时间间隔 $\Delta\tau$，可算出液面高度 $H=\frac{1}{2}c\Delta\tau$，c 为液体中的声速。这种方法常用于多点测量并和计算机联机。但是液体压力计的频率响应太低，不能做动态压力测量。另外，液面高度太低时 $\Delta\tau$ 对应的计时脉冲太少，精度很低；液面太高时回波减弱，容易受干扰。此外，对工作介质的密度要随时做温度修正，才能保证必要的精度。

液体压力计的适用范围为 $1\sim10^5$ Pa。Pa(帕)为国际上通用的标准压强单位，1mmH_2O=9.81Pa，1kgf(公斤力)/cm^2=98.07kPa。低于 1Pa 时液体压力计的精度一般只能保证一位有效数字，高于 10^5 Pa 时在测量中存在诸多不便。

机械式压力计是在生产和运输机械中应用很广的一类压力计，它的适用范围大致为 $10\sim10^8$ Pa。例如，在航空中常用膜盒压力计(图 3.2)，它利用金属波纹膜受压后产生的位移和膜两侧压差的比例关系来指示压强，多用于压强不太大的情况。在测量高压时常用弹簧管压力计(图 3.3)，其中的敏感元件是截面呈椭圆形并弯曲成圆弧状的金属管，内壁加压后弯管的弹性变形使它的曲率变小，因而管的端部产生位移，然后用传动机构将位移反映为指针的偏转，再由表盘读出相应的压强来。这两种机械式压力计的缺点是精度不高，使用一段时间后需要进行校准。柱塞式压力计是一种供校准用的精密压力计(图 3.4)，适用范围为 $10^2\sim10^8$ Pa。在活塞顶部加砝码，使唧筒中的液体或气体承受一个已知的压强。将唧筒与待校的压力计连通，感受同样的已知压强。唧筒的右侧与油

或气体容器相连,并有专用的机械来调节油或气的压强,以便使活塞在唧筒中恢复到初始位置,则扣除连通管道中流体的静压差,唧筒中的压强应精确等于活塞和砝码重量与唧筒截面积之比。

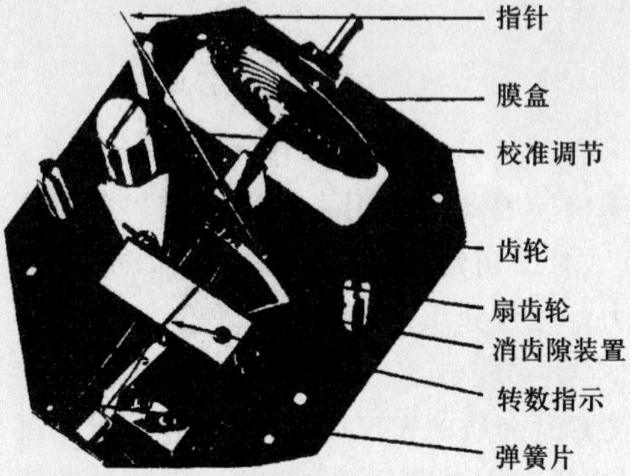

图 3.2 膜盒压力计

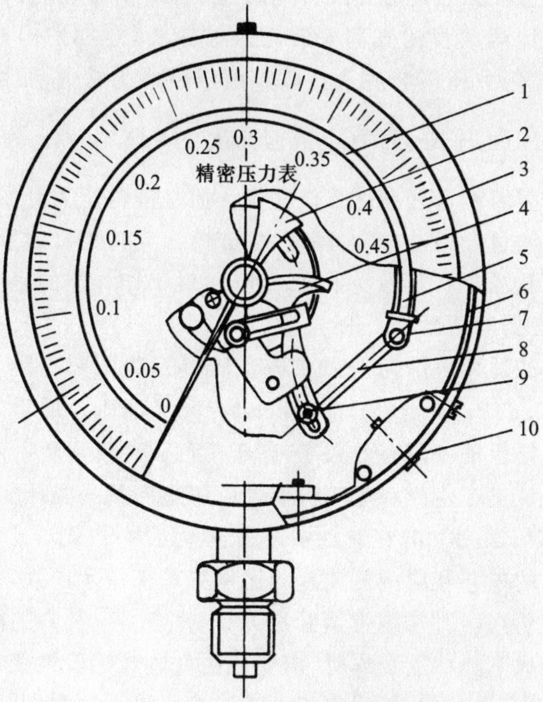

图 3.3 弹簧管压力计

1. 镜面;2. 指针;3. 表盘;4. 齿轮传动机构;5. 弹簧管;6. 外壳;7. 柱销螺钉;8. 拉杆
9. 圆柱端头螺钉;10. 零位可调装置

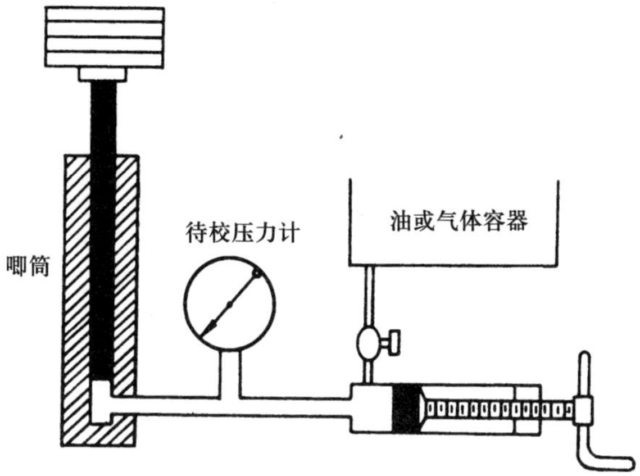

图 3.4 柱塞式压力计

3.2 流速和流向的测量

测量流速和流向的经典方法主要是通过对某绕流物体表面压力的测量来实现的。测量平均流速最常用的方法是皮托管,它在柱形头部驻点位置开孔测量来流的总压或滞止压力,侧壁开有一圈小孔或狭缝测量当地的静压,低速时由总压和静压之差可以计算当地流速

$$U=\sqrt{\frac{2}{\rho}(p_0-p)}, \tag{3.6}$$

其中 ρ 为空气的密度,p_0 和 p 为当地的总压和静压。总压孔的进口处有时有锥形倒角,头部形状可以是半球形、半椭球形、平直截断或截锥形等,在低速时头部形状对总压测量的精度影响不大。只有在超音速气流中为了减少激波损失通常采用截锥形头部。静压孔的位置对静压测量的精度有很大影响,通常开在离头部 3～8 倍直径处,与头部形状、支杆的形状、距离有关,一般希望开在头部对静压产生的负的偏差和支杆产生的正的偏差相互抵销的位置上。常见的几种皮托管如图 3.5 所示,其中 ID 表内径,OD 表外径。将总压孔和静压孔测得的压力分别经细管引导到皮托管的总压和静压接头,再用软管分别和压力计或差动压力计连接,就可以由压力计指示的压力差求得流场中该点的平均风速。如果静压孔选择适当,使皮托管头部的影响和支杆的影响刚好抵消,那么皮托管测得的风速应该对应于流场未受风速管干扰时的当地风速,但精确等于当地风速一般是不可能的。需要采用旋臂机、飞行实验、标准风洞、水池等手段进行校准,确定该皮托管的校准系数 ξ(皮托管测得的动压和未受扰动时的当地动压之比),也可以利用校准系数已知的标准风速管在风洞流场均匀区用比较

法确定。在校准系数ξ已知的条件下流场中某点的平均风速由下式确定:

$$U=\sqrt{\frac{2}{\rho}\gamma gK\xi(h-h_0)\sin\alpha}\,, \tag{3.7}$$

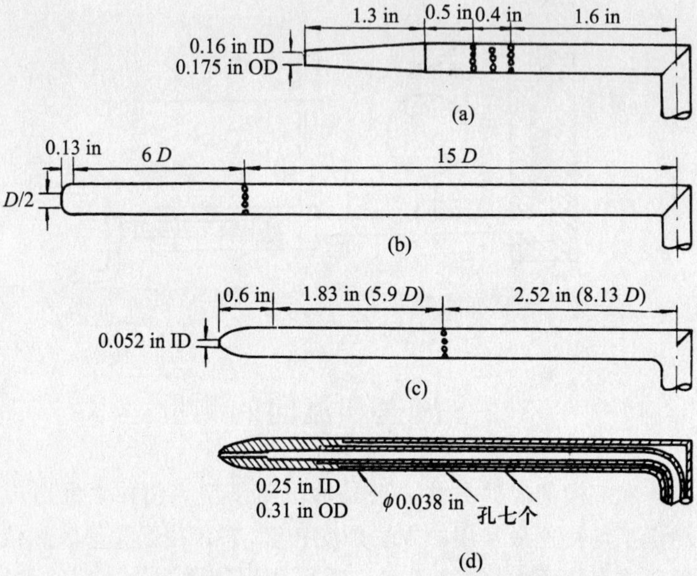

图 3.5 皮托管的各种形式

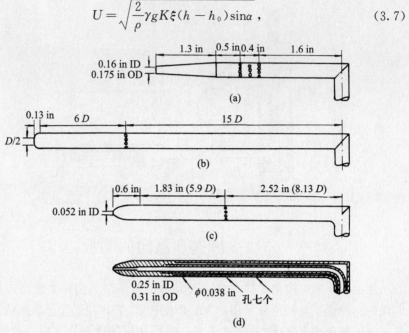

(a)N. P. L. 锥形头部的皮托-静压管;(b)N. P. L. 半球头皮托-静压管;

(c)修正椭球头皮托-静压管;(d)修正椭球头皮托-静压管的剖面图

其中各物理量分别是:空气密度ρ(单位:kg/m^3),重力加速度g(单位:m/s^2),压力计的液体密度γ(单位:g/cm^3),液柱高度h(单位:mm),压力计的校准系数K,风速管的校准系数ξ,压力计的倾斜度α(单位:°),则无须做单位换算可得U的单位为 m/s。上式中的空气密度可以由当时当地的气压p和温度T按状态方程求得

$$\rho=\rho_0\frac{p}{p_0}\cdot\frac{T_0}{T}, \tag{3.8}$$

其中ρ_0,P_0和T_0按国际标准大气给出,即在海平面干空气条件下的标准物理参数。目前国际上常用的是国际空间研究委员会(COSPAR)在 1965 年提出的国际标准大气数据 CIRA 1965 和国际民航组织(ICAO)的数据(表 3.1)。

表 3.1

	P_0/atm	T_0/K	ρ_0/(kg/m^3)
CIRA 1965	1.003785	289.70	1.2251
ICAO	1.000000	288.16	1.2250

又海平面处重力加速度 $g=9.80665\ \mathrm{m/s^2}$，可得 $\rho_0/g\approx 0.1249\ \mathrm{kg\cdot s^2/m^4}$，或 $\rho_0/g\approx\frac{1}{8}=0.125$。因此，标准大气条件下风速和动压的关系近似有

$$U\approx\frac{1}{4}\sqrt{p_0-p}. \tag{3.9}$$

以上风速计算公式只适用于 $Ma<0.25$ 和 $Re>200$ 的均匀流动。

严格地讲，用皮托管测量的只是在特定绕流体表面的二个特殊位置上的压力，然后用压力、速度和密度或其他气流参数之间的确定关系来计算该处的平均流速。因而，在流动参数之间的确定关系（相当于伯努利定理）已知或经过精确的校准，便可以用于高亚音速、超音速、高超音速以至稀薄气体流动，能在极低雷诺数下工作，也能在气-固、液-固两相流以及某些有燃烧或化学反应的复杂流动中应用。

在高亚音速流动中由皮托管测得的总压与静压之比可以利用下式求得，来流 Ma

$$\frac{p_0}{p}=\left(\frac{T_0}{T}\right)^{\gamma/(\gamma-1)}=\left(1+\frac{\gamma-1}{2}Ma^2\right)^{\gamma/(\gamma-1)} \tag{3.10}$$

在超音速流动中皮托管测得的总压还需考虑前缘脱体激波造成的压力损失，可由下式确定来流 Ma：

$$\frac{p_0}{p_0'}=\left(\frac{2\gamma}{\gamma+1}Ma^2-\frac{\gamma-1}{\gamma+1}\right)^{1/(\gamma-1)}\left[\frac{(\gamma-1)Ma^2+2}{(\gamma+1)Ma^2}\right]^{\gamma/(\gamma-1)}, \tag{3.11}$$

其中 T_0 和 T 为来流的总温和静温，γ 为气体的比热比，p_0' 为激波后压力。

在低 Re 时，皮托管测得的压力差可以表示成无量纲系数 $C_p=\dfrac{p_0-p}{\frac{1}{2}\rho U^2}$，它与以皮托管内径为特征长度的雷诺数 $Re_d=\rho dU/(2\mu)$ 有以下近似关系：

$$C_p\approx\begin{cases}4.1/Re_d, & Re_d<0.7,\\ 1+2.8/Re_d^{1.6}, & Re_d>0.7.\end{cases} \tag{3.12}$$

对于高 Ma 和稀薄气体还要考虑其他因素。

在有气流偏角 φ 时，总压孔的方向特性近似有以下公式：

$$p_0(\varphi)=p+\frac{1}{2}\rho U^2-B\sin^2\varphi\cdot\frac{1}{2}\rho U^2, \tag{3.13}$$

静压孔相应有

$$p(\varphi)=p-A\sin^2\varphi\cdot\frac{1}{2}\rho U^2. \tag{3.14}$$

上式中 A，B 为皮托管的方向特性的校准系数，不同形状的皮托管的方向特性有很大差别，需要通过校准来精确给定。

在强湍流中,瞬时速度矢量为$(U+u_1)\boldsymbol{i}+u_2\boldsymbol{j}+u_3\boldsymbol{k}$,故而总压孔测得的平均压力为

$$\overline{p_0}=\overline{p}+\frac{1}{2}\rho[\overline{(U+u_1)^2}+\overline{u_2^2}+\overline{u_3^2}], \tag{3.15}$$

总压孔和静压孔测得的平均压力差为

$$\overline{p_0}-\overline{p}=\frac{1}{2}\rho U^2[1+\overline{u_1^2}/U^2+(1+A-B)(\overline{u_2^2}+\overline{u_3^2})/U^2], \tag{3.16}$$

与皮托管的方向特性有关。

皮托管在有速度梯度的流场中使用时要考虑到总压孔有效中心的位置向剪切层高速方向的偏移d_e。设总压孔中心位置的横向坐标$z=0$,相应的流速为U_c,来流的剪切率为α,因此来流的速度分布为$U/U_c=1+2\alpha z/d_0$,d_0为皮托管的外径。用直径为$2a$的球来计算剪切率的影响,近似有$d_e/2a=\alpha/8$。由于头部的形状各不相同,准确的关系主要依靠校准。

利用上述绕流体表面压力分布的特点,可以设计出各种流速-流向探头,如球形五孔探头、叉形五孔探头等,可以同时测量流速和流向(图3.6)。

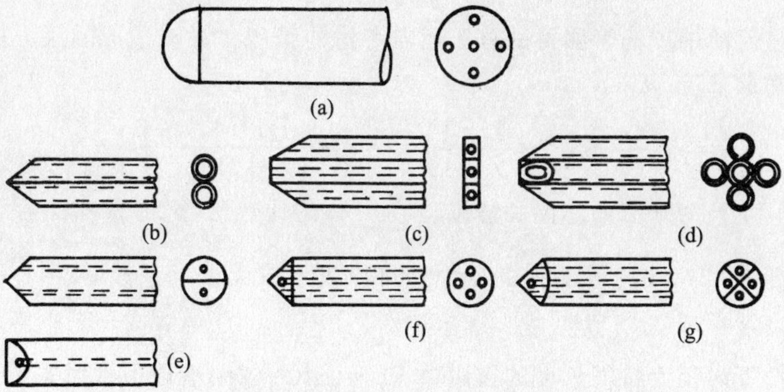

图3.6 流速-流向探头的顶视和侧视图

(a)五孔球形探头;(b)~(g)其他方向探头

机械式流速计有气象用的风杯流速计和翼轮流速计等。事先确定风速和翼轮、风杯转速的关系,使用时由转速可知风速(图3.7)。

电流速计的类型有多种:(1)脉冲丝风速计。在流场中以一定间隔放置两根细金属丝做成的探头。上游探头通过周期性的强电流脉冲,使周围气流加热。下游探头为电阻温度计(又称冷线)用以感受温度的变化。在发射电流脉冲时打开计时电路,并开始记录计时脉冲,在下游冷线感受到热信号时关闭计时电路,由计时脉冲数可求得热气团经过两探头之间所需时间,即流体的平均流速。若在脉冲丝上游放置另一冷线探头,便可测量速度方向不断变化的分离

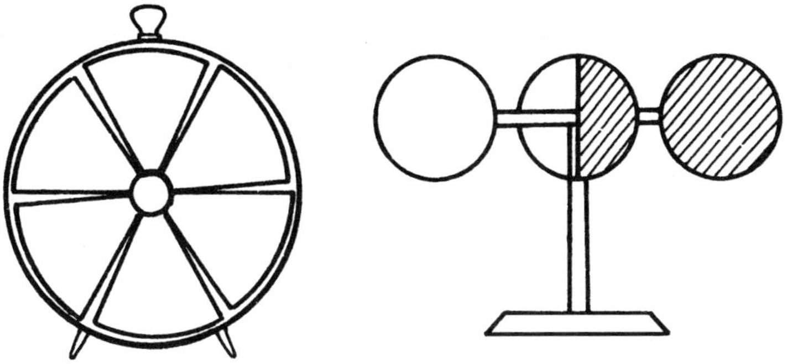

(a) 翼轮流速计　　(b) 风杯流速计

图 3.7

区流动。(2)超声风速计。以一定间隔放置超声发射器和接收器各一个,测量声从发射器到接收器之间的时间,可以得到传播速度,它等于声速和流速的代数和。当 3 个独立方向分别安装发射器和接收器时,可以同时测出 3 个方向的速度分量。它在气象上曾得到成功的应用。(3)声多普勒流速计。根据多普勒原理,流速 U 引起的声频变化可由下式表示:

$$\Delta f = 2(f_0 U/c)\cos\alpha, \tag{3.17}$$

其中 f_0 为超声频率,c 为声速,α 为流速与声传播方向的夹角。这种方法曾成功地用来测量血管中沿直径方向十余点构成的速度剖面。(4)超声纹影法。由于超声波的声导纳在流场中因流速变化而产生弯曲,可以用纹影法测得流速的变化。(5)电磁流速计。由法拉第定律可得,由磁极间的流体运动产生的感应电动势 E 与流速 U 成正比,即

$$E = \frac{\mu}{c} H s U, \tag{3.18}$$

其中 s 为磁极间隙,μ 为磁渗透率,c 为光速,H 为磁场强度。

以上各种流速流向测量方法中,电测法常常用在某些测量条件困难的特殊应用上,但不如压差法价格低廉,使用方便。

3.3　动态和准静态压力的测量

近代压力测量技术主要向快速、多点测量的方向发展,与此同时电测的精度和稳定性也大大提高,故大量的读测工作可由传感器和计算机联机得到解决。某些传感器已经成为实验室校准用的标准仪器,特别是在动态压力测量技术已得到较快发展的情况下。

用作准静态快速多点测量的仪器通常有两种：一是扫描阀——压力传感器——模-数转换器——微计算机系统。它只需一个压力传感器，但只能用作低频或准静态压力测量。扫描阀是一种可控的机械式压力切换装置，可以用手动或计算机控制切换。扫描阀的结构如图3.8所示。二是压力传感器——巡回检测仪——微计算机系统。巡回检测仪由许多电子开关组成，对各个压力传感器的输出信号逐个检测并送入微计算机或直接打印输出。

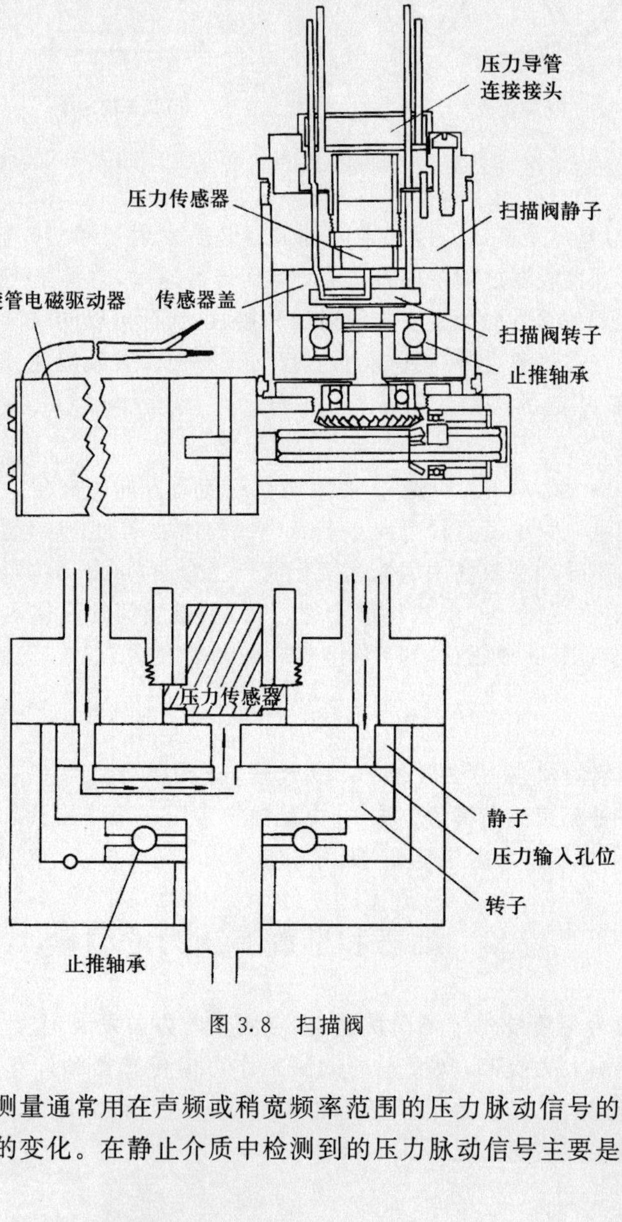

图3.8 扫描阀

动态压力测量通常用在声频或稍宽频率范围的压力脉动信号的检测，它反映流体中压力的变化。在静止介质中检测到的压力脉动信号主要是声压，而流场中的压力脉动主要是由流体中湍流和各种波动引起的。在射流外围由于混合层中涡的诱导作用而产生的压力脉动称作赝声。因为它们的机制不同,在用动态压力传感器进行测量时,必须明确测量的目的,合理地区分测量对象和相应的物理机制。

动态压力测量技术常常用于测量流场中的各种振型、分离点或机翼后缘附近的流场特性以及绕流物体表面各点动态压力分布的相位关系。利用两点间动态压力的互相关,或动态压力和脉动速度的互相关,可以有效地分析流场中涡的运动和声的传播规律。

常用的动态和准静态压力传感器有以下几种。

电阻式压力传感器　量程高达 10^9 Pa,可用于超高压的核爆炸或水下爆炸实验(图 3.9)。电阻的相对变化为

$$\frac{\Delta R}{R}=S\Delta p, \tag{3.19}$$

其中 S 为压强灵敏度,Δp 为压差。敏感元件若为锰铜柱则 $S=0.024\,(\mathrm{MPa})^{-1}$,若为锗半导体 PN 结则 $S=0.01\,(\mathrm{MPa})^{-1}$,典型尺寸为 1 mm×1 mm×0.5 mm。图 3.9 为这种压力传感器的构造,外壳由环氧树脂制成。

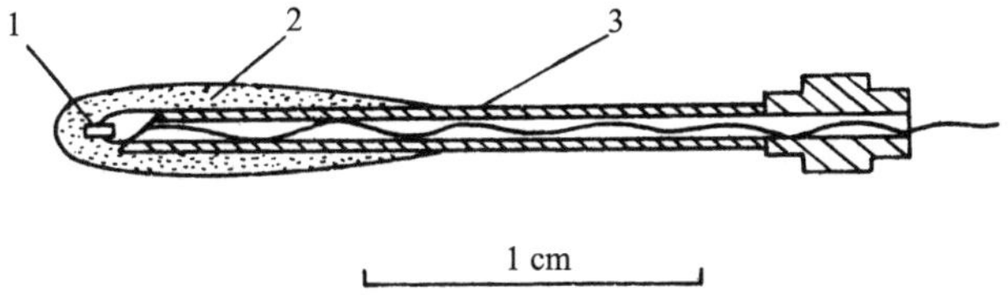

图 3.9　水下爆炸实验中的电阻式压力传感器

1—压阻元件;2—填料;3—导管

电阻应变式压力传感器　这种探头利用弹性元件或薄膜在压力作用下产生变形的特点,由应变片检测与压力成正比的电信号。应变片可以是细金属电阻丝、电阻膜或某种镀层(如石英镀层),也可以是反映应变 ε 所产生的杂质浓度变化的半导体应变片。直接喷镀的应变元件优于粘贴的应变片(图 3.10)。电阻的相对变化为

$$\frac{\Delta R}{R}=S\varepsilon, \tag{3.20}$$

其中 S 为应变片的灵敏度,通常的电阻丝应变片 $S\approx2$,半导体应变片的 S 高达 50～100,S 是杂质浓度的函数,在一定范围内杂质浓度越大则灵敏度越高。半导体应变片的缺点是温度效应,而且杂质浓度增加时温度效应也增加,应在电路中加以补偿;此外,它的频率响应不高,补救办法是利用半导体三极管的射-

基结在应力作用下会使集电极电流发生改变,且由于敏感区域很小,频率响应可以做得很高。

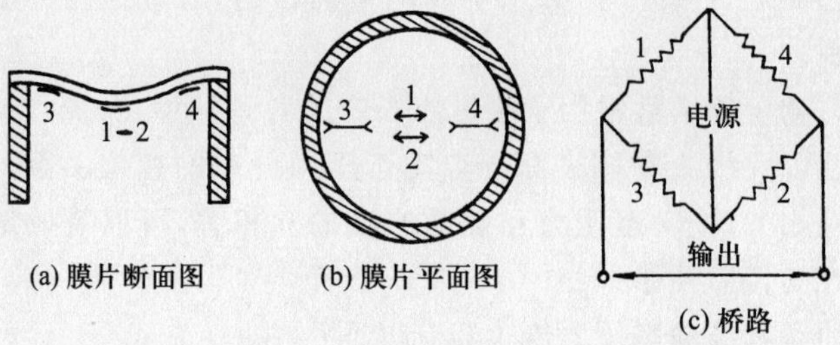

图 3.10 应变式压力传感器

1~4 为应变片

电容式压电传感器 利用平板电容器的电容 C 随极间距离 d 变化的特性,用金属薄膜作为电容的一极,加压后薄膜变形导致电容变化,即

$$C = K\varepsilon_0 A/d, \tag{3.21}$$

其中 A 为电极面积,ε_0 为真空介电常数,K 为相对介电常数,且

$$\frac{\Delta C}{C} = S\varepsilon, \tag{3.22}$$

其中 $\varepsilon = \dfrac{\Delta d}{d}$,$S$ 为灵敏度。若金属膜受压后仍近似保持平面,则 K 和 A 为常数,$S=1$。电极间的电压 V 与电极上的电量 Q 之间有

$$Q = CV. \tag{3.23}$$

图 3.11 为小型电容式传感器,适用于音频,外径约 2.5 mm。通常是用直流电源串接大电阻以保持电流恒定,当电容在瞬变压力下变化时电极上的电量近似

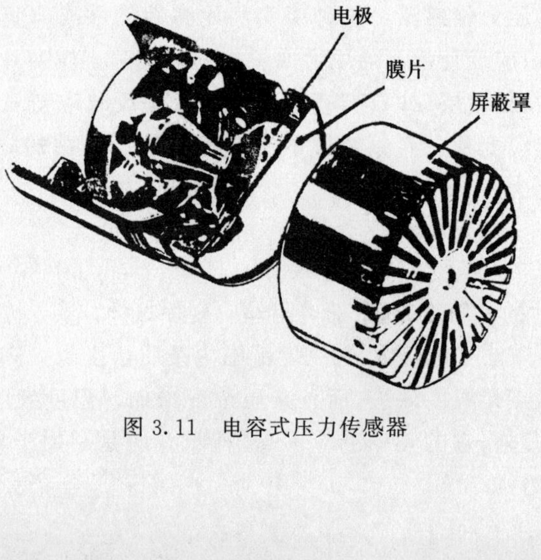

图 3.11 电容式压力传感器

保持不变，故极间电压随压力迅速变化。探头的截止频率在 100 kHz 以上，足以满足一般流体力学测量中的要求。但低频端受电容充放电时间的限制（$\tau = RC$，R 为限流电阻）；且电容值通常很小，对分布电容的影响十分灵敏。另一种是做成差动电桥，用交流电压驱动，可以在低频或稳态时稳定地工作。其缺点是体积大，频率响应也低；优点是十分稳定，实验室中常用作压力测量的基准或低真空度的测量。

压电式压力传感器　利用某些电介质受压后形成内电场并在两端面产生正负电荷分布的特性制成。压电材料有三种：一种是压电晶体（如石英、酒石酸钾钠等）。按晶轴切割得到自然的极性。第二种是压电陶瓷。用钛酸钡、锆酸铅等铁电材料与瓷土压制成型，烧结后在强电场中加热到居里温度以上，再徐徐冷却使铁电晶体极化而制成。第三种是聚氟乙烯胶膜。拉伸后得到定向的半晶体结构，再沿厚度方向加强电场使之极化并具有与压电陶瓷相似的性能。

将晶体或半晶体的端面镀以与晶体相匹配的金属膜（例如石英晶体通常镀以铝膜，钛酸钡镀以锌膜等），受压后在端面产生电荷

$$Q = SA\sigma, \tag{3.24}$$

其中 A 为端面面积，σ 为应力，S 为灵敏度。石英晶体的 $S=2.3$ pF/N，钛酸钡为 149 pF/N，锆钛酸铅为 593 pF/N。石英晶体的优点是在很大的压力范围内保持线性，耐高压高温，温度系数小，电阻率高，性能稳定。聚氟乙烯的优点是不会脆裂，轻柔，能与任意表面贴合而不影响其机械性能；缺点是对温度敏感。

压电晶体式传感器的典型结构如图 3.12 所示，测量电路多用电荷放大器为前置级，适用于高频的动态压力测量。它主要缺点是电荷经晶体、绝缘介质和放大器输入电阻而泄漏，但绝缘电阻一般都很大，频率响应仍可低至 1 s，除了不能作稳态或极低频压力测量外，是较理想的动态压力测量手段。

电感式压力传感器　它的典型结构如图 3.13 所示。当压力变化时引起膜片位移，带动高导磁介质的移动，使线圈电感发生变化。通常做成差动式，由交流电源驱动，并有

$$L\frac{\mathrm{d}I}{\mathrm{d}t} + RI = E, \tag{3.25}$$

其中 E 为电源电压，R 和 L 为线圈的电阻和电感，I 为通过线圈的交变电流。电感的变化引起电流幅值和相位的变化，用来作静态压力或压力变化平缓时的测量。

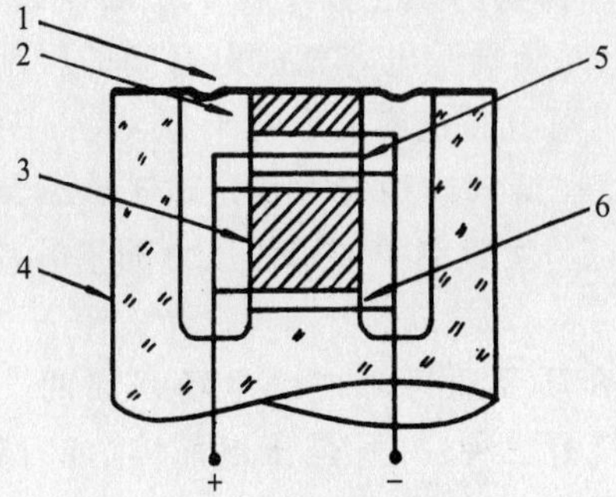

图 3.12 压电式压力传感器

1—膜片;2—前垫块;3—后垫块;4—外壳;
5—压电晶体;6—压电晶体补偿块

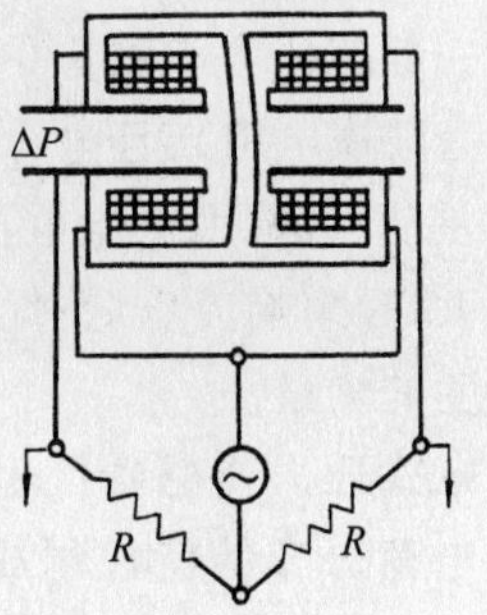

图 3.13 电感式压力传感器

除了电压力传感器外,还有光压力传感器,利用光点的镜面反射、光通量变化、多普勒效应、光弹性效应、干涉现象和全息摄影来检测压力引起的位移、应变和速度等。通常,由照相或光电元件检测或记录。其优点是宜于多点测量,能在电磁场的强干扰下工作。

压力传感器的动态校准是一项细致复杂的工作,可以用激波管产生压力阶跃来校测传感器的频率特性;也可以用活塞发生器等装置产生周期性、有已知幅值的交变压力,来校测传感器的动态特性和在给定频率下的放大倍数。

3.4 流量测量

流量是指单位时间内通过管道、槽、渠或河流截面的流体体积或质量;前者为体积流量,后者为质量流量。

流量测量的最原始的方法是容积法和重量法(测量单位时间内流入某容器中的流体的体积或重量),它们至今仍是流量测量的基础。在现代的低密度风洞中还在使用这种方法。市场上的水表是用来记录用水的体积的,如果把记录体积改为记录单位时间流过的流体体积,便得到流量。这类流量计有往返活塞式流量计、椭轮流量计、凸轮流量计、膜式流量计、刮板流量计、转轮流量计、摆动活塞流量计、转锥流量计、垂板流量计等(图 3.14),统称位移式流量计,由图可以看出它们的工作原理。

另一类流量计基于点流速或平均流速的测量。由于流量 Q 等于管道截面上各点流速 V 的积分

$$Q=\int_A V\mathrm{d}S=\overline{V}\cdot A, \tag{3.26}$$

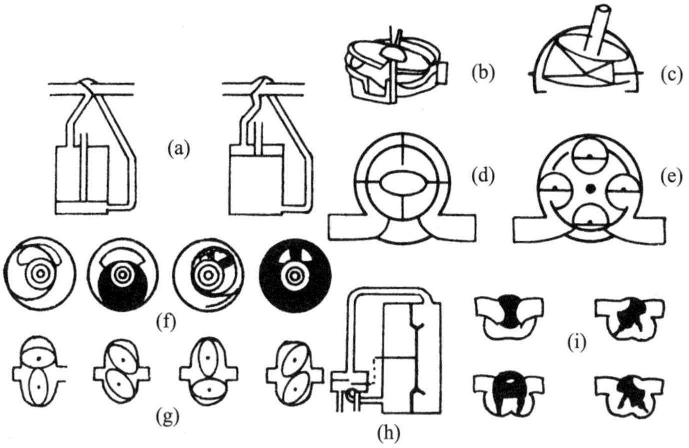

图 3.14　机械式流量计

(a)活塞式水表;(b)旋板式水表;(c)旋锥式水表;(d)叶片式水表;(e)旋轮式水表;(f)括板式水表;(g)椭轮式水表;(h)膜盒式水表(i)转子式水表

其中 A 为截面积,$\overline{V}$ 为平均流速。若不同流量下管道截面的流速分布具有相似性,则平均流速可用某个相近的点流速乘以适当的校准系数来代替。例如,超声流量计(图 3.15)、电磁流量计(图 3.16)、激光多普勒流量计、涡轮流量计(图 3.17)等均利用了上述原理。

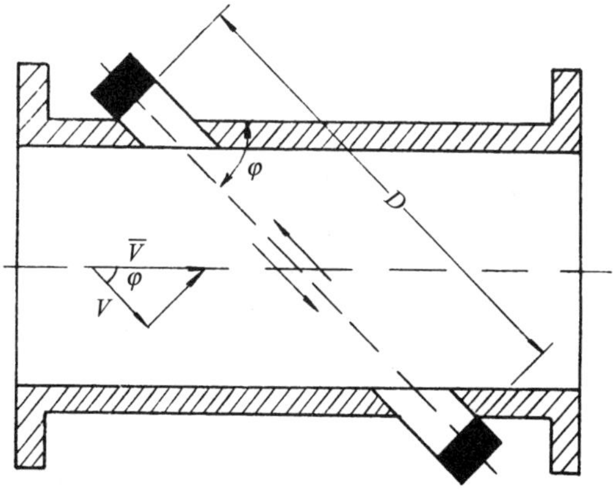

图 3.15　超声流量计

广泛应用的另一种流量计的原理是利用管道中过流面积的局部收缩造成一定的压差,由压差和流量的关系来测流量,例如孔板流量计(图 3.18)、文丘里流量计(图 3.19)等均利用了上述原理。浮子流量计(图 3.20)在垂直的锥形管

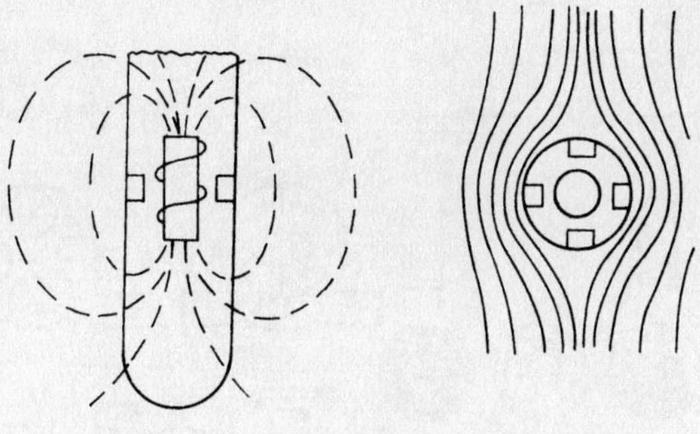

图 3.16 电磁流量计

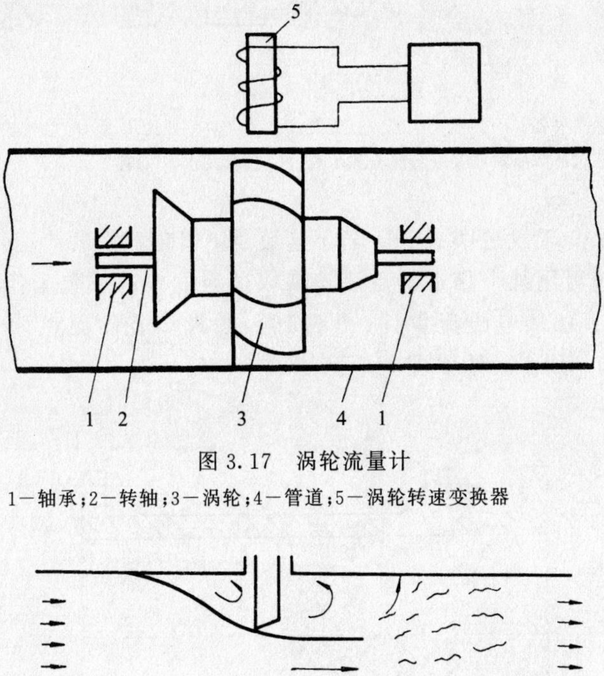

图 3.17 涡轮流量计

1—轴承;2—转轴;3—涡轮;4—管道;5—涡轮转速变换器

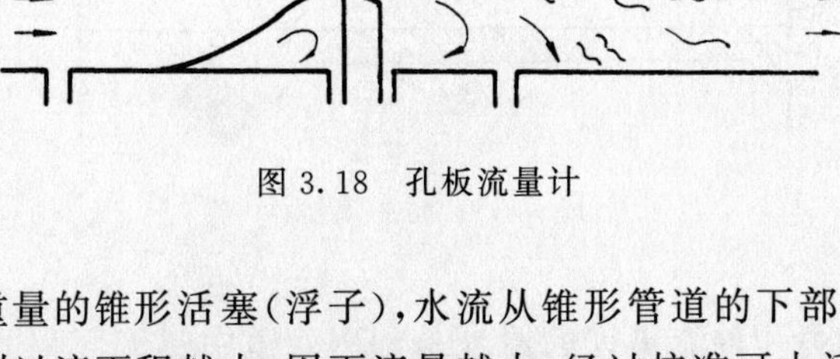

图 3.18 孔板流量计

道中配上一定重量的锥形活塞(浮子),水流从锥形管道的下部冲击活塞,活塞上升距离越大则过流面积越大,因而流量越大,经过校准可由活塞上升高度确定流量。此外,水力学中常用 V 形堰和矩形堰,利用流量和堰口过水面积的关系，简单地从水位测量就可以确定流量。而气体力学中则利用拉伐尔管喉道的最大流速为声速的特性，根据滞止压力和滞止温度可以相当精确地求得声速截面的密度，再用光学方法测出声速截面的精确形状，即可得到精确的质量流量基准。

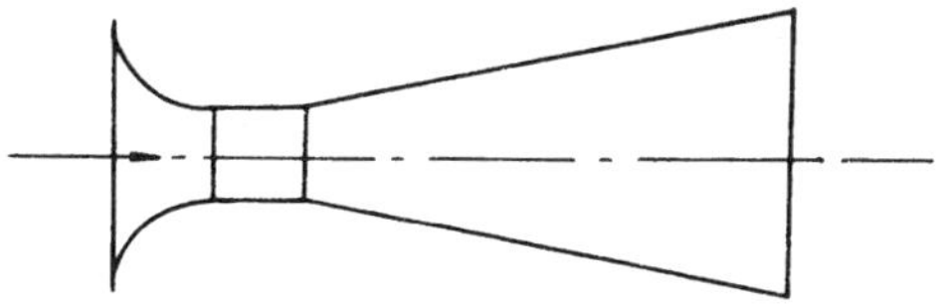

图 3.19 文丘里流量计

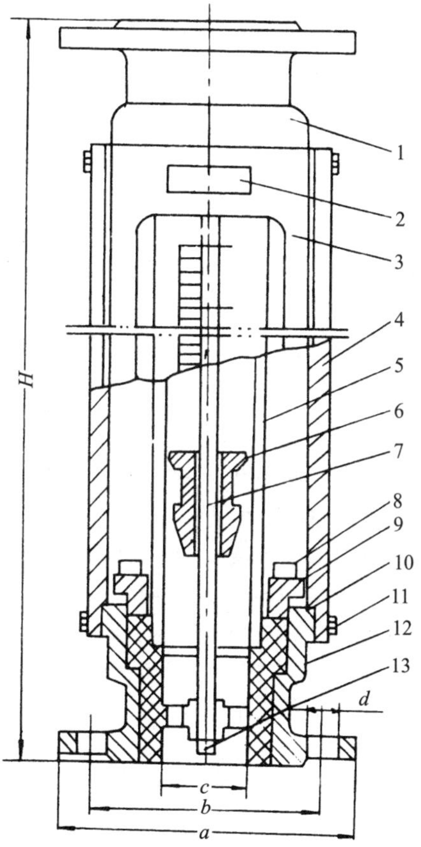

图 3.20 浮子流量计

1. 基座；2. 标牌；3. 罩壳；4. 支板；5. 锥形管；6. 浮子；7. 导杆；8. 螺栓；9. 压盖；10. 密封圈；11. 螺栓；12. 衬套；13. 螺帽

近年来流量测量技术的发展十分迅速。生产上的迫切需要,配合着计算机和统计理论的快速发展使流量测量技术面目一新。如今人们已经可以轻松地在几里宽的河道中,在有大量气泡的水流中,在水力或气力输运装置的充满固体微粒的水流或气流中,在充满大量灰尘的烟道中测流量。利用不同方位的电容、电感、穿透率的快速扫描检测方法,经计算机处理,可以精确地确定两种介质在管道截面的流量、面积比以及界面分布的二维图形。

3.5 温度测量

流体力学中对温度有以下几种定义。

静温指传感器与气流相对静止条件下测得的温度。当气体在平衡状态下,静温满足状态方程。在实验室条件下,探头一般是静止的,只能通过换算或某种特殊设计得到静温。但用光谱仪仍可测量静温,并区分气体在非平衡态时分子的平动、振动和转动所对应的温度。

总温又称滞止温度或驻点温度。它表示当流体微团的速度在等熵条件下降到零时所应有的温度。总温 T_0 和静温 T 之间满足

$$T_0 = T + U^2/2c_p, \tag{3.27}$$

其中 U 为流速,c_p 为气体的定压比热。在超音速条件下

$$T_0/T_\infty = 1 + \frac{\gamma - 1}{2} Ma_\infty^2, \tag{3.28}$$

其中 T_∞ 和 Ma 分别为无穷远来流的静温和 Ma,γ 为空气比热比。空气在 300 K 时 $c_p = 35$ J/kg·K,而水的 $c_p = 4.18\times10^3$ J/kg·K。故而风速 40 m/s 时动能的贡献占全部总温的 10%,而 40m/s 的高速水流的动能仅占总温的 0.1%。因此,用静止的温度计直接放在水中测量的误差往往可以忽略。

虽然模型驻点或壁面的流速为零,但由于热传导、辐射和黏性耗散的影响,总温不可能在驻点或壁面完全得到恢复。将一个尖前缘的绝热平板放在气流中,则在平板表面测得的温度称作**绝热壁温** T_{ad},它的大小依赖于边界层特性和 Pr。当 $Pr = 1$ 时,黏性耗散产生的热与气体带走的热量平衡,故 $T_{ad} = T_0$。

由于多数气体的 Pr 与 1 相近,故定义

$$r = \frac{T_w - T_\infty}{T_{ad} - T_\infty} \tag{3.29}$$

为**恢复系数**,其中 T_w 为一般条件下测得的壁温。恢复系数与 Pr 有关,也与流动条件有关:

$$r = \begin{cases} Pr, & \text{Couette 流}, \\ Pr^{\frac{1}{2}}, & \text{平板边界层}, \\ Pr^{\frac{1}{3}}, & \text{湍流边界层}. \end{cases}$$

也可以用探头驻点的实际温度 T_p 来定义恢复系数,即

$$r=\frac{T_p-T_\infty}{T_0-T_\infty}. \tag{3.30}$$

温度测量的仪器大体有以下几种:

(1) 液体温度计。利用液体受热膨胀的特性,如水银温度计。

(2) 双金属片温度计。将两种膨胀系数有较大差别的金属薄片在轧制时结合在一起。受热后双金属片产生弯曲变形,自由端有与温度变化相应的位移。

这两种温度计的量程较窄,热惯性大,不能作动态测量。

(3) 热电偶温度计。利用温差热电偶效应,这种温度计的实际应用很广,量程宽,易于校准(图 3.21)。

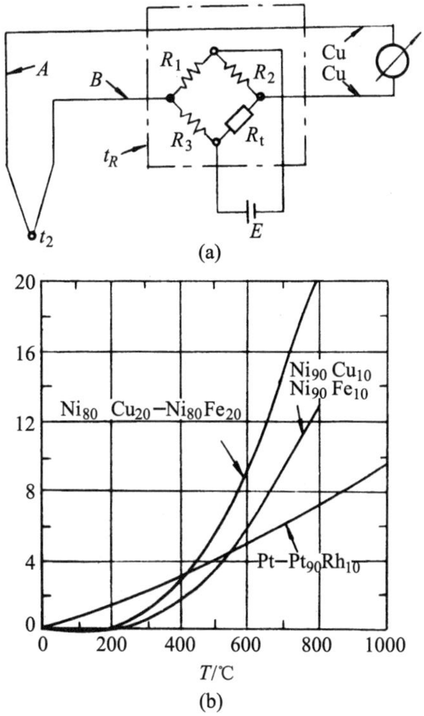

图 3.21　热电偶温度计

(a)热电偶电路;(b)热电偶温度特性

(4) 半导体温度计。利用半导体的温度效应。灵敏度比热电偶高十倍,但限于不太高的温度(<500K),输出电压和温度的关系是非线性的。

(5) 电阻温度计。利用电阻的温度系数制成。用直径 1μm 以下的细铂丝制成微型探头,由恒流源供以几微安量级的电流,使铂丝对温度的灵敏度远大

于对速度的灵敏度。这种方法常用于有温度脉动的测量,并能得到较高的频响。但主要用于低速时动压对总温的影响可以忽略的情况。

在温度场的测量中最常用的仍是热电偶。温度较低时可用铜-康铜或铁-康铜热电偶,灵敏度高;温度较高时可用铂-铂铑合金(10%铑),可在 2000K 以下使用,甚至到熔点附近仍可保持稳定的化学性能。用直径 20～40μm 的铂-铂铑合金(10%铑)热电偶,可以有相当好的动态特性。用热电偶制成的总温探头如图 3.22 所示,气流由驻点处小孔进入探头,经扩散管道后接近滞止状态,并由热电偶测量。

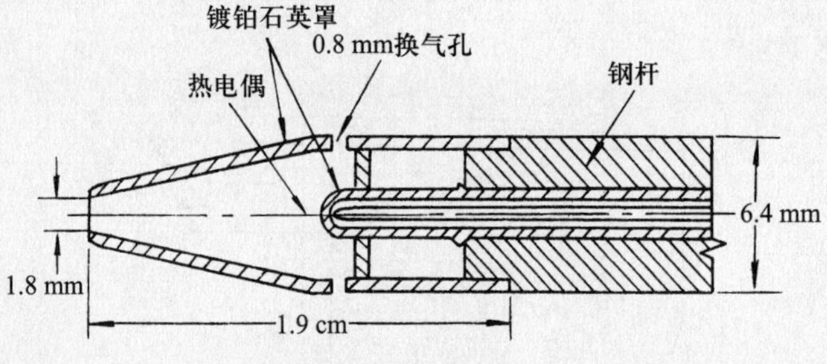

图 3.22　总温探头

实验一　射流中动态压力场及外围的声场和赝声场的测量

对于注入静止大气的轴对称射流来说,在射流流场内、外围以及离流场稍远的静止空气处,用灵敏的压力传感器或传声器都可以感受到脉动压力。这种脉动压力来自流场中间的大尺度涡结构。这些涡结构最初是由射流外侧的混合层中的各种不同振型的不稳定波逐渐演化而成的,涡的脱落频率与不稳定波的最大增长率对应的频率一致,因而可以由流动稳定性理论估算出,上述三个区域中的脉动压力具有不同的性质:在射流流场中的脉动压力主要是流动中的涡运动或不稳定波的作用;而在射流外围由于涡的诱导作用而产生的脉动压力(或称作赝声),流体的平均速度为零;在脉动压力场以外空气完全处于静止状态,脉动压力完全是声辐射和传播所造成的。因此,在流场中研究压力脉动的目的是测量射流混合层中各种频率的声源的结构或振型,以便研究声源和声场强度分布的关系,但在流场中涡所引起的压力脉动通常远远大于声的强度,声的作用可以忽略。在脉动压力场内侧的压力脉动与流场中的压力脉动相匹配,而外侧与单纯的声场相匹配。因为空气平均流速为零,赝声场中压力脉动按一定规律衰减,但仍明显强于外围声场的声压。在声场中则主要研究声的辐射规律和方向特性。利用以上三个区域中各自的特点，可以用同样类型的压力传感器或传声器分别对它们的特性做系统的研究，本实验射流的出口直径为 50.8 mm。用 B&K $\frac{1}{8}$ in 传声器测量，经磁带记录后由小型计算机做二次分析。

轴对称射流的气流边界通常认为在 7°射线处，那里的平均流速和脉动速度均等于零，但仍属于脉动压力场，用灵敏的 B&K $\frac{1}{8}$ in 传声器和相关仪仍能通过自相关方法测得信号的主导频率，它等于混合层中不稳定波的特征频率，由图 3.23 可以看到赝声场中的主导频率沿径向和轴向都作阶梯形变化。离混合层轴线越远则主导频率越低，直到信号无法分辨为止。

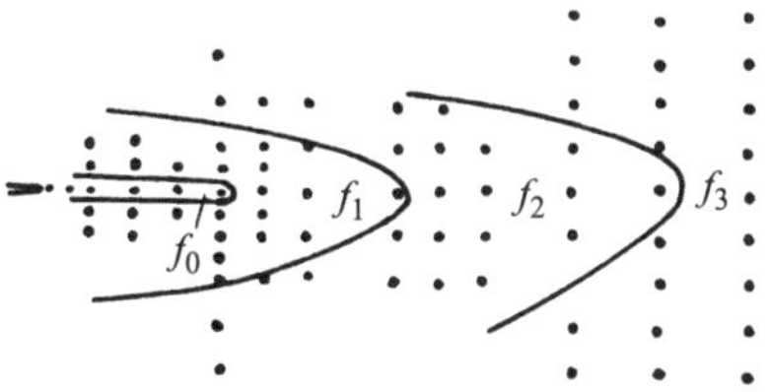

图 3.23　混合层及外围的脉动压力场中主导频率的变化

图 3.24 为流速 $U=32$ m/s，射流在 $x/D=0.2$ 处传声器信号的自相关图，可以看到下游各种亚谐频扰动源对射流出口附近脉动压力场的影响。

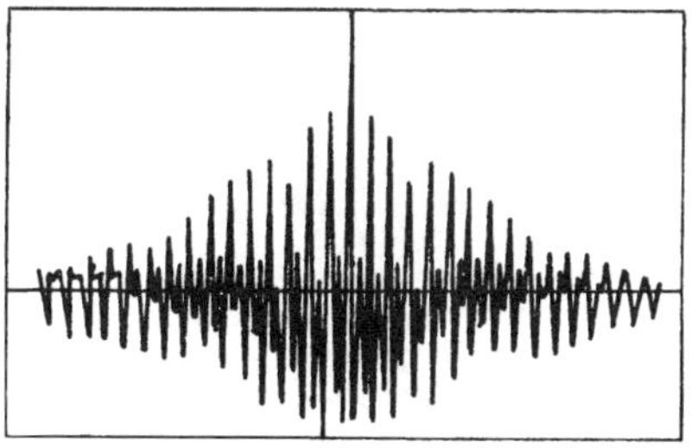

图 3.24　B&K $\frac{1}{8}$ in 传声器信号的自相关图

$U=32$ m/s，　$x/D=0.2$

沿流向设置两个$\frac{1}{8}$ in 传声器，一个固定在 $x/D=0.15$ 处，另一个沿 15°射线在射流外围脉动压力场中移动，用互谱可以测得相位差沿流向的变化，由之算出脉动压力的相速度。实验结果表明，在平均流速为零的脉动压力场中脉动压力传播的相速度和混合层中不稳定波的对流速度近似相等。

在射流出口附近的脉动压力场测得的脉动压力谱中有很丰富的谐波分量(图 3.25),其中最靠右侧的峰对应于剪切层振型的基频,其余各峰分别对应于各阶亚谐波和它们之间的互相干涉,当传声器向下游方向移动时,高阶亚谐波逐渐占主导地位。

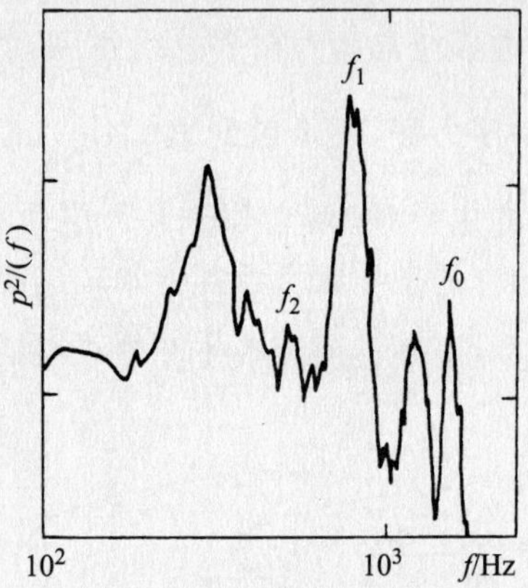

图 3.25 脉动压力场中的脉动压力谱

$U=30$ m/s, $x/D=0.25$

当射流速度连续变化时,脉动压力场中脉动压力谱的各特征频率和主要相干频率也相应变化,实验结果表明,特征频率和射流速度之间满足 3/2 幂次规律(图 3.26)。这一幂次关系用对应于该特征频率的不稳定波长 $\lambda_n=U_c/f_n$ 来

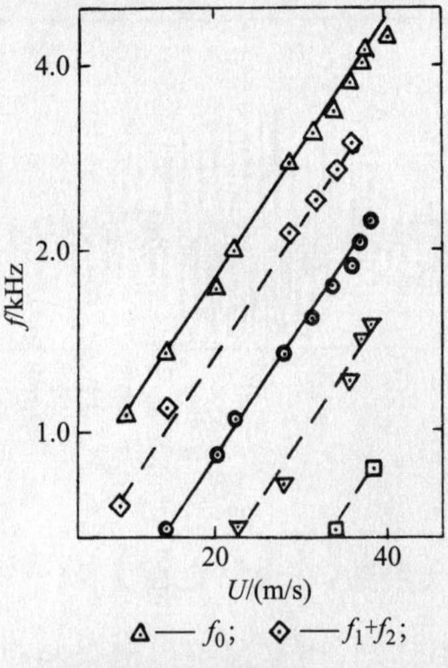

图 3.26 混合层的特征频率和射流速度的 3/2 幂次关系

表示,可得

$$\lambda_n \propto U_c^{-1/2},$$

式中 n 为亚谐波的阶数,U_c 是不稳定波的对流速度,近似为射流速度的 1/2。

由亚谐波振幅的最大值可以判定各个涡对卷并位置的准确值。但是涡对卷并位置对于探头的引入是十分敏感的。为此,我们着重研究了涡对卷并位置附近的脉动压力场。图 3.27 为射流速度 30 m/s,分别在两种声激励强度和无激励条件下沿 10°射线测得的脉动压力分布 $\overline{p^2(x;f_n)}$ 和混合层中脉动速度的径向最大值的流向分布 $\overline{u_m^2(x,f_n)}$,其中 $n=1,2$,即第一、二阶亚谐频。脉动压力和脉动速度的流向分布曲线十分相似:最大值位置大体相同;幅值随激励强度而增加;峰的主要部分集中在约两倍波长 λ_n 的狭窄围内,接近于高斯分布;峰的位置在有声激励的情况下略向上游移动,随即稳定在某一位置,不再随激励强度而变。

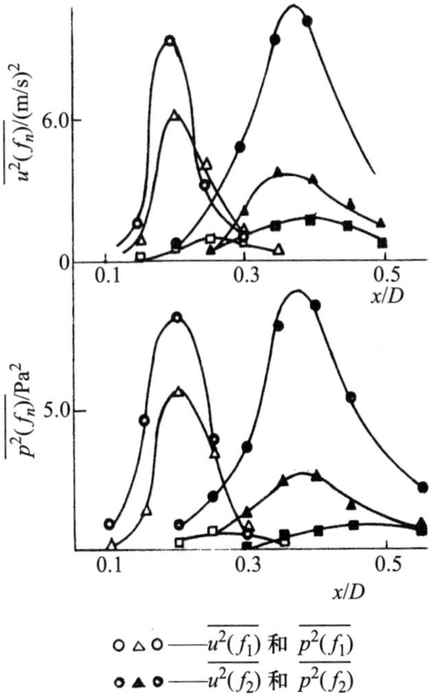

图 3.27　脉动速度和脉动压力的流向分布

对于不同特征频率和声激励强度,取脉动压力分布的最大值 p_{mn} 和相应的脉动速度分布的最大值 u_{mn},可得图 3.28 所示的线性关系 $\overline{p_{mn}^2} \propto \overline{u_{mn}^2}/U_c^2$。若将 $(\overline{u_{mn}^2})^{\frac{1}{2}}$ 当作混合层中不稳定波的速度尺度,则上述线性关系反映了外围赝声压和混合层脉动速度的对应关系。

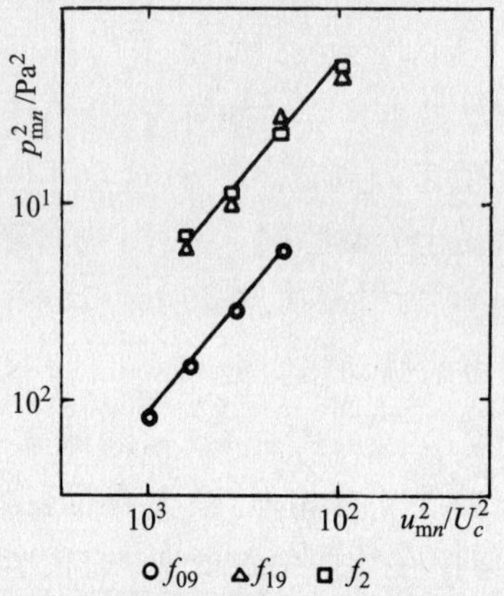

图 3.28 最大脉动速度和最大脉动压力的关系

$U=30$ m/s

若将不同射流速度、声激励强度和特征频率的脉动压力分布$\overline{p^2(x;f_n)}$而言,用声反馈公式预测的涡对卷并位置为坐标原点,并用 p^2_{mn} 和 λ_n 对$\overline{p^2}$和 x 作无量纲处理,则各种条件下的脉动压力幅值分布曲线具有很大的相似性,用高斯分布来拟合可以得到很好的结果,图 3.29 所示为分别取 30 m/s,40 m/s,50 m/s 的射流速度时在各种声激励强度下的压力分布和高斯分布规律的比较,其中 x_{01}为一阶亚谐波的中心位置,λ_1 为一阶亚谐波的波长。如果若事先不知道涡对卷并位置,则可由高斯分布拟合后求出;于是得到卷并位置随风速的变化,如图 3.30 所示,它和声反馈公式的估计值(图中曲线)相当一致。将 p_{mn} 或 u_{mn} 对应的流向位置作为混合层中静止的声源位置,当声源的强度足以控制射流出口的初始相位时,便可得到 Lanfer 和 Monkewitz 所给出的相位关系。

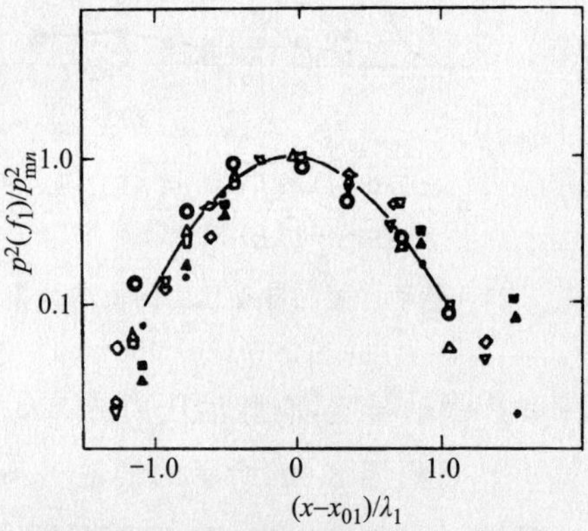

图 3.29 归一化后的脉动压力曲线

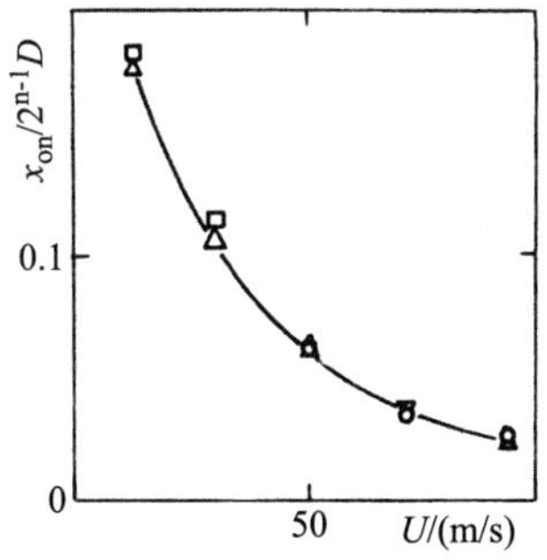

图 3.30 涡对卷并位置随射流速度的变化

除了脉动压力的流向分布外，还需要知道它的径向衰变规律。Lighthill 曾指出，由于脉动压力场和声场的物理本质不同，反映在径向衰变规律上应有的明显差别。在声场中压力脉动以 r^{-2} 规律衰减，而对脉动压力场中的衰变规律的认识还存在较大的分歧。

射流外围的脉动压力场中的平均速度为零，但混合层中涡的诱导作用使脉动压力场中仍有较强的压力和速度脉动，并具有弱湍流的特性。这时，动能传输方程中发生项和对流项均可不计，主要是扩散项和耗散项的平衡。考虑到 $p\sim\rho v^2$，p 和 v 分别为压力和速度脉动的均方根值，耗散项 $\varepsilon\sim\left(\frac{\nu}{\nu\lambda}\right)\frac{\nu^3}{\lambda}$，其中 λ 为湍流微尺度，ν 为流体的运动黏度，故有

$$v\,\frac{\mathrm{d}p}{\mathrm{d}y}\sim-\frac{\nu}{\nu\lambda}\cdot\frac{pv}{\lambda},$$

$$\frac{\mathrm{d}p}{\mathrm{d}y}\sim Re_{\lambda}^{-1}\,\frac{p}{\lambda},$$

其中 $Re_{\lambda}=\frac{\nu\lambda}{\nu}$，为湍流雷诺数。故脉动压力的径向衰变为指数率，衰变率为 Re_{λ}^{-1}。

图 3.31 所示为射流速度 30 m/s 时测得的两组衰变曲线。一组在 $x/D=0.15$，即基波振幅的饱和点附近测量的，径向衰变在 $y/D<0.1$ 时为指数规律；在 $y/D>0.15$ 时基波以 r^{-2} 规律衰减，第一阶亚谐波则在 $y/D>0.20$ 时才完全进入声场，并以 r^{-2} 规律衰减。另一组在第一个涡对卷并点附近（$x/D=0.30$）测量，基波在 $y/D<0.15$ 时按指数规律衰减，$y/D>0.20$ 时进入声场；第一阶亚谐波则在 $y/D<0.20$ 时为指数衰减，$y/D>0.25$ 时才完全进入声场。这里，y 为以混合层中心线为基准的径向坐标。由实验测得的指数衰变律可以估出 $Re_{\lambda}\approx0.25$。由自相关曲线可以求出 $\lambda\approx3.6$ mm，故脉动压力场中湍流速

度尺度 v 约在 1mm/s 量级,大致与功率谱中惯性子区的高频端相当。实验测得的脉动压力场边界显然远大于射流的名义边界。

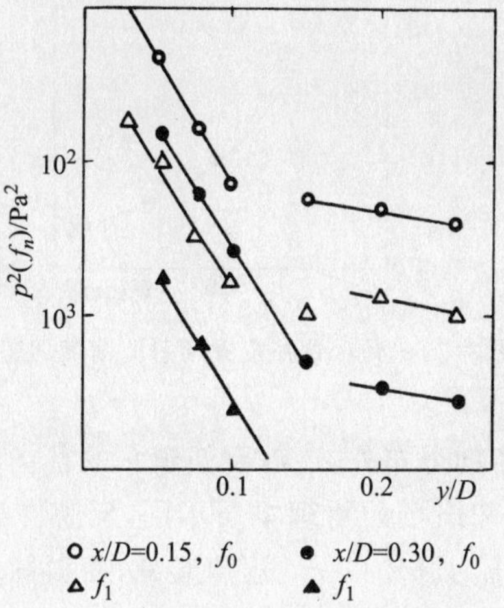

图 3.31 脉动压力的径向衰变规律

实验二 岩石渗透率的测量

渗透率的测量是渗流力学实验研究的基础。对于流体在多孔介质中的流动规律的研究,在石油、天然气、地热和地下水资源的开发中具有决定意义,此外,在防治农田盐碱化,防治沿海城市地面沉降以及许多工业部门中各种过滤装置的设计均具有重要意义。

由于多孔介质中空隙狭小而相对表面积很大,因而表面分子力作用和毛细现象的影响较大,进而流体通过多孔介质时的阻力较大,流速较低,惯性力通常较小。设多孔介质中孔隙直径为 d,则通常$\frac{\rho dV}{\mu}\ll 1$。油气田中砂岩的孔隙直径约 1～500 μm,毛细血管约 10 μm,植物纤维输水孔隙约≤40 μm。相对表面积又称比表面积,为单位体积中所有空隙的表面积总和,比表面积越大则表面分子力的作用越大,因而对渗流规律影响很大,通常油气田中砂岩的比表面积为 $10^5\,m^2/m^3$。

根据达西的研究,流体在多孔介质中运动规律满足以下方程(又称达西定律):

$$\nabla p = -\mu \boldsymbol{u}/k,$$

其中 k 称作多孔介质的渗透率,它等于渗流速度 $\boldsymbol{u}$ 和动力黏性系数 μ 的乘积与

压力梯度∇p之比，

$$k=-\mu|\boldsymbol{u}|/|\nabla p|.$$

达西定律是达西在研究水质净化的实验中得到的。他的实验装置是用一根截面积为常数的圆管，管内填充一定成分的砂粒，以此来测量渗透压力沿圆管下降的规律。因而由不同直径的砂粒得到不同的压力梯度，可以测定不同砂粒的渗透率。这一定律可以推广到三维流场。当多孔介质在统计上均匀，而介质的渗透率处处相等的条件下，设速度场是无旋的，则有速度势ϕ存在，它与渗透压力成正比，并满足拉普拉斯方程：

$$\Delta\phi=0.$$

目前渗流力学的研究已远远超出当时达西的研究范围。除了液体渗流之外，还围绕石油和天然气的开发，大量研究了气体渗流问题和水汽或油水气混合的渗流问题。通常将空气通过多孔介质时测得的渗透率称为绝对渗透率，考虑流体性质和运动特性测得的渗透率称为有效渗透率。多相流通过多孔介质时每一相的渗透率称为相渗透率。相渗透率与绝对渗透率之比称为相对渗透率。

在大量油气田勘探工作中，岩石渗透率的测量是其中重要项目之一，对于确定储油结构和它的分布规律具有重要意义。目前采用的方法有两种：一种是直接钻取岩芯资料作地下含油结构的分析。这种方法耗费人力物力，钻井采样一天约有160个岩芯，实验室分析需2～5天。另一种是通过露头分析，确定含油层段，由地质力学原理建立相应的地层构造模式。近年来迅速发展起来的地质统计学为上述露头分析方法提供了科学的依据和强有力的工具，可以大大减少钻探工作量，通过地面露头资料，建立数学模型，配合岩芯资料，确定含油构造的地质模型。由于直接分析露头岩石特性的需要，1971年以来各种微型机械式渗透率计应运而生。1989年Goggin等人在沉积岩石学方面的杂志上发表了关于机械式野外渗透率计的资料，报价每台5000美元。这种渗透率计携带轻巧方便，不需电源，易于操作，测量每个点的渗透率只需几分钟，一天可测量数百个点。动力为一个小型气瓶，可做数百个点的渗透率测量，一般情况下可以立即得到结果；而常规方法则需钻取岩心，十分费时，并且常常导致露头的破坏。因而，这种手提式的机械渗透率计是野外勘探较理想的工具。国内同类工作起步较晚，多数仍处于研制阶段，但已在某些大型油田中试用并取得一定的效果。

这种机械式渗透率计的原理是对岩石露头处加以一定的气体压力，并同时测量气体的流量，按达西定律就可以确定岩石的渗透率k。按达西定律，如果气体渗流和液体渗流的渗透率相同，那么影响压力梯度和渗流速度之间关系的唯一参数是流体的动力黏性系数μ。因此，将高压气体通过密封橡皮塞的中心孔

注入岩石表面，调节气体的流量并读出密封塞上游的压力 p，可以按下式求出岩石的渗透率 k，即

$$k=\frac{2\mu_{气} Qp}{G(r)(p-p_{a})},$$

其中 $\mu_{气}$ 为气体的动力黏度(单位：cP(厘泊)①)，Q 为气体的流量(单位：cm^3/s)，p_a 为大气压力，$G(r)$为密封塞的形状因子，与它端部的外径 r_0 和内径 r_i 之比有关，用来修正这种装置和通常的圆管渗流实验的差别，通常对渗透率在 200～5000 mD(毫达西)②的露头可用外径为 5 mm 和内径为 2.5 mm 的密封塞，这时的形状因子为 5.1 左右，不同类型的密封塞的形状因子可由校准实验确定。采用这种方法计算岩石渗透率时需要考虑低压时气体滑流的影响和大流量时非线性渗流和湍流渗流的影响并通过专用程序做出相应的修正。实验证明，采用这种微型机械式渗透率计测得的结果和常规方法的测量结果用线性回归方法比较，相关系数高达 0.98。

机械式渗透率计的构造如图 3.32 所示。

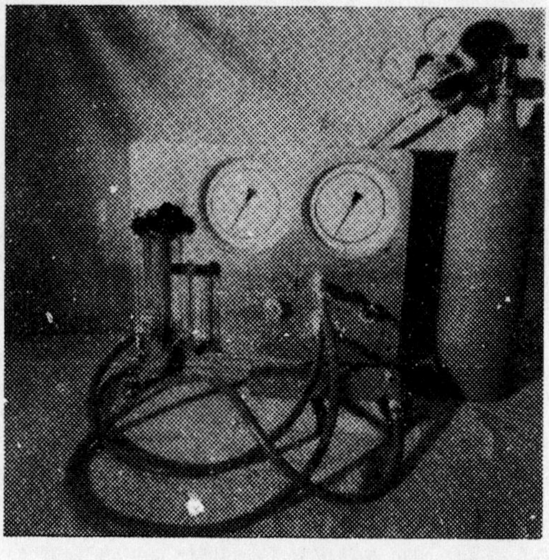

图 3.32　机械式渗透率计

高压气体由气瓶经两级调压阀引出，并将压力降到两个大气压以下，经快速接头和仪器的机匣连接，并将高压气体引入，然后由一组阀门来选择各种量程的流量计并测量高压气体的流量，流量计中量程最小的为 0.16 cm^3/s，最大为 450 cm^3/s，可供测量渗透率的范围为 50～10000 mD，通常有开采价值的油

① $1\ cP=10^{-3}\ Pa\cdot s$.

② $1\ mD=0.987\times10^{-3}\ \mu m^2$.

气田砂岩的渗透率为 10～3000 mD,砖的渗透率为 5～220 mD。

使用过程需先将测量点附近约 2 cm 直径的岩石表面风化层作简单的剥离,将密封塞对准测量点压紧,以防止从岩石表面漏气;然后选择某个转子流量计使处于导通状态,徐徐打开两级调压阀逐渐增加气体流量,使精密压力表的指针保持在 2/3 量程的位置附近,这时读出流量计指示值和压力计指示值,也可以调节两级调压阀使流量计转子稳定在某一位置,然后以压力计读取。

湍流渗流和非线性渗流通常发生在高压和大流量的情况下,采用这套装置时流量计、两级调压阀中低压端的表头和精密压力计均需换用量程较大的器件。

当孔隙雷诺数 $Re=\dfrac{\rho Vd}{\mu}>10$ 时,指示压力 p 和流量 Q 之间关系不再满足达西定律,需要增加二次项,即

$$p=AQ+BQ^2,$$

其中 A,B 由流体性质和岩石特性决定,当 $Re>100$ 时开始出现层流渗流向湍流渗流的过渡。渗流规律有较大的变化。

参考文献

1. Ower E, Pankhurst R C. The Measurement of Air Flow. Pergamon Press, 1977.
2. Beckwith T G, Buck N L. Mechanical Measurements. Addison-Wesley Pub. Co., 1990.
3. Peterson A P G, Gross E E. Handbook of Noise Measurement. General Radio Co., 1972.
4. Beam H S. Fluid meters: their theory and application. ASME, 1971.
5. Benedict R P. Fundamentals of Temperature, Pressure, and Flow Measurements. John Wiley&Sons, 1969.
6. Dijtelbergen H H, Spencer E A. Flow Measurement of Fluids. North Holland Pub. Co., 1978.
7. Clayton C G. Modern Developments in Flow Measurement. Peter Peregrinus Ltd., 1972.
8. Paulon J,鄂学全. 空气动力学和水动力学测试技术及仪表的新发展(I). 力学进展, 1990, 20(1): 401-406.
9. 颜大椿. 射流周围的赝声场和声反馈机制. 力学学报, 1986, 18: 502-508.
10. Doebelin E O. Measurement Systems: Application and Design. McGraw-Hill, 1976.
11. Spencer E A. Flow Measurement. North Holland Pub. Co., 1984.
12. Scott R W W. Developments in flow measurement. Appl. Sci. Publ., 1982.
13. Pichal M. Optical Methods in Dynamics of Fluids and Solids. Springer-Verlag, 1985.
14. Keramidas G A. Computational Methods and Experimental Measurements. Springer-Verlag, 1984.

第四章　热线风速计、激光流速计和粒子特性的测量

4.1　热线风速计原理

热线风速计是目前测量速度脉动的最常用的一种仪器，它具有动态响应高（可达 1MHz）、灵敏度高、便宜、易于自制、有较高的空间分辨率等特点。它的基本原理是：在流场中某点放入一个由直径为微米量级的金属细丝做成的探头（称作热线探头），由电流加热并为气流的对流热传递所冷却，使金属丝处于热平衡状态。由于丝的直径给定，材料的热学和电学性质、气体的热力学性质已知，又因金属丝的长度-直径比很大，丝两端的热传导损失可以忽略，则在气流方向和丝轴垂直的情况下金属丝的平衡温度仅与当地流速和加热电流的功率有关。若控制加热电流恒定，则可得到热丝的平衡温度和风速的一一对应关系；若控制热丝的平衡温度不变，则可得到加热电流和风速的一一对应关系。前者称作恒流式热线风速计，后者称恒温式热线风速计。

典型的热线探头如图 4.1 所示。热丝材料通常由铂、铂-铑，钨制成，直径通常为 1～5 μm。之所以选用这几种材料是因为它们的熔点高，延展性好，易于拉成细丝，电阻和温度的关系基本上是线性的，其中以铂-铑丝耐热性能最好，铂丝可以拉得最细。钨丝的熔点虽高，但在 800 K 以上就容易氧化，故常采用

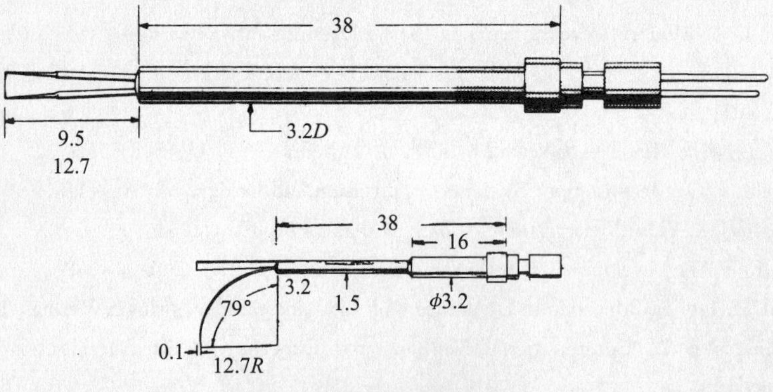

图 4.1　两种典型的热线探头

R 为圆弧半径，*D* 为杆的直径（单位：mm）

镀铂钨丝。另外，钨丝只能熔焊，需要在焊点附近镀铜后才能锡焊。热线测量技术中常用的制取细铂丝的方法有两种：一种是直接拉成的细铂丝或铂-铑丝，另一种是将铂丝裹在延展性相近的银的外皮中再拉细，称 Wollaston 丝。使用时用 10％的稀盐酸或硝酸将银腐蚀掉便可，或通以毫安级的电流加速银层的腐蚀。铂丝的直径最小可达 0.25 μm 以下。将直径为微米量级的金属细丝焊接在间距为 1～5 μm 端部直径约 0.1 μm 的两根不锈钢支杆上既需要耐心，也需要很强的技巧。常用的方法是点焊或锡焊。点焊是用电弧将丝和支杆熔焊在一起，需要调节火花强度和作用时间以保证在产生火花的瞬间丝和支杆端部都处于熔融状态，铂丝、钨丝都可以采用点焊法。锡焊法多数用于 Wollaston 丝。它的直径较粗，可以直接焊在支杆上，然后用稀盐酸小滴或直径约 1 mm 的稀盐酸射流将银层腐蚀掉；也可以将 Wollaston 丝的端部腐蚀掉 mm 左右的一小段，直接焊在支杆上。也可以不用 Wollaston 丝而直接用细铂丝焊上，但这种方法不容易焊在支杆的端部，铂丝的浪费较大。总之，热丝的焊接需十分细心和熟练的技巧。

热丝的两端由导线接到探头的根部，经电桥和电测仪表相连。为了尽可能减小探头对气流的干扰，探头的直径应尽可能小，但要有足够的刚度。显然，直径为微米量级的细丝在气流中是容易被吹断的。铂-铑丝的强度比铂丝高一倍，因而比纯铂丝要好些。防止热丝吹断的主要问题是原始气流要干净。如果灰尘、油滴很多，则单纯靠提高材料强度是无济于事的，所以使用热线风速计的风洞要注意防尘，经常对铜网加以清洗。事实上，除非气流条件实在恶劣，只要在各方面尽量仔细，热线探头也不是太容易损坏的。在干净的气流中热线探头往往可以连续工作一两个月之久。在某种意义上讲，振动更容易使它损坏，特别是在高速气流中损坏的原因往往是振动。另外，气流中的油污很容易使热线受到污染，并导致性能不稳定，所以在脏空气中要用特殊的探头。

在水中使用时，热线探头的主要困难是强度，因为水中杂质缠绕在丝上很容易将丝拉断，所以一般用热膜探头。热膜探头以石英、云母等电介质为基底，基底通常做成柱形、锥形或楔形。柱形热膜探头的外形和热线探头相似。由长 1～2 mm、直径 25～150 μm 的石英丝作基底，喷镀 0.1 μm 的金属电阻层，表面再喷镀一层石英，以防止薄膜腐蚀，并使之可用于导电液体。总电阻值控制在 5～20 Ω 左右。锥形（或楔形）探头是在锥形（或楔形）基底的尖前缘喷镀金属电阻薄层，再覆盖石英层作为保护；其强度远大于柱形探头，适用于水流、超音速气流和多相流。但是，这种探头的敏感区的长径比小，形状不规则，动态性能较差（图 4.2）。

假定热丝的长径比大于 100，丝两端的热传导影响可以忽略，则热丝的能量平衡关系如下式

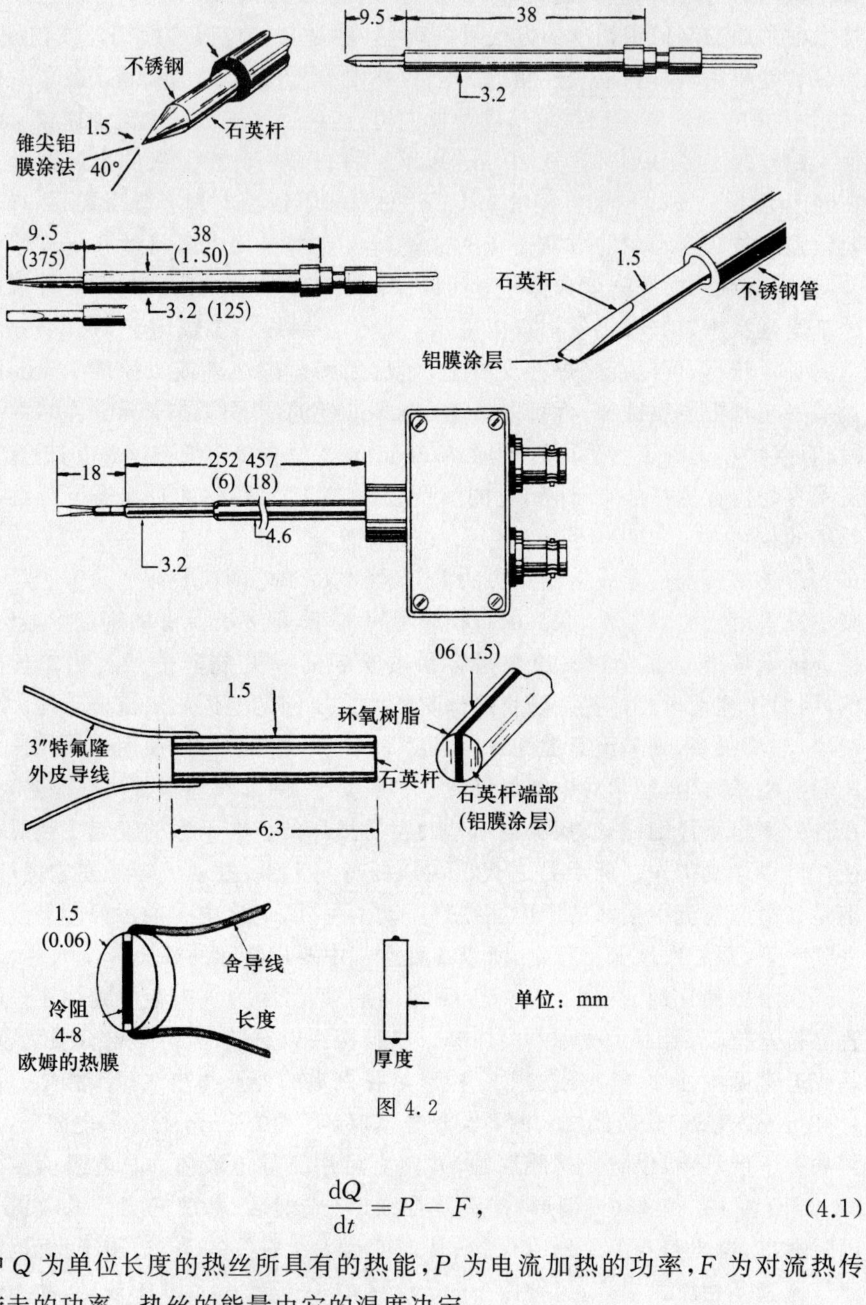

图 4.2

$$\frac{\mathrm{d}Q}{\mathrm{d}t}=P-F, \tag{4.1}$$

其中 Q 为单位长度的热丝所具有的热能，P 为电流加热的功率，F 为对流热传递带走的功率。热丝的能量由它的温度决定，

$$Q=C(T-T_{\mathrm{a}}), \tag{4.2}$$

式中 $C=\frac{\pi}{4}d^2 l\rho_{\mathrm{w}}c_{\mathrm{w}}$ 为热丝的热容量，T 为热丝的温度，T_{a} 为热线风速仪在无

风时设定的热丝工作温度，c_w 为热丝的比热，ρ_w 为热丝的密度，d 和 l 分别为热丝的直径和长度。电流加热功率由加热电流 I，热丝的长度 l 和单位长度的电阻 r_w 所决定，根据热丝温度和热丝电阻的线性关系，有

$$P = I^2 r_w l = P(I, T). \tag{4.3}$$

对流热传递所带走的功率 F 由热传递系数 h 和热丝温度 T 决定，即

$$F = h(\pi d l)(T - T_a), \tag{4.4}$$

故有

$$C\frac{\mathrm{d}T}{\mathrm{d}t} = I^2 r_w l - \pi d h l (T - T_a). \tag{4.5}$$

设热丝电阻和温度的关系为

$$r_w = r_0[1 + \alpha(T - T_0) + \beta(T - T_0)^2 + \cdots], \tag{4.6}$$

式中 T_0 为测定热丝材料的电阻温度特性的参考温度，r_0 为热丝在 T_0 时的电阻，α 为热丝的电阻温度系数；温度效应的二次项因铂、钨的 β 通常很小，可忽略。因此，有

$$\frac{C}{\alpha r_0}\frac{\mathrm{d}r_w}{\mathrm{d}t} = I^2 r_w l - \frac{\pi d h l (r_w - r_0)}{\alpha r_0}, \tag{4.7}$$

右边第二项为气流通过热丝时对流热传递带走的热量。对于无穷长加热圆柱，对流热传递带走的热量与流体的速度 U，对流热传递系数 h，流体的热传导系数 k，热丝温度和设定无风时工作温度之差 $T - T_a$ 等量有关，故有

$$F(\rho_\infty, U, d, \mu_\infty, h, k, T_a, T - T_a, c_p, a) = 0. \tag{4.8}$$

构成无量纲量后，可得

$$\varphi\left(Nu, Re, Ma, Pr, \frac{T - T_a}{T_a}\right) = 0, \tag{4.9}$$

c_p 为等压比热，$a_T = \dfrac{T - T_a}{T_a}$ 称作过热比。考虑在低速时 Ma 的影响可以忽略，得到

$$Nu = \varphi(Re, Pr, a_T). \tag{4.10}$$

要表示以上无量纲参量的函数关系，最常用的是 King 氏公式

$$Nu = [A(Pr, a_T) + B(Pr, a_T)Re^n]. \tag{4.11}$$

将上式代入热平衡方程，可得

$$\begin{aligned}\frac{C}{\alpha r_0}\frac{\mathrm{d}r_w}{\mathrm{d}t} &= I^2 r_w l - \frac{\pi k l}{\alpha}\cdot\frac{r_w - r_a}{r_0}(A + BRe^n)\\ &= I^2 r_w l - (A_1 + B_1 Re^n)(r_w - r_a),\end{aligned} \tag{4.12}$$

其中 $Nu = \dfrac{hl}{k}$ 为 Nussett 数，代表对流热交换系数和热传导系数之比，

$$A_1 = \frac{\pi k l}{\alpha r_0} A, \tag{4.13}$$

$$B_1 = \frac{\pi k l}{\alpha r_0}\left(\frac{d\rho}{\mu}\right)^n B. \tag{4.14}$$

通常将 n 取作 0.5;也有人证明,取 $n=0.45$ 拟合的效果更好。在流体的密度、黏性系数和热传导系数以及热丝的材料性质已知的条件下,对流热传递带走的热量只是气流速度 U 和热丝温度的函数,即

$$F = F(U, T). \tag{4.15}$$

影响热传递关系的因素 由热丝散发的热量由以下几种因素构成:热丝两端到支杆的热传导 q_e,热丝到周围空气的对流热损失 q_c 和热辐射损失 q_r。对于热膜探头,还应加上通过基底的热损失 q_s,故有

$$F = q_e + q_c + q_r + q_s, \tag{4.16}$$

其中热辐射损失可由下式估出

$$q_r = \sigma S(T^4 - T_a^4), \tag{4.17}$$

$\sigma = 56.7\times10^{-9}\ \mathrm{W\cdot m^{-2}\cdot K^{-4}}$,$S$ 为辐射散热面积。通常热线的工作温度为 600 K,辐射热损失可以忽略;而且热丝的长径比在 100 以上,故支杆的热传导损失也可以忽略。

热丝表面的对流热交换有两种形式:自由对流和强迫对流。强迫对流发生在流速较高的情况下,这时惯性力和黏性力或重力相比均占主导地位,用相似性参量 Re 和 Ri 表示

$$Re/Ri > 1.$$

用 Grashof 数表示,其中 $Gr = Re^2\cdot Ri$,则有

$$Re > Gr^{1/3}.$$

例如,热丝直径为 2.5 μm,工作温度为 300 K,则 $Gr \approx 6\times10^7$。故在 $Re > 0.01$ 时不会有明显的自由对流的影响。在空气中,当风速大于 10 cm/s 时,自由对流的影响可以忽略。

强迫对流的热传递关系 对不可压缩流体绕无穷长圆柱情况,King 氏最初得到的公式为

$$Nu = 1 + \sqrt{2\pi Pr\cdot Re}. \tag{4.18}$$

经过大量的实验证明,对于空气和双原子气体,在 $0.01 < Re < 10000$ 条件下,满足以下公式

$$Nu = 0.42Pr^{0.2} + 0.57Pr^{0.33}Re^{0.5}, \tag{4.19}$$

其中气体特性均在“膜温”$T_f = \dfrac{T_w + T_a}{2}$条件下取值。更精细的实验证明,当 $Re \approx 40$ 时开始布涡脱落,所以对不同 Re 应采用不同的经验公式

$$Nu\cdot\left(\frac{T_{\mathrm{f}}}{T_{\mathrm{a}}}\right)^{-0.17}=\begin{cases}0.24+0.56Re^{0.45}, & 0.02<Re<44,\\ 0.48Re^{0.51}, & 44<Re<140.\end{cases}\tag{4.20}$$

在超音速流动中大量的实验结果证明 Nu 与 $Re^{0.5}$ 保持线性关系。Kovasznay 提出半经验公式

$$Nu=(0.58\sqrt{Re}-0.795)\left(1-0.18\frac{T_{\mathrm{w}}-T_{\mathrm{e}}}{T_{\mathrm{stag}}}\right),\tag{4.21}$$

其中 T_{e} 为超音速气流中热丝的平衡温度，T_{stag} 为来流的滞止温度。

支杆的冷却效应　设 z 轴沿热丝长度方向，原点在热丝的中间，则对任一小段热丝，可得热平衡关系

$$I^2\Delta r+\pi\left(\frac{d}{2}\right)^2\frac{\mathrm{d}}{\mathrm{d}z}\left(k_{\mathrm{w}}\frac{\mathrm{d}T}{\mathrm{d}z}\right)\Delta z-\pi dh(T-T_{\mathrm{a}})\Delta z=0,\tag{4.22}$$

简化后可得热传导方程为

$$l_{\mathrm{c}}^2\frac{\mathrm{d}^2}{\mathrm{d}z^2}(T-T_{\mathrm{a}})-(T-T_{\mathrm{a}})=-(T-T_{\mathrm{a}})_{\infty},\tag{4.23}$$

其中 l_{c} 称作冷却长度，$(T-T_{\mathrm{a}})_{\infty}$ 为热丝温和来流中的无风时工作温度之差。边界条件为

$$\begin{cases}T-T_{\mathrm{a}}=0, & z=\pm l/2,\\ \dfrac{\mathrm{d}}{\mathrm{d}z}(T-T_{\mathrm{a}})=0, & z=0.\end{cases}\tag{4.24}$$

解为

$$\frac{T-T_{\mathrm{a}}}{(T-T_{\mathrm{a}})_{\infty}}=1-\frac{\cosh(z/l_{\mathrm{c}})}{\cosh(l/l_{\mathrm{c}})},\tag{4.25}$$

其中

$$l_{\mathrm{c}}/d=\sqrt{\frac{1}{4}\left(\frac{k_{\mathrm{w}}}{k}\right)(1-a_{\mathrm{R}})/Nu},\tag{4.26}$$

$a_R=\dfrac{r_{\mathrm{w}}-r_{\mathrm{a}}}{r_{\mathrm{a}}}$称作电阻过热比，并有 $a_R=\alpha T_0 a_T$。一般情况下要求 $l/2l_{\mathrm{c}}\geqslant 5$，这时丝的中间约 60%丝长部分的温度基本均匀。对于铂丝在空气中的情况，取过热比 $a_R=0.5$，冷却长度等于 $l_{\mathrm{c}}\approx 30d$。故热丝的长径比为 200 时才能保证在 70%丝长上温度均匀(图 4.3)。

方向性效应　当热丝的法平面与来流的夹角 θ 不等于零时，热传递带走的功率 F 随 θ 而变。对于无穷长圆柱，其热传递系数仅依赖于来流速度 U_{∞} 在法平面上的投影，故有效冷却速度

$$U_{\mathrm{e}}=U_{\infty}\cos\theta.\tag{4.27}$$

对于有限长热丝来说，上述余弦关系不能严格成立，切向速度的冷却效应不能完全忽略。设$U_{\mathrm{e}}/U_{\infty}=f(\theta)$，则

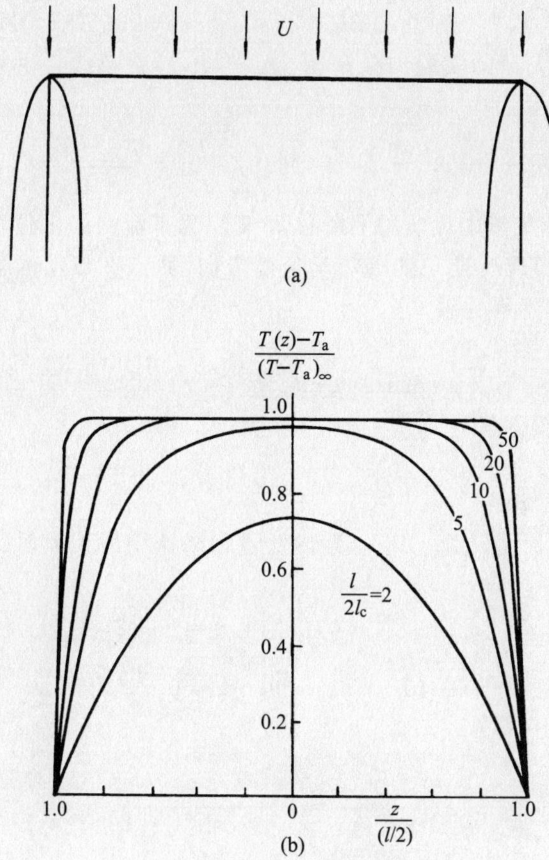

图 4.3　支杆的冷却效应

z 为轴向坐标；l 为丝长；l_c 为临界丝长

$$f(\theta) = \cos\theta(1 + k^2\tan^2\theta)^{1/2}, \tag{4.28}$$

参见图 4.4，其中圆点为实验值；或用下式表示

$$f(\theta) = \cos\theta + \varepsilon(\cos\theta - \cos2\theta), \tag{4.29}$$

其中 k，ε 为实验常数，受长径比的影响较大。

利用热丝的方向特性可以确定气流的方向。将两根热丝分别固定在两对支杆上，热丝呈 X 形，丝轴互相垂直，但稍有间隔。将丝的两个角平分线分别对准 x 轴和 y 轴(图 4.5)。若来流速度沿 x 轴和 y 轴的分量分别为 u 和 v，则两根热丝的冷却速度分别为

$$\begin{cases} U_{e1} = a_{11}u + a_{12}v, \\ U_{e2} = a_{21}u + a_{22}v. \end{cases} \tag{4.30}$$

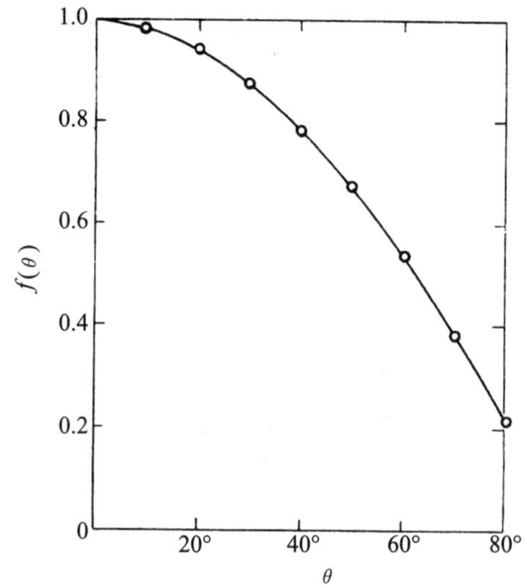

图 4.4 热丝的方向特性

设两丝与 x 轴夹角为$\pm 45°$,故 a_{11},a_{12},a_{21}和 a_{22}分别为丝 1 和 2 对速度分量 u 和 v 的灵敏度,设$a_{11}=a_{12}=a_{22}=-a_{21}=\sqrt{2}/2$。测得冷却速度 U_{e1}和 U_{e2},忽略

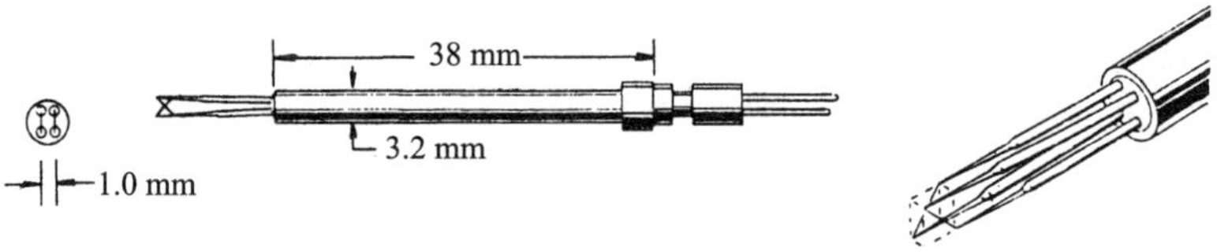

图 4.5 X 形热线风速探头

切向速度的冷却效应便可求得 u 和 v。

4.2 恒流式电路和恒温式电路

恒流式电路要求在确定的运行电流 I 下,由风速变化产生丝阻及其两端电压差 $e_w=Ir_w$ 的变化,进行湍流测量。在湍流测量前,首先将电流调至预定值,使热丝电阻为其冷阻的 1.2～1.4 倍(称作过热比)。其次,在实验测量的风速范围进行校准,确定 e_w 与 U 的关系。然后,按实验要求在流场中测量湍流风速。

恒流式热线风速计的两种典型电路如图 4.6。第一种电路包括可调电阻 R_1,限流电阻 R_2 和热线探头。限流电阻 $R_2\gg$热线电阻 r_w,因而热线电阻随风

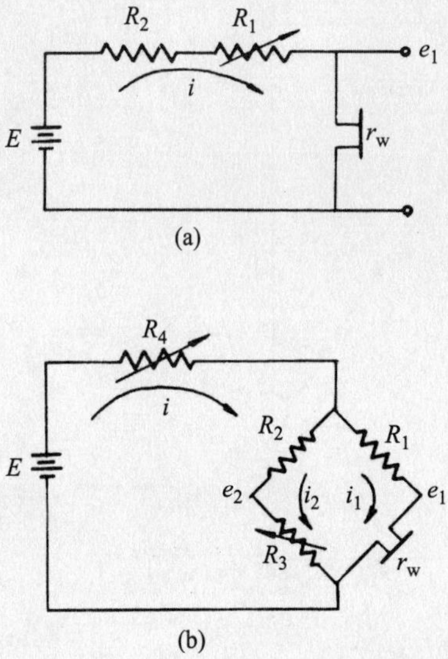

图 4.6　恒流式热线风速计原理

速变化时,通过 R_1 和 R_2 的电流近似不变。限流电阻 R_2 也可以用电子学中的恒流源电路代替。设电流和热线电阻的改变量为 ΔI 和 Δr_w,则有

$$\Delta I/I=\Delta r_w/(R_1+R_2+r_w)\ll 1. \tag{4.31}$$

限流电阻的另一个功能是,在改变可调电阻 R_1 或风速下降时保护热丝不致烧断。若 R_2 精确给定,则测量 R_2 两端的电位差可以求得通过热丝的电流 I。测出热丝的输出电压,便可确定实验测量时的热丝电阻 r_w 和过热比 a_R。另一种电路是一个惠斯登电桥串接一个保护电阻 R_4,控制通过电桥的电流以防止热丝烧断。测量时,调节 R_3 使电桥平衡,故 $e_1=e_2$。由 R_1 的电压降可以求得通过热丝的电流。由 e_1 再算出热丝电阻 r_w 和过热比 a_R。过热比可以由 R_3 和 R_4 调节,提高过热比可使热线风速计灵敏度明显提高。为了降低功耗,桥路各臂的电阻应大于 r_w。

恒流式电路的电压输出很低,电流 I 通常是几毫安。假定热丝电阻是 10Ω,则输出电压为 50mV,而湍流脉动产生的电压输出还要小一个量级。因此,需要有宽带低噪声放大器。

稳态的热平衡方程为

$$\frac{I^2 r_w}{r_w-r_a}=A_1+B_1\sqrt{U}, \tag{4.32}$$

其中 A_1,B_1 均为热线的校准参数,由实验确定。给定加热电流 I 可得热线电压 $e_1(=Ir_w)\sim U$ 曲线。若同时在一组 I 值下作校准,则得到一组校准曲线。实验过程中先选定 I,则由热丝电压 e_1 可以求得热丝电阻 r_w,并查出相应的风速。

设风速有微小变化 ΔU 时,热丝两端的电位差也有相应的变化 $\Delta e=I\Delta r_w$,$\Delta r_w=r_w-r_a$,r_a 为丝温 T_a 时电阻。故恒流法的"静态灵敏度"为

$$s_{cc}=\frac{\Delta e}{\Delta U}\approx\frac{nB_1U^{n-1}I(r_w-r_a)}{A_1+B_1U^n-I^2}=\frac{(r_w-r_a)^2 nB_1U^{n-1}}{Ir_a}. \tag{4.33}$$

恒流式热线风速计的动态特性可以由一阶线性微分方程给出。设风速变化为 ΔU 或电流变化为 ΔI 时热丝电阻的相应变化为 Δr_w。因为电流加热功率 $P=P(i,T)$和对流热传递 $F=F(U,T)$,故有

$$\frac{C}{\alpha r_a}\frac{\mathrm{d}\Delta r_w}{\mathrm{d}t}+\left(\frac{\partial F}{\partial T}\bigg|-\frac{\partial P}{\partial T}\bigg|_i\right)\frac{\Delta r_w}{\alpha r_a}=\frac{\partial P}{\partial i}\bigg|T\Delta i-\frac{\partial F}{\partial U}\bigg|_T\Delta U, \tag{4.34}$$

其中 C 为热丝的热容量。进一步简化后可得

$$M\frac{\mathrm{d}\Delta r_w}{\mathrm{d}t}+\Delta r_w=f(t), \tag{4.35}$$

其中

$$M=\frac{C}{\alpha r_0(A_1+B_1U^n-I^2)}=\frac{Ca_R}{\alpha r_0 I^2}, \tag{4.36}$$

$$\begin{aligned} f(t)&=\frac{2r_w a_R}{I}\Delta I+n(r_w-r_0)\left[1+a_R\left(1-\frac{A_1}{I^2}\right)\right]\cdot\frac{\Delta U}{U}\\ &=a\Delta I+b\Delta U, \end{aligned} \tag{4.37}$$

M 称作热丝的时间常数,可由实验确定,$f(t)$称作驱动项。因此,方程的解为

$$r_w=\frac{1}{M}\int_{-\infty}^{t}\exp\left(-\frac{t-\tau}{M}\right)f(\tau)\mathrm{d}\tau. \tag{4.38}$$

设驱动项随时间有一个阶跃变化

$$f(t)=\begin{cases}0, & t<t_0,\\ f_0, & t\geqslant t_0,\end{cases} \tag{4.39}$$

则热丝电阻的变化呈指数规律,

$$\Delta r_w=\begin{cases}0, & t<t_0,\\ f_0(1-\mathrm{e}^{-t/M}), & t\geqslant t_0,\end{cases} \tag{4.40}$$

故 M 表示热线的滞后时间 t_0 为阶跃时间点。若驱动项为周期项

$$f(t)=A\cos\omega t, \tag{4.41}$$

则解的长期项为

$$r_w=\frac{A}{1+\omega^2M^2}(\cos\omega t+M\omega\sin\omega t), \tag{4.42}$$

所以热丝的幅-频特性 $F(\omega)$为

$$F(\omega)=\frac{1}{1+\omega^2M^2}. \tag{4.43}$$

当 $\omega\ll\frac{1}{M}$时,$F(\omega)\approx1$,相滞后为零;当 $\omega\approx\frac{1}{M}$时,相滞后为 45°;当 $\omega\gg\frac{1}{M}$时,$F(\omega)\approx0$,热线对信号变化无反应,相滞后为 90°(图 4.7),在动态条件下恒流法的灵敏度为

$$s_{cc}(\omega)=\frac{(r_w-r_a)^2nB_1U^{n-1}}{2r_a\sqrt{1+\omega^2M^2}}. \tag{4.44}$$

在作湍流测量时,将瞬时流速 U 分解为平均流速 $\overline{U}$ 和脉动流速 u,并有 U

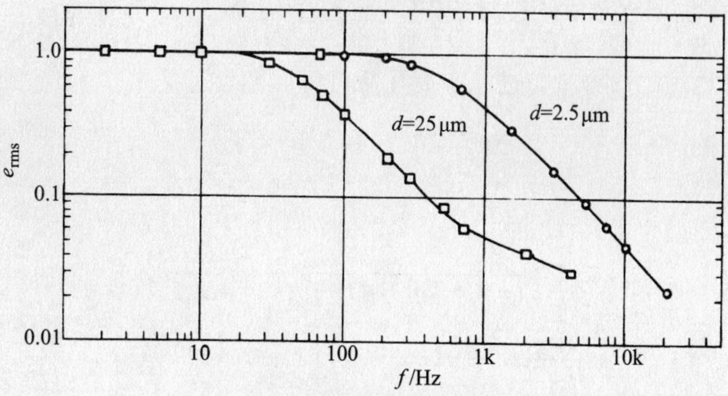

图 4.7 恒流式热线风速计的幅-频特性

$=\overline{U}+u$。脉动流速的均方根值和平均流速之比$\sqrt{\overline{u^2}}/\overline{U}$称作湍流强度,其中

$$\overline{u^2}=\lim_{T\to\infty}\frac{1}{T}\int_0^T u^2\,\mathrm{d}t, \tag{4.45}$$

则湍流强度和脉动电压 e 的均方值的关系为($e_{\mathrm{rms}}=\sqrt{\overline{e^2}}$ 为脉动压力的均方根值)

$$\frac{\sqrt{\overline{u^2}}}{\overline{U}}=\left[\int_0^\infty s_{\mathrm{cc}}^2(\omega)\,\overline{e^2(\omega)}\,\sqrt{1+\omega^2M^2}\,\mathrm{d}\omega\right]^{1/2}. \tag{4.46}$$

由时间常数的公式(4.36)可以看到,热丝的热容 $C=\frac{\pi d^2}{4}\rho_{\mathrm{w}}c_{\mathrm{w}}$ 越小,则时间常数 M 越小。但是,热丝材料的选择没有太大的潜力,只有减少直径才能最有效地降低时间常数。直径为 2.5 μm 的铂丝,时间常数约为 0.4 ms;而直径 0.25 μm 的铂丝,时间常数仅 16 μm。另外,加大电流对于减少时间常数也有一定作用,但容易使热丝烧断。

恒流式热线风速计电路简单,是热线技术早期广泛采用的线路。它的优点是噪声可以降得很低,宜于作低湍流度测量(湍流度为 0.01%量级的低湍流度)。但频带较窄,对高频特性要做补偿。有人直接用直径仅 0.25 μm 的细丝,使高频特性大大改善。

恒流式热线风速计可用于温度或浓度脉动的测量。由于

$$\frac{I^2 r_{\mathrm{w}}}{r_{\mathrm{w}}-r_{\mathrm{a}}}=A_1+B_1\sqrt{\overline{U}}$$

中的常数 A_1 和 B_1 是温度的函数

$$A_1=\frac{\pi k l}{\alpha r_0}f_1(Pr), \tag{4.47}$$

$$B_1=\frac{\pi kl}{\alpha r_0}\left(\frac{\rho d}{\mu}\right)^n f_2(Pr), \tag{4.48}$$

其中 k,ρ,μ 和 Pr 均在气体的膜温 $T_f=\frac{T_w+T_a}{2}$ 下取值。而 k 受到温度的影响最强，$k\left(\frac{\rho}{\mu}\right)^n$ 受温度影响不大，所以主要考虑 A_1。设

$$k=a+a_1T_f, \tag{4.49}$$

故 A_1 随气流温度 T_a 和丝温 T_w 而变。选取参考温度 T_0，令 $A_1|_{T_f=T_0}=A_0$，则

$$A_1=\frac{A_0}{a+a_1T_0}\left[a+\frac{a_1}{2}(T_w-T_a)\right]+\frac{a_1A_0}{a+a_1T_0}T_a, \tag{4.50}$$

其中

$$A_0=\frac{\pi l(a+a_1T_0)}{ar_0}f_1(Pr). \tag{4.51}$$

因此，在来流有温度脉动 θ 和速度脉动 u 时，热线两端的电压变化为

$$\begin{aligned} e=Ir_w&=I\frac{\alpha r_0 r_w}{r_a}\theta-\frac{(r_w-r_a)^2}{2Ir_a}B\sqrt{U}\ \frac{u}{U}\\ &=s_\theta\theta-su, \end{aligned} \tag{4.52}$$

其中温度灵敏度 $s_\theta=I\frac{\alpha r_w r_0}{r_a}$，对速度的灵敏度 $s=\frac{(r_w-r_a)^2}{2Ir_a}\frac{B\sqrt{U}}{U}$。故而，电压脉动的均方值为

$$\overline{e^2}=s^2\ \overline{u^2}+s_\theta^2\ \overline{\theta^2}-2ss_\theta\ \overline{u\theta}. \tag{4.53}$$

上式表明，若 $s\gg s_\theta$，则热线主要对脉动速度 $\overline{u^2}$ 灵敏，$\overline{e^2}\approx s^2\ \overline{u^2}$；若 $s\ll s_\theta$，则热线实际上像一个温度计，$\overline{e^2}\approx s_\theta^2\ \overline{\theta^2}$。若 r_w-r_a 很小，则 $s_\theta\gg s$；若 r_w-r_a 较大，则 $s_\theta\ll s$。这都可以通过调节 T_w/T_a 来实现。在上式中有 $\overline{u^2}$，$\overline{\theta^2}$ 和 $\overline{u\theta}$ 三个未知量，故要使热线调节在三种温度下工作。若事先测出灵敏度 s 和 s_θ，便可解出这三个未知量。另一种做法是采用三种直径的丝分别作测量，但 s,s_θ 和直径的关系要事先经校准得到。

在用 X 探头时，若能调节到两根热丝对相应的速度分量的灵敏度相等，则热丝的电压输出分别为

$$e_{\mathrm{I}}=-s_1u_1-s_2u_2+s_\theta\theta, \tag{4.54}$$

$$e_{\mathrm{II}}=-s_1u_1+s_2u_2+s_\theta\theta, \tag{4.55}$$

可得

$$\overline{e_{\mathrm{I}}^2}-\overline{e_{\mathrm{II}}^2}=-4s_2s_\theta\ \overline{u_2\theta}+4s_1s_2\ \overline{u_1u_2}. \tag{4.56}$$

若 $s_\theta\gg s$，则可得 $\overline{u_2\theta}$，若 $s_\theta\ll s$，则可得 $\overline{u_1u_2}$。

由于不同气体的 k 和 ρ 不同,可以用热线风速计测量浓度脉动。但是,对浓度的灵敏度 s_γ 和对速度的灵敏度 s 都与热丝温度成正比,因而调节热线温度不可能出现使 s_γ 增加并使 s 减少的情况,或使 s_γ 减少并使 s 增加的情况。但 A_1 和 B_1 受直径的影响很大,可以用三种直径的热丝来决定浓度脉动。

在目前恒温式电路占压倒优势的情况下,仍应看到,恒流法的许多优点仍有待于进一步开发。目前,国外实验室常用的一种恒流式热线风速计电路如图 4.8 所示。

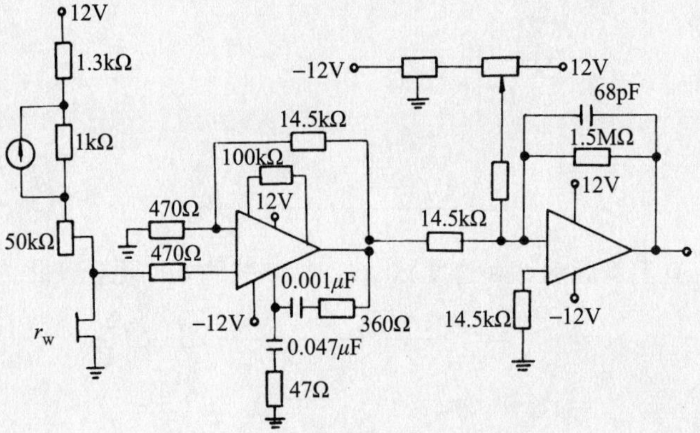

图 4.8　恒流式热线风速计实用电路

恒温式热线风速计的电路如图 4.9 所示。将热线放在电桥的一臂,桥的两对角的电压为 e_1 和 e_2,分别接到放大器的反相输入端和同相输入端。放大器对 e_1+e_2 信号抑制,而对 e_1-e_2 加以放大,得到输出电压 e_0,反馈到桥顶后向电桥提供电流。设热丝被电流加热到预定温度后被风冷却使热线电阻 r_w 下降,则电压 e_1 下降,e_2-e_1 增加,于是放大器输出电压 e_0 提高,反馈电流 i_0 增加;因而,通过热线的电功率加大,使热线的温度增加,电阻随之提高,使电桥重新趋于平衡。这种反馈放大器要求有较宽的频带,对电压的大幅度改变有较快的反应能力,使热线电阻稳定在初始值上。当风速增加时,对流热传递的冷却效应加强,反馈电流也增

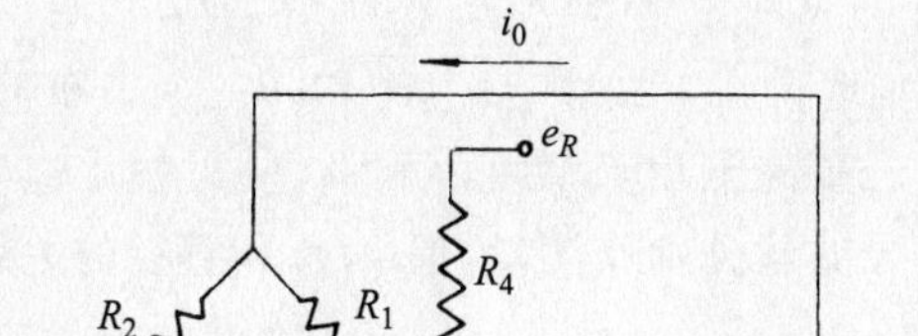

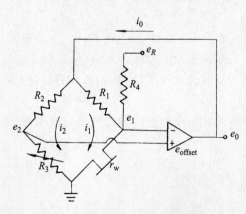

图 4.9　恒温式热线风速计原理

加;反之,风速降低,则反馈电流下降。风速和反馈电流或桥顶电压之间保持一一对应关系。因此在调好桥路参数并使热线风速计处于平衡状态后,反馈电路能使电桥始终保持在平衡状态,热丝的电阻或温度在运行过程中保持不变,故称恒温式热线风速计。由于热丝温度保持常值,运行过程中一般不会有过载烧毁的危险。

整个电路的功能包括三部分:(1)确定热丝的冷电阻。这时,将反馈回路断开,使电桥由直流电源供电。电流很小,通常为毫安级。这时,热线处于“冷态”,其电阻值称作冷电阻。桥对角的不平衡电压经放大器放大后在输出端得到指示。调节可调电阻 R_3 使电桥平衡,得

$$r_w R_2 = R_1 R_3, \tag{4.57}$$

则热线的冷电阻 r_w 可由 R_1,R_2 和 R_3 算出。为了节省功率,通过左边桥臂的电流不宜太大,故电阻值一般取得较大,“桥比”约为 10 的量级,但根据不同需要在 1～50 的范围内变动。(2)调节热丝电阻的过热比 $a_R = \dfrac{r_w - r_0}{r_0} = \alpha(T - T_0)$。实际上,也就是确定热丝的工作温度。具体做法是调节 R_3。若测冷电阻时 $R_3 = R$,则增加过热比时,应将 R_3 调到 $(1 + a_R)R$。然后,将反馈回路闭合,热线即工作在给定的温度下。(3)将不平衡电压 $e_2 - e_1$ 放大后与桥顶联结,构成闭合回路,实现恒温控制的功能。

由能量平衡关系可知,恒温式热线风速计的稳态特性为

$$I^2 = \frac{\pi k l}{\alpha r_0} \frac{a_R}{1 + a_R}(A + B \cdot Re^n), \tag{4.58}$$

或简单写成

$$I^2 = \frac{a_R}{1 + a_R}(A_1 + B_1 \cdot U^n). \tag{4.59}$$

桥顶电压为

$$\begin{aligned} e_0 &= \frac{r_w + R_1}{R_1} e_1 \\ &= (r_w + R_1)\left[\frac{a_R}{1 + a_R}(A_1 + B_1 U^n)\right]^{1/2}, \end{aligned} \tag{4.60}$$

电桥的对角电压差为

$$e_1 - e_2 = \frac{R_2 r_w - R_3 R_1}{(R_2 + R_3)(R_1 + r_w)} e_0. \tag{4.61}$$

事实上,电桥必须工作在不平衡的失调状态。若 $e_1 = e_2$,则必须有 $e_0 = 0$ 或 $R_2 r_w - R_3 R_1 = 0$。前者,电桥不工作;后者,e_0 为任意值。这两种情况都是不合理的。虽然电桥不可能工作在绝对平衡的状态,但偏差应为很小的量。

定义不平衡因子 δ 为

$$\delta = 1 - \left(\frac{R_1}{r_w}\right) \Big/ \left(\frac{R_2}{R_3}\right) = \frac{R_2 r_w - R_1 R_3}{R_2 r_w} \ll 1, \tag{4.62}$$

则电桥的失调电压为 $e_{失}$ 为

$$e_{失} = \frac{\delta R_2 r_w}{(r_w + R_1)(R_2 + R_3)} e'_0, \tag{4.63}$$

e'_0为由失调电压引起的输出电压。故放大器输入电压为

$$e_i = e_1 - e_2 = \frac{R_2 r_w - R_1 R_3}{(R_1 + r_w)(R_2 + R_3)} e_0 + \frac{\delta R_2 r_w}{(r_w + R_1)(R_2 + R_3)} e'_0, \tag{4.64}$$

$$\Delta e_i = \frac{e_0 R_1}{(r_w + R_1)^2} \Delta r_w + \frac{\delta R_1 r_w}{(r_w + R_1)^2} \Delta e', \tag{4.65}$$

因此对给定的不平衡因子 δ 而言的桥路增益为$\frac{r_w R_1}{(r_w + R_1)^2}$,设放大器的直流增益为 A_0,则整个系统的增益为二者之积

$$K_0 = \frac{r_w R_1 A_0}{(r_w + R_1)^2}. \tag{4.66}$$

热线的动态特性满足下面的方程

$$M \frac{\mathrm{d} r_w}{\mathrm{d} t} + r_w = a \Delta I + b \Delta U, \tag{4.67}$$

式中 a,b 为常数,放大器桥顶电压的动态特性满足

$$\mu \frac{\mathrm{d} e_0}{\mathrm{d} t} + e_0 = -A_0 e_i, \tag{4.68}$$

其中 M,μ 分别为热线和放大器的时间常数。

由于

$$\Delta e_0 = (r_w + R_1) \Delta I + I \Delta r_w, \tag{4.69}$$

故有

$$\frac{\mathrm{d}^2 e_0}{\mathrm{d} t^2} + 2\zeta\omega_0 \frac{\mathrm{d} e_0}{\mathrm{d} t} + \omega_0^2 e_0 = f_1(t), \tag{4.70}$$

其中

$$\omega_0 = (2 a_R K_0 / \mu M)^{1/2} \tag{4.71}$$

和

$$2\zeta = (1 + K_0 \delta)(M / 2 K_0 \mu a_R)^{1/2} \tag{4.72}$$

分别为系统的特征频率和阻尼系数。通常,放大器的增益和带宽的乘积$\frac{A_0}{2\pi\mu}$为 $10^6 \sim 10^7$ Hz。若取 $A_0 = 10^3 \sim 10^4$,则 $\mu = 10^{-5}$ s。而桥路增益$\frac{r_w R_1}{(r_w + R_1)^2}$为 1 的

量级，故整个系统的增益 $K_0 \gg 1$ 时系统的时间常数 $\frac{1}{2\pi\omega_0}$ 远低于 M。

系统的频率响应如图 4.10 所示，其中 $\zeta=1$ 的情况称作临界阻尼，频率响应的均匀区最宽。系统的特征频率 ω_0 和临界阻尼 ζ 均可由实验测定。具体做法是，在热线和放大器输入端连接处，通过电阻 R_t 输入方波电压信号 e_t，则

$$\Delta e_i = \frac{e_0 R_1}{(r_w + R_1)^2}\Delta r_w + \frac{\delta R_1 r_w}{(r_w + R_1)^2}\Delta e_0 + \Delta e_t, \tag{4.73}$$

于是，系统的动态方程化为

$$\frac{d^2 e_0}{dt^2} + 2\zeta\omega_0 \frac{de_0}{dt} + \omega_0^2 e_0 = \omega_0^2 \left\{ S_u \Delta U + S_t \left[M \frac{de_t}{dt} + \left(1 + \frac{2r_w a_R}{r_w + R_1}\right) e_t \right] \right\}, \tag{4.74}$$

其中

$$S_u = \frac{r_w + R_1}{2r_w I} \left.\frac{\partial F}{\partial U}\right|_T, \tag{4.75}$$

$$S_t = \frac{(r_w + R_1)^2}{2r_w^2 a_R}, \tag{4.76}$$

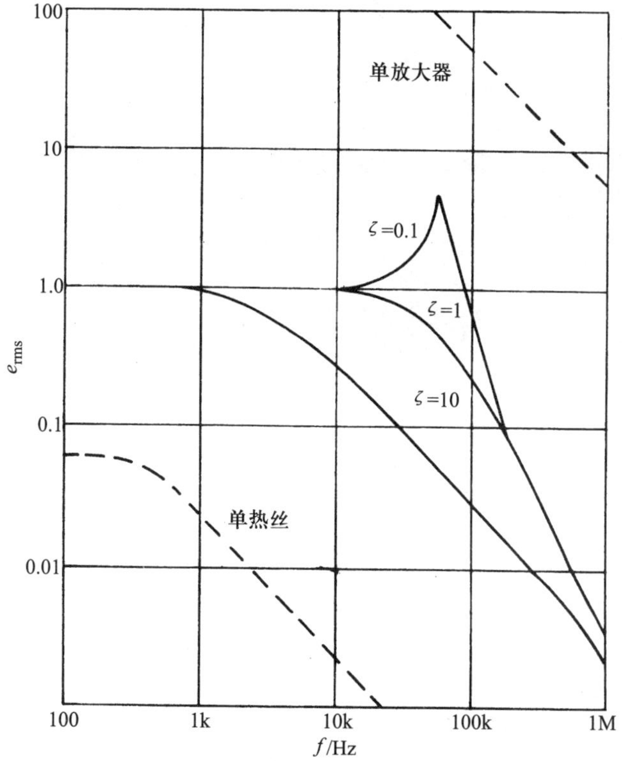

图 4.10　恒流式热线风速计幅频特性

式中 S_u 为系统对速度的灵敏度,S_t 为系统对温度的灵敏度,上式表明,除了 e_t 本身起到驱动作用外,它的导数$\frac{de_t}{dt}$也起到驱动作用。用方波信号驱动时$\frac{de_t}{dt}$项的作用远大于 e_t 项,e_0 的直流增益很小。因而,输出信号 e_0 已不是方波,而是一个尖脉冲(图 4.11)。系统对方波的响应有以下几种情况。由图可以看到,曲线一表示过阻尼,这时脉冲信号的振幅较小;由 ζ 的公式表明,减少阻尼的最有效办法是增加不平衡因子 δ。具体做法是增加放大器的失调电压 $e_{失}$。另外,减小热线的过热比也可以使阻尼增加。曲线二表示临界阻尼,这时振荡已经消失,而振幅最大。曲线三有明显的振荡,表示欠阻尼状态,需要增加阻尼。调节时最常用的方法是改变失调电压,从振荡状态调到刚好不振荡为止;也可以从过阻尼状态逐渐减小阻尼。这时尖脉冲的峰值逐渐增加到最大值而不产生振荡为止。

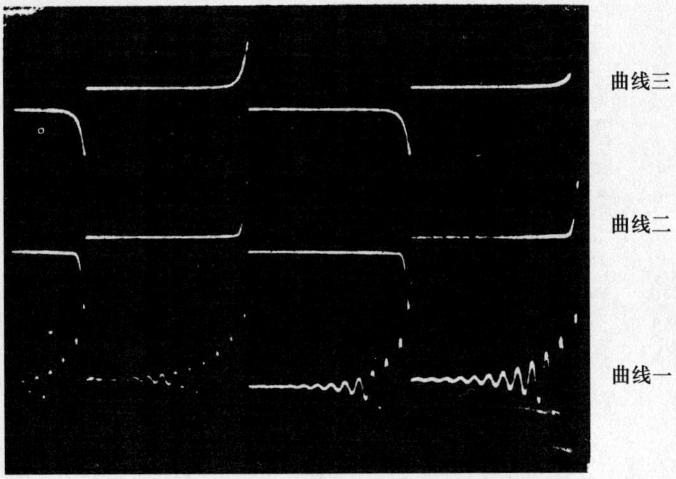

图 4.11 恒流式热线风速计的动态响应

恒温式热线风速计通过反馈系统来保持热丝电阻为恒定值。由于放大器的频率响应很高,所以整个系统的频率响应不仅取决于时间常数 M,而且取决于反馈系统的调节速度,因而频带比恒流法要宽很多。在临界阻尼条件下,截止频率可以由 ω_0 估计,而 ω_0 是热线的时间常数 M,放大器的时间常数 μ,系统的放大倍数 K_0 及过热比等的函数。通常,恒流式电路的频率响应为一千赫的量级,而恒温式可达几兆赫。恒温式电路在使用过程中不需调节;由于热丝电阻保持不变,通过热丝的电流可以从桥顶电压算出。而桥顶电压可以在放大器输出端由电压表读出。对于多通道热线风速计可以一次调好后,同时投入使用(图 4.12)。

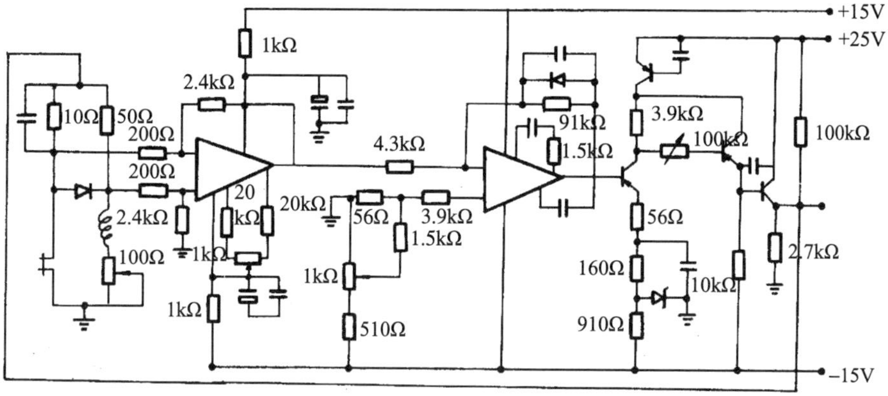

图 4.12　恒温式热线风速计典型电路

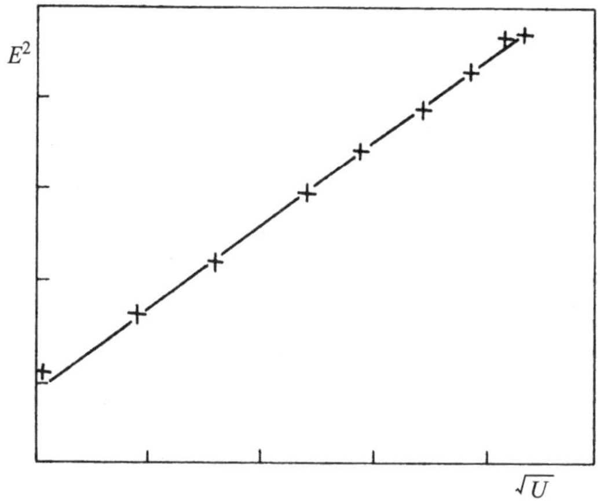

图 4.13　热线探头的校准曲线

恒温式热线风速计在使用中的另一个问题是，电压 E 和流速 U 的关系是非线性的，需要校准。因此，恒温式电路在实际运行中可以用桥压经放大器后的输出电压 E 在一定风速范围内

$$E^2 = A + B\sqrt{U} \tag{4.77}$$

确定校准系数 A 和 B。校准后可直接在实验中运行。总之，整个过程依次为测量丝阻、调节过热比、经校准后运行。

4.3　热线风速计使用中的若干问题

在实际使用中,应注意热线风速计功能的开发和仪器常见故障的排除。

冷线-热线探头　冷线法指的是用工作电流极低的恒流式电路的一种测量方法,它对温度的灵敏度高,而对速度的灵敏度低。将冷线放在热线的热尾迹中可以构成流速-流向探头,即由热线测量流速,而由冷线按照事先校准好的温度分布来确定流向。在分离流中由于速度方向时正时负,可以在热线两侧各放一根冷线确定流向,与3.2节的脉冲测速方法相比,这种方法的精度和频率响应都要高得多。

旋转丝探头　一个单丝平直探头,其轴垂直于气流,用直流电机拖动使其绕轴旋转,轴的另一端带动一个多圈电位器来记录丝的偏角,用自耦变压器调节电机的转速,构成了一个旋转丝测量系统(图4.14)。

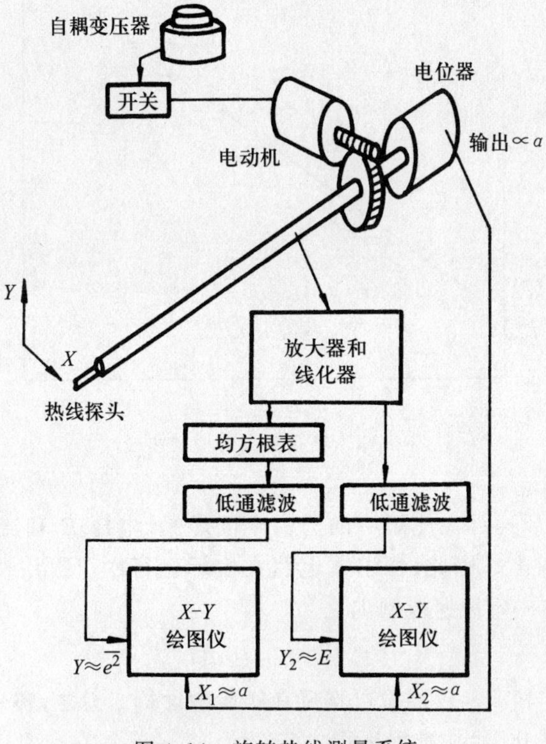

图4.14　旋转热线测量系统

假定热丝的方向角为θ_0,瞬时速度矢量$\boldsymbol{U}$满足下式:

$$|\boldsymbol{U}|^2 = U^2 + V^2 = (\overline{U} + u)^2 + v^2. \tag{4.78}$$

其中 U,V 分别为轴向与横向速度分量；u,v 分别为轴向与横向的脉动速度。由湍流脉动产生的气流偏角 $\beta(t) = \sin^{-1}(v/|\boldsymbol{U}|) \approx v/|\boldsymbol{U}|$，因而热丝的实际方向角为 $\theta(t) = \theta_0 - \beta(t)$，在 θ_0 附近摆动。设热丝的方向特性为

$$f(\theta) = \cos\theta + \varepsilon(\cos\theta - \cos 2\theta), \tag{4.79}$$

则有

$$f(\theta) = f(\theta_0 - \beta(t)) \approx f(\theta_0) - \beta(t) f'(\theta_0) \approx f(\theta_0) - \frac{v}{|\boldsymbol{U}|} g(\theta_0), \tag{4.80}$$

其中 $g(\theta) = \dfrac{\mathrm{d}f(\theta)}{\mathrm{d}\theta}$，因而

$$\overline{(U_{\mathrm{eff}}(t) - \overline{U}_{\mathrm{eff}})^2} = \overline{u^2} f^2(\theta_0) - 2\,\overline{uv} f(\theta_0) g(\theta_0) + \overline{v^2} g^2(\theta_0). \tag{4.81}$$

热线风速计输出的电压脉动为

$$e(t) = \left(\frac{\mathrm{d}E}{\mathrm{d}U_{\mathrm{eff}}}\right)(U_{\mathrm{eff}} - \overline{U}_{\mathrm{eff}}) = h\,\Delta U_{\mathrm{eff}}(t). \tag{4.82}$$

因为 $f(\theta)$ 和 $g(\theta)$ 已知，只需在不同 θ 角下重复测量 $\overline{e^2(t)}$，就可以用最小二乘法解出 $\overline{u^2}$，$\overline{v^2}$ 和 $\overline{uv}$。

$$\begin{cases} \overline{u^2} \sum\limits_{i=1}^{N} f^4(\theta_{\mathrm{i}}) + \overline{v^2} \sum\limits_{i=1}^{N} f^2(\theta_{\mathrm{i}}) g^2(\theta_{\mathrm{i}}) = \sum\limits_{i=1}^{N} f^2(\theta_{\mathrm{i}}) \overline{\dfrac{e^2(\theta_{\mathrm{i}})}{h^2(\theta_{\mathrm{i}})}}, \\ \overline{u^2} \sum\limits_{i=1}^{N} f^2(\theta_{\mathrm{i}}) g^2(\theta_{\mathrm{i}}) + \overline{v^2} \sum\limits_{i=1}^{N} g^4(\theta_{\mathrm{i}}) = \sum\limits_{i=1}^{N} g^2(\theta_{\mathrm{i}}) \overline{\dfrac{e^2(\theta_{\mathrm{i}})}{h^2(\theta_{\mathrm{i}})}}, \\ -2\,\overline{uv} \sum\limits_{i=1}^{N} f^2(\theta_{\mathrm{i}}) g^2(\theta_{\mathrm{i}}) = \sum\limits_{i=1}^{N} f(\theta_{\mathrm{i}}) g(\theta_{\mathrm{i}}) \overline{\dfrac{e^2(\theta_{\mathrm{i}})}{h^2(\theta_{\mathrm{i}})}}. \end{cases} \tag{4.83}$$

涡量的测量 最早的流向涡量探头是由 Kovasznay 设计的(图 4.15)，相当于两对互相垂直的 X 探头，但是 Willmarth 等人的实验证明探头的输出受到横向速度 v 和 w 的干扰，因而不能准确测出流向涡量 $\omega_x = \dfrac{\partial w}{\partial y} - \dfrac{\partial v}{\partial z}$。此后 Wallace 实验室对涡量的测量工作进行了长期的探索，他们用分成三组的九根倾斜丝成功地测量了涡量的三个分量，该法目前仍有待于完善。

低湍流度气流的测量 目前，大多数低湍流度气流中的测量采用恒流式电路，这是因为它的背景噪声较低；同时，该电路需要用高增益低噪声的补偿放大器，这就提高了仪器的成本。现在采用计算机做频带补偿可以较方便地解决补偿问题。目前恒温式电路普遍采用低噪声高增益的集成电路放大器，使背景噪声大大降低，因而可以成功地用在低湍流度气流的测量中。这在边界层转捩等课题的研究中取得了较好的结果。

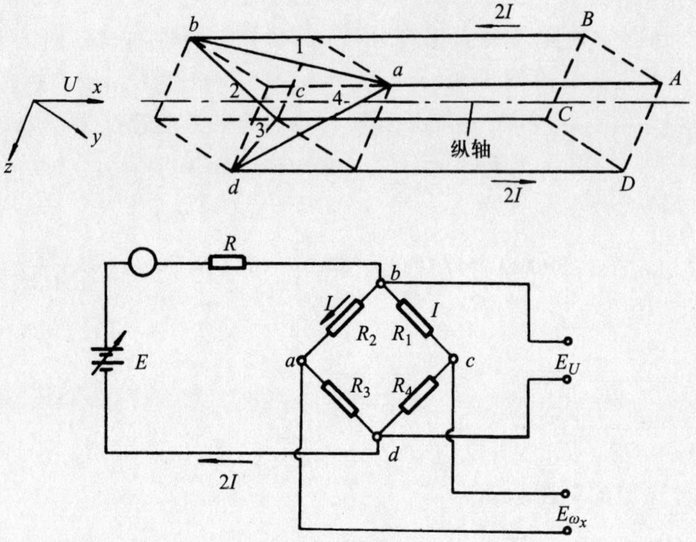

图 4.15 涡量探头

实验一 X形探头的校准和雷诺应力的测量

对于均匀流场来说,X形探头中由两根倾斜热丝的平均电压和脉动电压可以求出来流的方向角、纵向和横向湍流强度,以及雷诺应力。当两根热丝的夹角精确地控制在互相垂直以及探头轴线和风洞轴线完全一致的条件下,若平均流速的方向与风洞轴线一致,则用平方差公式可以得到该点的雷诺应力$\overline{uv}$,而平方和所得到的$\overline{u^2}+\overline{v^2}$要配合纵向湍流强度的测量才能得到$\overline{v^2}$。其实,在实际测量时通常用热线电桥的脉动电压的均方值$\overline{e^2}$乘上$\left(\dfrac{\mathrm{d}v}{\mathrm{d}E}\right)^2\cos^2\varphi$直接求$\overline{u^2}+\overline{v^2}$和$\overline{uv}$。$\overline{E}$为电桥电压的平均值,按校准曲线$E$-$U$由$\overline{E}$值确定其斜率$\left(\dfrac{\mathrm{d}V}{\mathrm{d}E}\right)_{\overline{E}}$。因此$U$形探头在校准前仔细调整热丝的过热比,使两丝在垂直来流时得到的校准常数要尽可能接近,并使在工作电压$\overline{E}$处的$\left(\dfrac{\mathrm{d}U}{\mathrm{d}E}\right)_{\overline{E}}$尽可能接近时,才能使用。在侧向流速有较大变化时,还需用光学方法或流体实验中常用的典型流动的结果来确定两根热丝的侧向距离。以上讨论表明,要用X形探头得到准确的结果,需要在实验前对仪器和探头的安装位置做好认真的调整和检查。

在流场比较复杂,两根热丝的夹角和探头的安装角未知的情况下,要使X

形探头得到比较准确的结果，需要对探头和实验方案作具体的考虑。例如，在球群间隙中做雷诺应力的测量实验中，(1)为了避免使来流的速度矢量超出两根热丝夹角的范围，选用夹角为 120°的 X 形探头；(2)由于探头在穿越球群间隙时极易折断，要求采用对两丝对称性无明显限制的方法；(3)要求能同时检测流速流向并确定探头的安装角。实验中采用北京大学 BD-2 型双通道热线风速计经模-数转换器与微计算机联机，做测量和数据处理。

在均匀流场中分别将 X 形探头的两丝先后调节到与来流垂直的位置，进行校准，确定校准系数 A_1, B_1 和 A_2, B_2，然后对两丝统一作方向特性测量（图 4.16），确定两丝的夹角 2φ。实验结果表明，两丝的方向特性在偏角 90°以上时有一定的偏差，但在 90°以内时与公式

$$f(\theta) = \cos\theta + \varepsilon\cos 2\theta$$

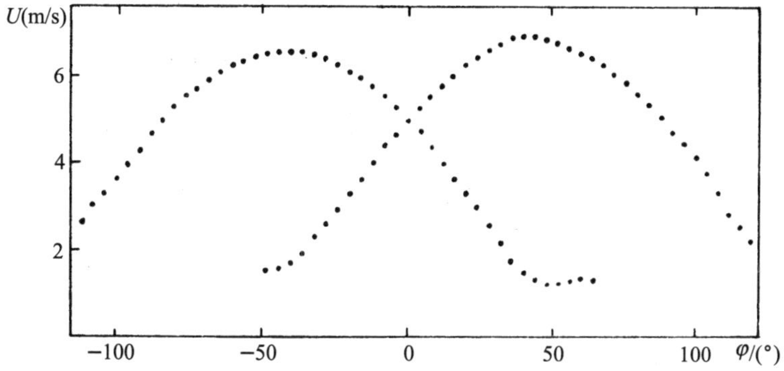

图 4.16　X 形探头的方向特性

一致。设来流与探头轴线的偏角为 θ'，由两丝的方向特性和相应的热线风速计的输出电压 E_1 和 E_2，可得 $\theta = 90° - \varphi - \theta'$，并有

$$\left(\frac{E_1^2 - A_1}{B_1}\right)^2 = U[\sin(\varphi + \theta') + \varepsilon(\sin(\varphi + \theta') + \cos 2(\varphi + \theta'))],$$

$$\left(\frac{E_2^2 - A_2}{B_2}\right)^2 = U[\sin(\varphi - \theta') + \varepsilon(\sin(\varphi - \theta') + \cos 2(\varphi - \theta'))],$$

故有

$$\left(\frac{B_2}{B_1} \cdot \frac{E_1^2 - A_1}{E_2^2 - A_2}\right)^2 = F(\theta')\,\frac{\sin(\varphi + \theta')}{\sin(\varphi - \theta')} \cdot \frac{1 + \varepsilon(1 + \cos 2(\varphi + \theta')/\sin(\varphi + \theta'))}{1 + \varepsilon(1 + \cos 2(\varphi - \theta')/\sin(\varphi - \theta'))}.$$

由于 φ 在方向特性测量中已知，等式右边仅为气流偏角 θ' 的函数，可以事先由计算机算出，并列表存入内存。实验中测出 E_1 和 E_2，便可用插值法求得气流偏角 θ'，然后求得该点的风速 U。

这套程序除了可以确定风速和气流偏角的平均值和瞬时值外，也可以在已

知方向的均匀流场中自行检出探头的安装角,并用统计平均的方法得到纵向和横向湍流强度$\sqrt{\overline{u^2}}/\overline{U}$和$\sqrt{\overline{v^2}}/\overline{U}$以及雷诺应力$\overline{uv}/\overline{U}^2$。

在直径d为2.53 cm,间距为1.98d的3×3×3球群的间隙中进行实验测量,取中央球的球心为坐标原点。可以看到,在相邻水平两球之间的垂直流向截面上,相邻两球连线中点处的雷诺应力随流向减少,而在同一截面上,相邻四球的中心处为极小,较两球连线中点处小二个量级(图4.17)。u,v分别是x,y方向的脉动速度,U为来流的平均速度。

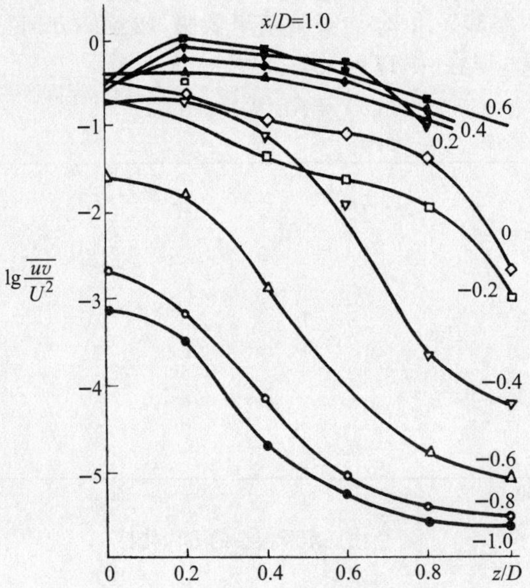

图4.17 两球间的雷诺应力测量

4.4 激光流速计原理

激光流速计是近三十年来迅速发展起来的一种无接触式测速仪器,它的量程广(10^{-3} cm/s~10^{6} m/s)、空间分辨率高(10^{-6} mm^3),不像热线风速计那样需要在流场中放入敏感元件从而对流场产生一定的扰动,故可以用于非牛顿流和旋转流等对探头引起的干扰十分敏感甚至可以破坏整个流场特性的一些流动测量中。它要求在流场中有一定大小和浓度的粒子,在粒子浓度太低时要人为地在流体中掺入一定数量的某直径的粒子,可用在多相流和有相变或化学反应的物理-化学流动中。它利用流体中所携带的运动粒子对散射光频率产生的多普勒效应来测量具有较强粒子跟随性时在仪器的敏感区域中的流体(严格说来是粒子）的运动速度的统计平均值或该速度分量随时间的变化。因其频带宽，输出信号频率与待测的速度分量呈线性关系，不需再做线性化处理。在光路中配置频移装置后，流速计具有方向灵敏性，可测量分离流或流向有往复变化的复杂流动，总之这种仪器在流体力学各分支中广泛的应用前景是十分引人注目的。

要正确使用激光流速计必须知道它的弱点和局限性，以便扬长避短。它的主要问题是要求在流场中有一定直径和浓度的粒子并对流体运动具有相当良好的跟随性。粒子浓度太大则影响流体性质，污染和沉积在流道的各个部分，以致影响流道的正常工作；对于仪器来说则使信噪比反而降低。粒子浓度太低，则产生信号脱落或信号率不足，影响瞬时值以至平均值的测量。粒子颗粒直径太大则跟随性差，散射光的信噪比降低；太小则有布朗运动的影响。粒子和流体的密度差别太大则粒子跟随性下降，重力沉积使粒子明显偏离流线。但是，在对上述因素做深入研究后，合理选用粒子，可以避免或最大限度地减少上述缺陷，得到较高的信噪比和令人满意的实验测量结果。

近二十余年来，激光测速技术的发展大大刺激了对粒子光学和力学特性的研究，从激光测速技术推广到测流体浓度、粒子浓度、温度、粒子直径、局部摩擦阻力等一系列课题中，它在大量工程领域中的应用仍在开发，潜力无可限量。

多普勒频移原理　激光流速计的基本原理是利用运动粒子发出的散射光的多普勒效应，检测散射光和入射光之间的多普勒频移，利用多普勒频移与流体携带的粒子的速度之间的线性关系，测出该点的流速，该原理亦可用于声学领域，制造声多普勒流速计。

这里，暂不考虑散射光强度的空间分布规律及粒子光学和力学特性的具体细节，假定入射光是一族平面电磁波，

$$\boldsymbol{E}_0(r)=\boldsymbol{A}_0(t)\cdot\exp[-\mathrm{j}(\omega_0 t+\varphi_0-\boldsymbol{k}_0\cdot\boldsymbol{r})], \tag{4.84}$$

其中 $\boldsymbol{E}_0$ 为电场强度向量，$\boldsymbol{A}_0$ 为该向量的幅值，ω_0 为入射光的频率，$\boldsymbol{k}_0$ 为入射光的波数向量（$k_0=|\boldsymbol{k}_0|=2\pi/\lambda_0=\omega_0/c$），$\lambda_0$ 为入射光的波长，c 为光速，φ_0 为初相，$\boldsymbol{r}$ 为光源到粒子的向径（图 4.18）

设 P 为流场中的某粒子，其直径与 λ_0 为同一量级，受入射光照射后产生的散射光为球面波，电场强度以 $1/R$ 规律衰减，$\boldsymbol{R}$ 为粒子到散射光检测器之间的向径。

$$\boldsymbol{E}_s(\boldsymbol{R})=\boldsymbol{A}_s(t)\frac{1}{R}\exp[-\mathrm{j}(\omega_s t+\varphi_s-\boldsymbol{k}_s\cdot\boldsymbol{R})], \tag{4.85}$$

其中 $\boldsymbol{E}_s$ 为散射光的电场强度，ω_s 为散射光的频率，$k_s=2\pi/\lambda_s=\omega_s/c$，$\lambda_s$ 为散射光的波长，φ_s 为散射光的初相。设散射粒子处的入射光和散射光初相相等，则

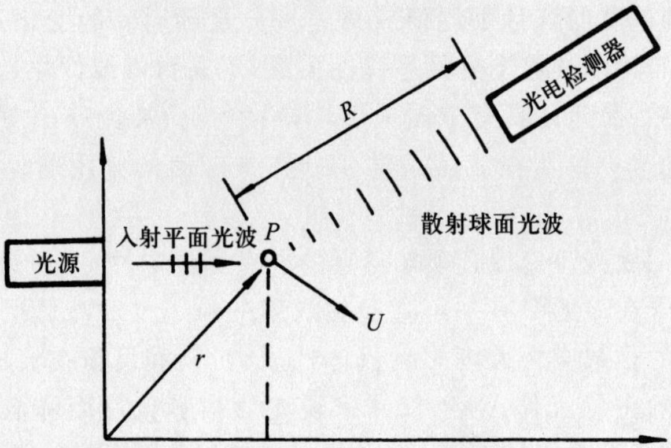

图 4.18 平行光中粒子的球面散射

$$\omega_0 t+\varphi_0-\boldsymbol{k}_0\cdot\boldsymbol{r}=\omega_s t+\varphi_s,\tag{4.86}$$

故有

$$\boldsymbol{E}_s(\boldsymbol{R})=\boldsymbol{A}_s(t)\frac{1}{R}\cdot\exp[-j(\omega_0 t+\varphi_0-\boldsymbol{k}_0\cdot\boldsymbol{r}-\boldsymbol{k}_s\cdot\boldsymbol{R})].\tag{4.87}$$

设粒子运动的速度向量为$\boldsymbol{U}$,则有 $r=\boldsymbol{U}\cdot\boldsymbol{e}_0 t$,$R=R_0-\boldsymbol{U}\cdot\boldsymbol{e}_s t$,其中 $\boldsymbol{e}_0$ 和 $\boldsymbol{e}_s$ 分别为入射光和散射光到光检测器之间的单位向量。R_0 为 $t=0$ 时粒子和光检测器的距离,故而光检测器检测到的频率为

$$\omega_s=\omega_0+(\boldsymbol{k}_s-\boldsymbol{k}_0)\cdot\boldsymbol{U},\tag{4.88}$$

或(注意到 $U/c\ll 1$)

$$\omega_s=\omega_0\frac{1-\boldsymbol{e}_0\cdot(\boldsymbol{U}/c)}{1-\boldsymbol{e}_s\cdot(\boldsymbol{U}/c)}\approx\omega_0[1-\boldsymbol{e}_0\cdot(\boldsymbol{U}/c)],\tag{4.89}$$

可得多普勒频移 ω_D 为

$$\omega_D\approx k_0\boldsymbol{U}\cdot(\boldsymbol{e}_s-\boldsymbol{e}_0).\tag{4.90}$$

设 n_1,n_2 和 n_3 分别为$(\boldsymbol{e}_s-\boldsymbol{e}_0)$的三个方向余弦,则

$$\omega_D\approx k_0(U_1n_1+U_2n_2+U_3n_3).\tag{4.91}$$

在湍流测量时,$U_i=\overline{U}_i+u_i(i=1,2,3)$,将瞬时速度 U_i 分解为平均速度 $\overline{U}_i$ 和脉动速度 u_i,故有

$$\overline{\omega_D}=\frac{1}{T}\int_0^T\omega_D\mathrm{d}t\approx k_0(\overline{U_1}n_1+\overline{U_2}n_2+\overline{U_3}n_3),\tag{4.92}$$

$$\overline{(\omega_D-\overline{\omega_D})^2}\approx k_0^2(n_1^2\,\overline{u_1^2}+n_2^2\,\overline{u_2^2}+n_3^2\,\overline{u_3^2}+2n_1n_2\,\overline{u_1u_2}+2n_2n_3\,\overline{u_2u_3}+2n_3n_1\,\overline{u_3u_1}).\tag{4.93}$$

调节 $\boldsymbol{e}_s-\boldsymbol{e}_0$ 使$\boldsymbol{U}$平行,则$\overline{U_1}=\overline{U}$,$\overline{U_2}=\overline{U_3}=0$,且 $n_1=2\sin\alpha$,$n_2=n_3=0$,其中 α 为入射光与散射光的夹角之半。

$$\omega_{\mathrm{D}}=2k_0U_1\sin\alpha=2k_0(\overline{U}+u_1)\sin\alpha, \tag{4.94}$$

则

$$\overline{\omega_{\mathrm{D}}}=2k_0\overline{U}\sin\alpha, \tag{4.95}$$

$$\overline{(\omega_{\mathrm{D}}-\overline{\omega_{\mathrm{D}}})^2}=4k_0^2\,\overline{u_1^2}\sin^2\alpha. \tag{4.96}$$

平方律检测原理 由于光波频率在 10^6 MHz 量级,电子线路要工作在这样高的频率是不可能的,因而要将通常在 100 MHz 以下的多普勒频移分离出来,再由电子线路进行分析,这就使光电检测电路和信号处理装置大为简化,常用的光检测器如光电管、光电倍增管等都是平方律检测装置,输出的光电流与输入电场强度的平方成正比,

$$\begin{aligned} i(R,t)&=2\alpha\left[\frac{1}{T}\int_t^{t+T}E^2(R,t)\mathrm{d}t\right]\\ &=2\alpha\langle E^2(R,t)\rangle=2\langle E(R,t)E^*(R,t)\rangle, \end{aligned} \tag{4.97}$$

其中 α 为光检测器对光辐射的灵敏度,星号表示共轭值,尖括号表示时间平均值,T 是平均时间,与光检测器的时间常数相关,它远大于光波的周期,但小于多普勒频移的相应周期．设光检测器接收的光波包括部分入射光波和来自两种不同方向的散射光波,则

$$\begin{aligned} \boldsymbol{E}&=\boldsymbol{E}_0+\boldsymbol{E}_1+\boldsymbol{E}_2\\ &=\boldsymbol{A}_0\exp[-\mathrm{j}(\omega_0t+\varphi_0+\boldsymbol{k}_0\cdot\boldsymbol{r})]+\frac{\boldsymbol{A}_{\mathrm{s1}}}{R}\exp[-\mathrm{j}(\omega_1t+\varphi_0-\boldsymbol{k}_{\mathrm{s}}\cdot\boldsymbol{R})]\\ &\quad+\frac{\boldsymbol{A}_{\mathrm{s2}}}{R}\exp[-\mathrm{j}(\omega_2t+\varphi_0-\boldsymbol{k}_{\mathrm{s}}\cdot\boldsymbol{R})], \end{aligned} \tag{4.98}$$

则光电流为

$$i(R,t)=\alpha[I_0+I_1+I_2+2\mathscr{R}\langle E_0E_1^*\rangle+2\mathscr{R}\langle E_0E_2^*\rangle+2\mathscr{R}\langle E_1E_2^*\rangle], \tag{4.99}$$

$\mathscr{R}$ 表示取实部,其中 I_0,I_1 和 I_2 表示单种成分的光强度,分别对应于 E_0,E_1 和 E_2;后三项表示入射光和二种散射光的混频。

常用的方法有以下三种:

(1) 光谱法。用高分辨率的光谱仪直接检测散射光相对于入射光的频移,但是最精密的光谱仪的分辨率只有 10^{-7},虽有可能用于高速气流,但精度不高,在激光流速仪的早期发展中曾使用,现在基本上已被淘汰。

(2) 多普勒信号的检测。在发射光路中分出一束入射光,经过分光或衰减后作为参考光,和一束散射光混频或与两束散射光混频;由接收光路检测式(4.99)中后三项中的某一项,在光电管检测得到的混频信号中主要是差频信号,即

$$2\mathscr{R}\langle E_iE_j^*\rangle = 2\sqrt{I_iI_j}\ \frac{\sin((\omega_i-\omega_j)T/2)}{(\omega_i-\omega_j)T/2}\cos\left((\omega_i-\omega_j)\left(t+\frac{T}{2}\right)+\delta\right), \tag{4.100}$$

其中 T 为光电管时间常数或平均时间。设 $(\omega_i-\omega_j)T/2<\pi/4$，则 $\frac{\sin((\omega_i-\omega_j)T/2)}{(\omega_i-\omega_j)T/2}>0.9$，由于 $\sin x/x\leqslant 1$，故有

$$2\mathscr{R}\langle E_iE_j^*\rangle \approx 2\sqrt{I_iI_j}\cos(k_0(\boldsymbol{e}_i-\boldsymbol{e}_j)\cdot\boldsymbol{U}t+\delta),$$
$$i,j=0,1,2;\quad i\neq j, \tag{4.101}$$

其中 δ 为光程差。由光检测器接收参考光和散射光的混频信号 $\mathscr{R}\langle E_0E_1^*\rangle$ 或 $\mathscr{R}\langle E_0E_2^*\rangle$ 的光路称作外差式光路；由光检测器接收两束散射光的混频信号 $\mathscr{R}\langle E_1E_2^*\rangle$ 的光路称作均差式光路，检测到的差频信号带有多普勒频率成分。当每一个粒子通过仪器的敏感区域(通常是两束入射光的交叉区域)时出现一个周期性的多普勒信号，通过对时域中出现的多普勒信号的检测，可以得到该点(或该区域平均)的流速分量，这种方法测量的多普勒频率上限为 10^8 Hz 量级，相当于高亚音速流动。设 $\alpha=\pi/8$，$\lambda=6328$ Å，由(4.95)式可得 $U_{\max}<200$ m/s，分辨率至少为 10^{-6}，而下限是 1 Hz 量级，分辨率高达 10^{-13}，显然，在高速流动中，除了设法减小光束间夹角或用各种频移方法来降低多普勒频率外，光学混频后得到的多普勒频率常常超出光电倍增管和电子处理装置的检测能力，需要采用其他检测方法。

(3) 扫描干涉法。扫描干涉法用光学仪器对光波波长的空间分辨能力来代替信号处理装置对频率的分辨能力。在二相流、强湍流和高超音速流动的测量中均取到一定的成效。扫描干涉法的光路是在外差式光路中用聚焦透镜将散射光变成一束平行光，进入 Fabry-Perot 平行板干涉仪，光线在平行板间隙中往复反射，反射的次数越多则与入射光的相位差越大，部分光线从该间隙一侧的半反射镜透过，经聚焦后在焦平面上得到环形干涉条纹(图 4.19)，用光电倍增管检测干涉图形中心亮纹，并不断用压电传感器精确地连续移动并控制平行板间隙，当平行板间隙为波长的整数倍时，中心条纹的亮度最大，当空隙间隔为二分之一波长的奇数倍时中心条纹的亮度最小。连续改变平行板的间隙(扫描过程)，则焦平面上光强度的变化可由光检测器测量，并可以精确得到入射光的每个亮纹的精确位置和波长 $\Delta\lambda_0$，以及具有多普勒频移的散射光的波长 λ_D，

$$\lambda_D=(U/c)\lambda\sin\alpha, \tag{4.102}$$

设 $\lambda=6328$ Å，$\alpha=30°$，因 λ_D 不小于谱线半宽 $\delta\lambda_0=\lambda/R$，可以得到能够分辨的最小速度为 $U_{\min}\approx 12$ m/s。为了改变平行板间隙，可采用改变平行板盒内压力的办法，也可用控制电压传感器的端电压改变晶体长度的办法，通过间隙的连续变化，实现波长的扫描，故称为扫描干涉法。目前这种扫描干涉法大多用于

高速流动，此外用电子透镜的像转换技术可大大提高扫描系统的时间分辨率，并能用电视终端同时观察干涉图像和谱的光电记录，进一步改进了扫描干涉法测速技术。

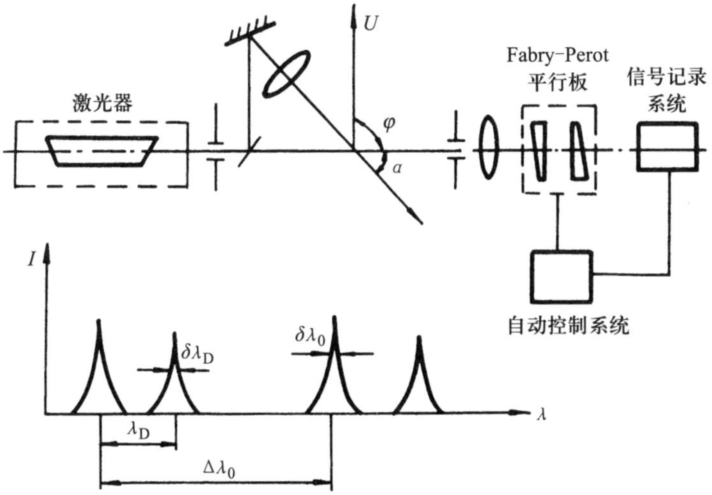

图 4.19　Fabry-Perot 光谱法

激光流速计的典型光路　由多普勒频移原理，外差或均差检测方法有以下几种常用的光路布局。

(1) 参考光式光路。将两束入射光在交汇处聚焦，在散射粒子通过时，将散射光与一束入射光混频，构成外差式光路，可检出多普勒频移(图 4.20(a))，

$$k_0(\boldsymbol{e}_0-\boldsymbol{e}_s)\cdot\boldsymbol{U}=2\pi/\lambda\cdot 2U\sin\frac{\alpha}{2},\tag{4.103}$$

其中 $\boldsymbol{e}_0$ 和 $\boldsymbol{e}_s$ 分别为入射光和散射光的单位向量，λ 为入射光的波长。这种光路在早期应用较多，与光谱法和扫描干涉法配合，可检出参考光频率和散射光频率之差。

(2) 差动式光路。将两束入射光在交汇点聚焦，使分辨率尽可能提高，则在光束相交处形成干涉条纹，将光检测器(PM 为光电倍增管)设置在两束入射光的角平分线附近(图 4.20(b))，粒子通过两光束交汇点时对两束入射光均产生多普勒频移，频移方向相反，数值相等，并有

$$\begin{aligned}\omega&=2\omega_D=k_0(\boldsymbol{e}_{01}-\boldsymbol{e}_s)\cdot\boldsymbol{U}+k_0(\boldsymbol{e}_s-\boldsymbol{e}_{02})\cdot\boldsymbol{U}\\&=k_0(\boldsymbol{e}_{01}-\boldsymbol{e}_{02})\cdot\boldsymbol{U}=2\pi\cdot\frac{2U\sin\alpha}{\lambda}=\frac{4\pi U\sin\alpha}{\lambda},\end{aligned}\tag{4.104}$$

式中检测出的频率 ω 为多普勒频率 ω_D 的两倍，$\boldsymbol{e}_{01}$ 和 $\boldsymbol{e}_{02}$ 分别为两束入射光的单

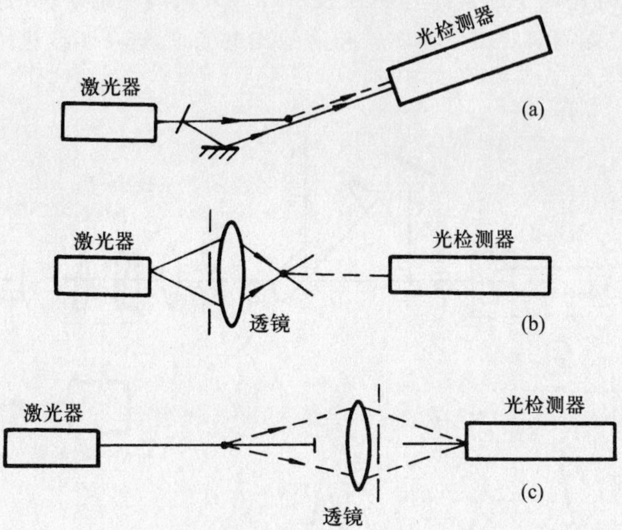

图 4.20　激光流速计的几种常用光路布局
(a)参考光式;(b)差动式;(c)散射式

位向量。由相干光干涉原理可得条纹间隔为 $d=\frac{\lambda}{2\sin\alpha}$。粒子通过条纹时,出现明暗相间的光信号,光强度的调制频率为

$$f=\omega/2\pi=U/d=\frac{2\sin\alpha}{\lambda}U. \tag{4.105}$$

由于差动式光路有明显的干涉条纹,易于调整,灵敏度高,因而目前市场上的激光多普勒流速计基本上都是差动式光路。这种光路的一个优点是对于与发射系统光轴成任意角的散射光均同样有效,因而可以在后向接收时充分使用发射系统的大透镜,尽可能提高接收散射光的能力,也可以在其他偏离光轴的系统检测散射光。此外,由于发射光路中两入射光束间夹角较小,交汇区的干涉条纹分布在细长的区域内,为了提高激光流速计的空间分辨率,可以将接收光路偏离发射光轴,只接收条纹区某部分中粒子通过时的散射光信号(图 4.21)。

(3) 散射式光路。将一束入射光聚焦在某点,粒子通过时散射光经透镜光阑,聚焦后混频,由光检测器接收(图 4.20(c)),并有

$$\begin{aligned}\omega=2\omega_D&=k_0(\boldsymbol{e}_{s1}-\boldsymbol{e}_0)\cdot\boldsymbol{U}+k_0(\boldsymbol{e}_0-\boldsymbol{e}_{s2})\cdot\boldsymbol{U}\\&=k_0(\boldsymbol{e}_{s1}-\boldsymbol{e}_{s2})\cdot\boldsymbol{U}.\end{aligned} \tag{4.106}$$

式中 e_{s1},e_{s2} 分别为两束散射光的单位向量,e_0 为 λ 射光的单位向量,ω 为光检测器接收到的频率,这种光路主要取决于接收系统,在三个不共面的方向设置散射光检测系统即可做三维速度场测量,但通常需要大功率光源,光能损耗大,

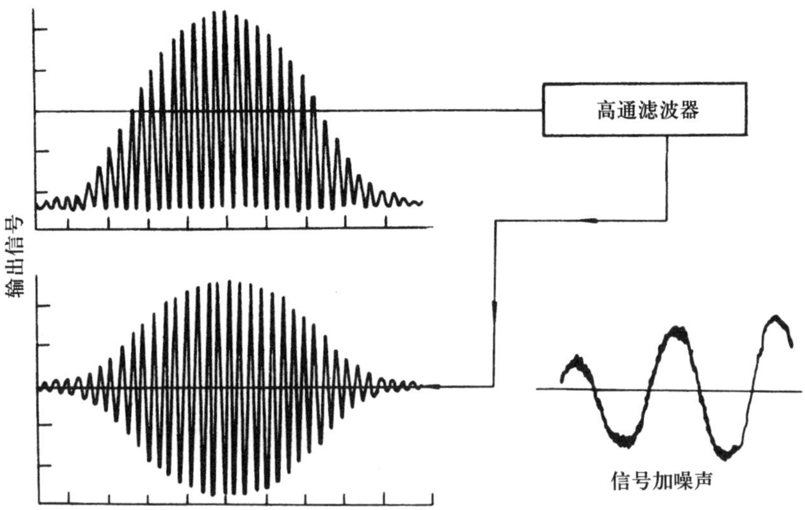

图 4.21 光检测器输出的多普勒信号

现较少采用。

在以上光路布局中发射部分和接收部分分隔在流场两侧，测量区在两者之间，典型的结构如图 4.22 所示的差动式激光流速计。但从各种课题的实际需要来说，常常要把发射光路和接收光路设置在同一侧，这种光路称作后向散射式光路，它的优点首先是坐标调节装置较简单，集中在一侧，在测量物体表面附近的流动时，只需在物体一侧允许入射光通过即可。其次，由于差动式光路检测的多普勒频率取决于条纹间隔和粒子通过的速度，因此发射光路的大口径聚焦透镜可以得到充分利用，使收集的散射光通量有较大的提高，信噪比也有一定程度的增加。但是后向散射的散射光辐射量远小于前向散射，因而散射效率较低，通常需要用较大功率的光源，或者需要有较高光学品质的光学系统。特别是大流场长焦距的情况下在光学系统调节合理、粒子浓度足够的情况下，

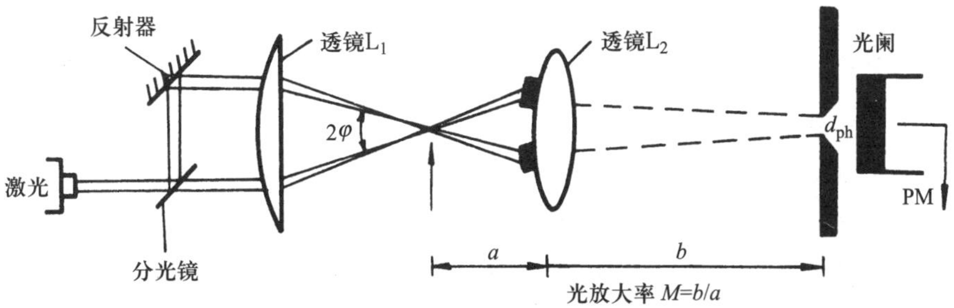

图 4.22 差动式激光流速计

5mW 的激光光源在后向散射的光路中便可检测到较好的多普勒信号。这种后向散射式光路对于流体机械中复杂流动的测量常常是十分有效的工具(图 4.23)。

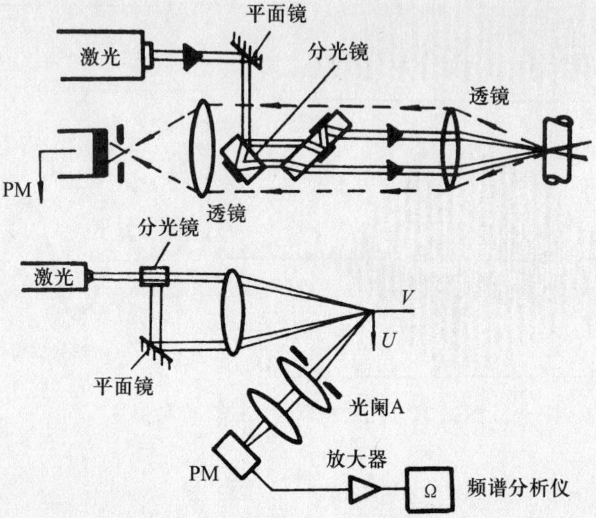

图 4.23 差动式后向散射激光流速计

频移技术 在流场比较复杂时,流场中除了主流外,还存在若干个速度分量的流向为负或正负交替的回流区或旋涡区中的复杂流动,如强湍流、非定常流动或两相流动,即使在平行流中,由于湍流脉动的影响,垂直主流方向的脉动速度也是在正负之间往复变化的。这时,出现负的多普勒频率是不允许的,必须用频移器件人为地在信号频率中加上某一个频移量 f_B 使速度分量出现负值时保持多普勒频率非负(然后扣除该频移量得到负的速度值)

$$f = f_B + f_D = f_B + \frac{2U\sin\alpha}{\lambda}. \tag{4.107}$$

显然,在加上频移量 f_B 时,差动式光路光束交汇区的条纹不再是静止不动的了,而以一定速度 $U_B = -\dfrac{\lambda f_B}{2\sin\alpha}$ 移动,正确的条纹移动方向应与主流运动方向相反,移动速度应大于流场中与主流方向相反的负向速度分量的值。和条纹静止时无频移 f_B 的情况相比,相当于在主流方向的速度分量增加了一个平均值 v_B,这样反映粒子速度的多普勒频谱成分向高频方向大幅度移动,远离了原来光检测器的低频干扰产生的基底频谱成分,易于用高通滤波器提取,使信号-噪声比大大提高。由直方图可以随时检测频谱成分的分布,决定频移量(图 4.24),其中横坐标为不同频率相对应的速度,纵坐标为该频率对应的信号成分所占的百分比，未加频移时低频处的多普勒频谱成分和基底交混，加频移后则两种成分明显分开，便于用滤波器提取。

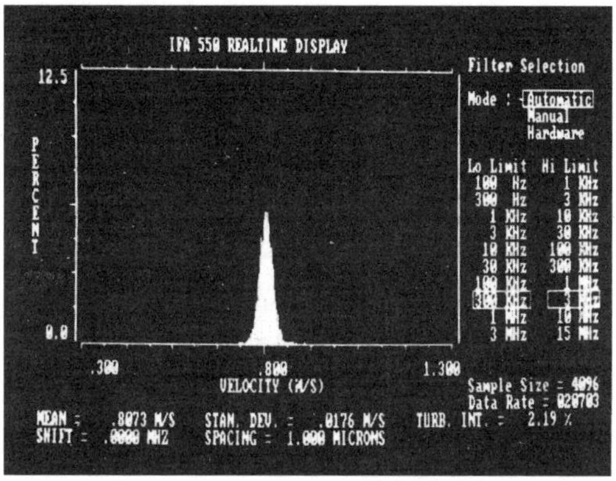

图 4.24 TSI1990 计数式处理器输出的直方图

常用的频移技术有以下几种。

(1) 旋转光栅法。将入射光束通过以角速度 ω_r 旋转的光栅，N 表示角速度的整数倍，则 k 级衍射光产生与角速度成正比的频移，$v_k = \pm kN\omega_r$（图 4.25）。改变入射光与光栅夹角，将所用的衍射光调到最大值，在工作区聚焦在回流区工作，这种方法较为简便，适于低速流场中应用。

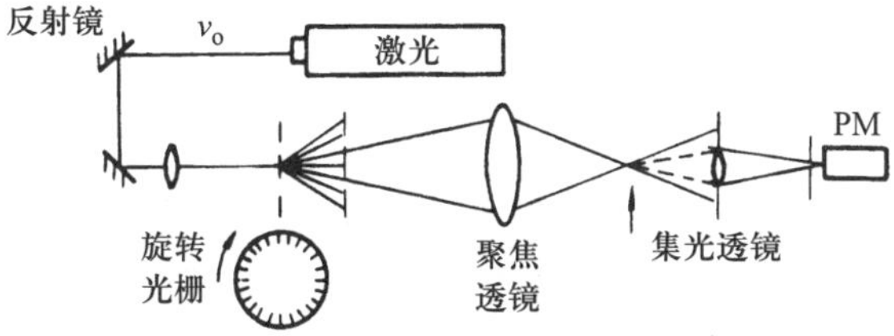

图 4.25 旋转光栅频移的激光流速计

(2) 布拉格盒，即声光器件。早期用水作工作介质，现多用钼酸铅等晶体材料制作，通常在 30 MHz 以上可得到较高的衍射效率(典型值为 80%)。当高频超声波通过晶体时，晶体中的折射率发生周期性变化形成光栅。当入射光通过时产生衍射，调节入射角可使某级衍射光强度达到最大值，然后用补偿光楔，使光线回到原来方向，经聚焦透镜到测量区与另一入射光束交汇。典型的频移装置如图 4.26 所示。对上侧入射光做频移，选用负一级光时入射光频率降为 $f_0 - f_B$，则条纹移动速度向上；若选用正一级光则条纹移动速度向下，若主运动方向向下则应选负一级光使条纹移动速度向上。设一级光的频移量为 40 MHz，则光电检测器输出信号为多普勒信号的频率 f_D 再加上频移量 f_M,即 $f=f_D+f_M$。最后,频移器件产生的频移量应在经过信号处理器后送入计算机处理时扣除。

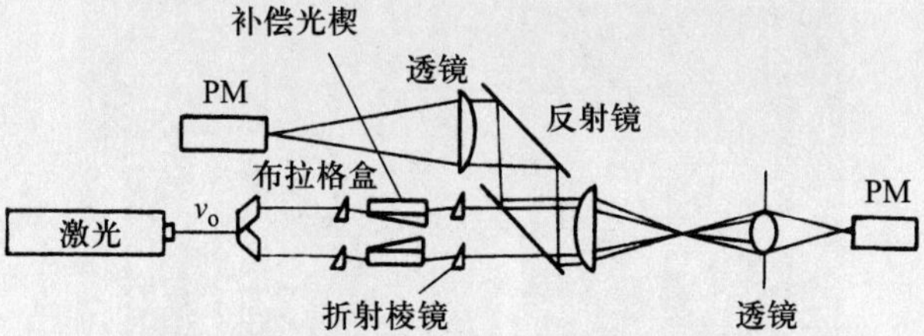

图 4.26　布拉格盒频移的激光流速计

(3) 电光器件(又称克尔盒)。圆偏振光通过角频率为 ω_k、最大振幅为 δ 的旋转电场时光频率发生相应改变,称克尔效应。设入射光为 $\boldsymbol{E}_0 e^{i\omega_0 t}$,经克尔盒后得

$$\boldsymbol{E}=\boldsymbol{E}_0\exp\left(i\omega_0 t+\frac{1}{2}\delta\cos\omega_k t\right)=\boldsymbol{E}_0 e^{i\omega_0 t}\sum\frac{1}{n!}\left(\frac{\delta}{2}\right)^n\cos^n\omega_k t, \tag{4.108}$$

在入射光频两侧各形成一组边频($\omega_n\pm m\omega_k$)。克尔盒的材料可用 KDP 晶体(磷酸二氢钾)、铌酸锂等,转换效率可达 54%,通常用于高频。对于几千赫量级的频移可用$\frac{1}{2}$波片做机械旋转得到。

二维激光流速计　常用的有以下几种。

(1) 双色二维激光流速计可以同时测量两个速度分量。现已逐渐成为正式产品投放市场。二维激光流速计通常有三种方案,一种方案用 Ar^+ 离子激光器为光源,功率可达 1~5 W,用色散棱镜或色分离棱镜分离出蓝光(5145 Å)和绿光(4880 Å)分别构成垂直方向和水平方向的两对差动式光路,聚焦到流场中的同一点,形成两组互相正交的蓝色和绿色的干涉条纹(图 4.27)。也有的产品采用第二种方案,即用三束光,一蓝一绿和一束蓝绿混合光,做等腰直角三角形布置。这种光路可用于边界层测量,结构简单,价格较低,精度稍差,色分离棱镜效率较低并有相互干扰,但较便宜。

(2) 偏振二维流速计是用 5~50 mW 的 He-Ne 激光器经过偏振分离形成两对偏振方向互相垂直的差动式光路(图 4.28)。例如,利用尼科尔棱镜可以将入射光分解成寻常光束和异常光束,再用 1/4 波片使这两条线偏振光变成圆偏振光。1/4 波片是一种利用寻常光束和异常光束在某些介质中传播速度的不同,来使寻常光束和异常光束之间产生相当于某种单色光 1/4 波长的光程差,因而相位差的改变量为$(2\pi/\lambda)\cdot(\lambda/4)=\frac{\pi}{2}$。由于

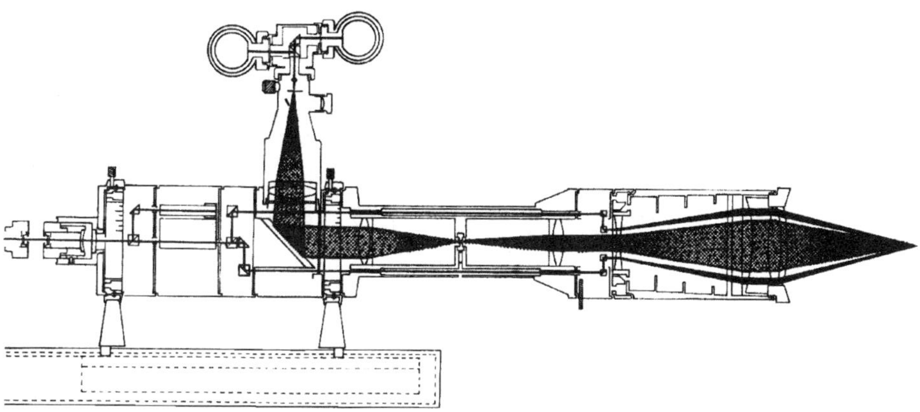

图 4.27　双色二维激光流速仪

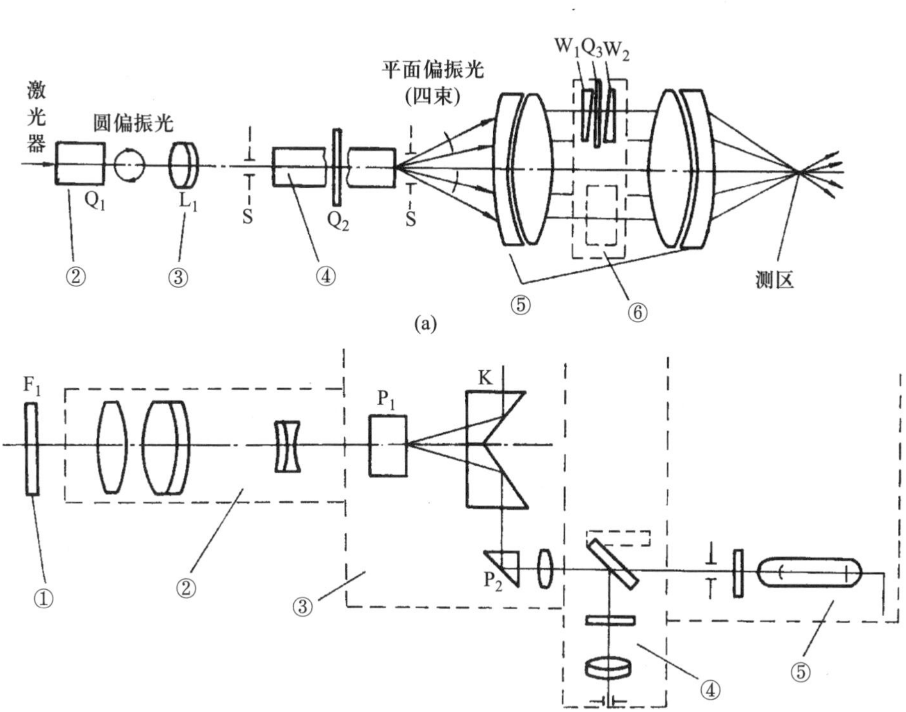

图 4.28　一种国产的二维偏振型激光流速仪

(a)发射部分：①激光器；②圆偏振部件；③凸镜；④1∶4 分束器；⑤成像透镜；⑥方向、偏振调节。

(b)接收部分：①滤色镜；②成像部件；③偏振分光镜；④对准器；⑤光电倍增管

$$E_1 = a\cos(\omega t + \pi/2 + \varphi) = a\sin(\omega t + \varphi),$$
$$E_2 = a\sin(\omega t + \varphi),$$
$$E_1^2 + E_2^2 = a^2.$$

再次做偏振分光,经聚焦后便可在测点形成两组互相正交明暗相间的条纹,两组条纹的偏振方向互相垂直。粒子在偏振光照射下产生的散射光具有退偏振效应,产生交叉干扰(crosstalk),但实验精度一般在1%量级时,可以不计这种干扰。这种产品的价格较低,在国内比较普及,可做成等腰直角三角形布局或做双焦点测量,适合一般科研用。

(3) 频移二维激光流速计是指在两对差动式光路中将其中一对加以一定数值的频移(如 40 MHz)。将光检测器得到的信号通过滤波加以分解,然后用电子学混频或直接在计算机软件中扣除,可同时测得两个方向的速度。这种方案只需一套接收装置,且对低速流动是十分有效和经济的。

(4) 光导纤维式激光流速计。二维激光流速计的第三种方案是运用光纤技术,将发射光路经过分光分束后通过光纤引向一个小型的光学探头固定在流场外围,并将散射光接收后经光纤送入光检测器,在逐点测量时不需移动整个光学系统,而只需移动轻巧的光学探头,在某些情况下即便将光学探头放入流场也不致引起太大的干扰(图 4.29)。

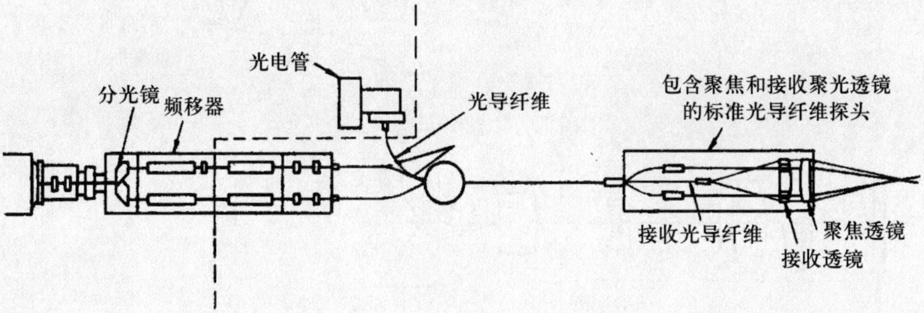

图 4.29 光导纤维式激光流速计

三维激光流速计 常用的有以下几种。

(1) 双色双透镜三维激光流速计。上述双色二维激光流速计的困难在于不能测量沿光轴方向的速度分量,因而用一路二维测速系统(双色)与另一路一维测速系统联合,即双色双透镜三维激光流速计。它们的光轴分别在流场侧轴的两侧,并在流场中同一点聚焦,二维激光流速计测出速度的垂直分量 V 和与实验段轴线成 $\phi/2$ 角的水平分量 U_1,一维激光流速计测出与实验段轴线成 $-\phi/2$ 角的水平分量 U_2,可求得沿实验段主轴方向的速度分量和侧向分量分别为

$$U=\frac{U_1+U_2}{2\cos(\phi/2)},\quad W=\frac{U_1-U_2}{2\sin(\phi/2)}. \tag{4.109}$$

典型的是六光束(三维)系统如图 4.30 所示,它用色散棱镜分离出谱线分别为 4765 Å,4880 Å 和 5145 Å 的三个光束,供三个速度分量的测量之用。

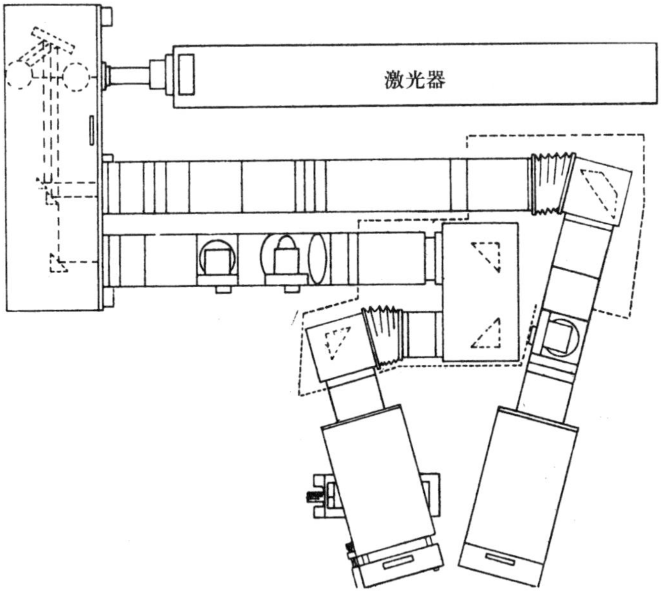

图 4.30　双色双透镜三维激光流速仪

(2) 双色单透镜三维激光流速计。典型的是五光束光路系统,如图 4.31 所示。垂直平面内为三束绿光,水平平面左右两束蓝光,相当于六光束系统中 $\phi=2\alpha$ 的情况,其中 α 为差动式光路中两光束夹角的一半,并有

$$W=\frac{U_1-U_2}{2\sin\alpha}. \tag{4.110}$$

这种光路的缺点是 α 角较小,因而沿光轴方向的分辨率通常为垂直光轴方向的 1/10 左右。其次,将上下两束绿光分别加上 −60 MHz 和 +40 MHz 的频移;中下两束光形成的条纹以 40 MHz 频率所对应的速度向上移动,条纹所在平面向后倾斜;上下两束光形成的条纹以 100 MHz 频率对应的速度向上移动,条纹所在平面与光轴垂直。三束绿光共用一检测器:经 70 MHz 高通和 100 MHz 下混频器检出 U 分量;经 50～70 MHz 带通和 50 MHz 低通两路混频后滤去 30 MHz 以下噪声,通过 20 MHz 下混频器后由信号处理器检出 U 分量。

(3) 单透镜偏振三维激光流速计。将上述双色激光流速计改用偏振分光,分别用两级频移可得到三维激光流速计。光源可用价格较低的 He-Ne 激光器。

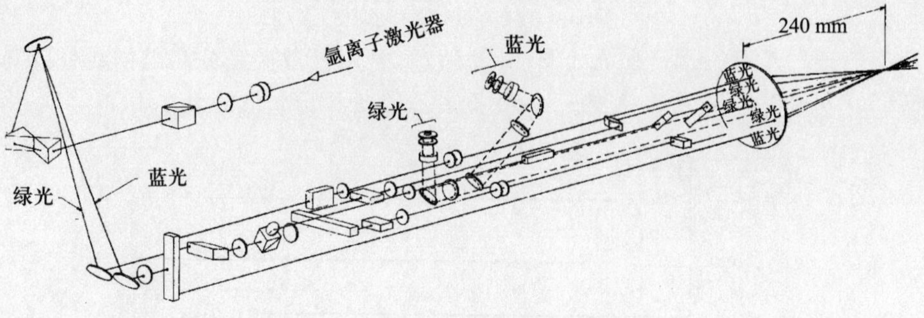

图 4.31 双色单透镜三维激光流速计

利用原二维偏振激光流速计的思想可进一步将五光束减为四光束以至三光束，构成单透镜三维激光流速计，使光路和信号处理得到更多改进，向更加通用和廉价的产品过渡。

另外，组合普通的二维激光流速计和另一台一维激光流速计分时使用也可以用于三维测量。

4.5 多普勒信号的处理

光检测器输出的原始光电信号通常是信噪比很低、频带很宽的脉动信号，需要经过高、低通滤波器检出并提取有用信息，信号质量通常取决于光机质量和光学系统的调整，也取决于信号处理装置中高低通滤波器的质量和频率的调节。在复杂流场，流速流向变化很大的情况下，尤其需要及时调节滤波器的通频带，有效地滤去噪声。

为了得到信噪比较高的多普勒信号，首先需要将光学系统调整到最佳状态。对于差动式激光多普勒流速计来说，多普勒信号反映了粒子通过两入射光束交汇处干涉条纹区的光强度分布。但是，实际情况中干涉条纹的光强度分布并不完全如想象那样规则。用扩束镜将条纹区放大，在光学系统调整有明显失误时，常常可以看到条纹间隔不均或条纹区亮度分布明显不均的现象。

从光检测器的输出可以看到典型多普勒信号。由于光检测器的平方律检波原理，多普勒信号中具有较大的本底噪声成分和反映粒子经过条纹时散射光幅值周期变化的谐波成分。这种多普勒信号的中间部分的谐波成分和本底成分均较大，而两头迅速减小，呈钟形，需经高通滤波器滤去本底成分并用低通滤波切除高频噪声。示波图中出现一系列高质量的多普勒信号常常是光学系统和高低通滤波检出系统调整合格的标准之一，而光检测器输出的原始光电信号常常是信噪比很小并混有频率范围很宽的宽带噪声的不规则信号。

在实际测量过程中由于速度的大小和方向在流场各点常常有较大的变化而对于强湍流、周期性流动和非定常流动则除了需要随时改变滤波器高低通频率范围并观察多普勒信号外，需对不同的流速流向变化加上一定的频移，与此同时，还需要随时用直方图来分析信号中的不同频率成分的分布，以便作适当的调节。

光电信号经过滤波放大后，使多普勒信号在示波器中清晰出现并有较高信噪比，然后需要从信号中提取瞬时或平均速度。常用的方法是频谱分析法、频率跟踪法、计数器法、光子相关法、猝发谱分析法。

频谱分析法　将输入的多普勒信号 $i(t)\cos(\omega_{\mathrm{D}}t+\phi)$ 与一个扫频信号 $i_{\mathrm{s}}\cos\omega_0 t$（即频率在一定范围内由小到大作周期性扫掠的信号）进行混频，可得

$$R(t)=i(t)\cos(\omega_{\mathrm{D}}t+\phi)\cdot i_{\mathrm{s}}\cos\omega_0 t$$
$$=\frac{1}{2}a(t)[\cos(2\omega_0 t+\Delta\omega t+\phi)+\cos(\Delta\omega t+\phi)],\qquad(4.111)$$

其中 $a(t)=i(t)\cdot i_{\mathrm{s}}$，$\omega_0$ 为扫频信号在扫掠过程中的瞬间角频率，差频为 $\Delta\omega=\omega_{\mathrm{D}}-\omega_0$，$\phi$ 为多普勒信号的初相，用窄带滤波器滤取差频成分 $\frac{1}{2}a(t)\cos(\Delta\omega t+\phi)$，经平方律检波可得平均电压输出 $\overline{[a(t)]^2}$，即与频偏 $\Delta\omega$ 相对应的多普勒频谱分量（差一个比例常数）。注意到多普勒信号是间隙出现的，因而在一般情况下与扫频信号混频的是各种高、低频噪声。只有经过长时间平均之后，才能使多普勒谱峰能在较低信噪比的条件下显示出来。谱峰的最大值对应于中心频率，谱峰的宽度代表速度脉动的大小所引起的多普勒频率的随机变化。具体的频率分析法的方框图如图 4.32 所示。一锯齿波发生器产生从小到大变化的电压，并送入电压控制振荡器 VCO（简称压控振荡器），可得频率逐渐增大的扫频信号与输入光电信号混频，经窄带滤波器滤去高频成分和低频噪声；平方律检波后经积分平滑后送入 X-Y 记录仪，可直接画出多普勒频谱线。它和直方图的结果相似，不过直方图通常直接测出周期或相应的频率的分布规律，不需经过混频过程。

这种方法可以在定常流动中信噪比较低或多普勒信号出现较少的情况下检测多普勒频率，因需要长时间平均，只能测量平均流速，不能用于非定常流动。

频率跟踪法　在用扫频方法得到多普勒中心频率的条件下，用当时得到的瞬时多普勒频率 ω_{f} 送到混频器代替扫频信号与输入光电信号混频，经中频滤波放大检出差频信号为 $\Delta\omega=\omega_{\mathrm{D}}-\omega_{\mathrm{f}}$，将差频信号转化为相应的模拟电压信号 $v(t)$，送入压控振荡器与输入光电信号混频，则形成频率反馈回路，这时输入混

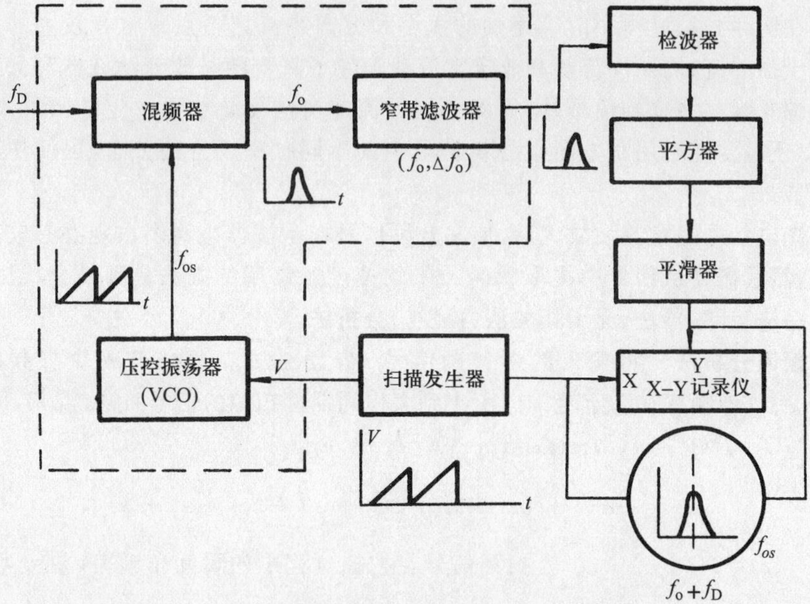

图 4.32 频谱分析法原理

频器的反馈信号的频率 ω_f 可自动跟踪输入的多普勒信号的频率 ω_D，当输入的多普勒信号频率 ω_D 提高时，差频 $\omega_D-\omega_f$ 和相应的模拟电压信号 $v(t)$ 随之增大，使压控振荡器输出信号频率 ω 增长；反之则模拟电压信号 $v(t)$ 与压控振荡器输出频率 ω_f 随之减小。这种频率反馈回路的作用是使 ω_f 始终跟踪 ω_D 的变化。它包括以下三部分：(1)中频滤波器，它的作用是抑制宽带噪声并将上述差频信号滤出，它的中心频率 f_0 和带宽 Δf_0 可根据流速范围随意调节。(2)鉴频器(频率甄别器)。它的作用是将多普勒信号与扫频信号的差频 $\omega_D-\omega_f$ 转化为相应的模拟电压 $v(t)$，这是频率跟踪器的核心部分。(3)积分放大器。它通过积分平均将高频噪声和不同粒子的随机噪声滤去，提高反馈信号的信噪比，送入压控振荡器后转化为调频信号反馈到混频器(图 4.33)。

鉴频器的技术方案有多种，典型的例子如相位比较法，将混频信号经中频滤波放大得到差频信号后，由限幅器消除多普勒信号的振幅的影响，进入相位比较电路。将信号分成两路：一路通过一个中频 LC 谐振放大器并产生相移，以谐振放大器的中心频率 f_0 为基准。当多普勒频率 f_D 大于 f_0 时，相移大于 $\pi/2$；若 $f_D<f_0$ 则相移小于 $\pi/2$。将相移信号限幅后与另一路限幅信号通过模拟乘法器作相位比较，经积分平均后在相移为 $\pi/2(f_D=f_0)$时得到平均电压为零的调频信号；在 $f_D-f_0\neq 0$ 时，得到与 f_D-f_0 成比例的平均电压。

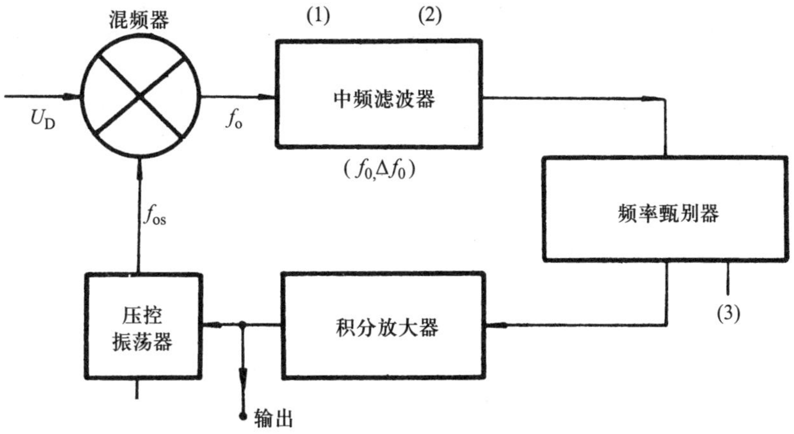

图 4.33 频率跟踪式信号处理器

这种平均方法在信号频率大于或等于谐振放大器中心频率的倍频或小于中心频率的 2/3 时就失去相位比较或跟踪能力,造成信号脱落。此外,由于散射粒子在测量区的出现是随机的,因而多普勒信号间隙出现,不能单纯用增加粒子浓度的方法解决,需要考虑在两个相邻多普勒信号之间具有保持功能。这二种情况虽然一个是相位比较方法的问题,另一个是粒子分布或信号间歇性的问题,但通常均称作信号脱落,要求在电路中设置信号保持功能,使下一个多普勒信号出现时可很快恢复跟踪功能。

目前各厂家生产的产品大多采用和上述相位比较类似的锁相回路。例如 TSI 公司的 1090-1A 型频率跟踪器采用锁相内环作鉴频器,并在外环作频率反馈,锁相环在中心频率 f_0 两侧±15%的频率范围内可以跟踪信号频率,使输出电压 $v(t)$和相对于中心频率的差频 f_D-f_0 成正比。为了提高数据的准确率,锁相环路中有锁定检测电路,要求在锁定八个多普勒周期和保持两个周期后才开始输出数据。而 DANTEC 公司的 55N20 型频率跟踪器,采用锁相跟踪滤波方案,将信号通过相位检测器,由相位差产生误差信号,经过积分平均后送压控振荡器,使多普勒信号与反馈信号的相位差保持最小,它的锁定检测器采用相关原理。当相关量达到一定标准时,反馈环路保持正常工作。若低于某标准值时,环路断开,反馈频率保持最后值不变,压控振荡器在保持 500 个多普勒周期后环路仍未能从脱落状态恢复到跟踪状态的情况下开始扫描搜索,搜索范围在反馈频率两侧逐渐扩大,直到重新锁定为止。由压控振荡器的输入电压或输出信号经频率-电压变换器滤波得到的瞬时电压均可作为瞬时流速的指示;对压控振荡器的输出信号作频率计数可得到数字输出,直接送计算机或经平均运算后由显示单元显示。

频率跟踪器的优点是可以给出瞬时速度 $v(t)$ 和它的各种统计量。由于不受粒子浓度和尺度的影响,精度比一般的频谱分析法更高。另外,它利用频率反馈法抑制噪声,对信噪比要求较低,特别是在低速气流或液体中测量可以得到较满意的结果。在高速气体流动中需要施放粒子,测量的困难亦随速度的增加而逐渐加大。在低速流动、近壁流动、周期或非定常流动中频率跟踪器具有明显的优点。

计数器法 计数器法是目前最常用的信号检测方法之一。前面两种方法,主要分析信号在频率域中的特性以达到测量和跟踪多普勒频率的目的。但在流速较高、粒子数较低的条件下往往很难实现频率跟踪,频率跟踪信号不代表真实的瞬时速度,频谱分析法得到的多普勒谱线深藏在随机噪声之中,而计数器法主要分析单个多普勒信号的时域特性。在多普勒信号清晰、信噪比较高的情况下,通过信号周期的测量,逐个确定多普勒信号的频率或单个粒子的瞬时速度,每一个多普勒信号对应于一个瞬时速度。因而,在信号率很低的情况下仍可作平均流速或某些统计特性的测量。计数器式信号处理器的结构一般包括三个部分(图 4.32):(1)信号调节器。将输入信号经过高低通滤波放大,使示波器显示清晰的多普勒信号,这时直流成分已被滤去,高频和低频噪声得到有效抑制;(2)脉冲触发电路。当信号通过零点时,触发器在高电平和低电平之间相互切换,使多普勒信号转化为一串矩形脉冲。在实际信号中存在许多高频噪声,由此而产生的许多外加的脉冲应在信号处理时设法去掉。常用的做法是分别确定一个正负阈值,通过阈值时触发器产生切换,形成相应的两组矩形脉冲串,只有三组脉冲同时出现时才开启门电路,由计数器开始对计时脉冲计数(图 4.34);(3)计数电路。其原理与寻常频率计相似,由标准晶体振荡器发出时间脉冲,送入计数器,并由门电路控制对计时脉冲计数。为了提高计数的精度,通常要求对 8~16 或事先确定的 N 个周期进行计数,周期数不足 N 个的脉冲列作为无效信号。由于一个多普勒信号通常只能给出一个 N 周期平均的瞬时速度,在两个有效多普勒信号之间的时间不提供任何信息。因而计数器法适用于信息率很低的情况,在散射粒子数很低的情况下仍能工作。这种计数器型信号处理器(图 4.35)虽然竭力提高对每个多普勒信号的测量精度,但在实际的复杂流动中仍常有误测,因而需要用直方图随时校验。在直方图的分布较分散时应随时调节增益和高低通滤波器改进信号品质,通常要规定信号个数 N,并对 N 个多普勒信号作平均后,确定平均流速。但在信号率很低的情况下,常常要等待很长时间才能达到所需的信号数,因此给测量带来很多不便。这时实际流速变化完全无从得知,在信号率较低的情况下,计数器法测得的平均速度由于不同速度的粒子通过控制体的概率不同,会有一定的估计偏量。精确地讲应该用粒子速度的概率密度作统计平均。目前虽然可以用计算机软件改进测量精确度，但实际使用中很大程度上还要靠实践经验，才能得到较好的精度。对于强湍流、非定常流动的测量均需运用各种技巧才能得到较好的结果。

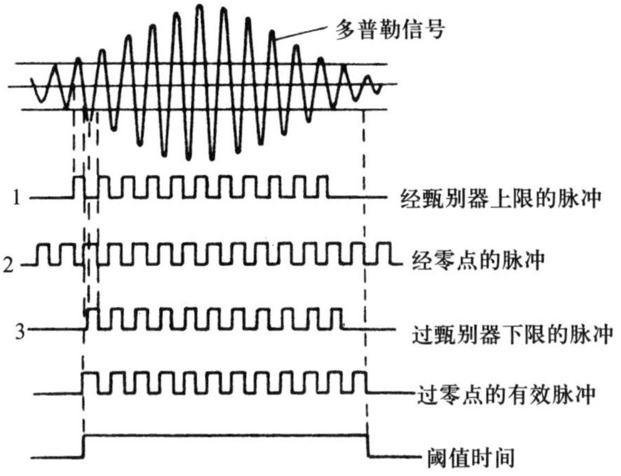

图 4.34　计数器型幅值甄别和零点检测原理

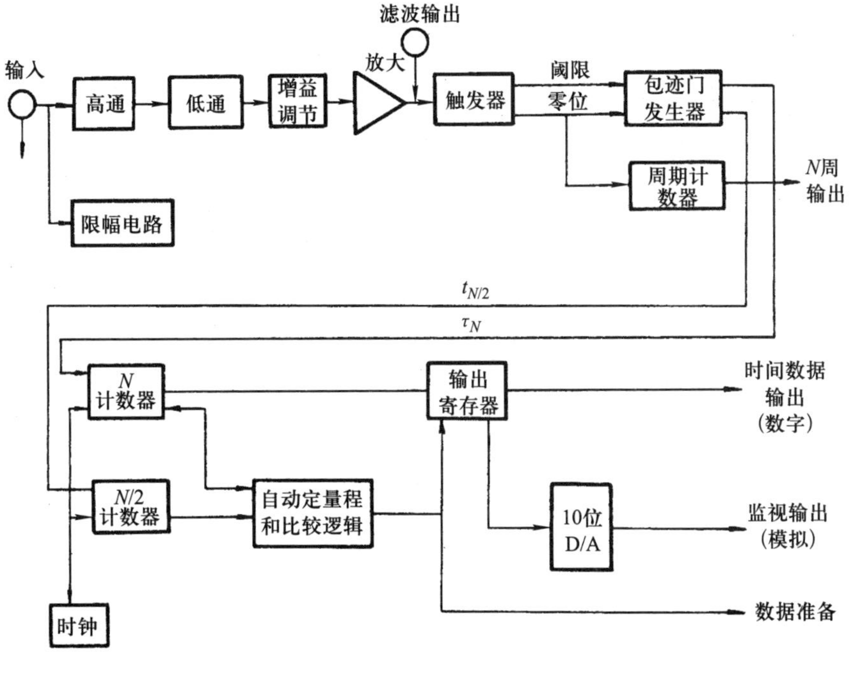

图 4.35　计数器型信号处理器原理

光子相关法 适用于粒子直径很小、光程很长、散射光强度很低的情况。这时光辐射具有量子特性,信噪比很低。当粒子通过由两束相干光形成的明暗相间且光强度呈正弦形连续变化的测量区时,散射光辐射以光子为单位,呈粒子性。用光电倍增管接收时每个光子产生一个尖脉冲,需要从脉冲列的疏密分布来确定散射光强度的周期性变化。因此,用相关法可以得到较好的效果。令 $n(t)$为从 t 时刻开始在单位时间间隔 T 中测得的光子数,则

$$G(\tau)=G(rT)=\sum_{r=0}^{\infty}n(t)n(t-rT),\quad r=0,1,2,\cdots,\tag{4.112}$$

其中 τ 为滞后时间。由此可得不同滞后时间下相关量的变化,但实际上 r 的上限为有效值 M。

在实际电路中光电倍增管输出的脉冲列经过脉冲整形电路得到仅在 0～1 之间取值的限幅信号,其中光电脉冲密度较高时对应于高电平,密度较低时为低电平。将该限幅信号用来作为自相关的原始信号 $n(t)$。用时钟脉冲触发后逐个送入移位寄存器,时钟脉冲间隔为最小滞后时间 T,得到滞后时间为 rT 的信号 $n(t-rT)$。用与门作相关运算,可得不同滞后时间 rT 的自相关量$G(rT)$。T 通常取作 1/5 信号周期,限幅信号的阈值通常取作平均信号率。

光子相关法灵敏度极高,能在散射光很弱、粒子浓度很低、噪声很强的条件下工作,但不能作瞬时流速测量。

严格说来,由于激光流速计反映的是粒子速度和它的多普勒频率,上述各种信号处理器的主要困难在于如何在粒子浓度尽可能低的情况下得到近乎连续的信号,而关键在于提高信号检出的效率。为了在极宽的频率范围抑制干扰信号,检出有用的多普勒信号,需要在前置级配有高质量的高、低通滤波器(倍频程衰减率在 40dB 以上)。即便如此,在滤波器的频率范围未能及时调节的情况下仍然很难保证测量的准确性。在速度变化较大的区域内常常需要随时调节滤波器的频率范围,才能避免假信号。

猝发谱分析法 近年来,某些厂家新推出一种用猝发谱分析的信号处理器(DANTEC),可以在背景噪声较高的条件下检出较弱的多普勒信号。这种信号处理器对于噪声有较强的抑制作用,而对于多普勒频率有较强的检测能力(图 4.36)。利用双焦点激光流速计,除了可以用来测量速度梯度、粒子直径等流动参量外,对于多相流动的测量还可以有各种巧妙的应用。

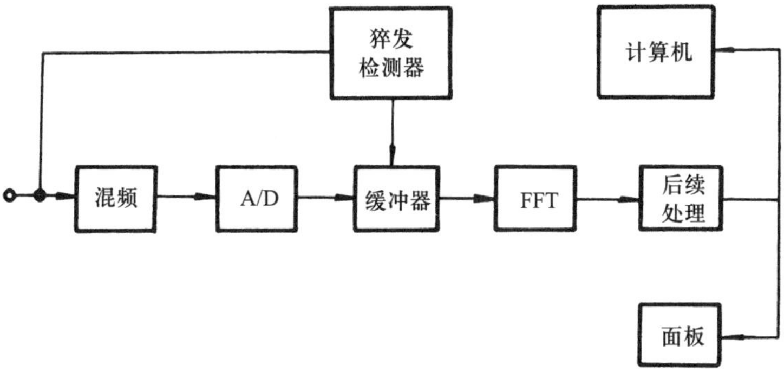

图 4.36　猝发谱分析法原理

4.6　粒子的力学特性和光学特性

在许多实际工业流动中流体介质携带着大量的粒子；在气体中可以是各种不同尺度的固体微粒或液滴；在液体中可以是泥沙等各种固体微粒或气泡。这些粒子在运动过程中碰撞、旋转、并对流体性质产生较大的影响。粒子的力学特性反映在不同粒子直径和浓度的粒子群在流体介质中所受到的平均阻力和雷诺数的关系上，也反映在粒子在湍流或各种频率的流体运动中的跟随性。除此之外，不同直径的粒子在光照射下的散射特性有很大的差异。利用粒子的散射特性可以研究多相流中粒子的直径和浓度，也可以作为光学测量仪器的设计依据。这些课题在近年来受到人们越来越多的重视。近年来逐渐成为独立的学科分支，特别是在多相流中，粒径和它们的分布规律是决定多相流特性的重要参数，也是实际测量中最困难的课题。关于粒径测量的方法大多借助于粒子的力学和光学特性。在激光流速计和许多流动显示方法中通常用粒子速度来反映流体在该点的瞬时速度，并利用它们的散射特性来测量或显示它们的速度，这时粒子应有较好的跟随性，因而需要对粒子的直径和密度有特殊的考虑，而为了能检测到连续的时间或空间信息并得到足够的散射光强度，需要人为地释放或产生粒子，并保证一定的粒子浓度，因而也需要根据粒子的力学特性和光学特性作相应的考虑。

粒子的力学特性和跟随性问题　粒子的力学特性主要指满足 Stokes 阻力定律的微小粒子在均匀和定常的无界湍流流动中球形粒子在随流体运动时所受的阻力，在理论分析中将粒子假设为圆球，仅在近壁剪切层中升力才是重要的因素。在实际工业流动中的粒子形状很不规则，通常用实测的阻力来估计它们的大小,称为空气动力直径。均匀稳定流动中单个粒子在流体中的运动满足 Basset-Boussinesq-Oseen 方程(简称 BBO 方程):

$$\frac{\pi}{6}d^3\rho_p\frac{d\boldsymbol{v}_p}{dt}=8\pi\rho_f d(\boldsymbol{v}_f-\boldsymbol{v}_p)+\frac{\pi}{6}d^3\rho_f\frac{d\boldsymbol{v}_f}{dt}+\frac{1}{2}\cdot\frac{\pi}{6}d^3\rho_f\left(\frac{d\boldsymbol{v}_f}{dt}-\frac{d\boldsymbol{v}_p}{dt}\right)+\frac{3}{2}d^2\sqrt{\pi\rho_f\mu}\int_{t_0}^{t}\left(\frac{d\boldsymbol{v}_f}{dt}-\frac{d\boldsymbol{v}_p}{dt}\right)\frac{d\tau}{\sqrt{t-\tau}}+\boldsymbol{F}, \tag{4.113}$$

其中 d 为粒子直径,ρ_f 和 ρ_p 分别为流体和粒子的密度,$\boldsymbol{v}_p$ 和 $\boldsymbol{v}_f$ 分别为粒子和流体未受扰动时的当地速度,μ 为流体动力黏性系数,$\boldsymbol{F}$ 为位势力。等式右边第一项为定常流动中的黏性力,又称 Stokes 力;第二项为流体加速运动时由流场中压力梯度产生的力;第三项为粒子加速运动时产生的附加质量所对应的力;第四项为流体偏离定常流动所产生的力,又称 Basset 力。式(4.113)中除第二项外均与相对速度 $\boldsymbol{w}=\boldsymbol{v}_p-\boldsymbol{v}_f$ 及其微分、积分成比例,故有

$$\frac{d\boldsymbol{w}}{dt}=A\boldsymbol{w}+B\frac{d\boldsymbol{v}_f}{dt}+C\int_{t_0}^{t}\frac{d\boldsymbol{w}}{dt'}\frac{dt'}{\sqrt{t-t'}}+\boldsymbol{F}', \tag{4.114}$$

其中 $A=\dfrac{-36\nu}{d^2\sqrt{2\sigma+1}}$,$B=-2\dfrac{\sigma-1}{2\sigma+1}$,$C=\dfrac{18}{d(2\sigma+1)}\sqrt{\dfrac{\nu}{\pi}}$,$F'=\dfrac{2F}{\dfrac{\pi}{C}d^3\rho_f(2\sigma+1)}$,

$\sigma=\dfrac{\rho_p}{\rho_f}$,$\nu$ 为运动黏度。求解这一方程的问题在于对 $\boldsymbol{v}_f$ 的导数是拉格朗日导数,即 $\dfrac{d}{dt}\boldsymbol{v}_f=\left(\dfrac{\partial}{\partial t}+\boldsymbol{v}_p\cdot\boldsymbol{\nabla}\right)\boldsymbol{v}_f$,它和粒子速度的拉格朗日导数 $\dfrac{d}{dt}\boldsymbol{v}_p=\left(\dfrac{\partial}{\partial t}+\boldsymbol{v}_p\cdot\boldsymbol{\nabla}\right)\boldsymbol{v}_p$ 不同。只有在 $|\boldsymbol{v}_f-\boldsymbol{v}_p|/v_p\ll1$ 时才能忽略两种拉格朗日导数之间的差别。

事实上,粒子跟踪性问题在于确定相对速度 w/v_f 的大小,当 $w/v_f\ll1$ 时,粒子对流体是跟随的;当 w/v_f 有一定百分比时称作跟随性差或不跟随。但是理论分析中大多假定 $w/v_f\ll1$,因而拉格朗日导数中的对流项 $(\boldsymbol{w}\cdot\boldsymbol{\nabla})\boldsymbol{v}_f$ 可以忽略,使方程得以线性化,在求解过程中再一次忽略 $\dfrac{d\boldsymbol{v}_f}{dt}$ 中的对流项,最后作谱分解后确定相对速度 w 的频率响应函数 $\eta=\dfrac{w(\omega)}{v_f(\omega)}$(图 4.37),它对于选择粒子的材料和直径是有参考价值的。例如:设水中的粒子直径为 10μm 量级,流速为 0.012 cm/s,则在 1kHz 频率下密度比 $\sigma=\rho_p/\rho_f$ 为 2.65 的细砂 $\eta=0.009$,聚氯乙烯 $\eta=0.003(\sigma=1.54)$,聚苯乙烯 $\eta=0.0005(\sigma=1.05)$,空气泡或氢气泡 $\eta=0.005$。又如,设空气中粒子直径为 1μm 量级,流速为 0.157cm/s,则密度比为 3500 的二氧化钛 $\eta=0.004$,密度比为 1830 的烟 $\eta=0.002$,硅油、水滴、DOP 气溶胶等 η 值均在 0.001 以下,而乙二醇蒸汽的 η 值最小。从它们的频率响应来看,这些粒子的跟随性均能够在较宽频率域满足实验要求。定性地看,BBO

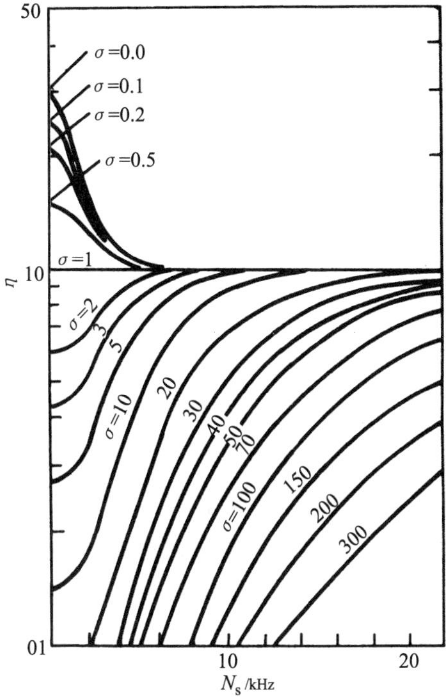

图 4.37　粒子对速度脉动的幅频特性

方程等式右边各项中 Stokes 阻力项通常起主要作用。略去其他各项后，Stokes 项的系数 A 代表着相对速度 w 的衰减率，显然它随粒子直径而减小，以平方律迅速增加，使跟随性大大提高，而密度比近似以 $-1/2$ 幂影响衰减律。但是由谱方程得到的频率响应函数 η，是在 $w/v_f \ll 1$，即粒子具有较好跟随性的条件下，忽略对流项$(\boldsymbol{v}_f \cdot \nabla)\boldsymbol{v}_f$ 后求解粒子跟随特性的。它只适用于幅值较小而且稳定的周期流动或随机流动，不适用于暂态过程或非周期流动，且幅值较大，因而必须考虑谱分量之间相互作用等非线性效应的流动。由于湍流能谱中在含能范围内的谱分量较惯性子区要大 2～3 个量级以上，因而不能简单地以高频的跟随性来判断粒子在一般湍流场，特别是拟序结构较强的条件下的跟随性，采用拉普拉斯变换求解线性化的 BBO 方程可以使解适用于暂态过程，但是仍然以 $w/v_f \ll 1$ 为前提。值得注意的是在 $\sigma = \rho_p/\rho_f = \dfrac{8}{5}$ 计算中出现共振，这是由于忽略对流项后偏离实际流动而造成的。在粒子浓度较高、粒子直径较大的情况下，对流项的影响较大，这时粒子的阻力特性亦有明显的变化，粒子的跟随性问题需要作更具体的分析，这将在多相流的实验研究一章中作进一步的讨论。

粒子的光学特性 粒子的散射特性是决定光学系统信噪比的重要因素。通常粒子为分子尺度时的散射(散射截面积为 $10^{-33}\,m^2$)称作 Rayleigh 散射,当粒子尺度较大(散射截面积为 $10^{-12}\,m^2$)时称作 Mie 散射,在粒径与光波波长相当或差一个量级时均适用于 Mie 散射理论。由电磁场理论中的麦克斯韦方程得标量势和矢量势的波动方程,在球坐标系(r,θ,φ)中作变量分析,可得如下形式的解:

$$\psi=\sum_{n=0}^{\infty}\sum_{m=-n}^{n}\{c_n\xi_n(kr)+d_n\chi_n(kr)\}\cdot\{P_n^{(m)}\cos\theta\}\cdot\{a_m\cos m\phi+b_m\sin m\phi\},\tag{4.115}$$

其中,ξ_n 和 χ_n 分别为 Hankel 函数 $\left(\frac{\pi kr}{2}\right)^{\frac{1}{2}}H_{n+\frac{1}{2}}^{(1)}(kr)$ 的实部和虚部,$P_n^{(m)}(\cos\theta)$为 Lagendre 函数,利用球面内外电磁场强度 $\boldsymbol{E}$ 和 $\boldsymbol{H}$ 连续的边界条件可得散射波在平行或垂直散射平面的电场强度分量:

$$E_\phi=\frac{\mathrm{i}}{kr}\mathrm{e}^{\mathrm{i}kr}\sin\phi\sum_{n=1}^{\infty}\frac{2n+1}{n(n+1)}\left\{a_n\frac{P_n^{(1)}(\cos\theta)}{\sin\theta}-b_n\frac{\mathrm{d}}{\mathrm{d}\theta}P_n^{(1)}(\cos\theta)\right\},\tag{4.116}$$

$$E_\theta=\frac{-\mathrm{i}}{kr}\mathrm{e}^{\mathrm{i}kr}\cos\phi\sum_{n=1}^{\infty}\frac{2n+1}{n(n+1)}\left\{a_n\frac{\mathrm{d}}{\mathrm{d}\theta}P_n^{(1)}(\cos\theta)-b_n\frac{P_n^{(1)}(\cos\theta)}{\sin\theta}\right\},\tag{4.117}$$

其中 $k=\frac{2\pi}{\lambda}$,λ 为光波波长,m 为光由空气到粒子的折射率,设 r_p 为粒子半径,令 $q=kr_\mathrm{p}$,且 $p=mq$,其中

$$\begin{cases}a_n=\dfrac{qP'_n(p)P_n(q)-pP'_n(q)P_n(p)}{qP'_n(p)Q_n(q)-pQ'_n(p)P_n(p)}, & (4.118)\\[2ex] b_n=\dfrac{pP'_n(p)P_n(q)-qP'_n(q)P_n(p)}{pP'_n(p)Q_n(q)-qQ'_n(q)P_n(p)}, & (4.119)\end{cases}$$

$$\begin{cases}P_n(z)=\left(\dfrac{\pi z}{2}\right)^{1/2}J_{n+\frac{1}{2}}(z),\\[2ex] Q_n(z)=\left(\dfrac{\pi z}{2}\right)^{1/2}[J_{n+\frac{1}{2}}(z)+(-1)^n\mathrm{i}J_{-n-\frac{1}{2}}(z)],\end{cases}\tag{4.120}$$

其中 $J_k(z)$为 k 阶贝塞尔函数,它依赖于 m,r_p 以及散射方向角 θ 和 ϕ,并有

$$|E_\theta|^2=I_{/\!/}\cos^2\phi,\quad |E_\phi|^2=I_\perp\sin^2\phi.$$

对于偏振光有

$$I_\mathrm{s}=I_{/\!/}\cos^2\phi+I_\perp\cos^2\phi=\frac{I_0\cdot\Gamma(\theta,\phi)}{k^2r^2},\tag{4.121}$$

其中 I_0 为入射光强度，$\Gamma(\theta,\phi)$为散射光的方向性函数。因此，接收系统收到的散射光功率为

$$P_s = I_0 \oiint \Gamma(\theta,\phi)\frac{\mathrm{d}\Omega}{k^2} = I_0 \cdot C_{scat} = I_0 \pi \Gamma_p^2 Q_{scat}, \tag{4.122}$$

其中 C_{scat}称作散射截面，I_0 为入射光强度，Ω 为接收系统聚焦透镜相对于粒子的空间角，Q_{scat}为散射效率。

通常还考虑粒子的吸收作用，则散射粒子对入射光的消光作用（下标 ext）应等于散射和吸收部分之和，即

$$Q_{ext} = Q_{scat} + Q_{abs}, \tag{4.123}$$

$$C_{ext} = C_{scat} + C_{abs}. \tag{4.124}$$

关于 Mie 散射理论的以上讨论表明：

(1) 散射光强度的空间分布 I_s 依赖于粒子直径 r_p 和折射率 m，在 $kr_p \ll 1$ 时前向散射 $I(0°)$和后向散射 $I(180°)$相等，称 Rayleigh 散射；随 kr_p 的增加，$I(0°)/I(180°)$迅速增加到 10^3 以上，称作 Mie 散射。

(2) 在球极坐标系中 Mie 散射光强度分布呈多瓣状（图 4.38）。

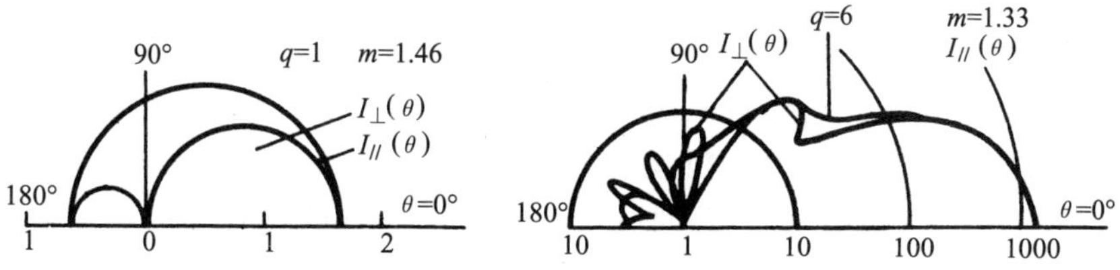

$$E_\theta^{(s)} = \left(\frac{2\pi}{\lambda}\right)^2 \cdot a^3 \cdot \frac{m^2-1}{m^2+2} \cdot \frac{e^{iK(I)r}}{r} \cdot \cos\phi \ \cos\theta$$

$$E_\phi^{(s)} = \left(\frac{2\pi}{\lambda}\right)^2 \cdot a^3 \cdot \frac{m^2-1}{m^2+2} \cdot \frac{e^{iK(I)r}}{r} \cdot \sin\phi$$

图 4.38　Mie 散射的方向特性

(3) 散射光中同时出现平行和垂直于散射平面的分量，使偏振分光的二维激光流速计的二分量间出现相互干扰。但是在前向散射条件下，干扰量通常不超过 1%量级。

(4) 激光流速计中粒子的释放和选择。在水流中通常含有大量自然粒子，无须人工施放；但许多流体中常常需要释放有一定浓度的悬浮质，可稀释到二千到五万分之一。牛奶是较便宜的一种悬浮质，粒子直径为 0.3～3 μm。

在气流中通常用直径为 1 μm 的气溶胶，可以用喷雾法、流化床法、凝结法、燃烧法或化学反应法等。**喷雾法**可用来产生直径 1 μm 左右的水滴和硅油、乙

二醇等液滴,散射光的质量较燃烧法好,适用于粒子直径较小、空气-液体流量比较高,粒子浓度较低($<10^{10}\ m^{-3}$)的情况。**流化床法**用来产生直径小于 20 μm 的不可燃固体粒子,可用于燃烧或高温流动,粒子的直径均匀,释放率稳定,释放玻璃珠 TiO_2,Al_2O_3 等粒子常用此法。**凝结法**是用蒸气凝结形成直径约 0.01~5 μm 的粒子,可以用干冰冷却注入流场的混合气体来形成雾滴,或用加热的油蒸汽注入气流中凝结成油滴,也可以在空气中注入 DOP(di-octyl phthalate,二辛酞酸酯)液滴或将液滴经蒸发器使雾滴直径更加均匀。**燃烧法**可以产生大量的浓度很高的烟,产生方法可以烧烟草或蚊香。**化学反应法**,例如用盐酸和氢氧化铵反应产生氯化铵,在火焰研究中常常用四氧化钛氧化后产生二氧化钛或将镁粉按一定速率滴入,加热后燃烧得到氧化镁。但燃烧法或化学反应法产生烟灰等沉积物可污染或腐蚀实验段观察窗,以致堵塞气流通道。

粒子的选择首先取决于实验要求,对于平均流速测量来说,在沉积等外力影响不大的情况下,对粒子密度比和粒径的要求较低。粒子选择时主要考虑光学特性,使较低功率的激光光源可以得到足够清晰的信号,并能保证一定的信号率。在做动态或瞬时速度测量时,要求粒子有较好的跟随性,因而希望粒子直径尽可能小,密度比尽可能接近于 1,因而在动态测量的频率上限以下,相对速度的频率响应 η 接近于 0;对于湍流测量来说,由于频带较宽,高频小尺度湍流所含能量较大,尺度通常较大涡低 3~5 个量级,对流项产生的非线性影响增加,因而单纯用线性理论的上限频率不足以确定对湍流的跟随性,需要根据实验条件综合考虑(特别是在近壁的剪切湍流,在有较强的外力场和分离流中,需要具体分析)。在气流中测量时一般需要添加各种粒子,最简单是烟,但光学特性不如雾滴好。在高速气流(60 m/s 以上)中添加粒子成为影响速度测量效果的重要问题。

关于粒子的研究在近年来逐渐发展成为独立的学科,特别是粒径、浓度和粒子光学特性的测量逐渐成为多相流中十分活跃的研究课题。

实验二　三角翼背风面的羊角涡和涡破碎测量

小展弦比三角形机翼在大攻角下呈现出的优异空气动力特性一直是人们关注的焦点,并有大量的实验研究集中在机翼背风面流场中羊角涡和各种形式的分离涡的观察上。较早的数学模型为锥形流理论和涡面理论,企图从理想流体中涡线、汇线或涡量分布来解释和估算三角翼的背风面流场和相应的空气动力学特性。但是,在大攻角下三角翼的背风面流场是十分复杂的,在羊角涡的周围出现多种形式的二次涡,并在一定的弦向位置上出现涡破碎现象,使机翼在大攻角下的升力明显降低,纵向稳定性减弱以至完全失稳。此外,两侧分离涡的不对称性对它的横向特性亦有很大影响。因而，单纯依靠油膜图或某些流动显示方法是不能将这种复杂的流动特性充分表现出来的。

实验研究方面有风洞和水洞的大量资料。两种结果存在着一定的差别，但和测量方法有明显的关系。油膜法和荧光丝线法等流动显示技术虽能得到表面或涡核附近的某些结果，但是对于整个流场的三维结构却很难得到准确的结果。而七孔探针等接触式测量虽能定量地用来测量分离流的三维流场，但对涡核附近的流动存在较大的干扰，特别是靠近三角翼头部的测量有很大困难；对于有较大方向角和湍流度的测量结果存在某些不确定性，对静压和总压的结果作湍流修正也有较大的困难。

激光流速仪是一种无接触的测速技术，它所检测的多普勒频率与某一方向的流速分量有确定的比例，因而有较高的精确性和可靠性。为此，我们采用这种方法对流场做系统的测量，并观察涡破碎时的流场特性。

实验在截面为 14 cm×20 cm 的水洞中进行(图 4.39)。模型是展弦比为 2，根弦为 8 cm 的三角形机翼，用有机玻璃制成(图 4.40)，实验雷诺数在 1×10^5 左右。

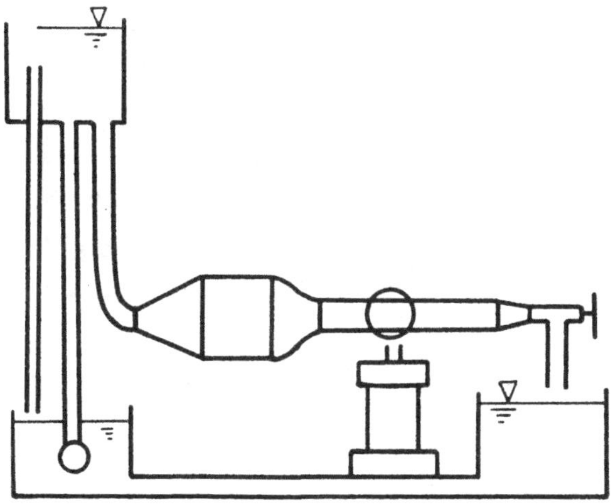

图 4.39　实验装置简图

实验采用二维正交偏振型激光多普勒测速系统。光源为 25 mW 的氦-氖激光器。由光源发出的激光束分成偏振方向相互垂直的两对交叉光束，均聚焦在测量点上，各光束与光轴的夹角均为 5.66°(图 4.41)。将两对光束分别调节到与机翼表面成±45°的位置，用速度分解法可以确定法向速度的符号。接收部分将测量点的散射光经偏振分光后分别聚焦在光电倍增管输入孔，然后将输出的光电信号送入信号处理器，并由计数电路给出多普勒信号的周期，便可由

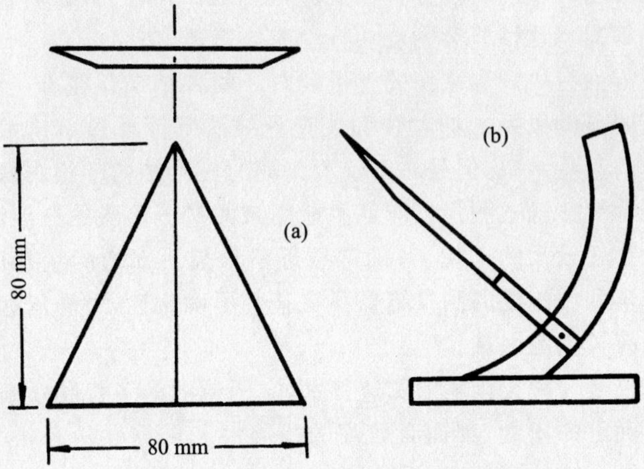

图 4.40 三角翼模型(a)和安装状态(b)

微计算机给出法向速度和切向速度,或在完成一个剖面测量后画出切向和法向速度沿展向的分布。

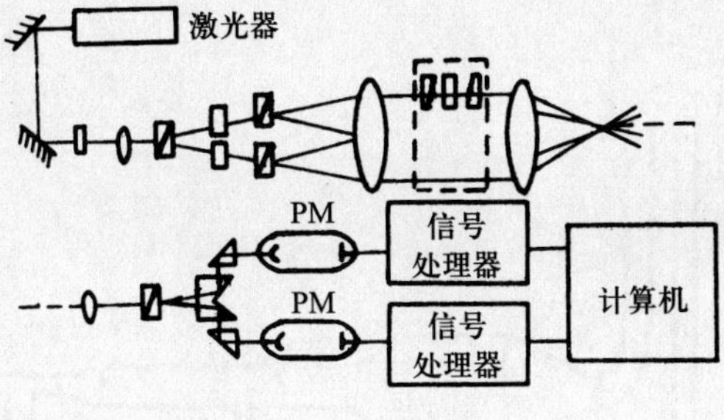

图 4.41 二维激光流速仪

图 4.42 为攻角 10°时三角翼背风面流场中典型的法向和切向速度沿展向的分布。在羊角涡涡核两侧,法向速度一边为正而另一边为负,而在涡核中心则近似为线性分布。由此可以确定涡核强度及其在展向的位置,而切向速度在截面中的变化较小。

图 4.43 为该截面内各点的法向速度分布,z 为指向坐标,α 为三角形机翼的攻角,x 为离前缘的距离。可以看到,在离翼面不同高度的曲线中高度 y 为 6 mm 的曲线在羊角涡所在区域的斜率最大,由此可以判断涡核中心的高度;并得出涡核的直径 ΔZ 应为 15 mm 左右。从高度为 2 mm 处的曲线可以看到有二次涡出现的迹象,即在翼梢附近有另一分离涡出现。当高度大于 16 mm 时,在翼根处的法向速度接近于 0;而在翼梢附近由于羊角涡的存在引起流线抬升,

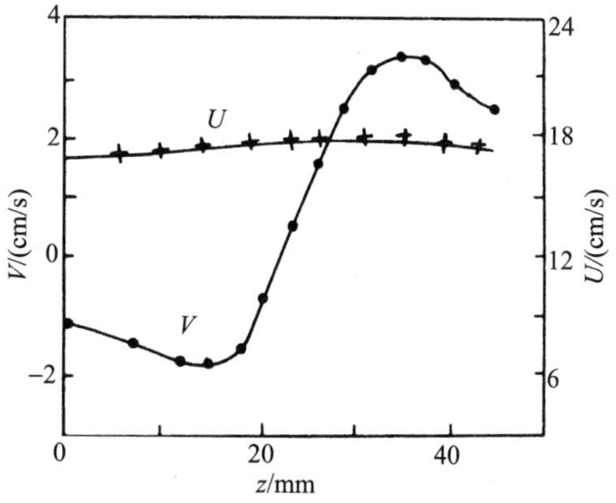

图 4.42　流向速度 U 和法向速度 V 沿展向分布

$\alpha=10°, x=70\text{mm}$

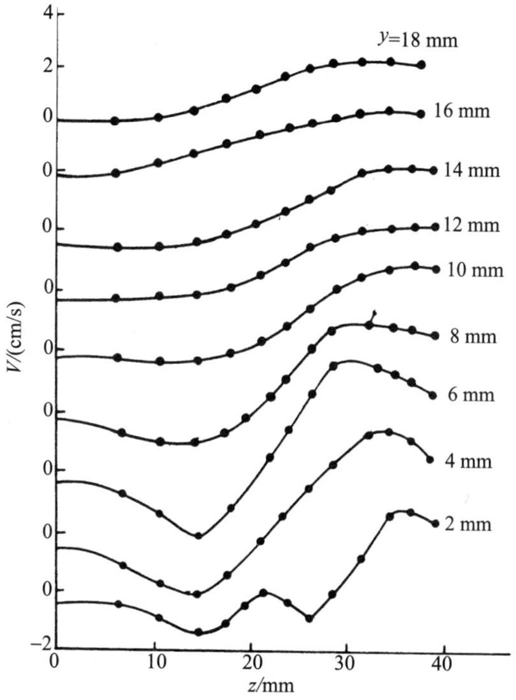

图 4.43　距翼面不同高度的法向速度分布

$\alpha=10°, x=70\text{mm}$

因而仍有一定的法向速度，缓慢地随高度的增加而逐渐衰减。

在离前缘尖点不同距离的各个截面上，按照涡核中心所在的高度，沿展向逐点测量在该高度上的法向速度分布(图 4.44)。由于涡核中心区域的法向速度沿展向为线性增长规律,根据涡核两侧的法向速度的最大值和最小值,很容易确定涡核中心的位置。从前缘尖点开始,逐点连接各截面上的涡核中心位置,可以得到羊角涡涡核中心的迹线。

实验结果与 Erickson 提出的经验公式

$$\Lambda_c = 33.5 + 0.62\Lambda_{LE}$$

相符合,其中 Λ_c 为涡核中心连线的后掠角,Λ_{LE} 为三角形机翼前缘的后掠角。图 4.44 中的点画线为按上式求得的 $\Lambda_c \approx 72.83°$ 时的射线,与实验测得的涡核中心位置十分接近。

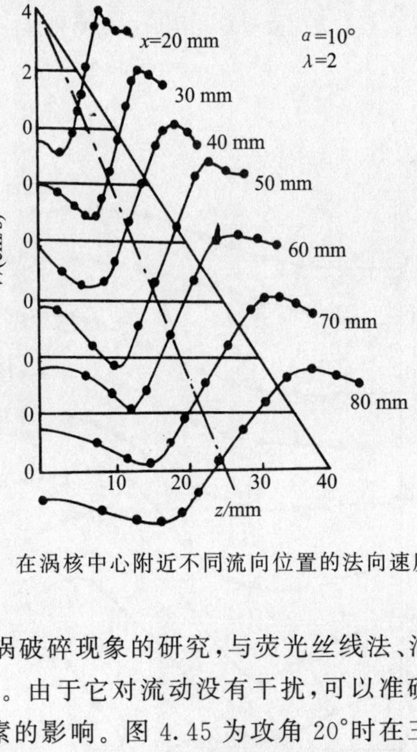

图 4.44 在涡核中心附近不同流向位置的法向速度分布

用激光流速仪作涡破碎现象的研究,与荧光丝线法、油膜法或七孔探针法相比,有它独特的优点。由于它对流动没有干扰,可以准确地反映涡破碎的全过程以及各种外界因素的影响。图 4.45 为攻角 20°时在三角翼各截面上测得的法向速度分布,可以看到在离前缘尖点 40~50mm 之间,羊角涡开始出现破碎,涡核先分离成两部分,然后迅速分裂成小涡,使涡的环量迅速减小。用翼根弦长做无量纲化后,破碎点的位置应在距前缘尖点 0.5~0.625 单位之间,与 Erickson 和 William 等人的结果相近,与南航的李京伯等人的结果一致。用激光流速仪研究分离涡和涡破碎现象,除了直接观察环量沿流向的衰减外,对涡破碎的动态过程可以有较直观的认识,对于进一步分析雷诺数和来流湍流度的影响有重要意义。

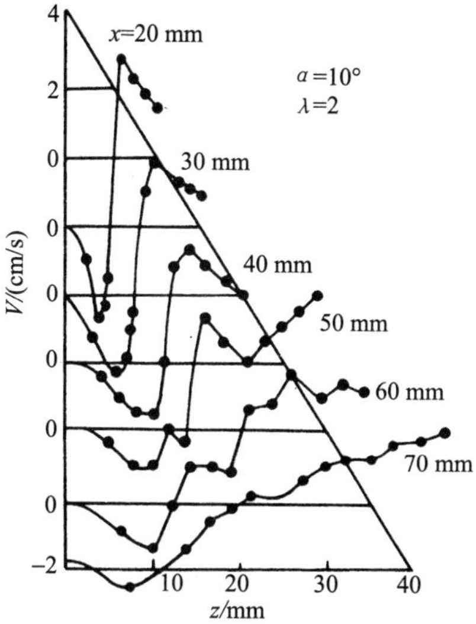

图 4.45 涡破碎时的法向速度分布

实验结果表明在分离涡沿流向的发展过程中，涡核中心在开始阶段具有较好的线性分布，而涡破碎过程首先从涡核分裂为大小不等的两部分开始，并在进一步的裂化过程中分解成无数的小旋涡，导致环量的迅速衰减。这一结果对涡破碎机制的研究提供了较为直观的依据。此外，实验结果表明，采用二维激光流速仪对分离涡中心轨迹和破碎点的测定均有较好的结果。

参考文献

1. Blackwelder R F. Hotwire and Hotfilm Anemometers in: vol.18, Methods of Experimental Physics: Fluid Dynamics. Academic Press, 1981.
2. Sandborn V A. Resistance Temperature Transducers. Metrology Press, 1972.
3. Corrsin S. Turbulence: Experimental Methods in: vol Ⅷ, Handbuch der Physik. Springer, 1976:524-587.
4. Melnik W L, Weske J R. Advances in Hotwire Anemometry. Univ. of Maryland, College Park, 1968.
5. Kovasznay L S G. Turbulence Measurements in: vol. Ⅸ, High Speed Aerodynamics and Jet Propulsion: Physical Measurement in Gas Dynamics and Combustion. Princeton Univ. Press, 1954.
6. Comto-Bellot G. Hot wire anemometry. Annu, Rev. Fluid Mech., 1976, 8: 209-231.
7. Morkovin M V. Fluctuations and hotwire anemometry in compressible flow. AGARDograph, 1956, 24.

8. Freymuth P. Frequency response and electronic testing for constant temperature hotwire anemometers. J. Phys. E., 1977, 10: 705-710.
9. Somerscales E F C. Laser Doppler Velocimeter in: vol. 18, Methods of Experimental Physics: Fluid Dynamics. Academic Press, 1981.
10. Adrian R J. Laser Velocimetry in: Fluid Mechanics Measurements. Hemisphere Pub. Co., 1983: 155-244.
11. Durst F, Melling A, Whitelaw J H. Principles and Practice of Laser-Doppler Anemometry. Academic Press, 1981.
12. Yeh Y, Cummins H Z. Localized flow measurements with a He-Ne laser spectrometer. Appl Phys. Letters, 1964, 4: 176.
13. Buchhave P, et al. The measurement of turbulence with the laser-Doppler anemometer. Annu. Rev. of Fluid Mechanics, 1979, 11.
14. Stevenson W H, Tompson H D. Laser velocimeter measurements in highly turbulent recirculating flows. Engrg Applications of Laser Velocimetry, ASME, 1982.
15. 张建鑫,周光坰,颜大椿. 气-固两相流中颗粒群对连续气相湍流特性的影响.第三届全国多相流,非牛顿流,物理化学流体力学学术会议论文集,1990: 122-123.
16. 盛森芝,舒玮,沈熊. 流速测量技术. 北京大学出版社,1987.

第五章　流动参量测量中的光学方法

5.1　流动显示技术

流动显示技术是在透明或半透明的流体介质中，通过施放某些“染色剂”（如烟、雾、液滴、气泡、颜料等）使部分流体的运动具有可见性，或在物体表面加上某种涂料以便显示物体表面的某些流动特征的一种技术。它在实验流体力学中具有重要地位，特别是在观察研究流体中的旋涡运动、湍流和某些波动现象时往往起到关键作用。

早期的流动显示技术用粘贴丝线或烟风洞观察气流或物体表面的流动，用高锰酸钾、染料、颜料、牛奶等作为染色剂观察水中流动，或用铝粉、云母粉等观察水面或水中带有分层性质的流动。随着氢泡法、烟线法等技术的发展，通过在流场中某个断面上定时释放粒子，使我们可以定量地确定流场中各点的速度分布和随时间变化规律，但注入粒子或其他密度和流体不同的成分可能会偏离流体的运动。只有在密度相近、浮力影响可以忽略、粒子具有良好的跟踪性的情况下，才能准确反映流场。另外，在湍流运动的条件下，“染色剂”迅速扩散，在很短距离内将失去反映流体轨迹的能力。因而，多数流动显示方法适用于低速、层流或低湍流度的流动。

除注入“染色剂”外，还可以用注入能量的方法做流动显示。在稀薄气体或高超音速流动中将电子束聚焦于流场中某点引起能级跃迁，这部分气体分子在重新由高能级回到低能级时具有发光的特性，可以作为示踪粒子直接观察。

在研究物体表面的流动时，在物体表面加上一层具有一定物理或化学特性的涂料。利用涂料中液体成分的挥发，使涂料在物体表面的运动痕迹冻结涂料下来，如石蜡油加高岭土（油膜法）；利用转捩前后表面挥发或升华速度不同，使用碘或樟脑作为（升华法）；表面贴浸盐酸的滤纸，气流中掺氨，经化学反应后产生白色烟雾以便确定转捩线（化学反应法）；或者根据涂料受热后颜色的变化来区别物体表面的温度分布（热敏漆法），等等。这些方法大多是定性的，但所得的结果比较直观，能较快地反映物体表面的流动特性。

液体中的流动显示技术　这类实验中的工作介质大多是水，但也有用柴油、润滑油等高黏度液体作为工作介质的。

水中常用的染色剂有牛奶、高锰酸钾等。牛奶的反差大，在湍流扩散较强的流动中仍能保持稳定,牛奶和食物着色剂混合可以在水中显示不同颜色的迹线。高锰酸钾常用在水中,晶紫在水中为中性悬浮液,常用在旋转流中,也有甲紫、苯胺黑、亚甲蓝染料等用作染色剂。此外,还有荧光染色剂(荧光若丹明、鲁米纳等),该染色剂具有能见度高等特点,可用来表示较大的流束和流团。

水中常用的粒子如铝粉、云母粉等,在水中的沉降速度最低时仅为 7×10^{-6} cm/s,呈鱼鳞状,对于剪切流来说,有助于了解流动分层的特性。其他固体或液体粒子还有:聚苯乙烯粒子(比重 $\gamma=1.03$),石蜡($\gamma=0.96$)和松香($\gamma=1.07$)的混合物制成的小球,橄榄油和硝基苯混合液的液滴,四氯甲苯和二甲苯混合液的液滴。铝粉、云母粉、酚醛树脂粉等常用于观察水面的运动。

氢泡法、光化学法和电解法常用于观察流场中某个截面的速度分布。在垂直于来流方向放置细金属导线作为阴极,在水槽底部用铜板作阳极,通以脉冲电流使水电解,在阴极出现一层层氢泡(图 5.1),它的前沿代表等时线,相邻等时线的时间差为脉冲周期。百里酚为 pH 指示剂,水中加弱酸后通以脉冲电流,金属导线(阴极)附近的溶液变为碱性,使橘黄色的溶液中出现一条条细蓝线。用红宝石激光器发出一个个激光脉冲,可以在光敏溶液中产生光化学反应,使光化学染料溶液的颜色发生变化。在酒精中溶解 0.1%重量浓度的 2-氮苯或溶解重量浓度为 0.02%的硝基吡喃钠均可发生光敏作用。

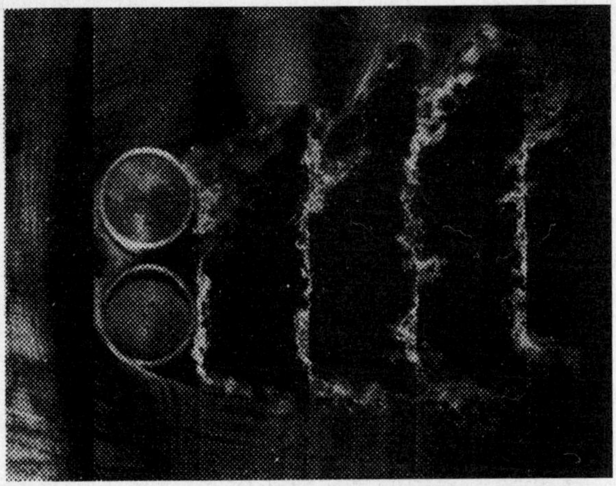

图 5.1　氢泡法并列双柱绕流

氢泡法在研究边界层的猝发现象中得到成功。Shraub,Kline 等人的实验对湍流边界层底部的特征做了详细的观察。他们在金属丝(阴极)上每隔一定距离涂上绝缘漆,因而在氢泡组成的时间线上有一系列间断点,用来标志通过绝缘漆点的迹线(在定常流动中为流线),利用这种“时间线-标志线的组合”可以很容易分析流场中各点的速度分布。利用氢泡法观察旋涡运动也很成功，是流动显示技术中最成功的方法之一。它的缺点是氢泡的浮升，为了减少气泡的浮升速度，应减小氢泡直径使阻力系数增加，但直径太小时易于被水吸收。直径为 0.03 mm 的氢泡的上升速度约 0.04 cm/s，通常应将上升速度控制在流速的 2%以下。

电解法中碲元素法的效果较好。用真空喷镀技术将碲的薄层喷在金属丝上，放在流场中作为阴极，加以脉冲电流后阴极出现黑色胶状的碲云，得到清晰的时间线。在观察绕流体尾部的旋涡运动时也可以将碲喷在物体上，所得的旋涡图形十分清晰(图 5.2)。事实上，用黄铜、焊锡、保险丝作阴极都有一定的效果。

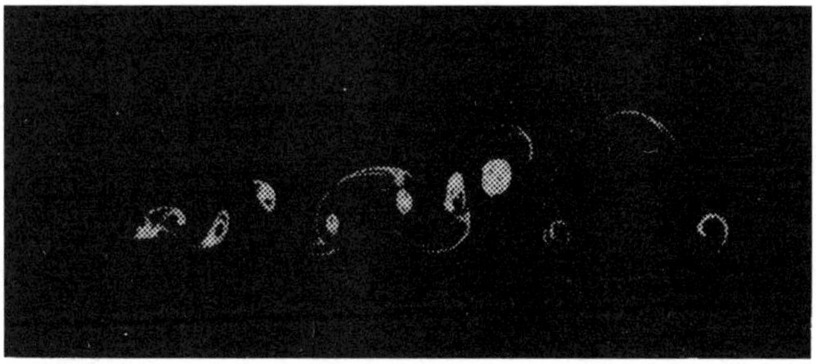

图 5.2 碲元素法圆柱尾迹

气体中的流动显示技术 气体中的流动显示技术通常用烟雾等示踪粒子。将木屑、烟草等发烟剂在炉内燃烧后得到的烟或用煤油、石蜡油加热蒸发得到的白色雾滴，经由直径 1～3 mm 的一排导管(称作梳状管)在烟风洞的收缩段注入，在实验段可以看到一排间隔大致相等的烟流。在安装模型的情况下可以对模型附近的流场有概括的了解。烟草产生的烟粒直径约 0.2 μm，油滴直径约 1 μm。高纯度的四氯化钛和四氯化锡是液体，很容易蒸发，吸收空气中的水蒸气后成为白色的结晶，经常用作发烟剂。此外，氧化镁粉、松香粉等也被用作示踪粒子，还有用惰性气体作为示踪剂的。在空气中掺入少量氦气，利用它们密度和折射率不同，用光学方法检测，这种方法曾用于研究混合层中的大尺度结构。

烟丝法是在低速气流中常用的一种流动显示方法(图 5.3)。在实验段以一定间隔布置一排电阻丝，涂上煤油、石蜡油等液体，在电阻丝两端加以电流脉冲，使液体蒸发或发烟；忽略电阻丝的加热和冷却过程，则电流脉冲给出通电时间而电阻丝下游的烟带的宽度则给出粒子随气流移动的距离。因而，得到整个流场的速度分布。此外，将肥皂液涂在电阻丝上，通以脉冲电流后产生一排排细小的肥皂泡,组成时间线随风流去,这种方法适用于很低的风速,在模拟昆虫飞行等生物力学问题中得到了广泛的应用。

图 5.3 烟丝法三圆柱绕流

热斑法和火花法是在普通流动条件下使局部流场的气体加热,用光学方法检测的一种显示方法。在垂直气流方向放置一电阻丝,通以脉冲电流,可在纹影仪中看到被加热气体形成的热斑作为示踪粒子顺流而去。用火花放电使垂直来流方向的两极之间形成电离柱,在电极上加上一系列脉冲,则在流场中产生一组时间线,用来测量高速气流的流场。

利用光在液体中的双折射现象可以显示流场中的应力场。与固体中方解石、石英等各向异性的正交晶系晶体相似,均能产生双折射现象。

某些液体或溶液在流动中受到剪应力时也会出现双折射现象。这种在液体中由于剪应力而产生的光学上的各向异性现象,称作 Maxwell 效应。例如 Hector 皂土的白色胶状溶液和磨黄染料的蒸馏水溶液都具有双折射特性。溶液的质量浓度比以 1.2%～1.5%为宜。浓度较高的溶液则具有非牛顿流体的特性。

当光束通过具有双折射特性的液体时,分解为两束线偏振光,称作寻常光束和异常光束。寻常光束的传播速度 c_1 与光线的方向无关,无论什么方向下都保持常值,偏振方向与入射平面垂直;异常光束的传播速度 c_2 随传播方向而异,偏振方向与入射平面平行。当入射光垂直于介质表面而且光轴在入射平面中时则 $c_1=c_2$,两束光的途径重合但速度不同,折射率也不同。对二维流场,入射光垂直侧壁,当光线通过实验段时两束光之间的相位差 $\Delta\varphi$ 为

$$\frac{\Delta\varphi}{2\pi}=\frac{d}{\lambda}(n_2-n_1),\tag{5.1}$$

其中 d 为介质厚度,n_1 和 n_2 分别为寻常光束和异常光束的折射率,λ 为光波在真空中的波长。因此,Maxwell 效应的数学形式为

$$\Delta\varphi/2\pi=dM_\lambda\tau,\tag{5.2}$$

其中 τ 为流场中某点的剪应力,M_λ 为 Maxwell 常数。对于某些流体和强剪切

流动，则 M_λ 和 τ 之间不再保持线性。利用 Maxwell 效应可以测量流场中的剪应力分布，具体装置如图 5.4 所示。

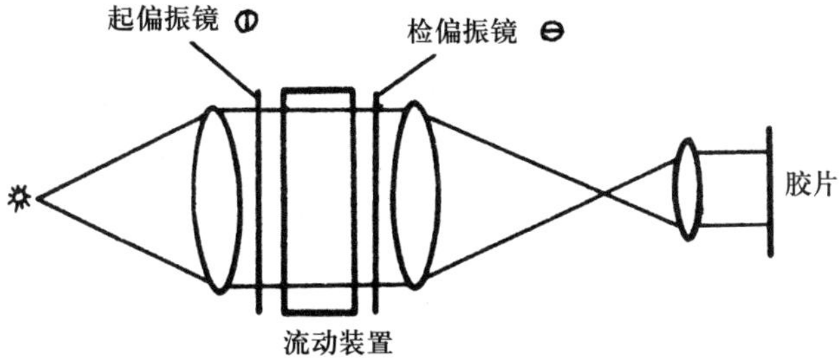

图 5.4　测量应力场的双折射装置

由点光源发光经透镜成为平行光，通过起偏振镜后垂直通过流场，再经过偏振方向成 90°的检偏振镜后聚焦在屏幕或照相底板上。当流速为零时，没有光线通过检偏振镜。在流场出现双折射时，由于寻常光波和异常光波在通过流场之后存在相移，因而产生相互干涉，在屏幕上显示干涉条纹，其中的光强度分布为

$$I = aI_0\sin^2\frac{\pi d(n_2 - n_1)}{\lambda}\cdot\sin^2 2\overline{\varphi}, \tag{5.3}$$

其中 I_0 为入射光强度，a 为偏振片吸收系数，$\overline{\varphi}$ 为起偏振镜的偏振轴和流体中光轴的夹角。式(5.3)中正弦平方项之一为零时，便出现暗条纹。因此，$\sin 2\overline{\varphi}=0$ 代表一族主应力的等倾角线；$\sin\frac{\pi d(n_2-n_1)}{\lambda}=0$ 代表光程相等的各点连线，称等差线或等色线。通过干涉条纹的分析可以测定管流中的流场特性，目前该法仅适用于层流，但对湍流的发生及某些特殊的湍流课题也有应用。

5.2　阴影法、纹影法和干涉法

在实验流体力学中关于激波的观测是一个重大的进步，而观察激波的最成功的方法是利用介质对光的折射率和密度之间的关系而设计的各种仪器，如阴影仪、纹影仪和干涉仪等。

当光线经过气体时，气体分子在电场强度为 $\boldsymbol{E}$ 的交变电场作用下受电场感应而定向排列，产生正比于 $\boldsymbol{E}$ 的偶极矩 $\boldsymbol{P}=\alpha\boldsymbol{E}$，其中 α 为感生电极化率。设 $\boldsymbol{E}=\boldsymbol{E}_0\exp(\mathrm{i}2\pi\boldsymbol{v}t)$，其中 $\boldsymbol{E}_0$ 和 $\boldsymbol{v}$ 分别为电场变化的幅值和频率。在外电场激励下各偶极子产生感生振动，偶极子 j 的强度和频率分别为 f_j 和 $\boldsymbol{v}_j$，按洛伦兹的辐射相干性理论，

$$\boldsymbol{P}=\frac{e^2\boldsymbol{E}}{4\pi^2 m_e}\frac{f_j}{\nu_j^2-\nu^2}, \tag{5.4}$$

其中 e 和 m_e 为电子的电荷和质量。当气体的粒子数密度或单位体积的气体分子数为 N 时,考虑到电介质中气体分子本身产生的次生电场,有

$$\begin{aligned}\boldsymbol{P}&=(\varepsilon-1)\boldsymbol{E}/4\pi=\alpha N\left(\boldsymbol{E}+\frac{4}{3}\pi\boldsymbol{P}\right)\\&=\frac{Ne^2\boldsymbol{E}}{4\pi^2 m_e}\sum_j\frac{f_j}{\nu_j^2-\nu^2},\end{aligned} \tag{5.5}$$

其中 $\varepsilon=n^2$ 为电介质的介电常数。而气体密度和粒子数密度的关系为 $\rho=Nm/L$,m 为气体的分子量,L 为 Loschmidt 数,则

$$\frac{n^2-1}{n^2+2}=\rho\left(\frac{Le}{2\pi m_e m}\right)\sum_j\frac{f_j}{\nu_j^2-\nu^2}. \tag{5.6}$$

由于气体的折射率接近于1,故有 $n-1\approx K\rho$,其中

$$K=\frac{e^2L}{2\pi m m_e}\sum_j\frac{f_j}{\nu_j^2-\nu^2} \tag{5.7}$$

称作 Gladstone-Dale 常数,它由气体的种类、组分、温度和入射光波长来决定。气温为15℃时空气的 K 和波长 λ 的关系如表5.1:

表 5.1

λ/μm	0.9125	0.7034	0.6074	0.5097	0.4079
$K/(\text{cm}^3/\text{g})$	0.2239	0.2250	0.2259	0.2274	0.2304

设流场中气体的折射率分布为 $n(x,y,z)$。由 Fermat 原理,光线在流场中通过的路径光程最小,即

$$\delta\int n(x,y,z)\mathrm{d}s=0, \tag{5.8}$$

其中 $\mathrm{d}s^2=\mathrm{d}x^2+\mathrm{d}y^2+\mathrm{d}z^2$,$\mathrm{d}s$ 为光线经过路径的微元,x 轴取平行气流方向,z 轴为垂直实验段侧壁的入射光主轴,则平行光通过实验段时光线的偏转满足以下方程

$$\frac{\mathrm{d}^2x}{\mathrm{d}z^2}=\left[1+\left(\frac{\mathrm{d}x}{\mathrm{d}z}\right)^2+\left(\frac{\mathrm{d}y}{\mathrm{d}z}\right)^2\right]\left(\frac{1}{n}\frac{\partial n}{\partial x}-\frac{\mathrm{d}x}{\mathrm{d}z}\frac{1}{n}\frac{\partial n}{\partial z}\right)\approx\frac{1}{n}\frac{\partial n}{\partial x}, \tag{5.9}$$

$$\frac{\mathrm{d}^2y}{\mathrm{d}z^2}=\left[1+\left(\frac{\mathrm{d}x}{\mathrm{d}z}\right)^2+\left(\frac{\mathrm{d}y}{\mathrm{d}z}\right)^2\right]\left(\frac{1}{n}\frac{\partial n}{\partial y}-\frac{\mathrm{d}y}{\mathrm{d}z}\frac{1}{n}\frac{\partial n}{\partial z}\right)\approx\frac{1}{n}\frac{\partial n}{\partial y}. \tag{5.10}$$

设实验段宽度为 $\Delta z=\zeta_2-\zeta_1$,ζ_1 和 ζ_2 为入射光和侧壁相交处的坐标,则光线经过实验段后的偏折,

$$\Delta x=\int_{\zeta_1}^{\zeta_2}\frac{1}{n}\frac{\partial n}{\partial x}\mathrm{d}z,\quad \Delta y=\int_{\zeta_1}^{\zeta_2}\frac{1}{n}\frac{\partial n}{\partial y}\mathrm{d}z. \tag{5.11}$$

设平行光的原始位置为(x,y),经实验段后投射于底板的位置为(x^*,y^*),即

$$x^*=x+\Delta x(x,y),\quad y^*=y+\Delta y(x,y), \tag{5.12}$$

则底板上(x^*,y^*)处的照度为

$$I^*(x^*,y^*)=\sum\frac{I_i(x,y)}{|\partial(x^*,y^*)/\partial(x,y)|}. \tag{5.13}$$

在一级近似下雅各比行列式为

$$|\partial(x^*,y^*,z^*)/\partial(x,y,z)|\approx 1+\frac{\partial\Delta x}{\partial x}+\frac{\partial\Delta y}{\partial y}, \tag{5.14}$$

则底板上感光强度的变化为

$$\frac{I-I^*}{I^*}=l\int_{\zeta_1}^{\zeta_2}\left(\frac{\partial^2}{\partial x^2}+\frac{\partial^2}{\partial y^2}\right)\ln n\,\mathrm{d}z. \tag{5.15}$$

因此,阴影法反映的是密度的二阶导数。用它来求密度场需经两次积分,误差太大;但用来确定激波的几何形状却十分方便,在湍流和边界层测量中都有应用(图 5.5)。

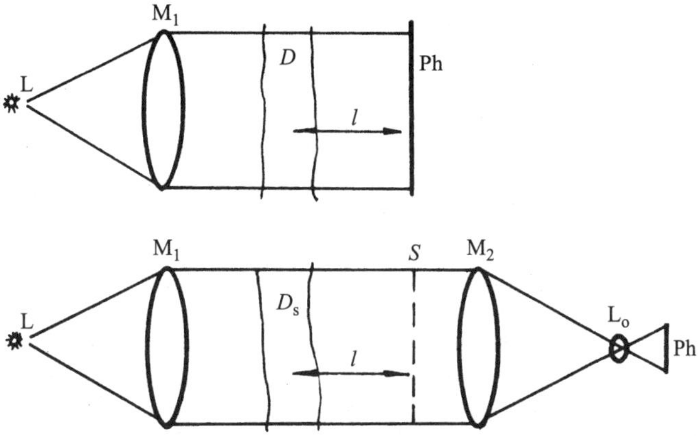

图 5.5　两种阴影系统的示意图

纹影仪的原理如图 5.5 所示,其中 M_1 和 M_2 为透镜或凹面镜,光源 L 经 M_1 和 M_2 聚焦后成像于刀口位置。光源可以是点光源或与刀口平行的狭缝。在刀口平面上狭缝光源的像长为 b,宽为 a_1。而实验段则成像于底板上。用刀口切割光源像使狭缝宽度减到 a。这时,在照相底板上感受到的照度在实验段无扰动时为

$$I(x,y)=\eta I_0\frac{ab}{f_2}=\text{常数}, \tag{5.16}$$

其中 I_0 为入射光强度,f_2 为照相机透镜焦距,η 为光源到刀口间的光强度损失。由于实验段密度场的变化使光线偏折,使狭缝光源的像移动 Δa,则在照相底板上对应于实验段某点的像的照度产生相应的变化为

$$\Delta I=\eta I_0(\Delta ab/f_2^2), \tag{5.17}$$

其中 Δa 为光线在垂直刀口方向的偏折,若刀口沿 y 轴方向切割,则有

$$\Delta I/I=\frac{f_2}{a}\int_{\zeta_1}^{\zeta_2}\frac{1}{n}\frac{\partial n}{\partial y}\mathrm{d}z. \tag{5.18}$$

将刀口和狭缝光源旋转 90°,可测 x 轴方向的密度梯度。

图 5.6 所示为用两面凹面镜组成的纹影仪;此外还有单凹面镜组成的纹影仪,光路两次通过实验段流场。为了提高纹影仪的分辨力和光学性能以及用纹影图片做定量计算,曾对其做过大量改进,例如用双刀口提高灵敏度,用彩色纹影法提高对照相底板灰度的分辨力,等等。

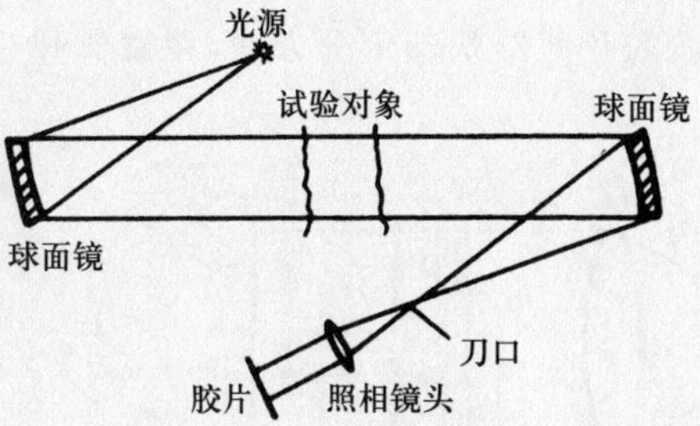

图 5.6 双反射式纹影仪

干涉法在气体密度的测量中灵敏度最高,经过仔细调整的干涉仪可直接测量气体的密度场。干涉仪的原理如图 5.7 所示,其中 M_1 和 M_2 为全反射镜,M_1'和 M_2'为分光镜。平行光经 M_1'后分为两支,一支经 M_2 和实验段流场到照相底板;另一支经 M_1 和 M_2'的反射也投射到底板,称作参考光。两路光在底板处发生干涉,当流场中密度发生变化时干涉条纹产生位移,位移量的大小与流场中的密度分布成正比。因此,干涉仪是一种精确测量密度或密度变化的精确方法。上述光路通常称作 Mach-Zender 干涉仪。

调节时先用准直光将分光镜和反射镜调到 45°,并使两路光在 M_2'之后重合。首先,将激光束扩展为面平行光。由于两路光的光程不等,在屏幕上出现同心圆状的等倾条纹。然后移动 M_2'和 M_1 或移动 M_2 使光程差渐小,圆形条纹向中心收缩,条纹加粗,直到中心条纹覆盖大部分屏幕为止。略微旋转 M_1'或 M_2',这时的光路图如图 5.8 所示。改用白光光源,将屏幕上的条纹调节到出现清晰的直线条纹,可以找到完全为白光的 0 级干涉条纹。使用前应转动 M_1'和 M_2',使干涉平面由屏幕移向实验段,屏幕上只出现条纹的虚像,然后用照相机

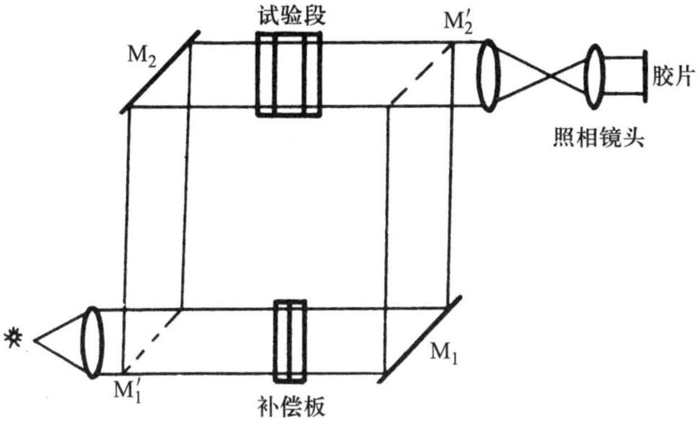

图 5.7 Mach-Zender 干涉仪

透镜将条纹和实验段模型都聚焦到底板上。

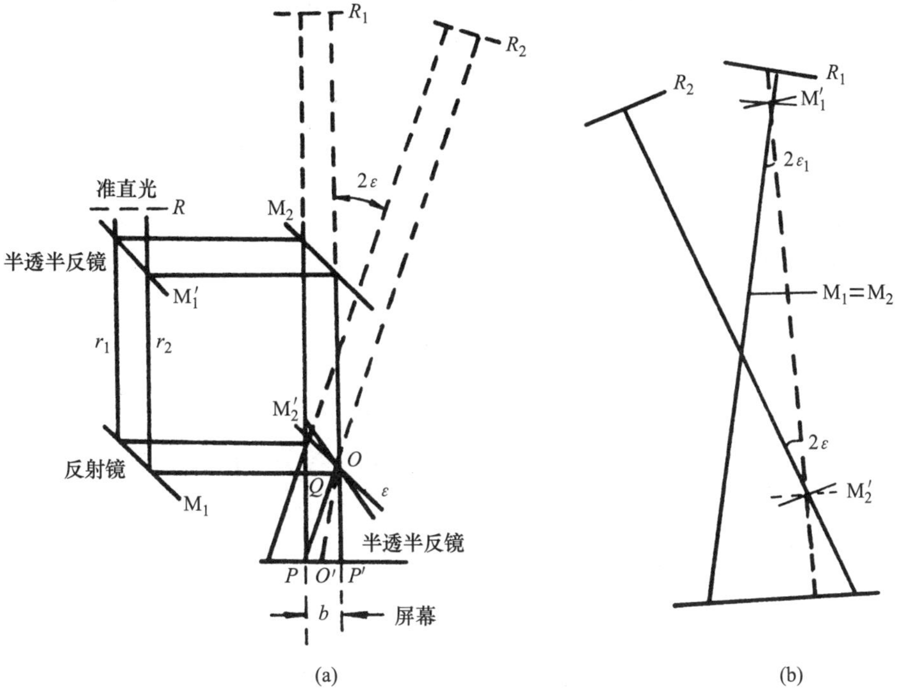

图 5.8 干涉仪的调节

(a)倾斜 M_2'在屏幕形成干涉条纹;(b)调节 M_1'使两光束交叉在实验段位置

由于 M_1'和 M_2'的偏转,两路光的夹角为 ε,则干涉条纹的方程为

$$\frac{2\varepsilon x_i}{\lambda}=i,\tag{5.19}$$

其中 λ 为波长,条纹间隔为 $\lambda/2\varepsilon$,$i=1,2,3,\cdots$。

在实验段密度场 $n(x,y,z)$ 不均匀时,条纹方程为

$$\frac{2\varepsilon x}{\lambda}+\frac{1}{\lambda}\int_{\zeta_1}^{\zeta_2}[n(x,y,z)-n_0]\mathrm{d}z=i.\tag{5.20}$$

在二维流场中,密度场 $n=n(x,y)$,故有

$$2\varepsilon x+l[n(x,y)-n_0]=i\lambda.\tag{5.21}$$

因而,在二维流场中的干涉条纹也就是等折射率线或等密度线,并有

$$\rho(x,y)=\rho_0+i\lambda/Kl.\tag{5.22}$$

在实验段流速为 0 时的 0 级干涉条纹与 ρ_0 对应,在有气流时便可从干涉条纹确定各点的密度。如果在不同角度下记录干涉图像,则用层析法可得三维密度场分布。

纹影干涉法是在纹影仪光路中插入一块或两块 Wollaston 棱镜 W,入射光线被棱镜分为两条偏振光 $L^{\perp}$ 和 $L^{/\!/}$(图 5.9)。通过实验段中相隔距离为 d 的两条光线 L_1 和 L_2 在经过棱镜以后 $L_1^{\perp}$ 和 $L_2^{/\!/}$ 相重合,只要偏振方向一致就能产生干涉。转动偏振片 P 使它的偏振方向和棱镜的两个偏振方向都成 45°角,则 $L_1^{\perp}$ 和 $L_2^{/\!/}$ 的分量相互干涉。在只有一块 Wollaston 棱镜的系统中,调节棱镜前的偏振片 P′,使它的偏振方向和 P 的偏振方向垂直,则两条光线的强度大致相等,干涉图像的反差最强。设棱镜前的会聚透镜的焦距为 f_2,相邻光线 L_1 和 L_2 的夹角为 ε。由于纹影干涉法反映相邻光线的干涉,与参考光式干涉仪的差别是用 $\frac{\partial\rho}{\partial x}$ 代替 $\rho(x,y)-\rho_0$,故

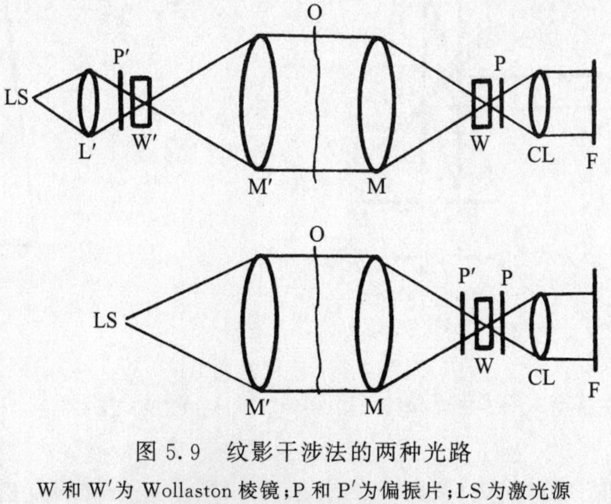

图 5.9 纹影干涉法的两种光路

W 和 W′为 Wollaston 棱镜;P 和 P′为偏振片;LS 为激光源

CL 为会聚透镜;M 为透镜;L 为透镜;F 为屏幕

$$\left(\frac{\partial\rho}{\partial x}\right)=\frac{i\lambda}{KL\varepsilon f_2}\quad(i=0,\pm1,\pm2,\cdots).\tag{5.23}$$

将 Wollaston 棱镜旋转 90°,则得$\left(\frac{\partial\rho}{\partial y}\right)$的干涉图。因此,纹影干涉法除了需要两次分析干涉图像外,与参考光式干涉法同样可以精确测定密度场,但对光路的要求和仪器的成本都可以大大降低。

利用光栅、后表面反射镜或 Fabre-Perot 平行板等分光法可以构成各种类型的参考光式干涉仪或纹影干涉仪,不在此一一赘述。

5.3　气体浓度、温度和成分的测量

用光谱法测量气体的浓度、温度和成分是一种快速有效的无接触方法。根据普朗克的黑体辐射定律,高温物体在波长 λ 处的辐射强度满足以下关系:

$$E(\lambda,T)=\frac{2c^2\hbar}{\lambda^5\left[e^{\hbar c/\lambda kT}-1\right]},\tag{5.24}$$

其中 c 为真空光速,$k=1.3846\times10^{-23}$ J/K 为波尔兹曼常数,$h=6.625\times10^{-34}$ J · s 为普朗克常数,$\hbar=\frac{h}{2\pi}$。谱峰在 $\lambda_{\max}=2898/T$ (μm · K^{-1})处,总辐射强度 $E(T)=\sigma T^4$,$\sigma=56.8$(nW · m^{-2} · K)。

将具有连续光谱的光源聚焦在被测气体中某点,再将通过被测气体的光聚焦到光电倍增管或光谱仪上。当光源温度低于气体温度时光谱中有对应于该气体成分的辐射谱线,高于气体温度时有吸收谱线。调节光源温度 T_s 使气体的光辐射和吸收相等,这时气体温度 T_g 应等于光源温度。

浓度测量利用光通过介质时的衰减。衰减系数 μ 定义为

$$\frac{1}{I}\frac{dI}{dx}=-\mu,\tag{5.25}$$

其中 I 为光强度。也可以用质量衰减系数 $\mu_m=\frac{\mu}{\rho}$,或原子衰减系数 $\mu_A=\frac{\mu_m\cdot m}{N}$表示,其中 m 为分子量或原子量,$N=6.02\times10^{23}$ mol^{-1}称作阿伏伽德罗(Avogadro)常数。由气体成分对某一波长入射光的衰减率可以确定气体的浓度。

浓度测量的另一种方法是利用光的散射。光波通过气体分子时使分子极化,形成振动偶极子。偶极子强度与电场强度成正比,

$$\boldsymbol{P}(t)=\alpha\boldsymbol{E}(t),\tag{5.26}$$

其中 α 为分子极化率。当偶极子产生的二次辐射的频率与入射光频率 ω_0 相同

时,称作瑞利(Rayleigh)散射;当散射光频率与入射光频率差$\pm\omega$时,称作拉曼(Raman)散射。在分子旋转或振动时极化系数受分子旋转或振动频率ω的调制,

$$\alpha=\alpha_0+\alpha_1\cos\omega t, \tag{5.27}$$

$$P(t)=\alpha_0 E_0\cos\omega_0 t+\frac{\alpha E_0}{2}[\cos(\omega_0+\omega)t+\cos(\omega_0-\omega)t]. \tag{5.28}$$

上式第一项为 Rayleigh 散射,第二项为 Raman 散射。有两个边频,$\omega_0-\omega$称斯托克斯(Stokes)线,$\omega_0+\omega$称反斯托克斯线。由谱线的位置和峰值高度可以确定气体的成分和浓度(图 5.10)。

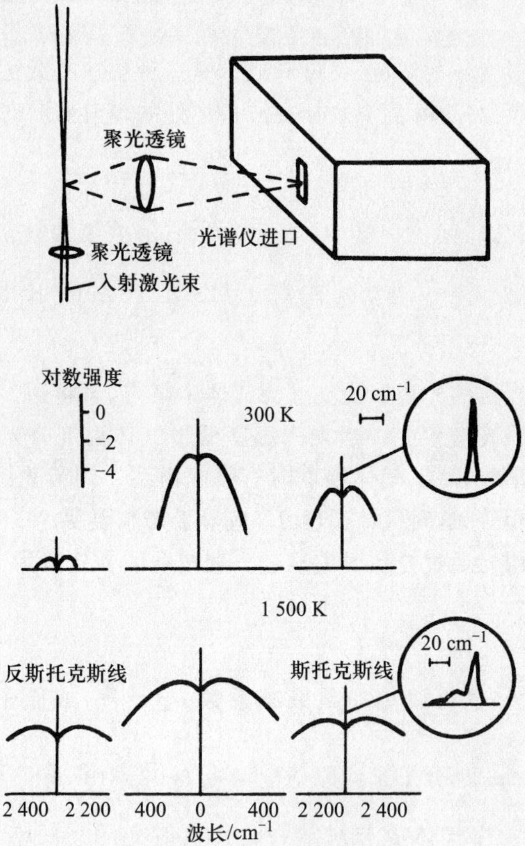

图 5.10 拉曼和瑞利散射原理

5.4　光源、光学信息的记录及全息术

在流动显示和光学测量中对光源有很多要求，特别是光源的辐射功率，谱分布和脉冲持续时间对照相的效果有很大的影响。通常的钨丝白炽灯为连续光谱，谱的最大值在 900 nm 附近。氙气灯的光谱有较宽的连续谱成分，但在 800～1000 nm 之间有很多较强的谱线。水银灯在紫外到可见光之间也有许多较强的谱线。此外，卤化物、碱金属和荧光质等添加剂都使光谱特性有明显的改变。

另一种常用的光源是闪光灯，它能在很短时间内发出很强的光脉冲。闪光灯泡通常用氪、氙、氩充气，闪光持续时间为 0.2～1.0 ms，可以是一次闪光，也可以是几千赫兹频率的连续闪光。在高速摄影中经常用到火花光源，火花电极装在充有惰性气体的灯泡中，是瞬间发光强度较大的一种闪光光源。

激光器是流体实验中常用的一种相干光源，按所用的激光材料来区分，有气体激光器、电介质固体激光器、半导体激光器和染料激光器等种类。由激光材料构成的共振腔中，当多数粒子被激发到高能级时，形成粒子反转。由于共振腔具有一定的特征频率，微弱的初始扰动能在共振腔中得到迅速放大，成为具有一定波长和很强相干性的光束。当输入的光激励功率和光输出功率及共振腔损耗相平衡时，可以得到稳定的光辐射输出。

常用的气体激光器有氦氖激光器，谱线在 0.6328 μm，1.15 μm，3.39 μm 处；氩离子激光器，谱线为 0.5145 μm，0.4880 μm，0.4579 μm。气体激光器通常用作连续光源。氦氖激光器的功率一般为几毫瓦到几十毫瓦；氩离子激光器的功率较强，通常为几瓦。常用的固态激光器有红宝石激光器，谱线为 0.6943 μm，钕玻璃激光器为 1.06 μm，通常用作大功率脉冲光源。在流动显示实验中，将一束激光投射在柱透镜或玻璃棒的一侧，可以得到很好的片光源。

光学信息的常用记录手段是照相和电影摄影技术；近年来迅速发展的摄像-录像系统则是一种更理想的高效能的记录手段。在流动速度不高的情况下上述手段可以准确有效地反映流场参数和各种流动结构的特征。对于高速流动和瞬变过程的记录，需要采用高速摄影技术：高速照相机、带有高速快门和多火花装置的照相机。高速照相机要求曝光时间短，避免物理图像的模糊。普通电影摄影机的底片在感光时是静止的，但高速照相机的底片是不停地旋转的。最初的高速照相机采用旋转反射镜系统，图像频率可达 10^3 帧/s，采用旋转棱镜后提高到 10^4 帧/s，以后用频闪照明的鼓轮摄影机将图像频率提高到 5×10^4 帧/s。限于底片的材料强度，要进一步提高图像频率就很困难了。另一种方法是底片不动而用火花闪光在底片的不同部位曝光。这种超高速摄影机的速率

可达 10^6 帧/s,一次拍 24 张(图 5.11)。对于有发光物的流动,不能用火花光源,而机械快门又不能在微秒级以下的曝光速度下工作,所以必须用电光器件(如 Kerr 盒,曝光时间可在 1 微秒以下)或磁光器件。

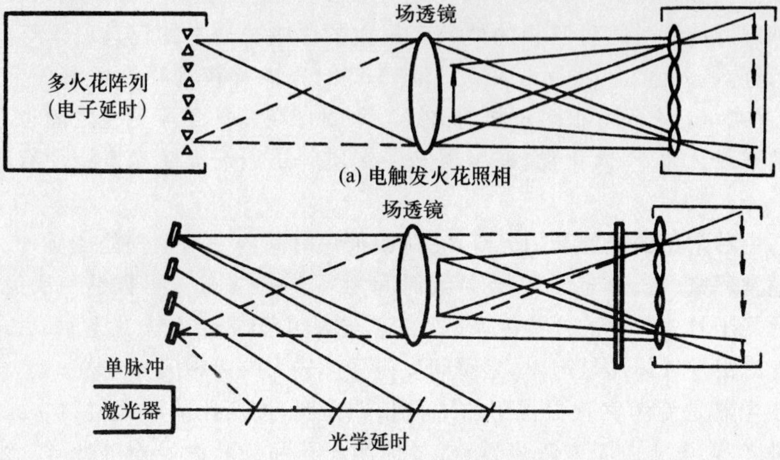

(a) 电触发火花照相

(b) 光延时单脉冲激光照相

图 5.11 多幅照相

全息照相是对流场的三维特性作记录的有效方法,它可以将某一时刻的流场特性冻结下来,随时可以按需要加以重现,是流体实验的有力工具。

全息照相要求光源有很好的相干性,激光技术的发展充分满足了这方面的要求。普通的照相只能反映物体上的照度分布,全息术则能够记录全息平面上的相位分布,并用光的干涉原理来解释。

将激光束经过透镜扩展成较宽的平面波或球面波,然后分成两路。一路经过透明的流体后投射到全息底板上,它带有与流体有关的各种光学信息,称作物体波,它的波矢量为

$$\boldsymbol{E}_B = \boldsymbol{E}_1 \exp[\mathrm{i}(\omega t - \varphi_1(x, y)], \tag{5.29}$$

其中 $\varphi_1(x, y)$ 为物体波在全息平面上的相位分布。另一路直接照在底板上并和前一路在全息底板上发生干涉,这路作为参考光的波矢量为

$$\boldsymbol{E}_R = \boldsymbol{E}_2 \exp[\mathrm{i}(\omega t - \varphi_2(x, y)], \tag{5.30}$$

其中 $\varphi_2(x, y)$ 为参考波在全息平面上的相位分布。全息底板上记录这两路光在全息底板上的干涉条纹。底板上的光强度分布为

$$I = E_1^2 + E_2^2 + 2E_1 E_2 \cos(\varphi_1 - \varphi_2), \tag{5.31}$$

包含了物体波的相位信息 φ_1。再现全息图形时,只需将显影后的底板放回原来

位置，同样投以参考光束，

$$\boldsymbol{E}_D=\boldsymbol{E}_3\exp[\mathrm{i}(\omega t-\varphi_2)]. \tag{5.32}$$

设底板灰度正比于 I，则参考光通过底板后得到的光强度分布为

$$\begin{aligned}\boldsymbol{E}_D I=&\boldsymbol{E}_3(E_1^2+E_2^2)\exp[\mathrm{i}(\omega t-\varphi_2)]\\&+\boldsymbol{E}_3\boldsymbol{E}_1\boldsymbol{E}_2\exp[\mathrm{i}(\omega t-\varphi_1)]\\&+\boldsymbol{E}_3\boldsymbol{E}_1\boldsymbol{E}_2\exp[\mathrm{i}(\omega t+\varphi_1-2\varphi_2)].\end{aligned} \tag{5.33}$$

因为这时底板的功能实际是一个衍射光栅，上式中第一项为 0 级衍射；第二项为 1 级衍射，再现物体波；第三项为物体波的共轭，为－1 级衍射(图 5.12)。常用的四种全息术光路如图 5.13 所示，光源 P 产生的光束 Σ_o 与参考光束 Σ_{Rf} 在全息底板 H 上会聚成像：(a)为同轴式光路参考光与主光束同轴；(b) 为离轴式光路，参考光源偏离主光轴；(c) 为用激光光源经光楔分光，主光束在物体上反射光与参考光束在全息底板上会聚成像；(d) 为光束经透明物体产生相移后与参考光束成像。

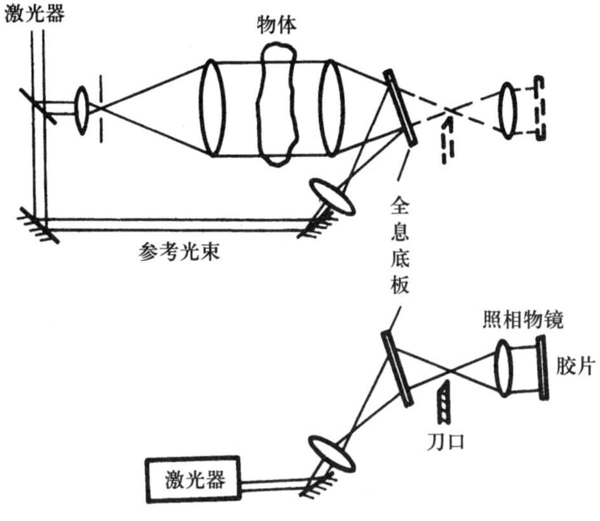

图 5.12　全息成像和复原

全息照相如图 5.14 所示，激光光束经凹透镜扩束后分为两部分，一部分为主光束，在物体上散射后与另一部分参考光在全息底板 H 上会聚曝光。复原时用参考光照射全息底板后在屏幕 F 上成像得阴影图；若经全息底板后的光束通过刀口成像可得纹影图；若经 Wollaston 板和偏振片 P 成像则得干涉图。

用全息照相记录流场时，首先应将流场特性显示出来。例如，记录粒子在流体中运动轨迹，可以确定流速和流向。将全息术用在纹影或干涉系统中可以看到明显的优点。将全息底板放在纹影仪刀口前，加上参考光束后曝光，则重

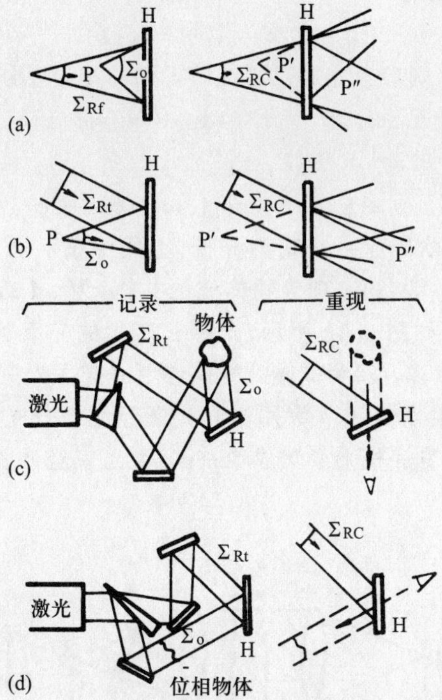

图 5.13 全息术的四种光路

(a)同轴式;(b)离轴式;(c)反射式;(d)透射式

现时可改变刀口位置得到不同的纹影图。在三维密度场测量中采用锐聚焦纹影系统,沿光轴连续改变焦点位置,需要使流场在较长时间内保持稳定,而采用全息术后三维流动的信息已冻结在全息底板上,聚焦位置的调节可以不受实验条件的限制。

全息干涉法采用在底板上两次曝光的方法:一次在没有流动的条件下曝光,作为参考光;另一次则有流动。它和干涉仪不同的是将在空间上分开的物体光波和参考光波的干涉改变为时间上分隔的两个光波的干涉。这种方法对光学元件的要求大大降低,光学系统的固有缺陷在两次曝光的过程中相互抵消了,底板上反映的只是两次曝光中由于光程差而产生的相位信息。对光源的要求也较低,在红宝石激光下曝光的底板可以用氦氖激光器重现,只是图像略有放大。对环境的要求也降低了,可以在高噪声和振动的条件下工作。由于全息干涉法记录的是三维密度场的信息,在重现全息图像时从不同角度显示密度场的变化,可以求出三维密度场分布。近来,用摄像仪记录的全息图像,可用电视屏幕直接显示,也可直接和计算机连接,处理得出密度场信息。同样,用超声代替光波构成全息图像称作声全息,在水中有大量应用。

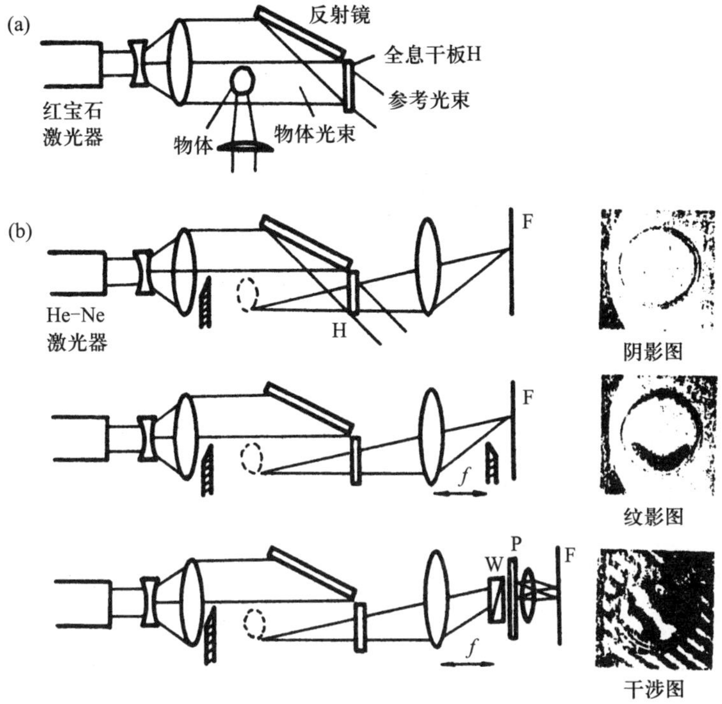

图 5.14　全息阴影、纹影和干涉法及其复原后的图像

5.5　散斑法

散斑法是近十余年来迅速发展起来的一种测量方法，最初用来测量物体或液体表面各点的位移，以后用来测量多相流中的速度场和流量以及温度场、密度场或浓度场。由于它的装置简单、抗干扰能力强，若能应用于温度梯度很大的流场，以至几何尺度很大的现场，则较上述的其他光学方法有明显可取之处。

位移场、速度场和流量的测量　用散斑法作位移测量时，可用一般的发散光束，或经过准直透镜形成的平行光直接投射在物体或液体表面，形成漫反射。物体或液体表面如同无数个小的点光源，它们的强度分布为 $D(x,y)$，它们发出的散射光具有一定的相干性，在空间形成大量的明暗相间的斑痕，称作散斑。由这些散射光源形成的空间散斑光场为

$$I(P)=\frac{1}{\mathrm{i}\lambda}\iint_{\Sigma}D(x,y)\,\frac{\mathrm{e}^{\mathrm{i}k(r_s+r_p)}}{r_s r}\cdot\frac{\cos(\boldsymbol{n},\boldsymbol{r}_s)+\cos(\boldsymbol{n},\boldsymbol{r}_p)}{2}\mathrm{d}x\,\mathrm{d}y,\tag{5.34}$$

其中 r_s 和 r_p 分别为光源和观察点到平面 Σ 上任一点的距离，$k=2\pi/\lambda$，下标 p

表观察点,s 表散射光源。因此,用全息法可记录散斑光场的相位信息,这种直接记录散斑光场的方法称作客观散斑记录。经成像透镜将散斑光场聚焦在成像平面上,用全息法记录,称作主观散斑记录。当因刚体运动、变形或表面流动产生位移时,散斑位置也跟着改变。表面位移和相应的散斑位移有密切关系,可以由散斑图将位移信息提取出来。

用散斑法测量物体或液体表面位移场的方法有两种:一种是散斑相关法,常用于多相流,气力输送等领域的速度场和流量测量,记录相邻两个时刻的散斑图,用时-空互相关法分析两张散斑图中对应散斑之间的相关量最大值来确定两个散斑之间的空间位置的变化,此变化除以时间间隔,可得速度场。这种方法需全套图像分析装置和分析软件。另一种方法是对全息底板做两次曝光,在同一张底板上记录时间间隔为 t 的两组散斑图,经显影和定影后得到全息底板。设物体平面上某点 $P(x_0,y_0)$ 映射到记录平面上对应点的光强度分布为 $D(x_1,y_1)$,做第一次曝光;物平面产生位移后,记录平面上的光强度分布为 $D(x_1+\mathrm{d}x_1,y_1+\mathrm{d}y_1)$,做第二次曝光。设曝光量选择在底片的特性曲线的线性区,两次曝光的时间相等,则两次曝光得到的散斑图经显影和定影后的透射率为

$$T(x_1,y_1)=a-kt[D(x_1,y_1)+D(x_1+\mathrm{d}x_1,y_1+\mathrm{d}y_1)],\tag{5.35}$$

其中 a,k 为底片的光学常数特性,用单束光照射每个散斑时可以得到一组杨氏双缝衍射条纹。根据衍射条纹的走向和间隔可以确定位移的方向和大小。位移的方向与条纹走向垂直,位移的大小 d 与条纹间隔 b 成反比,

$$d=\frac{\lambda L}{b},\tag{5.36}$$

其中 λ 为激光波长,L 为散斑图与观察平面的距离,对于主观散斑记录来说还需考虑物体表面位移与散斑图中的相应变化之间的对应关系,除以成像系统的放大倍数。

两次曝光的散斑图也可以用光学方法或图像处理方法作全场分析。位移场分析装置如图 5.15 所示,激光束经扩束镜和准直透镜后成平行光,投射在散斑图上,散斑光场经透镜做傅里叶变换到谱平面上,然后经成像透镜显示在像平面上。谱平面上得到的是全息干板的透射率的傅里叶变换 $U_\mathrm{F}(f_x,f_y)$。f_x,f_y 为谱平面上点的坐标,$f_x=x_\mathrm{F}/\lambda$,$f_y=y_\mathrm{F}/\lambda$ 为相应的频率分量。λ 为波长,f 为傅里叶变换透镜的焦距。在像平面上(x_i,y_i)处开一小孔对 $U_\mathrm{F}(f_x,f_y)$进行滤波,则像平面上的光强度分布为:

$$I(x_i,y_i)=k\,|\widetilde{D}|^2\cos^2\left[\frac{\pi}{\lambda f}(x_i\mathrm{d}x_i+y_i\mathrm{d}y_i)\right],\tag{5.37}$$

其中 k 是常数,$\widetilde{D}$ 为 D 的傅里叶变换。设滤波孔在 x_i 轴上,可得散斑位移在

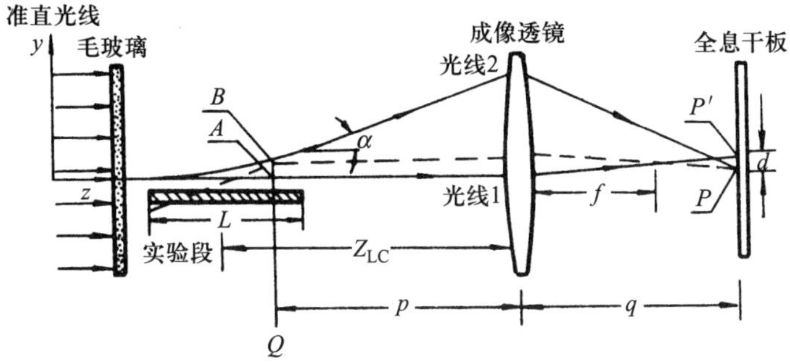

图 5.15 散斑记录系统

x_i 轴上的投影

$$dx_i = \frac{n\lambda f}{x_i}. \tag{5.38}$$

像平面所得的亮条纹为散斑图上各点沿 x_i 轴的等位移线。若滤波孔在 y_i 轴上,可得

$$dy_i = \frac{n\lambda f}{y_i}. \tag{5.39}$$

将以上两式中 n 改为 $n+\frac{1}{2}$,可得暗条纹的位置。

在读测条纹间隔时可用一光缝,将它调节到与条纹方向平行,将透过光缝的光聚焦后用光电管检测,通过对平行条纹方向的平均,可提高读测的精度。

采用白光作光源同样可以通过两次曝光得到散斑图,由于白光功率可以大大提高,故散斑法可用于现场测量,配合全息法可用于三维流场的测量。但是由于流体中散射粒子运动的相关性很差,目前限用于低速和湍流度不太高的流场,有时要加示踪粒子,也有人直接对雾滴进行测量。

温度场、密度场和浓度场的测量 散斑法用于温度场、密度场和浓度场的测量相比于阴影法、纹影法和干涉法有明显的优点:抗干扰能力强,大大缓解了干涉仪中条纹密集、无法判读的困难和近壁时的阴影效应。散斑法记录的是相位信息,可望得到比干涉仪更高的精度,此外,由于散斑法装置简单,容易在三维密度场的测量中得到普遍的应用。

散斑记录系统的构造有以下几种:(1)用准直透镜形成平行光经毛玻璃后通过流场;(2)通过流场经毛玻璃后,在相距 d 处(称离焦面),由全息底板曝光;(3)用准直透镜形成平行光,通过流场后,再经纹影透镜和毛玻璃后,在底板曝光。主观散斑记录则需加成像透镜后再在底板曝光,它适用于较大的散斑位移,但通过分析,以上三种方案的散斑偏折角 α 分别为

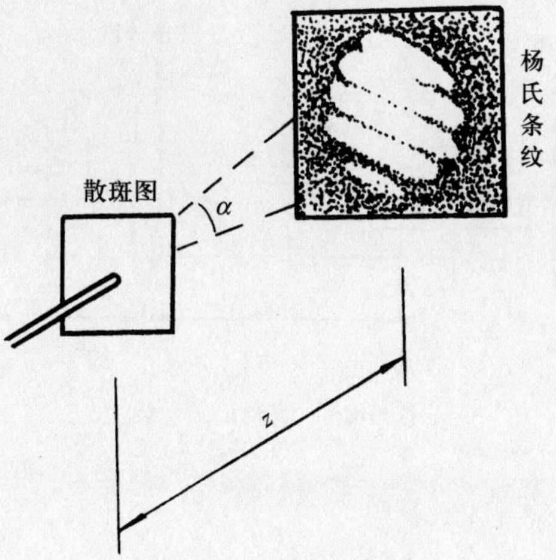

图 5.16 散斑记录系统

$$\alpha_1=\frac{\varepsilon}{z},\quad \alpha_2=\frac{\varepsilon}{z},\quad \alpha_3=\frac{\varepsilon}{z}M_s, \tag{5.40}$$

其中 ε 为散斑位移,M_s 为纹影透镜的放大率,z 为流场中轴线到底板距离(图 5.16),而折射率 n、密度 ρ 和等压条件下的温度 T 与散斑偏折角的关系分别为:

$$\frac{\partial n}{\partial y}=\alpha\frac{n_\infty}{L},\quad \frac{\partial \rho}{\partial y}=\frac{1}{K}\frac{\partial n}{\partial y}=\frac{\alpha n_\infty}{KL},\quad \frac{\partial T}{\partial y}=-\frac{T^2}{\Omega}\frac{\partial n}{\partial y}=-\frac{T^2\alpha n_\infty}{\Omega KL}, \tag{5.41}$$

其中 n_∞ 为流场中气体折射率,$\Omega=7.87\times10^{-2}\,\mathrm{K}$(K 为开尔文),$L$ 为流场沿光轴方向的宽度。K 为 Gladstone-Dale 常数,它是光波波长和气体种类的函数,若气体组分为 a_1 和 a_2,则 $K=a_1K_1+a_2K_2$,K_1 和 K_2 分别是对应单独某气体成分的 Gladstone-Dale 常数。

为了提高测量精度,除了采用主观散斑法之外,可以人为地在两次曝光之间加上一个已知位移,以提高杨氏条纹判读精度,扩大测量范围和判别位移的方向。也可以用全反射镜使平行光两次通过流场,以达到提高实验精度的目的,对于多种气体混合的流场可以用双波长激光,同时记录两张散斑图,最后联合解出 ρ_1 和 ρ_2。

实验一　多柱和多层柱排绕流的实验研究

在航空、航海、建筑、化工、热能等工程领域中,多柱绕流是一个十分常见的问题。在柱体的风载、热交换率以及某些非定常流体动力学问题中,多柱绕流中的流型常常对柱体的动力学和传热学特性产生重要的影响。

在亚临界状态下单圆柱绕流的尾迹具有较强的反对称性。Roshko 指出，在圆柱背面加一尾隔板后可使反对称流型受到抑制，使对称流型居主要地位，从而使阻力系数由 1.2 下降到 0.7 左右。而在临界和超临界状态下，尾隔板的影响甚小，对称流型可能居主导地位。

在并列双柱绕流中，Ishigai 指出，在间距为 2.5～3 倍直径时，由于狭缝两侧脱落涡的耦合作用，尾迹呈对称流型。而在间距小于 1.1 倍直径时，由于间隙流很弱，尾迹呈反对称流型，其间狭缝流偏向一侧，流动呈双稳态或在外界扰动下往返切换。串列双柱时，若间距小于 3.5 倍直径，则前柱尾迹中无涡脱落现象，流动呈对称流型。但随着间距的增大，分离区两侧混合层迅速增厚，并有明显的大涡增长的迹象。上述关于双柱绕流的工作，在 Zdravkovich 的文中做过系统的总结，但是对于许多现象及其机制还不能说是十分清楚的，例如有气流偏角时流型随偏角的变化，以及临界间距附近后柱阻力和前、后缘压力产生突变的原因等。

三柱、四柱以至柱排绕流常常可以分解为单柱、双柱以及它们之间的干扰来加以分析，尤其是柱排绕流，它是换热器设计的基础，但是人们对其中的流动机制却往往知之不多。

实验在有自由面的小型流动显示水槽中进行，水槽的实验段长为 500 cm，截面为 20 cm×13 cm；选用 40 mW 氦-氖激光器制成片光源；圆柱直径为 10 cm，Re 为 1000。模型上游有直径 10 μm 的钨丝为氢泡线，在脉冲电源的作用下产生氢泡的等时线。在水槽上方用照相机拍摄绕流图形，参见图 5.17。

图 5.17　氢泡法流动显示装置

在多柱绕流的情况下，当相邻两柱的间距逐渐减小时，常常会使它们的流型发生突然的变化，这正是各柱阻力和压力分布产生大幅度变化的原因。尤其是对称布局的多柱绕流,无论是在单柱和单柱,单柱和柱群还是柱群和柱群之间的相互干扰中,都可以看到它们流态的突然变化。

(1) 斜列双柱的间隔逐渐减小直到产生耦合(间距与直径之比为 $L/D=2.5\sim3$)为止,经两柱间隙的流动开始时具有二维射流的特性,两侧的涡列呈对称流型;随着间距继续减小($L/D<2.5$),间隙流呈偏流型(图 5.18)。从对称流型到偏流型之间的转换,正是双柱阻力产生大幅度变化的原因。

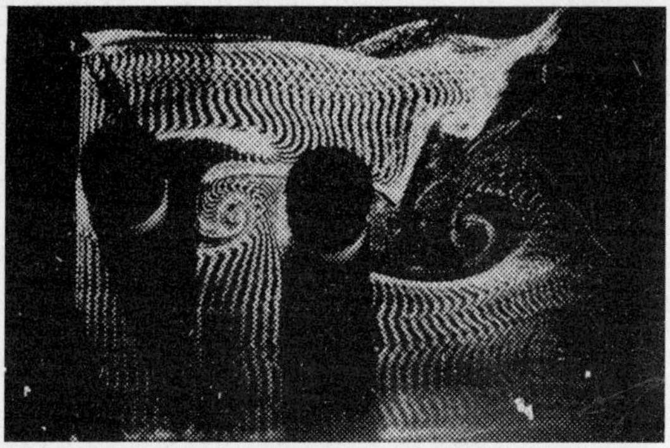

图 5.18 斜列双柱绕流

(2) 当串列双柱的后柱逐渐向前柱靠近时,在间距为四倍直径处,前柱尾迹的流型由反对称流型转换成对称流型(图 5.19)。流型的变化使后柱阻力急剧下降,反映了临界间距处后柱绕流特性的主要特征。

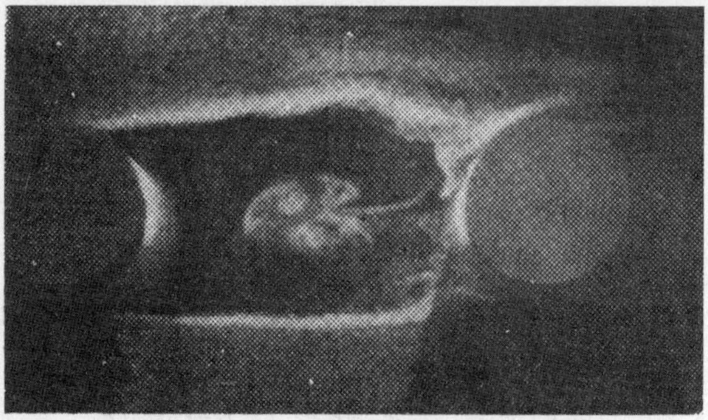

图 5.19 串列双柱绕流

(3) 间距小于 2.5 倍直径的偏流型并列双柱,在狭缝中增加一个同样直径的圆柱并构成等边三角形布局时,尾迹呈对称流型(图 5.20)。

在有气流偏角时,流场具有不对称性,但流型的基本特征仍能在一定偏角范围内保持。对于间距小于 4 倍直径的串列双柱来说,可以看到:

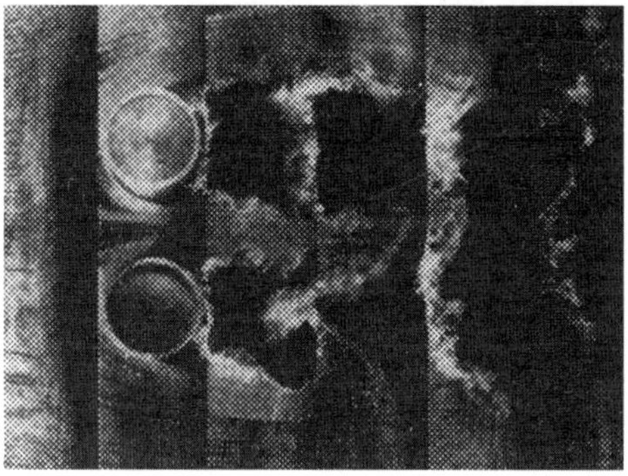

图 5.20　并列双柱绕流

(1) 在均匀对称来流中,柱间流场出现周期性的上行涡对,不断从两侧混合层吸取能量,加强分离区的回流,与黏性耗散相平衡,使柱间流场保持对称流型。而在 2°气流偏角时,上行涡对偏向一侧,并有明显的不对称性。

(2) 当气流偏角增加到 5°至 10°时,涡对演化为单向的集中涡,并在涡和后柱前沿之间产生狭缝流(图 5.21)。

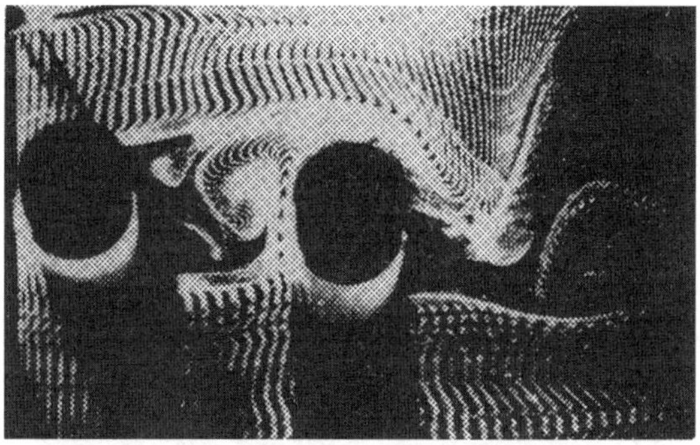

图 5.21　气流偏角 5°～10°时串列双柱绕流

当间距大于 4 倍直径时,前柱尾迹中反对称流型居主要地位,尾迹两侧的大涡交替在后柱前沿卷起。流型的变化使后柱阻力和前缘压力产生突变,所谓临界间距即是使流型产生质的变化的阈值。

在分析柱排绕流时同样可以看到柱间干扰对流型的影响。

(1) 单层柱排的“扎堆”现象。在间隔是 1.5 倍直径的单层柱排的绕流图形中可以看到,各个圆柱的尾迹有明显偏向一侧的倾向,三五成群地卷在一起。这种现象对于柱排的热交换率有明显的影响(图 5.22)。

在以等边三角形布置的双层或多层柱排中同样可以看到这种“扎堆”现象,

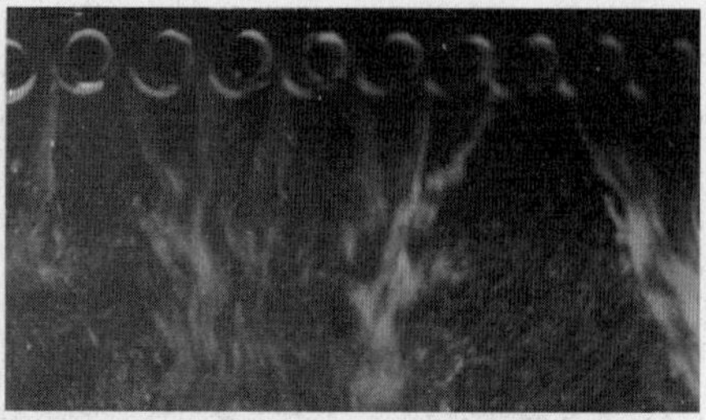

图 5.22 单层柱排绕流

在上游方向的尾迹对下游圆柱有明显的影响。只有不到半数的流道通畅,而多数流道受到“扎堆”现象的明显影响。

(2) 双层柱排的周期性同步振荡现象。在间距为 1.5 倍直径且行距为 4 倍直径的双层柱排的绕流中将相邻圆柱按矩形和等腰三角形网格布置。这时上游柱排中每相邻圆柱之间的流道中的流体均顺流而下流入下游柱排的相应流道,并在相应的下游柱的两侧做周期性的切换和有规律的摆动。上游柱排的所有圆柱的尾迹都有同样的摆动周期和方向,相位上有明显的同步性。双层柱排的这种特殊的流型同时具备了并列双柱的切换现象和串列双柱的反对称流型的特点。这种同步振荡现象和柱体本身的弹性振动相耦合应是换热器中导致管道破坏的原因之一(图 5.23)。

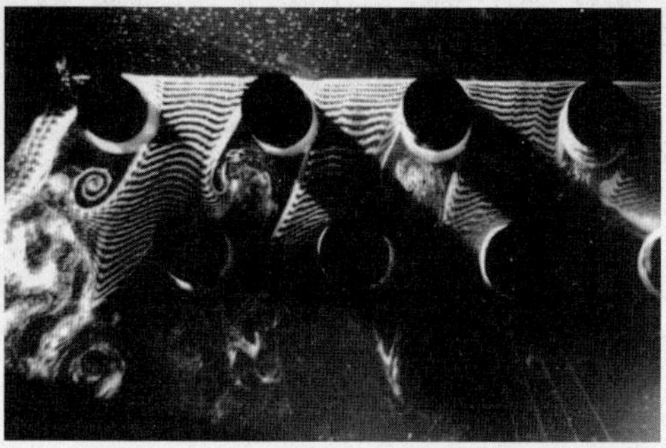

图 5.23 双层柱排的同步振荡

值得注意的是,在柱排之间出现同步振荡时,在后排柱的下游的流动迅速变成强湍流,因而有可能使热交换律大大提高。因此,科学地选择排距和间距,合理地利用柱排之间的同步振荡现象,既能有效地防止它和柱体之间的耦合振动,又能使换热器的造价和效率之间得到最优化的对应关系。

通过以上几种多柱绕流中的典型流型的讨论,得多柱绕流中柱的布局与它们周围流型的对应关系，以及对它们的动力学和热力学特性所产生的影响。概括起来可以说明：

（1）多柱绕流在对称和反对称流型下的空气动力学特性和热交换系数常常具有较大的差别。因而，有意识地通过布局或一些人为措施促使对称流型和反对称流型之间产生转化可以收到使阻力和热交换率明显变化的效果。

（2）多层柱排中的“扎堆”现象是使柱排阻力增加和热交换率下降的原因之一，应在设计中设法予以排除。

（3）双层柱排中的同步振荡现象具有使流道畅通，并使流动迅速湍流化的作用。它有利于提高换热效率，但对于动态载荷的明显增加需要采取相应的防范措施。

参考文献

1. Merzkirch W. Flow Visualization. Academic Press，1974.
2. Werle H. Hydrodynamic flow visualization. Ann. Rev. Fluid Mech.，1977，5：361-382.
3. Schraub F A，et al. Use of hydrogen bubbles for quantitive determination of time-depended velocity field in low speed flows. ASME J. Basic Engrg，1965，87：424-444.
4. Asanuma T. Flow Visualization. Hemisphere Pub. Co.，1979.
5. Mueller T J. Flow Visualization. Hemisphere，1983：307-375.
6. Dean R C Jr. Aerodynamic Measurement. MIT Gas Turbine Lab.，1953.
7. Marom E，et al. Application of Holography and Optical Data Processing. Pergamon，1975.
8. Goulard R. Combustion Measurements：Modern Techniques and Instrumentation. Hemisphere，1975.
9. Robertson E R. The Engineering Use of Coherent Optics. Cambridge，1976.
10. Arecchi F T，et al. Laser Handbook. North-Holland Pub.，1972.
11. Yan D C，Li C X. Some typical flow patterns in the flow field around a group of circular cylinders. Proc.lst China-Japan Symp. Flow Visualization (Beijing). Peking Univ. Press，1988：98-102.
12. Emrich R J. Methods of Experimental Physics in：vol. 18，Fluid Dynamics. Academic Press，1981.
13. 崔尔杰，洪金森. 流动显示技术及其在流体力学研究中的应用. 空气动力学报，1991，9：190-199.

第三篇　计算机技术在流体实验中的应用

在近代实验技术中计算机起到了越来越重要的作用。

(1) 计算机对实验过程的控制和组织作用。使实验得以按照事先设计好的优化程序进行;有步骤地从各种仪器仪表读测数据;对数据进行分析和修正;逐个地改变实验状态或条件或移动测量位置,直到整个实验完成,对整个实验数据做过全面抽样分析为止。通过计算机控制能大大地节省工作人员的劳动,最有效地使用仪器设备,使它们在最短时间内完成全部测量工作,并使仪器、设备和人的劳动均能发挥最大的效益。

(2) 计算机对数据的分析、统计、存储、变换、作图、检索等功能。利用计算机及其附属设备大量存储信息的能力,对数据做各种形式的函数变换及修正,利用统计学上的各种成果,最有效地对数据进行各种形式的分析和处理,并以各种形式用图形表示出来。

(3) 计算机对图形的识别、处理和分析。可以十分有效地掌握全场的信息,结合光学测量方法,表达速度场、温度场、密度场和两相流中各相的流动特性。它的功能从平面流动参量的测量,逐步向三维流场中流动参量的测量发展。

(4) 实验测量和数值计算结合。利用数值计算作为辅助手段,使实验能扬长避短,在基础研究和工程应用中发挥更重要的作用。

第六章　时间序列的分析和处理

在各种电子仪器的输出端经常观察到的是随着时间而不断变化的信号，除了某些确定性的周期信号和给定的非定常信号外，多数属于随机信号。它们没有确定的周期，在某平均值附近做无规则的涨落，在频率域中有相当宽的频带，只有用统计方法可以确定它们的某些统计属性。这些随机信号有的完全是噪声或外界干扰；有的则是湍流信号，反映了流体本身的特性；有的是统计特性长期稳定的平稳随机过程，例如湍流和气动噪声；有的则是在较短时间间隔中反映的统计属性，例如语言波；有的是统计特性以一定时间规律变化的随机过程，例如主动脉搏动时产生加速区和减速区的湍流脉动。早期随机信号的分析主要用模拟方法，这就需要许多特制的精确的加法器、乘法器、积分器、微分器、平方器、滤波器等庞大的电子系统（称为模拟式计算机），而保持这一系统的稳定是相当耗费精力的。用采样方法将模拟信号变成数字信号，再用计算机对这些数字信号进行处理就可以使统计方法的实施大大简化，因为用数字计算机来做上述数学运算只是用软件编制一个程序使之执行的问题。模拟信号经过模一数转换器（A/D 转换器）采样之后输入计算机，由此得到的数字信号称作时间序列，从而 A/D 转换器和计算机一起构成了数据采集系统。如果计算机的容量和处理速度都足以胜任数据处理工作，则构成数据处理系统。至今，除了极高频和信息量大而不能脱机处理的情况外，随机信号的处理均可用这种数字式处理系统。

6.1　数据处理系统

采样定理　在对信号 $x(t)$ 采样时，设采样频率为 $f_s=1/T$，T 为时间间隔，可得 $x(nT)$。假如信号频率上限为 $f_B\leqslant\frac{1}{2}f_s$，则信号可以用下式从它的采样值 $x(nT)$ 得到恢复：

$$x(t)=\sum_{n=-\infty}^{\infty}x(nT)\frac{\sin 2\pi f_s(t-nT)}{2\pi f_s(t-nT)}. \tag{6.1}$$

当 $f_B>\frac{1}{2}f_s$ 时，信号中高于 $\frac{1}{2}f_s$ 的成分会以 $\frac{1}{2}f_s$ 为中心反射到低频方面频率为 $\frac{1}{2}f_s-\left(f-\frac{1}{2}f_s\right)=f_s-f$ 的分量上来，这种现象称为折叠效应。这是在信

号处理中必须避免的。因此,通常在进入 A/D 变换器之后,需将信号通过低通滤波器,滤去信号中高于 $1/2f_s$ 的成分。但是,在湍流惯性子区的频率上限大于 $\frac{1}{2}f_s$ 时,为了不使湍流特性受到歪曲,不能用滤波器滤去湍流的高频成分,而是应该提高采样频率。

采样过程的控制通常需要用汇编语言编制专用的子程序,供计算机调用。程序中应给出主机外部设备编号、采样点数、通道数、存储地址、采样速率、编制规定的时间顺序等。

数据处理系统通常指用于数据采集和处理的计算机系统,有时也单指计算机部分。早期在湍流研究中,采用的数据处理系统的采样速度是很低的,只能用模拟磁带机快录慢放的方法使采样速度较低的 A/D 转换器能按要求的速度采集湍流信号,但模拟磁带机的噪声成为影响数据的主要问题,以后高速 A/D 转换器虽然出现,但计算机的存储量有限,只能用专用数据采集系统把采集的数据存放在磁带中,然后逐个加以分析。以后,随着计算机运算速度的提高,对大量数据有实时处理的能力,而大容量硬盘和 U 盘的普及解决了数据存放的问题。但是由于处理的信号量越来越大,绝大多数场合仍依赖脱机处理。计算机的这种卓越功能几乎取代了一切电子仪器中的二次仪表。将各种测量仪器联机,使实验测量进入了一个全新的时期。有的专用计算机则完全进入仪器的内部,成为仪器的一部分。

计算机数据处理系统应该包括以下几部分:(1)数据采集部分(多通道数据采集部分),通常在每个通道设有一个采样-保持器,以保证各通道采样是在同一时刻进行的,然后逐个经过 A/D 转换器进入计算机,由于 A/D 转换器的价格较高,只有在采样速度不够时,才在每个通道上都配置 A/D 转换器。(2)大容量的存储装置。(3)有较大内存和较高运算速度的计算机以及高速打印机和图形输出装置,如 X-Y 绘图仪、硬拷贝机(击打式点阵打印机、照排印刷机或热印刷机等)(图 6.1)。

为了满足实时处理或加快处理速度的需要,可以采用某些专用计算机,也可与大型计算机联用。一种是建立在并行运算基础上的专用机,如阵列处理机、并行超高速处理机;另一种是建立在串行运算基础上的专用机,如流水线式处理机。阵列处理机是一种专为矩阵或向量运算设计的专用机,通常和主机连用,当主机输入若干个一维数组后,它可以用多个运算器做并行运算,计算向量或复数的矢积,以及多项式运算、5×5 矩阵至 10×10 矩阵的运算,然后以一维数组输出。由于多个运算器同时工作,使运算速度成倍增加。并行超高速处理机是用一台主机控制大量带有简单存储的运算器进行运算,但是由于数据处理的形式很多,常常不能使运算器充分发挥作用,它在图像处理中有一些应用。

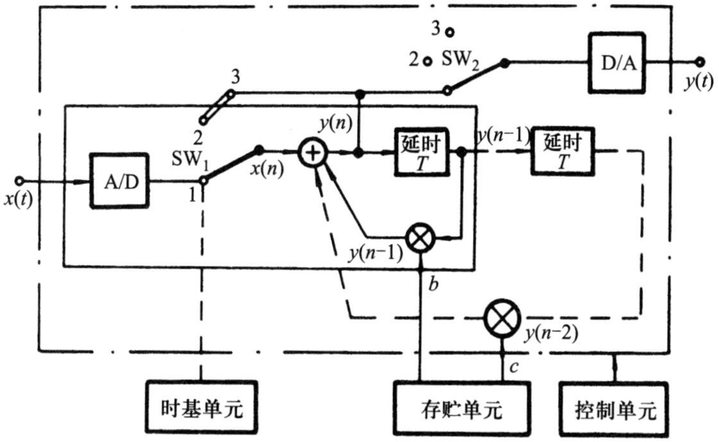

图 6.1 信号处理器简图

另一种变通的方法是局部并行处理机，价格较低，也容易实现，如流水线式处理机是将运算器串起来使用，其中较著名的有流水线式傅里叶变换专用机。它是根据快速傅里叶变换中对二进制每个位数逐个进行乘加运算进行变换的。若二进制位数为 M，则需要有 $M-1$ 个乘加运算器同时工作，每次乘加运算后送到下一级运算器(图 6.2)。

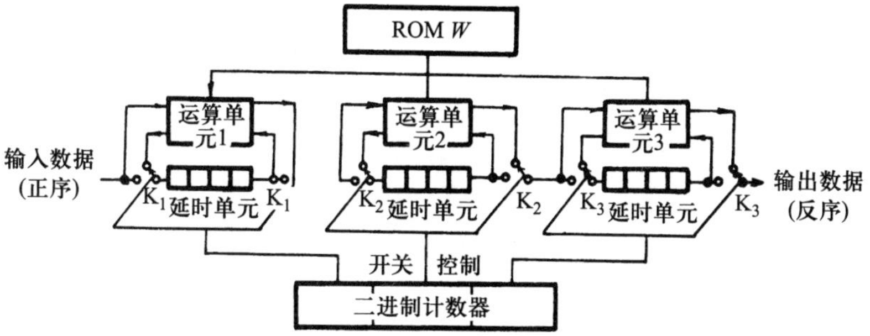

图 6.2 $N=8$ 流水线式傅里叶变换处理机框图

6.2 谱、时-空互相关和数字滤波

连续信号 $x(t)$ 的傅里叶变换 $X(f)$ 和逆变换关系可用如下公式表示(其中 f 为频率)：

$$X(f)=\int_{-\infty}^{\infty} x(t)e^{-2\pi ift}dt, \tag{6.2}$$

$$x(t)=\int_{-\infty}^{\infty} X(f)e^{2\pi ift}df. \tag{6.3}$$

对于采样得到的时间序列 $x(nT)(n=-\infty,\cdots,-1,0,1,\cdots,\infty)$,可以表示成如下形式的离散函数:

$$x_d(t)=\sum_{n=-\infty}^{\infty} x(nT)\delta(t-nT), \tag{6.4}$$

其中 T 为采样时间间隔,设采样频率 $f_d=1/T$。δ 为狄拉克函数(δ 函数),它的傅里叶变换为周期函数 $e^{-2\pi ifdt}$。因而,函数 $x_s(t)$ 的傅里叶变换应是连续函数。反之,若 $x(t)$ 是周期为 T 的函数,则它的傅里叶变换 $X(f)$ 为由 δ 函数组成的离散函数,频率域中 δ 函数的间隔为 $f_d=1/T$。

$$X_d(f)=\sum_{m=-\infty}^{\infty} X(mf_d)\delta(f-mf_d) \tag{6.5}$$

有限长时间序列的离散傅里叶变换(DFT) 设有限长时间序列 $x(nT)(n=0,1,2,\cdots,N-1)$,相应的时间间隔为 NT,从 $t=0$ 到 $t=(N-1)T$,若将序列以 NT 为周期分别从正、负两个方向延伸出去直到 $\pm\infty$。设 $k=lN+n$,则

$$x(kT)=x[(lN+n)T]=x(nT),$$
$$k=-\infty,\cdots,-1,0,1,\cdots,\infty, \tag{6.6}$$

l 为任意整数,令

$$\begin{aligned}x_d(t)&=\sum_{k=-\infty}^{\infty} x(kT)\delta(t-kT)\\&=\sum_{l=-\infty}^{\infty}\sum_{n=0}^{N-1} x[(lN+n)T]\delta(t-(lN+n)T)\\&=\sum_{l=-\infty}^{\infty}\sum_{n=0}^{N-1} x(nT)\delta(t-(lN+n)T),\end{aligned} \tag{6.7}$$

由此可知,$x_d(t)$ 的傅里叶变换为频率域间隔 $1/NT$ 的一系列 δ 函数(图 6.3)

$$X_d(f)=\sum_{l=-\infty}^{\infty}\sum_{m=0}^{N-1}\Big(\sum_{n=0}^{N-1} x(nT)e^{-2\pi imn/N}\Big)\delta(f-(lN+m)f_d). \tag{6.8}$$

由此可得有限长时间序列 $x(n)$(括弧中的 T 略去)的离散傅里叶变换(DFT)为

$$X(m)=\sum_{n=0}^{N-1} x(n)e^{-2\pi imn/N}, \tag{6.9}$$

相应的逆傅里叶变换 IDFT 为

$$x(n)=\frac{1}{N}\sum_{n=0}^{N-1} X(m)e^{2\pi imn/N}. \tag{6.10}$$

离散傅里叶变换的性质:

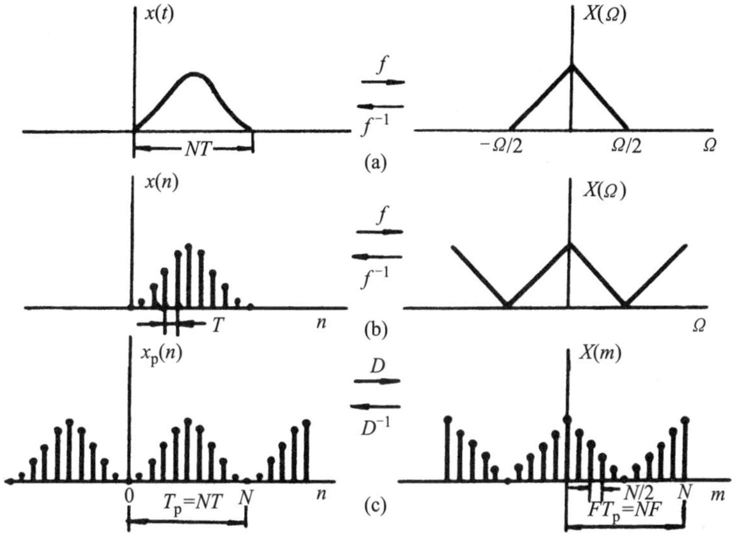

图 6.3　有限长序列的 DFT

(a)非周期信号及其频谱；(b)有限长序列及其频谱；(c)周期序列及其频谱，下标 p 表“周期性”

(1) 线性：$ax_1(n)+bx_2(n)\Rightarrow aX_1(m)+bX_2(m)$；

(2) 位移化幂：$x(n+n_0)\Rightarrow e^{2\pi imn/N}X(m)$；

(3) 逆时性：$x(-n)\Rightarrow X^*(m)$；

(4) 卷积：$\sum_{m=0}^{N-1}x_1(n)x_2(l-n)\Rightarrow X_1(m)X_2^*(m)$；

(5) 乘积：$x_1(n)x_2(n)\Rightarrow\frac{1}{N}\sum_{m=0}^{N-1}X_1(m)X_2(l-m)$，

上式中 X 与 X^* 共轭，n_0 为初始位移。

快速傅里叶变换(FFT)　在有限长时间序列的离散傅里叶变换(DFT)中令 $w=e^{-2\pi i/N}$，则

$$X(m)=\sum_{n=0}^{N-1}x(n)w^{mn}, \tag{6.11}$$

或用矩阵形式表示：

$$\begin{bmatrix}X(0)\\X(1)\\\vdots\\X(N-1)\end{bmatrix}=\begin{bmatrix}w^0w^0 & \cdots & w^{N-1}w^0\\w^0w & \cdots & w^{N-1}w\\\vdots & & \vdots\\w^0w^{(N-1)} & & w^{2(N-1)}\end{bmatrix}\begin{bmatrix}X(0)\\X(1)\\\vdots\\X(N-1)\end{bmatrix}. \tag{6.12}$$

由于 $w^N=1$，因而矩阵右下角的元素均可表示为：

$$w^{mn} = w^l \quad (mn = l(\mathrm{mod}N)), \tag{6.13}$$

其中 mod N 求余函数。设采样点数为 $N=2^k$,将 m 和 n 用二进位数制表示

$$n = (n_{k-1}, n_{k-2}, \cdots, n_0) = n_{k-1} \cdot 2^{k-1} + n_{k-2} \cdot 2^{k-2} + \cdots + n_1 \cdot 2 + n_0, \tag{6.14}$$

$$m = (m_{k-1}, m_{k-2}, \cdots, m_0) = m_{k-1} \cdot 2^{k-1} + m_{k-2} \cdot 2^{k-2} + \cdots + m_1 \cdot 2 + m_0, \tag{6.15}$$

则有限长时间序列的离散傅里叶变换可以表示为

$$\begin{aligned} X(m) = X(m_{k-1}, m_{k-2}, \cdots, m_0) = &\sum_{n_0=0}^{1} \left\{ \sum_{n_1=0}^{1} \cdots \left[\sum_{n_{k-1}=0}^{1} x(n_{k-1}, n_{k-2}, \cdots, n_0) \cdot \right. \right. \\ &\left. \left. w^{m_0 \cdot n_{k-1} \cdot 2^{k-1}} \right] \cdots w^{(m_{k-2} \cdot 2^{k-2} + m_{k-3} \cdot 2^{k-3} + \cdots + k_0) n_1 \cdot 2} \right\} \cdot \\ &w^{(m_{k-1} \cdot 2^{k-1} + m_{k-2} \cdot 2^{k-2} + \cdots + m_0) n_0}, \end{aligned} \tag{6.16}$$

可得递归方程组,其中 $m_{k-1} \cdot 2^{k-1}$ 为 n 的二进制首位,m 的二进制各位除 m_0 外均有 2 的因子,使乘积出现 $2^k=N$ 的因子($w^N=1$),故可以略去不写,

$$\begin{aligned} X_1(m_0, n_{k-2}, \cdots, n_0) &= \sum_{n_{k-1}=0}^{1} x(n_{k-1}, n_{k-2}, \cdots, n_0) w^{m_0 n_{k-1} \cdot 2^{k-1}}, \\ X_2(m_0, m_1, n_{k-3}, \cdots, n_0) &= \sum_{n_{k-2}=0}^{1} x_1(m_0, n_{k-2}, \cdots, n_0) w^{(m_1 \cdot 2 + m_0) n_{k-2} \cdot 2^{k-2}}, \\ &\cdots\cdots \end{aligned} \tag{6.17}$$

$$X_k(m_0, m_1, \cdots, m_{k-1}) = \sum_{n_0=0}^{1} x_{k-1}(m_0, m_1, \cdots, m_{k-2}, n_0) w^{(m_{k-1} \cdot 2^{k-1} + \cdots + m_0) n_0}.$$

注意 $X_k(m_0, m_1, \cdots, m_{k-1})$ 的二进制数位已经颠倒,需将位数倒置后即可得到 $X(m)$,每一个递归过程均可写成:

$$\begin{aligned} &X_j(m_0, \cdots, m_{j-1}, n_{m-j-1}, \cdots, n_0) \\ &= \sum_{n_{k-j}=0}^{1} X_{j-1}(m_0, \cdots, m_{j-2}, n_{k-j}, \cdots, n_0) \cdot w^{(m_{j-1} \cdot 2^{j-1} + \cdots + m_0) n_{k-j} \cdot 2^{k-j}} \\ &= X_{j-1}(m_0, \cdots, m_{j-2}, 0, n_{k-j-1}, \cdots, n_0) \\ &\quad + X_{j-1}(m_0, \cdots, m_{j-2}, 1, n_{k-j-1}, \cdots, n_0) \cdot \\ &\quad w^{(m_{j-1} \cdot 2^{j-1} + \cdots + m_0) n_{k-j} \cdot 2^{k-j}} \end{aligned} \tag{6.18}$$

上式表明第 j 次递归的结果中 $X_j(m)$ 和 $X_j(m+N/2^j)$ 两项只与第 $j-1$ 次递归的结果中 $X_{j-1}(m)$ 和 $X_{j-1}(m+N/2^i)$ 两项有关。$X_j(m)$ 对应于 $m_{j-1}=0$ 的情况,$X_j(m+N/2^j)$ 对应于 $m_{j-1}=1$ 的情况,故有

$$\begin{cases} X_j(m) = X_{j-1}(m) + X_{j-1}(m+N/2^j) \cdot w^l, l \\ \qquad = (m_{j-2} \cdot 2^{j-2} + \cdots + m_0) n_{k-j} \cdot 2^{k-j}, \\ X_j(m+N/2^j) = X_{j-1}(m) + X_{j-1}(m+N/2^j) \cdot w^{l+N/2}. \end{cases} \tag{6.19}$$

由于 $w^{l+N/2}=-w^l$，所以上式可写为

$$\begin{cases}X_j(m)=X_{j-1}(m)+X_{j-1}(m+N/2^j)\cdot w^l,\\ X_j(m+N/2^j)=X_{j-1}(m)-X_{j-1}(m+N/2^j)\cdot w^l.\end{cases}\tag{6.20}$$

用这种算法每次递归时每对数只需做一次复数乘法，两次复数加法，共 $N/2$ 次。整个快速傅里叶变换中，总共只有 $\frac{1}{2}N\log_2 N$ 次复数乘法，$N\log_2 N$ 次复数加法，使计算速度比原来的 N^2 次复数乘法要大大提高，故称快速傅里叶变换，记作 FFT。

卷积和相关量的计算　卷积和相关量的测量是实验中常用的方法，卷积 $y(t)$ 指两个函数 $x_1(t)$ 和 $x_2(t)$ 之间的如下积分平均值：

$$y(\tau)=\int_{-\infty}^{\infty}x_1(t)x_2(\tau-t)dt=x_1(\tau)*x_2(\tau),\tag{6.21}$$

记作 $x_1(\tau)*x_2(\tau)$。对于无穷长时间序列来说，卷积定义为

$$\begin{aligned}y(n)=x_1(n)*x_2(n)&=\sum_{k=-\infty}^{\infty}x_1(k)x_2(n-k)\\&=\sum_{k=-\infty}^{\infty}x_1(n-k)x_2(k).\end{aligned}\tag{6.22}$$

对于有限长时间序列，通常采用周期卷积或循环卷积方法。前者假定 $x_1(n)$ 和 $x_2(n)$ 都是以 N 为周期的函数，故称周期卷积(图 6.4)，

$$y(n)=x_1(n)*x_2(n)=\sum_{k=0}^{N-1}x_1(k)x_2(n-k).\tag{6.23}$$

后者对两个长度为 N 的有限长序列，假定以 N 为周期向两边延伸，可得

$$y(n)=x_1(n)\circledast x_2(n)=\sum_{k=0}^{N-1}x_1(k)x_2(n-k),\quad 0\leqslant n\leqslant N-1,\tag{6.24}$$

但卷积值不限制在 $0\leqslant n\leqslant N-1$ 范围内取值，故称作循环卷积。可以证明，两时间序列的 DFT 等于它们分别作 DFT 的乘积，

$$\begin{aligned}\mathrm{DFT}[x_1(n)\circledast x_2(n)]&=\mathrm{DFT}[x_1(n)]\cdot\mathrm{DFT}[x_2(n)]\\&=X_1(m)\cdot X_2(m),\end{aligned}\tag{6.25}$$

$$y(n)=x_1(n)\circledast x_2(n)=\mathrm{IDFT}[X_1(m)\cdot X_2(m)].\tag{6.26}$$

在处理通常意义下的线性卷积时，

$$y(n)=x_1(n)*x_2(n)=\sum_{k=0}^{\infty}x_1(k)x_2(n-k).\tag{6.27}$$

设 $x_1(n)$ 和 $x_2(n)$ 两个序列中最大长度为 L，则用循环卷积法计算时，需将序列补零，直到长度为 $2N-3$，然后用循环卷积计算可得到和线性卷积同样的结果。

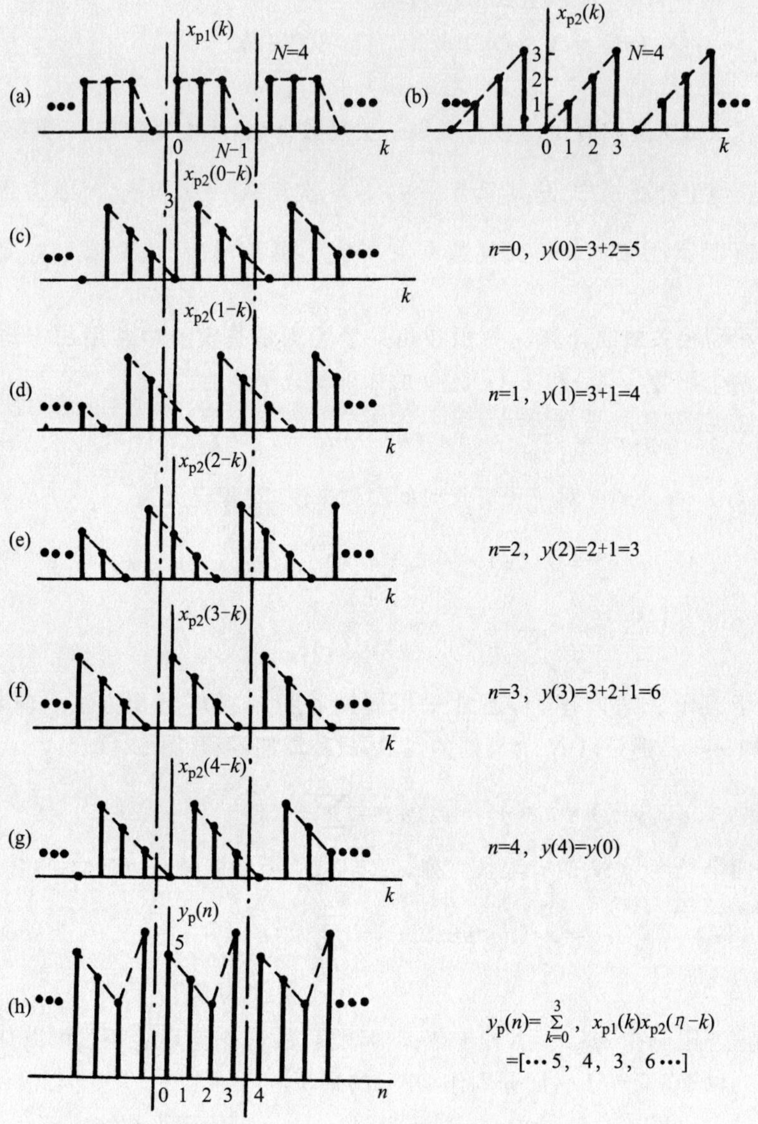

图 6.4　周期序列周期卷积过程

(a)周期序列 $x_{p1}(k)$;(b)周期序列 $x_{p2}(k)$;(c),(d),(e),(f),(g)表示 $x_{p2}(n-k)$ 在卷积过程所进行的程序;(h)周期序列卷积的结果

在计算两点 $P(\boldsymbol{x})$和 $P'(\boldsymbol{x}+\boldsymbol{r})$的脉动速度分量 $u_i(\boldsymbol{x},t)$和 $u_j(\boldsymbol{x}+\boldsymbol{r},t)$的时-空互相关时

$$R_{ij}(\boldsymbol{x},\boldsymbol{x}+\boldsymbol{r},\tau)$$

$$=\lim_{T\to\infty}\frac{1}{T}\int_0^T u_i(\boldsymbol{x},t)u_j(\boldsymbol{x}+\boldsymbol{r},t+\tau)\mathrm{d}t, \tag{6.28}$$

其中 u_i 和 u_j 分别为 P 和 P' 点的脉动速度分量，$\boldsymbol{x}$ 和 $\boldsymbol{r}$ 为 P 级 $\overline{PP'}$ 的坐标矢量，τ 为时间滞后，将 u_i 和 u_j 分别表示成为 $x_i(t)$ 和 $x_j(t)$，可得

$$R_{ij}(\tau)=\lim_{T\to\infty}\frac{1}{T}\int_0^T x_i(t)x_j(t+\tau)\mathrm{d}t. \tag{6.29}$$

对于有限长时间序列 $x_i(n)$ 和 $x_j(n)$ 的互相关为

$$R_{ij}(k)=\frac{1}{N}\sum_{n=0}^{N-1}x_i(n)x_j(n+k). \tag{6.30}$$

若 $x_1(n)$ 和 $x_2(n)$ 是以 N 为周期的函数，那么可按周期卷积相似的方法去做；若不是周期函数，要加零到 $2N-2$。然后求得 $x_i(n)$ 和 $x_j(n)$ 的傅里叶变换 $X_i(m)$ 和 $X_j(m)$，计算

$$R_{ij}(k)=\frac{1}{N}\mathrm{IDFT}[X_i(m)\cdot X_j^*(m)], \tag{6.31}$$

其中 $X^*(m)$ 为 $X(m)$ 的共轭值。

数字滤波　数字滤波是用一种特殊设计的有限或无限序列 $h(n)$，将它和输入的时间序列 $x(n)$ 作卷积后得到输出时间序列 $y(n)$，连续信号 $x(t)=\sum_{n=-\infty}^{\infty}x(n)\frac{\sin 2\pi f_s(t-nT)}{2\pi f_s(t-nT)}$ 经过模拟滤波器输出的连续信号 $y(t)$ 经采样后得到同样的时间序列，分析数字滤波通常采用 z 变换方法，定义 $x(n)$ 的 z 变换和相应的逆变换为：

$$X(z)=\sum_{n=-\infty}^{\infty}x(n)z^{-n}, \tag{6.32}$$

$$x(n)=\frac{1}{2\pi\mathrm{i}}\oint X(z)z^{n-1}\mathrm{d}z. \tag{6.33}$$

取 $z=\mathrm{e}^{2\pi\mathrm{i}f}=\mathrm{e}^{\mathrm{i}\omega}$，则 z 变换就是前面所讲的傅里叶变换：

$$X(\mathrm{e}^{\mathrm{i}\omega})=\sum_{n=-\infty}^{\infty}x(n)\mathrm{e}^{-\mathrm{i}\omega n}, \tag{6.34}$$

$$x(n)=\frac{1}{2\pi}\int_{-\pi}^{\pi}X(\mathrm{e}^{\mathrm{i}\omega})\mathrm{e}^{\mathrm{i}\omega n}\mathrm{d}\omega. \tag{6.35}$$

z 变换具有以下特性：

(1) 线性：$ax_1(n)+bx_2(n)\Rightarrow aX_1(m)+bX_2(m)$；

(2) 位移化幂：$x(n+n_0)\Rightarrow z^{n_0}X(z)$；

(3) 指数加权性：$a^n x(n)\Rightarrow X(a^{-1}z)$；

(4) 线性加权性：$nx(n)=-z\frac{\mathrm{d}x(z)}{\mathrm{d}z}$；

(5) 逆时性：$x(-n) \Rightarrow X(z^{-1})$；

(6) 卷积：$x_1(n) * x_2(n) \Rightarrow X_1(z)X_2(z)$；

(7) 乘积：$x_1(n)x_2(n) \Rightarrow \dfrac{1}{2\pi \mathrm{i}}\oint X_1(\nu)X_2(z/\nu)\nu^{-1}\mathrm{d}\nu$.

数字滤波器的传输函数 $H(z)$ 可以用输入序列和输出序列的 z 变换 $X(z)$ 和 $Y(z)$ 表示为

$$H(z)=Y(z)/X(z). \tag{6.36}$$

设数字滤波器具有如下形式：

$$y(n)=\sum_{k=1}^{N}a_k y(n-k)=\sum_{r=1}^{M}b_r x(n-r), \tag{6.37}$$

作 z 变换后可得相应的传输函数为

$$H(z)=Y(z)/X(z)=\sum_{r=1}^{M}b_r z^{-r}\Big/\Big(1-\sum_{k=1}^{N}a_k z^{-k}\Big). \tag{6.38}$$

因为 $H(z)$ 通常为有理函数，可以由它在 z 平面上的零点和极点表示：

$$H(z)=A\prod_{r=1}^{N}(1-c_r z^{-1})\Big/\prod_{k=1}^{N}(1-d_k z^{-1}). \tag{6.39}$$

假设 $a_k=0$，则滤波器的基本方程为

$$y(n)=\sum_{r=0}^{M}b_r x(n-r). \tag{6.40}$$

$y(n)$ 等于 $x(n)$ 和有限长序列 b_n 的卷积，这种滤波器称作有限脉冲响应滤波器(记作 FIR(finite impulse response)滤波器)，因为 $H(z)$ 是 z^{-1} 的多项式，所以没有非零的极点，只有若干个零极点。另外，它的相频特性是线性的。这对于许多应用来说是很重要的特性。但是要得到很尖的频率特性通常需要较大的脉冲响应过程。FIR 的这些特性，在窗口设计、频率采样设计和最小误差优化设计中得到广泛的应用，在大量文献中介绍了这些卓有成效的程序。

$a_k \neq 0$ 时称作无限脉冲响应滤波器，这时输出序列 $y(n)$ 不能表示成输入序列 $x(n)$ 和有限长的脉冲响应函数 $h(n)$ 的卷积，$h(n)$ 必须是无穷序列(相应无限脉冲响应滤波器记作 IIR(infinite impulse response)滤波器)才能作卷积

$$y(n)=x(n)*h(n). \tag{6.41}$$

利用 $H(z)$ 和 $h(n)$ 之间的关系，及 z 变换与傅里叶变换之间的关系，可以得到

$$H(\mathrm{e}^{\mathrm{i}\omega})=\sum_{n=-\infty}^{\infty}h(n)\mathrm{e}^{-\mathrm{i}\omega n}, \tag{6.42}$$

$$h(n)=\frac{1}{2\pi}\int_{-\pi}^{\pi}H(\mathrm{e}^{\mathrm{i}\omega})\mathrm{e}^{\mathrm{i}\omega n}\mathrm{d}\omega. \tag{6.43}$$

设 $M>N$，$H(z)$ 可以表示成部分分式

$$H(z)=\sum_{k=1}^{N}\frac{A_k}{1-d_kz^{-1}}, \tag{6.44}$$

则脉冲响应序列 $h(n)$可以表示成

$$h(n)=\sum_{k=1}^{N}A_kd_k^n\mu(n), \tag{6.45}$$

即 N 个无限长序列之和,IIR 滤波器通常比 FIR 滤波器更有效,往往只需几次递归运算便可完成,适合于锐截止的滤波器。常见的几种 IIR 滤波器有 Butterworth 滤波器、Chebyshev 滤波器、椭圆滤波器(图 6.5)等,有大量的设计可以借鉴,但 IIR 滤波器的主要缺点是不能保证相频特性的线性(图 6.6)。

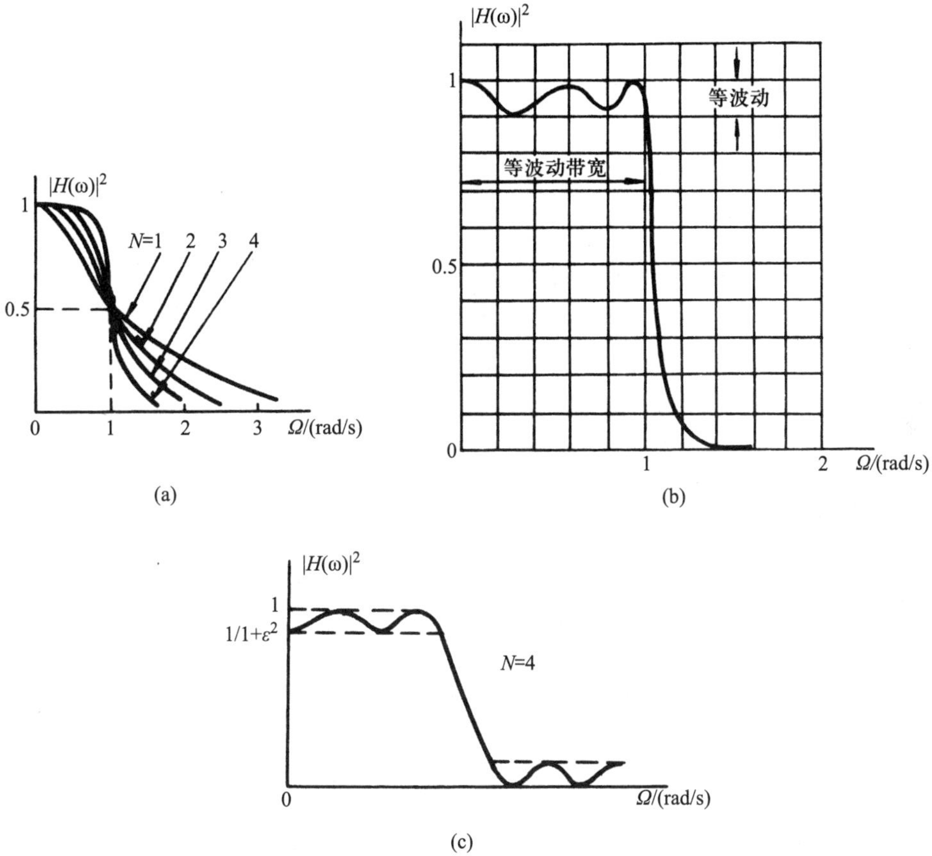

图 6.5　几种低通滤波器的幅频特性

(a)归一化 Butterworth 低通滤波器幅度特性曲线;

(b)Chebyshev 低通滤波器幅频特性;

(c)归一化椭圆滤波器的幅频特性

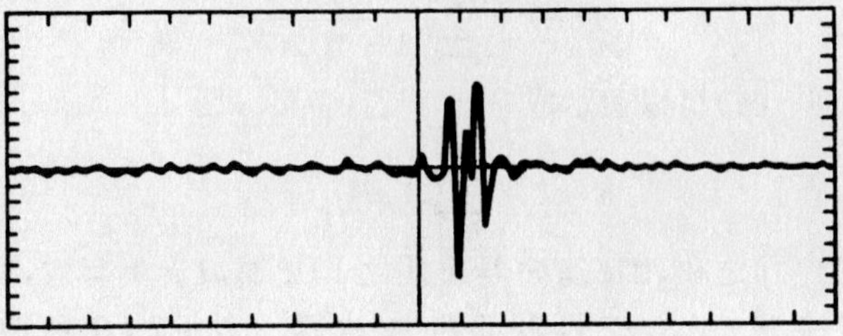

图 6.6 远近场时-空互相关

功率谱和互谱 同一函数 $x(t)$在不同滞后时间 τ 下的相关量称作自相关函数

$$R(\tau)=\lim_{T\to\infty}\frac{1}{T}\int_0^T x(t)x(t+\tau)\mathrm{d}t. \tag{6.46}$$

当 $\tau=0$ 时,$R(0)=\lim\limits_{T\to\infty}\frac{1}{T}\int_0^\infty x^2(t)\mathrm{d}t$ 代表信号的平均功率,对自相关函数 $R(\tau)$作傅里叶变换

$$\begin{aligned}E(\omega)&=\int_{-\infty}^{\infty}R(\tau)\mathrm{e}^{\mathrm{i}\omega\tau}\mathrm{d}\tau\\&=\lim_{T\to\infty}\frac{1}{T}\int_0^T x(t)\mathrm{e}^{\mathrm{i}\omega\tau}\mathrm{d}t\int_{-\infty}^{+\infty}x(\xi)\mathrm{e}^{-\mathrm{i}\omega\xi}\mathrm{d}\xi\\&=\lim_{T\to\infty}\frac{1}{T}X(-\omega)X(\omega)=\lim_{T\to\infty}\frac{1}{T}|X(\omega)|^2,\end{aligned} \tag{6.47}$$

其中因 $x(t)$为实函数,故 $X(-\omega)=X^*(\omega)$,它的反变换是

$$\begin{aligned}R(\tau)&=\frac{1}{2\pi}\int_{-\infty}^{\infty}E(\omega)\mathrm{e}^{\mathrm{i}\omega\tau}\mathrm{d}\omega\\&=\lim_{T\to\infty}\frac{1}{T}\int_{-\infty}^{\infty}|X(f)|^2\mathrm{e}^{2\pi\mathrm{i}f\tau}\mathrm{d}f.\end{aligned} \tag{6.48}$$

当 $\tau=0$ 时,$R(0)=\int_{-\infty}^{\infty}x^2(t)\mathrm{d}t=\lim\limits_{T\to\infty}\frac{1}{T}\int_{-\infty}^{\infty}|X(f)|^2\mathrm{d}f=\int_{-\infty}^{\infty}E(\omega)\mathrm{d}\omega$ 。因为 $E(\omega)\cdot 2\pi$ 代表单位频带中的平均功率,故称功率谱密度,简称自功率谱或自谱。同样,对于互相关函数可以计算相应的互功率谱密度,简称互功率谱或互谱

$$E_{ij}(\omega)=\int_{-\infty}^{\infty}R_{ij}(\tau)\mathrm{e}^{-\mathrm{i}\omega\tau}\mathrm{d}\tau. \tag{6.49}$$

实际计算中可以直接由傅里叶变换求自谱或互谱,对 $x(n)$作 FFT 得到 $X(m)$,即

$$X(m)=\mathrm{FFT}x(n),$$

则自谱为

$$E(m)=\frac{1}{N}|X(m)|^2. \tag{6.50}$$

这种方法利用了有限序列傅里叶变换的周期性，故又称周期图法。在求互谱时先对 $x_1(n)$ 和 $x_2(n)$ 作傅里叶变换，计算 $X_1(m)X_2^*(m)$，即

$$X_1(m)=\mathrm{FFT}x_1(n),\quad X_2(m)=\mathrm{FFT}x_2(n),$$

然后直接计算互谱幅值 $E_{12}(m)$ 和两个信号的相位关系 $\theta_{12}(m)$：

$$E_{12}(m)=\sqrt{\{\mathrm{Re}[X_1(m)X_2^*(m)]\}^2+\{\mathrm{Im}[X_1(m)X_2^*(m)]\}^2}, \tag{6.51}$$

$$\theta_{12}(m)=\arctan\{\mathrm{Im}[X_1(m)X_2^*(m)]/\mathrm{Re}[X_1(m)X_2^*(m)]\}\pm k\pi. \tag{6.52}$$

对互谱作逆 FFT

$$R_{12}(n)=\mathrm{IFFT}\{X_1(m)X_2^*(m)\},$$

可得互相关。

由互相关曲线的峰值坐标和采样频率可以确定 $x_1(n)$ 和 $x_2(n)$ 之间相位滞后关系，与 $\theta_{12}(m)$ 相对应。

6.3　条件平均和三维流场测量

在复杂的湍流流场中研究大涡结构，条件平均是最常用的方法，它的基本思想是将瞬时速度 u 分解为平均速度 $\overline{u}$、大涡脉动速度 u_p 和小涡随机脉动速度 u_r，即

$$u=\overline{u}+u_\mathrm{p}+u_\mathrm{r}, \tag{6.53}$$

通过大量条件平均，将小涡随机脉动速度项消除。实验中应对大涡的周期先设法确定。通常用声激励法、火花法等加强对大涡拟序运动的周期性，然后经过大量的条件平均。流动参量 $f(x_{ki}t)$ 中的随机成分消失，可得

$$\langle f(x_{ki}t)\rangle=\lim_{N\to\infty}\frac{1}{N}\sum_{n=0}^{N-1}f(x_{ki}t+n\tau), \tag{6.54}$$

则 $\langle f(x_{ki}t)\rangle=\overline{f}(x_{ki}t)+f_p(x_{ki}t)$，其中 $\langle f(x_{ki}t)\rangle$ 即称作流动参量的条件平均，它们满足动力学方程：

$$\frac{\partial\langle u_i\rangle}{\partial x_i}=0, \tag{6.55}$$

$$\frac{\mathrm{D}}{\mathrm{D}t}\langle u_i\rangle=-\frac{1}{\rho}\frac{\partial\langle\rho\rangle}{\partial x_i}+\frac{\partial}{\partial x_j}\left(\nu\frac{\partial\langle u_i\rangle}{\partial x_j}-\langle u_{\mathrm{r}i}u_{\mathrm{r}j}\rangle\right), \tag{6.56}$$

其中 $\frac{\mathrm{D}}{\mathrm{D}t}=\frac{\partial}{\partial t}+\langle u_j\rangle\frac{\partial}{\partial x_j}$ · $\langle u_{\mathrm{r}i}u_{\mathrm{r}j}\rangle$ 为条件平均雷诺应力，代表小涡运动对大涡的影响；ν 为运动黏性。

通过速度的分解,可准确测量纵向速度的三个组成部分的分布,并根据连续方程和动量方程得到横向速度 $\overline{v}$ 和 v_{p} 的分布,以及条件平均的涡量,并在略去小量后可以得到以下条件平均涡量方程:

$$\frac{\mathrm{D}}{\mathrm{D}t}\zeta_{\mathrm{p}}=-\frac{\partial^{2}}{\partial x^{2}}\langle u_{\mathrm{r}}v_{\mathrm{r}}\rangle-\frac{\partial^{2}}{\partial r^{2}}\langle u_{\mathrm{r}}v_{\mathrm{r}}\rangle. \tag{6.57}$$

由此可知,在 $\langle u_{\mathrm{r}}v_{\mathrm{r}}\rangle$ 的鞍点处是涡量产生的最大的区域(图 6.7)。

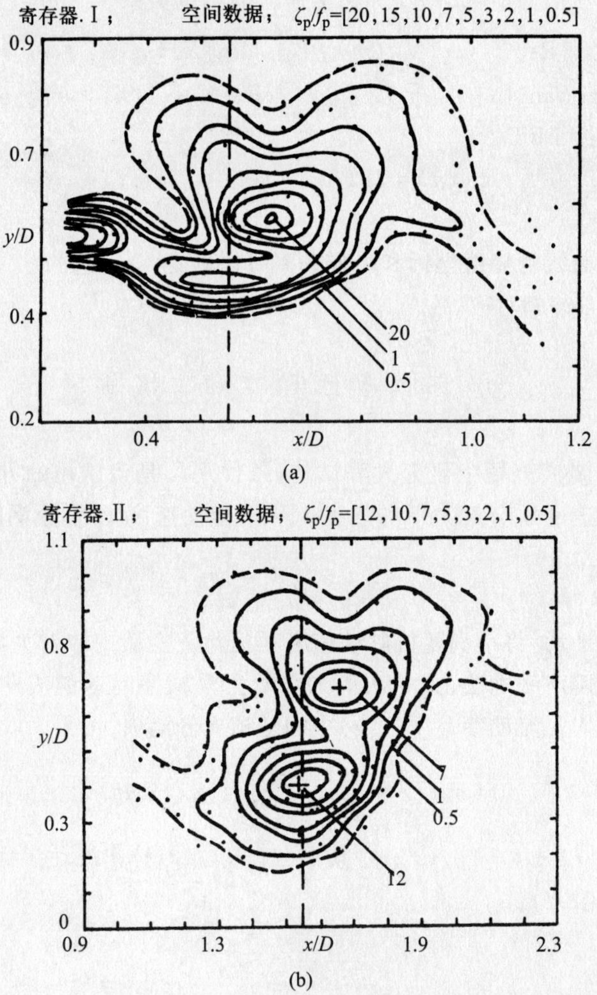

图 6.7 用条件平均法测得的射流混合层中涡对卷并前后的涡量分布图

因此,采用条件平均方法时,可以用激励信号的相位来作为三维流场测量中的条件平均值的空间分布。

采用计算机采集数据并用条件平均法作三维流场测量有很大的优越性,可

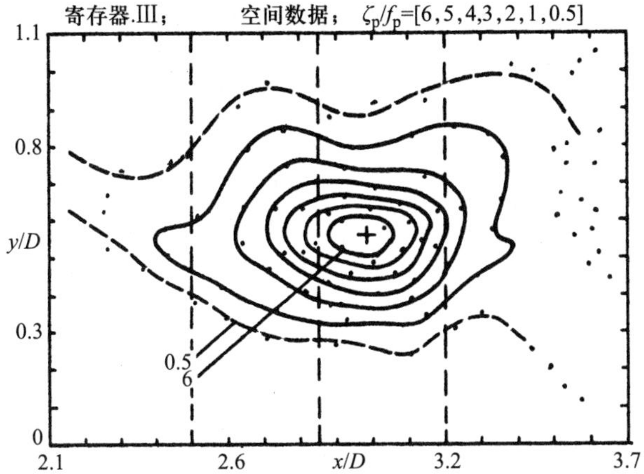

(c)

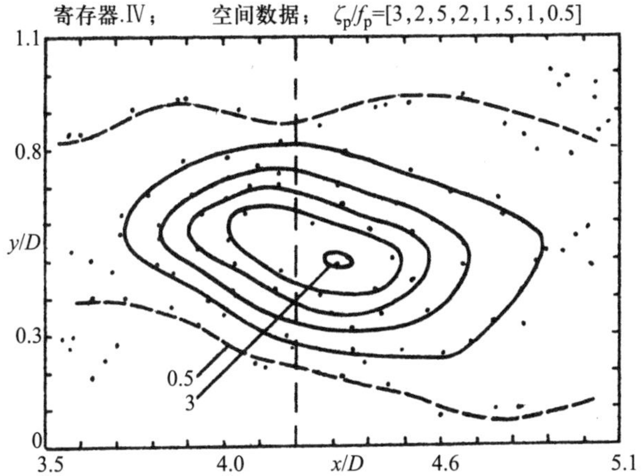

(d)

图 6.7 用条件平均法测得的射流混合层中涡对卷并前后的涡量分布图(续)

以大量节省研究人员的劳动。在存储空间许可的条件下,可以控制调节系统逐点采集数据并记录,使实验过程自动化;在数据采集结束后,由计算机自动将存储空间中数据逐点做处理并绘成曲线。

参考文献

1. Bendat J S, et al. Measurement and Analysis of Random Data. John Willey and Sons, 1966.

2. Koopmans L H. The Spectral Analysis of Time Series. Academic Press, 1974.

3. Chen W R, Stegen G R. Experiments with maximum entropy power spectra of sinusoids. J. Geophys. Res., 1974, 79: 20.

4. Digital Signal Processing Committee. Programs for Digital Signal Processing. IEEE Press, 1979.

5. Rabiner L R, Shafer R W. Digital Processing of Speech Signals. Bell Laboratories Inc., 1978.

6. Ulrych T J, Bishop J N. Maximum entropy spectral analysis and autoregressive decomposition. Rev. Geoph. Space Physics, 1985, 13: 183-200.

7. 颜大椿,郑莲,等. BD-2 型恒温热线流速仪的数据处理. 计算中心通讯, 1987, 2: 47-51.

8. Blackwelder R. On the role of phase information in conditional sampling. Physics Fluids, 1977, 20: S232-242.

9. 吴湘琪,聂涛. 数字信号处理技术及应用. 北京: 中国铁道出版社, 1986.

10. 颜大椿,干辉,罗炽涛,等. 虎门悬索桥址的台风谱测量. 工程力学增刊, 1999.

第七章　数字图像处理技术的应用

数字图像处理技术是近十余年来迅速发展起来的分析处理技术，又称计算机图像处理。它广泛用于遥感、航空测量、医用诊断、工程设计和实验测量等领域。随着计算机的迅速发展，数字图像处理技术的巨大潜力使它逐渐取代了早期的光学-照相处理以及录像处理等模拟技术。

数字图像处理技术包括图像输入输出技术，图像分析、变换和处理技术，以及模态识别和图像特征提取等方面。配合近代的计算机作图技术，使图像处理技术产生重大的改革；而用数字图像处理技术装备计算机使计算机无异增添了视觉功能，在计算机检测、控制、管理和机器人科学等方面均具有重要意义。

图像处理系统的构成与图像的类别有关，典型的图像有：**二值图像**，灰度只分两个等级，例如文字、地图、工程图形、指纹等；**变灰度图像**，如照片等；**彩色图像**，由蓝、绿、黄三基色构成；**多色图像**，光谱成分多于三色，用于遥感等；**立体图像**；**动态图像**等。

7.1　计算机图像处理系统

计算机图像处理系统由输入设备、输出设备及计算机运算存储硬件和图像处理软件等部分构成（图 7.1）：

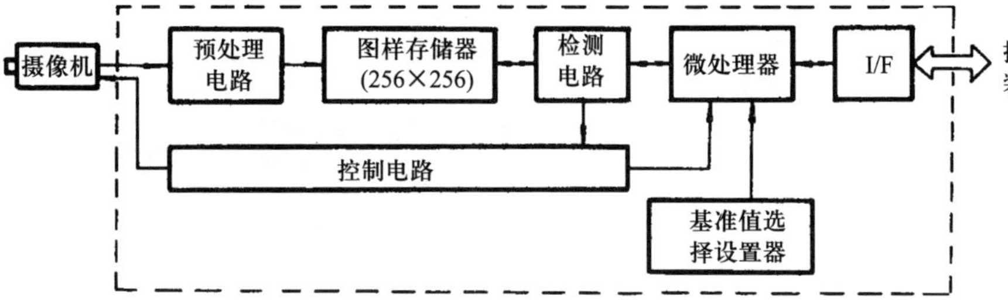

图 7.1　实用的图案检测装置的构成

输入设备　输入设备将模拟图像（照片、胶片、工程图纸和公文等）或现场景物分解成 $M\times N$ 的二维像素阵列，把每一个像素的灰度和色彩经数字化后送入计算机存储器。最常用的输入设备是电视摄像机，由同步分离电路分辨摄像机输出的模拟扫描信号,由定时脉冲逐点经高速 A/D 转换器做数字化后分行送入计算机。采用这种装置可以得到每行 256～2048 点的分辨率,扫描速度为 30 行/秒,灰度等级为 2^6～2^8,但图像质量不高,摄像机包括摄影镜头、摄像管、偏转电路和同步信号发生电路。近来,诸如超正析像管、视像管、氧化铅管、硒砷碲管等电子管式摄像管逐渐为体积小、重量轻、寿命长、节电可靠的固体摄像器件取代,常见的如 MOS 摄像器件(由光电二极管阵列和 MOS 元件构成)、电荷耦合器件(CCD)摄像器件。典型的 CCD 摄像扫描装置如图 7.2 所示。彩色摄像机采用棱镜分光系统将图像按三基色分开后,分别由三个固体摄像器件经矩阵电路信号处理和编码器输出。另一种结构是用分色镜单独取出绿光,红、蓝两色经条形滤色片后分别由同一固体摄像器件接收,进入矩阵电路后由彩色编码器输出。目前大量使用的是用同一固体摄像器件将通过摄像镜头进来的光线通过各种组合滤色片来达到分光的目的,滤色片不只是用条形滤色片,还可以用方格图案滤色片。方格图案滤色片除了红、绿、蓝三基色外还可以增添白、青、黄三种补色,并调节各种补色的成分来改变图像的品质。这种所谓单板式彩色摄像机的体积重量耗电量均成倍下降,而像素逐渐增加到和老式录像机相当或更高的水平,同时色彩的调配更加方便,寿命也大大增加。

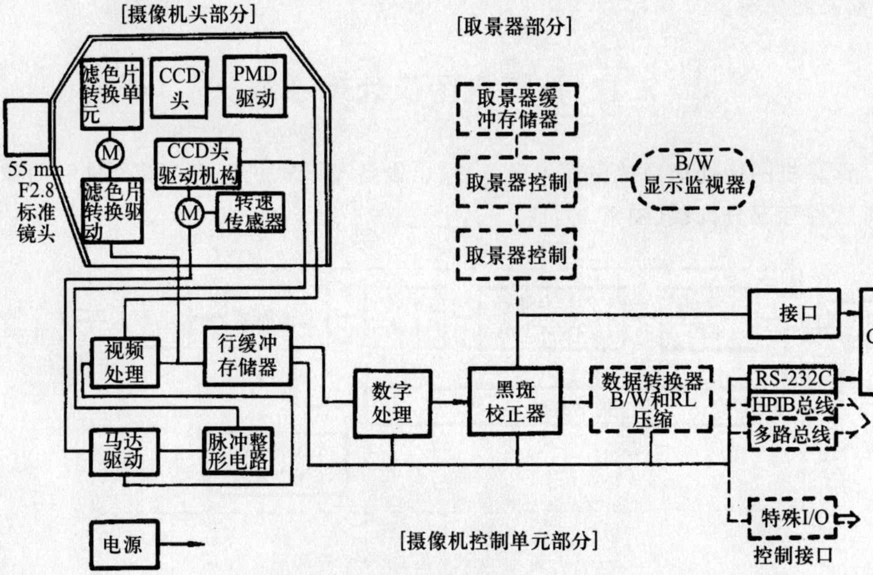

图 7.2　一个 CCD 扫描器的例子

另一种是飞点扫描器,它用数-模转换器控制 CRT 显示器进行扫描,将显示器上的亮点经透镜聚焦到底片上,然后将透射光由光电倍增管检测,由此得到的信号经 A/D 转换器进入计算机(图 7.3)。这种方法称作电子管扫描,它的优点是扫描速度较快,分辨率较高,但信噪比低,几何精度低。延长积分时间可提高信噪比,但速度大大降低。由于 CRT 偏转误差较大,使飞点扫描器的几何精度很难提高,因此在要求高精度时大多使用机械扫描装置。

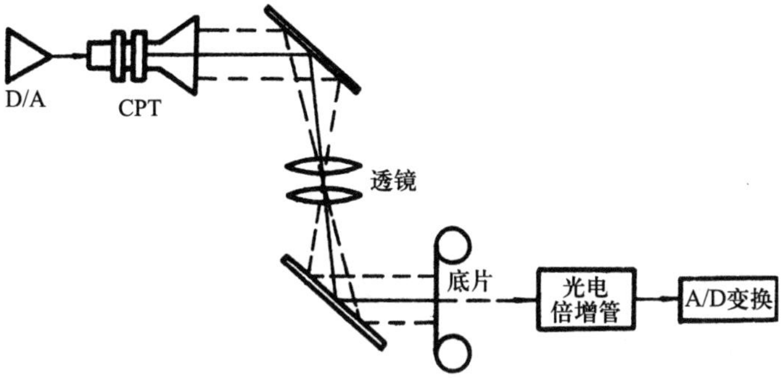

图 7.3 飞点扫描器的原理

常用的机械扫描器有平台式和滚筒式(图 7.4)两种。平台式扫描器用氙灯、卤素灯或其他强光源聚焦到图形的某点,透射后经物镜聚焦并在小孔成像,再经滤色镜分光,由光电倍增管输出电信号。图形放置在平台上,由机械装置沿两个坐标轴方向平移来实现光点对图形的扫描。滚筒扫描在彩色印刷中称

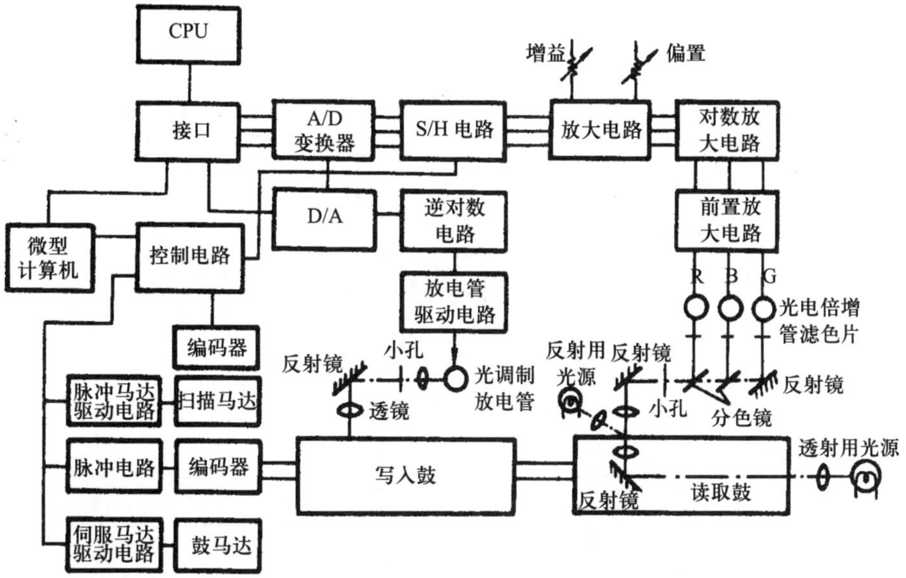

图 7.4 机械式扫描器

作彩色分离装置。将原图放在扫描鼓上,将光源聚焦在图上某点,并用光敏元件逐点读取原图上的彩色信息。旋转扫描鼓实现行扫描,然后逐行沿滚筒轴方向移动光源和光敏元件,滚筒轴的一端由光电旋转编码器输出滚筒旋转角度的信息,它由码盘和光电输入-输出装置构成。

除了以上图像装置外,数字化仪也可以用来输入图像。例如,在曝光时间间隔 Δt 内二维流场中大量示踪粒子的运动迹线在底片上显示出一条亮的线段,由线段的走向和长度可以确定流场中该点的速度方向和大小,因此用光笔记录每个线段的起点和终点,可以立刻给出流场中某个随机点的流速,将所有的线段的起点和终点用光笔输入计算机便可以通过二维拟合方法确定该平面内的二维流速场。这种数字化仪是一个由发光二极管阵列构成的平面,而光笔是一个光敏二极管或三极管。除光电耦合外,还可以用电磁耦合、静电耦合、超声定位、表面电阻定位等方法。采用全息编码板可以用激光照射全息图,并对全息图进行译码。

输出设备 经过处理的图像可以由显示器表示,又称软拷贝;也可以用硬拷贝机直接输出。显示器通常指各种阴极射线管(CRT)显示管,各种平板型显示器件如液晶显示器、荧光显示器、等离子体显示器等均有迅速的发展,它们具有功耗小、体积小等特点,现已逐步进入应用阶段。

CRT 显示管有存储型、随机扫描型和光栅扫描型等三种。存储型显示器(图 7.5)的屏幕由黑色矩阵点和透明荧光体点交替形成,记录时用记录电子枪发射电子束,使背面的电压达到 180V,而荧光体表面仍为 0V,这时荧光体在激发态,以后用读出电子枪发射电子束来保持部分荧光体的激发状态,清除时只需将背面电极的电压清除到 0V,便可将存储信息擦掉。应用较多的是随机扫

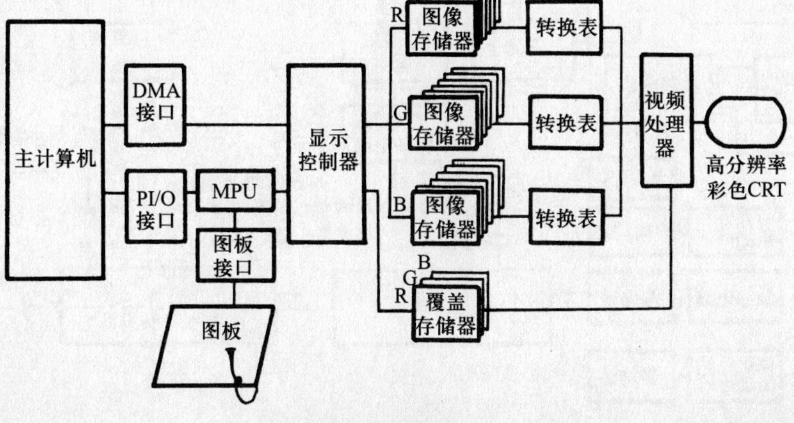

图 7.5 存储型显示器

描型显示器。它有 X,Y 两块偏转板,通过改变电场强度使电子束偏转,其中彩色显示器有三支电子枪,以一定角度同时通过屏幕前面的多孔罩板,罩板上的孔以一定阵列形式排列,决定了显示器荧光屏的分辨率,经过罩板小孔的三个电子束分别投射到荧光屏上产生红、绿、蓝三基色的荧光体点上,红色荧光体为稀土元素钇和少量铕的化合物,蓝和绿二色荧光体则分别由硫化镁和硫化镉加少量银粉(或铜粉)配成,调节镁、镉比例可以使颜色从绿变成蓝,调节红、绿、蓝三色的强度可使合成后接近白色(图 7.6)。近代采用铁淦氧磁极实现快速水平偏转采用高压氧化物透明电极实现垂直偏转,制成薄型彩色显示器(图 7.7)。光栅扫描型显示器采用锯齿波做水平和垂直扫描,并用消隐电路控制回扫电平在阈值电平以下,以避免在回扫时出现亮线(图 7.8)。计算机图像数据进入显示器之前必须先经过 DMA 高速进入红、绿、蓝三色光信号各自的帧存储器,然后由显示控制器读出后经 D/A 变换器送入视频处理器形成视频信号,最后送入显示器。存储型显示器有存储功能,不需要帧存储器。

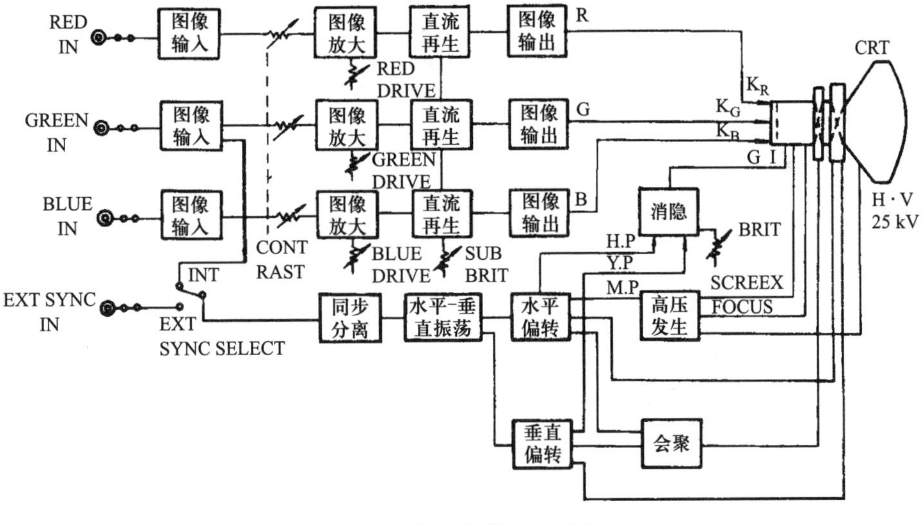

图 7.6　随机扫描型显示器

除 CRT 显示器之外,还有液晶显示器(便携式电视和大型彩色显示装置等均有应用)、等离子体显示器、场致发光显示器、发光二极管显示器(用于大幅面多色显示器)、电调色显示器(利用可逆电化学反应使 WO_3、In_2O_3、银镥等化合物在加电、断电时产生氧化或还原作用,使颜色由黄→蓝,无色→黑或白→黑,绿→红之间变化)、大屏幕投射式显示器等。

硬拷贝指图像的永久性记录,除了用通常打印机做图形硬拷贝以外,一种点阵彩色打印机可以用作彩色打印,它有七八根打印针,通过色带打印显示七

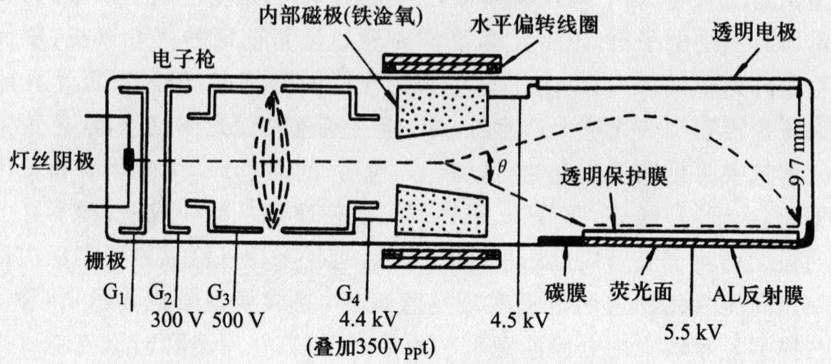

图 7.7　薄型彩色显示器

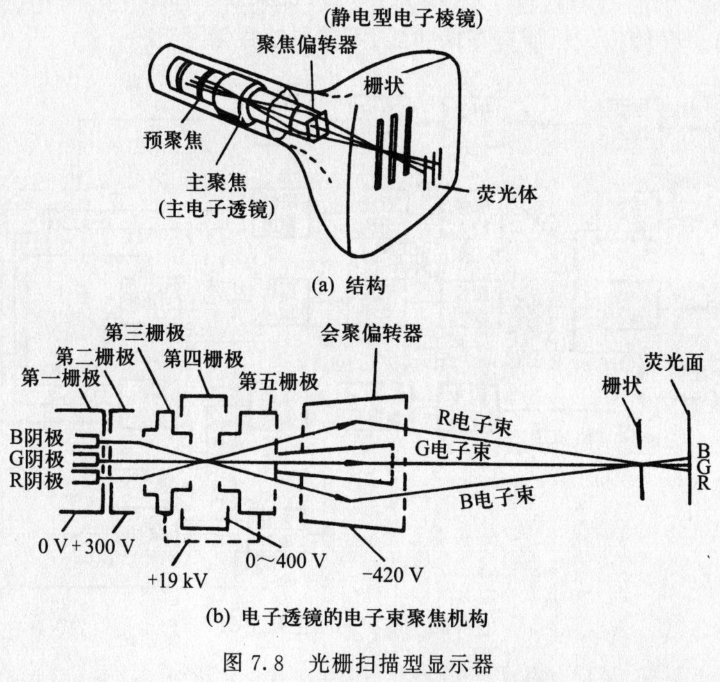

图 7.8　光栅扫描型显示器

种颜色。

光印刷机用 CRT 显示器产生扫描光点,在感光材料(彩色胶片或即时彩色胶片)上产生图像,但这种方法的缺点是 CRT 表面不是平面,边缘部分模糊不清;CRT 荧光体的光谱特性与彩色胶片的光谱特性不同,因而色调不同。另一种做法是用三个单色的红、绿、蓝 CRT 管合成后对底片一次曝光,或对白光 CRT 分别用红、绿、蓝三色滤光镜重叠曝光。采用激光或 CRT 为光源在滚筒扫描鼓上形成图像可以得到较精确的结果(图 7.9)。

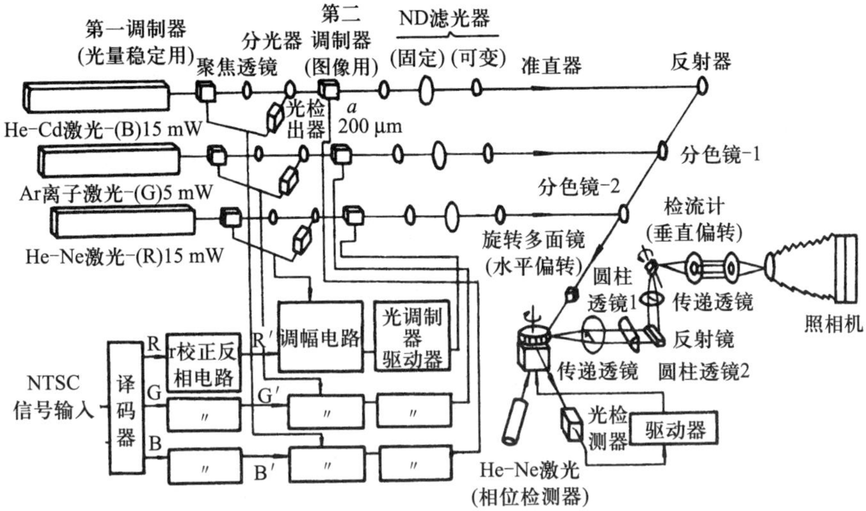

图 7.9　激光录像装置

热敏印刷机是利用两种材料遇热后的发色反应设计的,这两种材料的微晶相互隔离,形成热敏层涂在纸上,遇热后产生化学反应,显示颜色。用这种方式可以复制彩色图像,现有彩色复印机多数通过三次串行扫描套色后产生彩色图像(图 7.10)。其他设备,如彩色喷墨印刷机、静电印刷机、磁记录印刷机等,应用范围就少得多了。

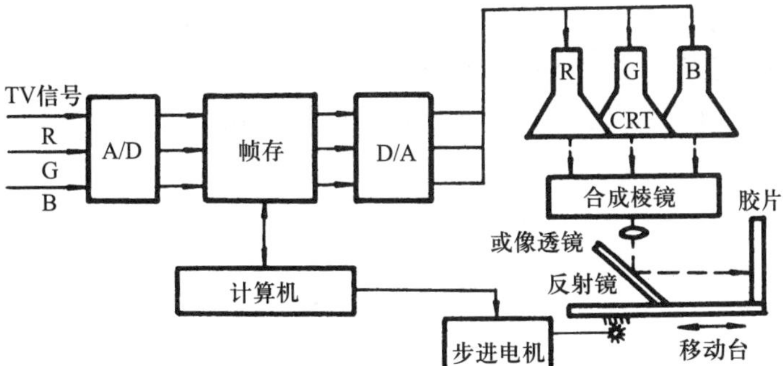

图 7.10　彩色硬拷贝印刷机的构造

图像的分析和处理装置　这是图像处理系统的核心部分,它的主体是通用计算机,但图像信号进入计算机之前要经过专用的图像输入部分。首先根据帧扫描信号或行扫描信号对图像输入信号做 A/D 变换,并在主机总线经 A/D 给出的控制信号下送入图像存储器。图像处理器有两帧的容量,一帧处于接收输入图像信息的状态,另一帧可将上一帧图像信息送入主计算机进行分析处理。在数据量庞大的情况下应配置大型计算机,而一般情况下只需几十兆虚拟内存和几兆主存储器的微计算机即可,对于需要高速处理的情况应配置阵列处理器、并行处理器或流水线式处理器。

做图像处理用的计算机需要配置大容量的外存储器,大容量的硬盘是必要的、辅助手段。

7.2　二维图像的处理

二维图像的处理是指把照片中模糊的图像信息准确地提取出来的各种方法。

二值化处理　对于工程图形、文字、干涉条纹等,首先是对图像做二值化处理(黑或白)。从灰度分析中选取阈值,将大于阈值的灰度取作 1,小于阈值时取作 0,然后将图形重新表示出来。选择阈值的方法有三种。一种是作灰度分布的直方图,直方图的横坐标是图像中出现的灰度(从最小值到最大值),纵坐标是图像中对应某一灰度所出现的像素个数。设定图像中白色成分与总面积之比为 p,由此条件可以确定相应的阈值 t,故称 p-参数法。另一种方法是根据灰度直方图中对应于图形和背景的两个峰之间的低谷处的灰度取作阈值。对图形和背景的灰度差很大的图像而言,用这种方法常常有效,通常称作状态法(图 7.11)。还有一种是利用图形与背景的灰度有激烈变化的特点,作微分直方图(微分值可以定义为像素与邻域的灰度差的最大值或各邻域灰度差的总和),找出其中最大值所对应的灰度定义作阈值。用这种二值化处理方法分析干涉图形,可以得到十分清晰的条纹,对于密度场及其梯度的分析有明显的效果。

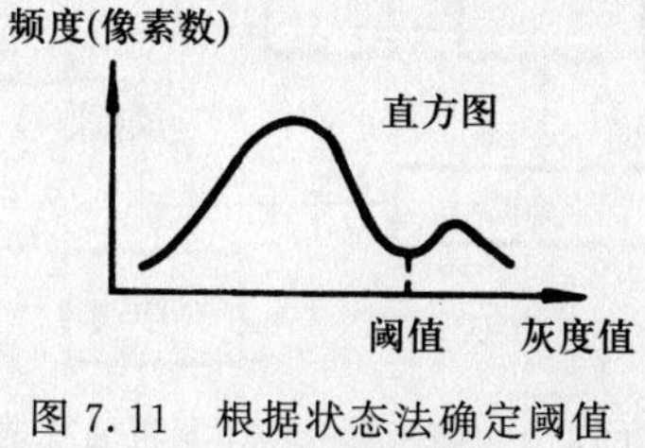

图 7.11　根据状态法确定阈值

其次是图像的变形。在保留图像的主要特征的条件下,对图像中的缺损加以修复,对噪声做有效的抑制和过滤。将某像素的上下左右的相邻像素称作它的邻域(严格说来叫作 4-邻域);若再包括斜角的另 4 个像素则称 8-邻域。若像素的某邻域是灰度相等的像素，则称两像素是相连通的，将经过二值化处理的图像分成几个相互不连通的独立的部分，设 A 是某个由灰度为 1 的像素构成的连通区域。在这一区域内若存在灰度为 0 的像素，构成与 A 的外部区域不连通的而自身相互连通的闭区域，则称作孔。图像处理中要求消除这些由噪声引起的孔而保留每一个合理的闭区域，在很多情况下噪声引起的孔可以用收缩和膨胀的方法来消除。收缩指去掉每一个闭区域的全部边界点，膨胀指边界向外扩张一个邻域后形成的新图像(图 7.12)。

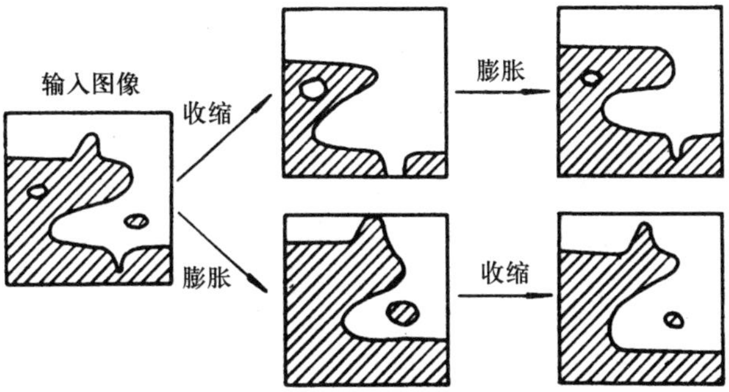

图 7.12　图像的变形

在流动显示中粒子在时间间隔 ΔT 内的运动在底片上留下一定长度的线段 L。在图像处理过程中，若采用细线化方法则要求确定图形的起点和终点位置。一种简单的方法是在封闭区域两端用内接圆模型求得圆心位置从而确定线段骨架的起点和终点(图 7.13(b))。另一种办法是缩退，即将某连通区域的边界逐层向内缩小，确定图形的各个中心来作为线段的起点和终点(图 7.13(c))。

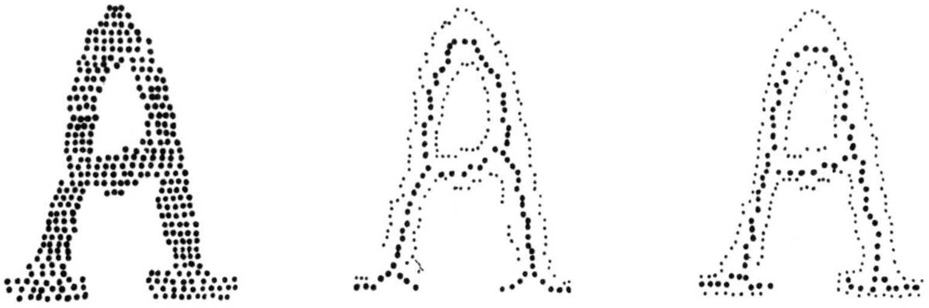

(a) 输入图像　(b) Hilditch的方法　(c) Deutsch的方法

图 7.13　图像的细线化方法

在提取字符信息中通常用细线化处理，要求保存图形的基本结构，分隔各个字符，将线状区域缩减成标准宽度，保持图形的连通性，去掉边缘的不必要的毛刺等。

图像变换和对比度的增强 对于一般的有连续灰度变化的图像,需要采用各种相应的图像变换方法。最简单的方法是作灰度变换。设图像中各像素的灰度在$[a,b]$范围之内变化,通过灰度变换可以将底片中的灰度范围扩展到从0～256的整个灰度范围,最简单的方法是用线性灰度变换方法

$$Z' = \frac{Z_k - Z_1}{b - a}(Z - a) + Z_1. \tag{7.1}$$

在灰度分布很广的情况下,现有灰度等级不能区别图像中的有用成分和其他成分,这时常用的办法是对原有的灰度取对数,然后再作以上变换,故得

$$Z' = \frac{Z_k - Z_1}{\ln b - \ln a}(\ln Z - \ln a) + Z_1. \tag{7.2}$$

更加有效的方法是将直方图的分布平坦化,重新安排灰度等级,使每个灰度等级的像素个数相等,通过这种灰度等级的调整来使图像的对比度得到增强(图 7.14)。

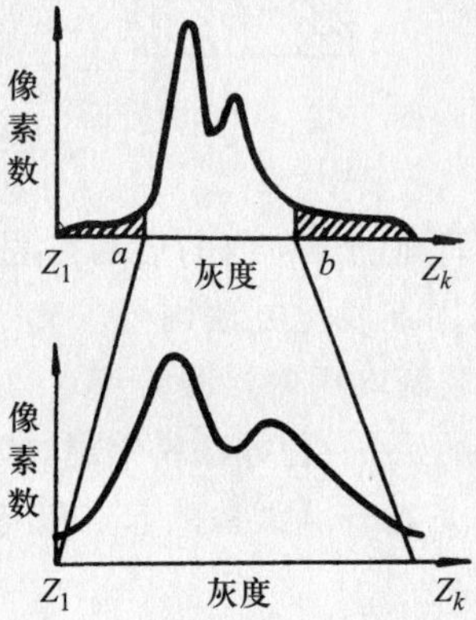

图 7.14 部分灰度的线性变换

利用彩色来表示灰度等级可以增强人们对灰度的分辨能力,这种用彩色表示的图像称作伪彩色显示,常常可以得到较好的效果。

图像锐化和数字滤波 通常图像质量低劣的原因是图像边缘模糊,解决的办法是增强图像的高频成分。最简单的做法是对图像作拉普拉斯变换。设原有图像中各像素的灰度分布为 $f(p,q)$,则变化后的灰度分布为

$$g(p,q) = f(p,q) - \nabla^2 f(p,q) = 5f(p,q) - [f(p+1,q) + f(p-1,q) + f(p,q+1) + f(p,q-1)]. \tag{7.3}$$

更为一般的做法是对图像作二维傅里叶变换,得到 $F(\mu,\nu)$;做高通滤波后,再作逆傅里叶变换,即

$$F(\mu,\nu)=\iint_{-\infty}^{\infty} f(x,y)\mathrm{e}^{-2\pi\mathrm{j}(\mu r+\nu y)}\mathrm{d}x\mathrm{d}y, \tag{7.4}$$

$$f(x,y)=\iint_{-\infty}^{\infty} F(\mu,\nu)\mathrm{e}^{2\pi\mathrm{i}(\mu r+\nu y)}\mathrm{d}\mu\mathrm{d}\nu, \tag{7.5}$$

其中 xy 平面称空间域；$\mu\nu$ 平面称空间频率域，表示空间灰度的周期变化。

$$\mathrm{DFT}f(p,q)=F(k,l)=\sum_{p=0}^{M-1}\sum_{q=0}^{N-1}f(p,q)w_1^{pk}w_2^{q\tau}, \tag{7.6}$$

$$\mathrm{IDFT}F(k,l)=f(p,q)=\frac{1}{MN}\sum_{k=0}^{M-1}\sum_{t=0}^{N-1}F(k,l)w_1^{-pk}w_2^{-q\tau}. \tag{7.7}$$

设 x 和 y 轴方向的像素间隔分别为 x_0 和 y_0，即得到数字化后的灰度分布函数 $f(p,q)$，则每像素的位置可表示为 $\boldsymbol{r}_{pq}=p\boldsymbol{r}_1+q\boldsymbol{r}_2$。如果每个像素周围的灰度分布可以用函数 $\varphi(\boldsymbol{r}-\boldsymbol{r}_{pq})$ 表示，则整个图像的灰度分布可以表示为

$$f(\boldsymbol{r})=\sum_p\sum_q f(\boldsymbol{r}_{pq})\varphi(\boldsymbol{r}-\boldsymbol{r}_{pq}),$$

插值函数 $\varphi(\boldsymbol{r})$ 可取作高斯分布的二维函数，而空间频率的间隔为

$$\mu_0=\frac{2\pi}{MX_0},\quad \nu_0=\frac{2\pi}{MY_0},$$

相应的傅里叶变换为 $F(k,l)$。直接在谱空间消除某些频率成分，可以有效地抑制雪花状噪声，使图像清晰。

对图像作数字滤波的办法是将傅里叶变换 $F(k,l)$ 乘上滤波函数 $H(k,l)$，

$$G(k,l)=F(k,l)\cdot H(k,l), \tag{7.8}$$

作傅里叶逆变换 IDFT，可得

$$\begin{aligned} g(p,q)&=\mathrm{IDFTG}(k,l)=\mathrm{IDFTF}(k,l)\cdot H(k,l)\\ &=\sum_{m=0}^{M-1}\sum_{n=0}^{N-1}f(m,n)h(p-m,q-n), \end{aligned} \tag{7.9}$$

称作 $f(m,n)$ 和 $H(m,n)$ 的周期性卷积，取 $H(k,l)=2\pi\mathrm{i}\mu$（或 $2\pi\mathrm{i}\nu$）为对 x（或 y）轴方向的微分；$(2\pi\mathrm{i})^2\mu\nu$ 为对 x,y 轴方向的微分；$(2\pi\mathrm{i})^2(\mu^2+\nu^2)$ 为拉普拉斯算子。经过傅里叶变换后得到在空间频率域中的 $F(\mu,\nu)$ 图形的坐标原点对应于图像的直流成分，而多数图像的傅里叶变换 $F(\mu,\nu)$ 的空间频率分量集中在原点附近。空间频率分量随着与原点距离的增加，而迅速减小，因而可以选取适当的 R，简单地利用如下形式的滤波函数，实现低通滤波或高通滤波，即

$$H(k,l)=\begin{cases}0, & \sqrt{\mu^2+\nu^2}>R,\\ 1, & \sqrt{\mu^2+\nu^2}\leqslant R,\end{cases}\quad \text{（低通滤波）}, \tag{7.10}$$

$$H(k,l)=\begin{cases}1, & \sqrt{\mu^2+\nu^2}>R,\\ 0, & \sqrt{\mu^2+\nu^2}\leqslant R,\end{cases}\quad \text{（高通滤波）}. \tag{7.11}$$

采用空间域的平滑方法也可以对图像质量加以改进,例如,取中央点与4邻域点或包括它们的邻域在内的灰度加权平均

$$g(p,q)=\frac{1}{5}[f(p,q)+f(pH,q)+f(p,q+1)$$
$$+f(p,q+1)+f(p-1,q)]$$

或

$$g(p,q)=\frac{1}{13}[f(p,q)+f(p+1,q)+f(p-1,q)+f(p,q+1)$$
$$+f(p,q-1)+f(p+1,q+1)+f(p-1,q-1)$$
$$+f(p+1,q-1)+f(p-1,q+1)+f(p+1,q)$$
$$+f(p-2,q)+f(p,q+2)+f(p,q-2)]. \tag{7.12}$$

采用移动平均方法作中值滤波也是一种有效的方法,例如取8邻域和中央点这9个点,然后像素按灰度大小排列的第五个作为滤波后的中心点的灰度。

7.3　图像处理技术的应用

图像处理技术配合流体力学中的光测方法在实验中得到大量的应用。各种光学测量方法得到的图形都可以用图像处理技术加以改进,使测量精度得到改进。例如,在用 Fraunhöfer 衍射法测量粒子直径实验中对条纹光强度分布的测定,在用阴影和纹影方法显示激波实验中对激波特性的确定等,其中较典型的方法有流动显示图片中二维速度场和涡量场的分析、二维和三维密度场干涉条纹分析、二维和三维散斑分析等。

在流动显示技术中,将示踪粒子在某时间间隔内的运动轨迹用照相记录下来。由于粒子的时间间隔已知,只要测出轨迹的长度和方向,就可以得到片光源光照平面内粒子的速度和方向。由图片上大量示踪粒子给出的速度向量,可以得出整个流场和方向场,并给出该平面内的流线,连续拍摄大量照片,观察粒子速度的涨落,可以计算出平面各点的湍流强度。这是现今十分流行的粒子图像测速仪(particle image velocimeter,PIV)的主要原理。

在用计算机处理时,首先对每帧图片作行扫描记录灰度分布;然后作预处理,调节灰度,去除一些无用的颗粒及其他噪声干扰,用局部对比度拉伸以便除去背景不匀的影响。一种常用的方法是用灰度的局部区域平均法求出局部背景灰度,从原有灰度分布扣除;同时,用灰度的方差作为阈值,将灰度与平均灰度之差大于方差的点按灰度差加以放大,而小于方差的各点灰度加以抑制;然后用最小二乘法对直线方程 $y=ax+b$ 拟合,采用细线化技术将迹线确定下来;最后找出迹线的起点和终止位置,除去少数明显不合理的线条。为了确定

迹线的起点和终止，可以在照相时用闪光灯作辅助曝光。闪光时间很短，等于在迹线上增加一个光点，由此表明它的起点(图 7.15)。

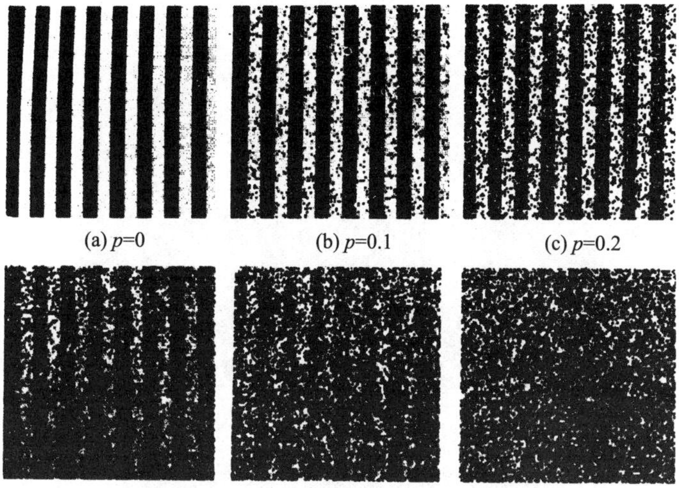
(a) p=0　(b) p=0.1　(c) p=0.2　(d) p=0.3　(e) p=0.4　(f) p=0.5

图 7.15　背景颗粒因子 p 为 0,0.1,…,0.5 时的条纹图形

由以上二维流场中随机点提供的速度向量，用插值法可确定整个流场特性，并计算流函数和涡量分布。这种方法对于旋涡运动的研究已取得较好的结果，但目前主要限于水中层流流动的情况。在湍流中需要对大量图片作统计平均或配合条件平均以提取大涡信息并抑制随机噪声。在研究昆虫运动的生物流体力学中，用肥皂泡法也可以得到较好的结果，即在导线上涂以肥皂水，以通电后产生的大量直径很小的肥皂泡作为示踪剂。

这些二维流场测量方法的优点是可以同时得到整个平面流场速度分布的信息。但目前该方法仍在发展和完善之中，因为片光源并非理想的几何平面，光源的厚度对实验结果会有一定影响，在有较强三维流动和粒子穿越光平面时不能正确反映速度信息，而对于三维图像处理技术尚有待于发展。目前虽有多种专用图像处理硬件可直接与微机配置，但是应用还不普遍，有待于进一步开发。

在用干涉法测量密度场时，全部信息记录在一张二维图片上，显示干涉条纹的位置，现统称之为灰度函数 $D(x,y)$，在物与像为 1∶1 的情况下

$$D(x,y)=C^{*}\int_{\rho_1}^{\rho_2}R(x,y,z)\mathrm{d}z, \tag{7.13}$$

其中 $R(x,y,z)$ 为密度函数。对于参考光干涉仪，密度函数 $R=\rho(x,r)-\rho_{\infty}$，其中 ρ_{∞} 为实验物外围远离光轴处的密度，$C^{*}=K/\lambda$；对于纹影干涉仪，$R=\partial\rho/\partial r^{2}$，$C^{*}=Kd/\lambda$，$K$ 为干涉仪的放大倍数，d 为纹影干涉仪寻常光束与偏振光

束的间隔。首先要对图像做预处理,对于二维密度场来说可以用二值化处理和图像变形的技巧,消除由图像噪声引起的孔和各种颗粒,然后做等密度线配合

(a) 图柱尾迹中的示踪粒子轨迹

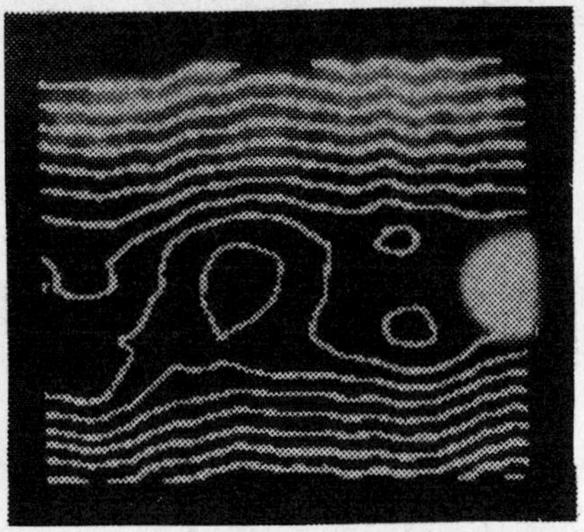

(b) 图像处理后得到的流线

图 7.16

拟合方法做密度场的分析(图 7.16)。对于任意三维流场要求从多个视角拍摄干涉图片。对有一定对称性的流场则视角数可以减少;对于轴对称流动,可减少到只需一张。设来流沿 x 轴方向,$r^2=y^2+z^2$,这时 $\mathrm{d}z=\dfrac{r\,\mathrm{d}r}{\sqrt{r^2-y^2}}$,故有

$$D(x,y)=C^*\int_y^\infty R(x,r)\,\frac{2r\,\mathrm{d}r}{\sqrt{r^2-y^2}}. \tag{7.14}$$

在平行光照射下,得到的灰度函数 $D(x,y)$ 取决于光线所通过的环形区域的密度分布函数 $R(r,x)$。将半径为 r_∞ 的圆分隔成间隔为 h 的 N 个环形区,环内密度分布为 $R_k(x)$。将图片也分成 N 个区域,则每个区域的灰度函数为

$D(x_l, y_\mu)$，令 $R_{kl}=R\left(x_l, r_{k-1}+\frac{h}{2}\right)$，则

$$D(x_l, y_{\mu-1}) = C^* \sum_{k=\mu}^{N} R\left(x_l, r_{k-1}+\frac{h}{2}\right)\int_{-y_k}^{y_k} \frac{\mathrm{d}(r^2)}{(r^2, y_{\mu-1}^2)^{1/2}}$$

$$= C^{**} \sum_{k=\mu}^{N} \alpha(\mu, k) R_{kl}, \tag{7.15}$$

式中 C^{**} 为常数。将这个方程组求解，其中

$$\alpha(\mu, k) = 2h\{[k^2-(\mu-1)^2]^{1/2} - [(k-1)^2-(\mu-1)^2]^{1/2}\},$$

可得递归关系式

$$R_{\mu l} = \frac{1}{2h\sqrt{2\mu-1}}\left[\frac{D\mu}{C^*} - \sum_{k=\mu-1}^{N} \alpha(\mu, k) R_k\right]. \tag{7.16}$$

由 R_{Nl} 向内逐项算出密度场 $R_{\mu l}$。

这种方法在 N 增加时，精度随之增加，在有激波的情况下，上述计算有一定困难，要把数据函数中的奇异部分分离出来单独处理。

对于一般的三维密度场 $d(x, y, z)$，要求在垂直 x 轴方向旋转的若干视角上记录条纹分布，然后分析垂直 x 轴的每一个截面上的密度分布。设在 $x=x_0$ 处的密度分布为 $d_0(y, z)$，它的傅里叶变换为

$$D_0(u, v) = \iint_{-\infty}^{\infty} d_0(y, z) \mathrm{e}^{-2\pi \mathrm{i}(yu, zv)} \mathrm{d}y \mathrm{d}z,$$

它对 z 轴的投影和投影的傅里叶变换为

$$g(y) = \int_{-\infty}^{\infty} d_0(y, z) \mathrm{d}z, \tag{7.17}$$

$$G(u) = \int g(y) \mathrm{e}^{-2\pi \mathrm{i} uy} \mathrm{d}y = \iint d_0(y, z) \mathrm{e}^{-2\pi \mathrm{i} yu} \mathrm{d}y \mathrm{d}z$$

$$= D_0(u, 0). \tag{7.18}$$

故密度函数 $d_0(y, z)$ 在 z 轴的投影 $g(y)$ 的傅里叶变换 $G(u)$ 等于 $d_0(y, z)$ 的傅里叶变换 $D_0(u, v)$ 在 $v=0$ 时的值，因而在不同视角下测得的灰度分布的傅里叶变换与密度函数的傅里叶变换在该方位的断面值只差一个比例常数。由不同视角测得的灰度分布代表了密度场的投影，而它们的傅里叶变换构成了密度场的傅里叶变换的三维空间频率域的分布，再作傅里叶逆变换可得到三维密度场分布。

参考文献

1. Rosenfeld A, Kak A C. Digital Picture Processing. Academic Press, 1976.

2. Wu Z Q, Xu H Q, et al. An intelligent system for quantitive analyzing two-dimensional fluid velocity-field image. Proc. lst China-Japan Symp. Flow Visualization (Beijing). Peking Univ. Press, 1988: 318-325.

3. Pratt W K. Digital Image Processing. John Wiley and Sons Inc., 1978.

4. Doi J, Miyake T. Three dimensional flow measurement by geometric shape approximation using multiple video images. Proc. lst China-Japan Symp. Flow Visualization (Beijing). Peking Univ. Press, 1988: 331-336.

5. Sweeney D W, Vest C M. Reconstruction of three-dimensional refractive index fields from multi-directional interferometric data. Appl. Opt., 1973, 12: 2649-2664.

6. He Z H, et al. Two-Dimensional flow measurement by use of digital-speckle Correlation Techniques. Experimental Mechanics, 1984, 26: 117-121.

7. Shu J Z.Laser speckle photography used for measuring temperature gradient distribution in a natural convection. Proc. lst China-Japan. Symp. Flow Visualization (Beijing). Peking Univ. Press, 1988: 331-336.

8. 田村秀行,金喜子. 高等院校教材:计算机图像处理. 北京:科学出版社,2004.

9. 黄翔宇. 粒径分布测量的图像处理方法. 北京大学力学系学士论文,1990.

第八章　三维拟合、作图和仪器的智能化

8.1　三维拟合、作图和彩色作图

计算机技术在简化实验操作和充分发挥实验数据的作用等方面也有重要意义，特别是在做复杂的测量时，需要考虑三维坐标或多种参数的影响。

速度、压力、温度、振型的空间分布　这时，空间各点逐点测量的结果均已存盘，但是限于时间、财力和人力，实验测量的点是有限的。对于一个熟练的实验工作者，要适当选取测点位置，使实验精度得到保证的同时测量点数尽可能少，实验时间和开支尽可能经济。这时，要反映整个流场的情况，需要用拟合方法，把成果开拓到整个空间。其次，实验结果需要用不同坐标和不同表达形式来表示。例如，等值线法、廓线法、三维等参数线法等，其中前两个坐标是空间坐标，最后一个是流动参量。

方向探头的多维校准　在校准时需要逐点改变探头的俯仰角和偏航角，若俯仰和偏航方向各取 20 个点，总计就有 400 个点的点阵，因此增加测点意味着工作量大幅度增加，因此强调每个测点的精度，而用曲面拟合法构成三维图形或数据存入计算机中，对实验得到的输出电压，可用拟合法求得相应的方向角。

机翼下游脱落涡区的压力分布　对机翼下游截面上脱落涡的位置由横向压力分布可以清楚地显示出来，采用等涡量廓线可以看到脱落涡的准确形态。在许多实验结果中用彩色显像终端(最多可达 256 种色调)来表示涡量的分布规律。

在许多实验中将大量实验结果经处理后造表存入机器内存，在测量时用查表法迅速得到准确结果，使大量数据可以得到实时处理。

8.2　实验仪器的智能化

流体力学中许多实验仪器有一套较烦琐的操作程序，使初学者或某些工程应用中感到不便。因而，在操作方面进行简化是新一代仪器中大力改进的重点，称之为仪器的智能化。

仪器工作参数的自动输入　在仪器中配置微机处理机，将环境条件和工作参数由键盘输入，由微处理机在仪器内部调节，可以避免人工调节带来的误差

或失误,一些常规手续均由微处理机自动完成,包括气温、气压的修正。

仪器校准的自动化 例如热线风速计校准,只需将风洞开到最大风速,停车后风速自然降下,则风速管所连接的压力传感器输出和热线风速计输出同时记入计算机并作处理以求得校准系数。对于多通道热线,这种校准方法尤为方便。

实验过程的自动检测 用微机控制步进电机,在事前编制的实验程序中确定测量过程,由计算机自动控制采样条件,并将数据采入计算机或作实时处理,使实验工作人员的劳动大为减少,特别是一些快速扫描装置,用多通道热线对边界层作横向连续测量等。

计算机的应用使仪器的非线性、漂移修正、人为调整的偶然误差等问题都得到较好的解决,成为目前仪器发展的一个方向。在操作过程较为复杂的实验条件下,帮助实验工作者把主要精力集中在物理现象的分析上,避免了大量烦琐的重复劳动,并使数据使用十分方便,大大节省了实验时间和大型实验设备的消耗,提高了实验设备的使用效率。

参考文献

1. Bian Y Z, et al. Flow field color display in wind tunnel. Proc. 1st China-Japan. Symp. Flow Visualization (Beijing). Peking Univ. Press, 1988: 297-302.
2. Vukoslavcevic P, et al. A multisensor hotwire probe for measuring vorticity and velocity in turbulent flow. Proc. ASME Fluid Eng. Div. Spring Meeting (Cincinnati), 1987.

第四篇　近代流体力学中的实验研究

实验流体力学的研究对象，除了实验设备和仪器外，主要是学科前沿和工程应用中的大量问题。例如，湍流和多相流是流体力学中两个未曾解决的难题，实验研究常常必须在这些学科的前沿开展研究工作。事实上，在空气动力学、环境流体力学、地球物理流体力学、非牛顿流体力学等每一个领域中都有许多处于学科前沿而未能解决的问题。为此，我们必须抓住各种流动的特征和各种现象的本质，把实验研究工作深入下去，通过实验来开拓理论工作一时无从下手和无法论断的领域，通过实验来检验理论研究的有效性和有待改进、完善和发展的问题，从而对面临的实验课题逐步形成一定的学术思想、方法和目标，并在各种实际应用中得到应有的成果。正是这种明确的思想、方法和确有成效的目标才是实验研究的灵魂。在很多情况下，只有把问题提炼到某种自然现象在确定的实验条件下必须产生或者决不产生的时候，才能使研究工作真正进入前沿。为此，本篇将介绍学科各分支中的某些基本知识和发展状况，有助于初学者较快地接触到学科的动向，熟悉实验研究的思想、方法和技巧。

过去百年是流体力学的高速发展时期。湍流是流体运动的主要流态，也是流体力学领域的研究热点。1925 年普朗特提出了湍流的动量传输的混合长理论，1935 年泰勒提出了湍流的涡量传输的混合长理论，1939 年冯・卡门提出了湍流的相似性理论，1940 年周培源以湍流本质为波并成功解决了湍流的封闭性问题，1941 年柯尔莫廓洛夫提出了局部各向同性的湍能级串理论。自此形成中、德、英、美、俄这五大学派泰斗关于湍流本质的世纪性的波涡之争，引发了半个多世纪以来相关的实验流体力学的大量研究。

随后，周培源在 1945 年证明湍流流动中的脉动压力场适用由脉动雷诺应力驱动的泊松方程，给出湍流中对流成分和非对流成分之间的关系。1952 年 Lighthill 用声类比方法证明湍流的声辐射场中的声源项是流场中的脉动雷诺应力，随后该理论得到了十分广泛的引用。自此，关于湍流中声学行为的论争再次成为流体力学中两大学派泰斗之间的广泛的世纪性论争，也成为实验流体力学大量研究的重点课题。

直至 20 世纪 50 年代末，混沌动力学的研究快速发展，针对如何区分湍流和混沌的问题，周培源指出混沌和湍流分属两种不同类型的随机运动，混沌为低维而湍流是高维随机运动，实验证明混沌多出现于湍流转捩。混沌和湍流的随机特性之争也是过去百年中的第三次世纪性论争。

第九章　湍流和流动不稳定性的实验研究

湍流和流动稳定性的基础研究大体包括湍流本质问题、湍流的波涡特性和湍流的起源三类实验研究课题。周培源湍流理论指出，湍流是波，不是涡；各种湍流流动都有各自不同的基波尺度，用基波尺度做统计平均代替雷诺的统计平均方法，由湍流脉动得到表征湍流宏观特性的雷诺应力方程，用实验确定有压和无压力梯度的两个半经验常数后通过高阶矩降阶实现雷诺应力方程的封闭，被誉为当前国际上在工程应用中最流行的湍流模式理论的始祖。此后大量实验中不再对流动结构做波或涡的预设，而称之为大尺度结构或拟序结构，采用互相关、条件采样或条件平均方法进行研究。周培源湍流理论指出波有行波、驻波之分，分别具有对流和非对流成分，而涡不具有非对流成分，亦为实验所证明。湍流脉动可按基波尺度展成傅里叶级数或傅里叶谱，湍流具有高维谱而转捩中出现的混沌现象是低维随机运动。

Kolmogorof 的局部各向同性理论假设湍流流动中能量从大涡向小涡逐级传递形成能量级串，在惯性子区形成 $-5/3$ 幂次律，在黏性子区耗散。然而，实验表明湍流中同样有小涡向大涡转换机制。在射流晚期检测到的大涡衰减缓慢，而小涡很快衰减，这和基波衰减规律一致而与湍能级串的假设不符。

Townsend，Corrsin，Kovasznay，Laufer，Roshko 等人做了大量工作，证明湍流中主要含能成分是一些拟周期性的大尺度结构；在各种剪切湍流中这些大尺度结构往往是多层次多种尺度的；大尺度结构的形成机制来源于剪切流中的流动不稳定性；在剪切湍流的外围存在着形状十分复杂的湍流和非湍流的边界。对太阳表面的观察和对木星中纬度大气层的观察都可以看到这种大尺度结构，让人们感到意外的是为什么在极高的雷诺数下这些大尺度结构能保持下来不被强烈的湍流脉动所衰减（图 9.1）。于是，人们对湍流的认识又前进了一大步，各种类型的湍流模式和大涡模拟技术大量出现。

湍流研究的焦点之一仍然集中在湍流发生的机制上。虽然流动不稳定性的线性理论在二十世纪四十年代就较成熟。但是，它给出的是发生湍流的必要条件，不能完全解决是否一定演化为湍流和如何转化为湍流的问题。不稳定波的共振干涉理论解决了不稳定波基波能量如何向它的亚谐波转换并产生周期倍增的现象，但是无法说明在怎样的初始条件下经过几次共振干涉或分叉最终成为湍流的。Landau-Hopf 分叉理论认为转捩过程将在无限多次分叉以后完成，而近十年发展起来的混沌（chaos，亦作浑沌）理论认为湍流成分是在仅仅若干

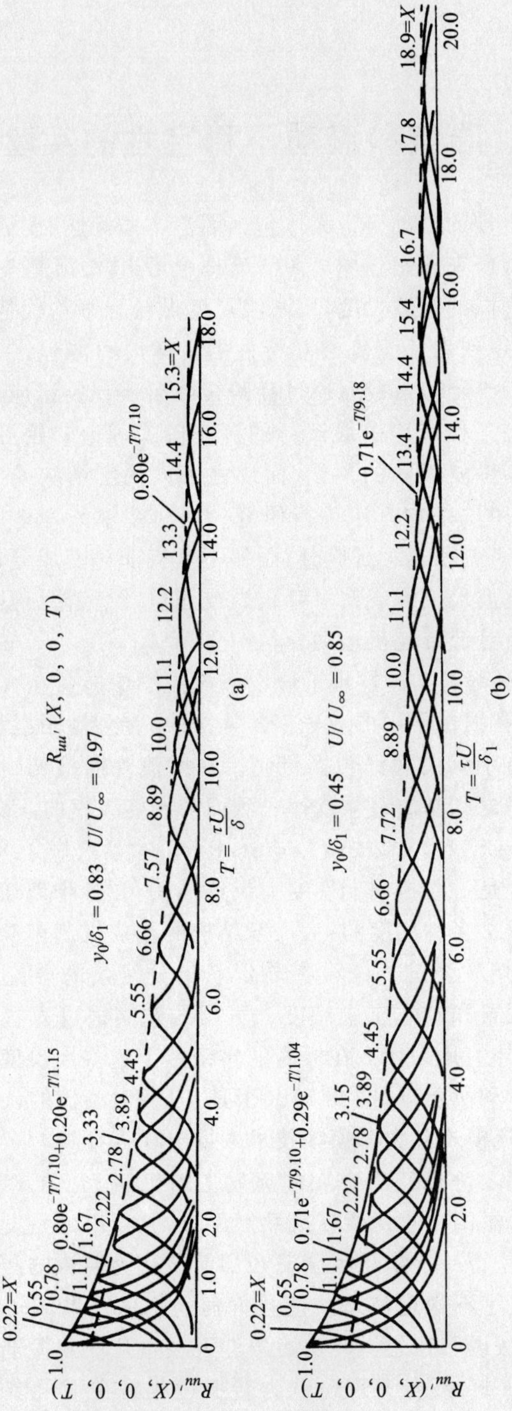

图 9.1 平板边界层中纵向脉动速度之间的时-空互相关由 $X = x/\delta_1$ 值对应曲线的峰值确定 T,可得对流速度

次分叉以后突然形成的。另外，在马蹄涡或湍斑无穷增多的假设下建立的理论就很难和转捩过程中湍流积分尺度迅速增加的实际情况相符了。

混沌理论的飞速发展刺激着人们研究各种流体力学现象中混沌和湍流的发生机制并在贝纳尔对流和泰勒涡的实验研究中已得到了一定的成功。但是，对于数学中的混沌现象和现实生活中的湍流是否能完全联系起来，目前还不能过早做出结论。

9.1 平稳湍流中的统计量

在最初研究小尺度湍流时，引进了相关量、能谱和湍流尺度等概念，定义了有一定滞后时间的两点速度之间的互相关量

$$R_{ij}(x_i,r_i,\tau)=\overline{u_i(x_i,t)u_j(x_i+r_i,t+\tau)},\tag{9.1}$$

其中 x_i 为测量相关量的参考点位置，r_i 为两测点之间的空间间隔，τ 为时间间隔，i,j 为速度分量 u_i 或 u_j 的下标（令 $u=u_1,v=u_2,w=u_3$）。当 $r_i=0$ 时称作自相关，r_i 和 τ 都不等于 0 时称作时-空互相关。

将相关量作傅里叶变换后得到湍流脉动的能谱

$$\phi_{ij}(x_i,k_i)=\frac{1}{8\pi^3}\int R_{ij}(x_i,r_i)\mathrm{e}^{-\mathrm{i}k_ir_i}\,\mathrm{d}V(r_i),\tag{9.2}$$

则

$$R_{ij}(x_i,k_i)=\frac{1}{8\pi^3}\int \phi_{ij}(x_i,k_i)\mathrm{e}^{\mathrm{i}k_ir_i}\,\mathrm{d}V(k_i),\tag{9.3}$$

其中 $k_i=2\pi f/U$ 称作波数，U 为平均速度，f 为湍流脉动频率，$V(r_i)$ 和 $V(k_i)$ 为物理空间和波数空间的体积元。在波数空间中，以 $k_i=0$ 为球心作球面积分，

$$E_{ij}(k)=\frac{1}{2}\int \phi_{ij}(k_i)\mathrm{d}S(k_i).\tag{9.4}$$

它代表湍流运动中波数为 k 的成分所具有的能量，并有

$$\int_0^{\infty}E_{ii}(k)\mathrm{d}k=\frac{1}{2}\overline{u_i^2},\tag{9.5}$$

称之为能谱。

纵向湍流脉动速度的自相关量除以纵向脉动强度得到自相关系数

$$\rho(\tau)=\frac{\overline{u_1(t)u_1(t+\tau)}}{\overline{u_1^2}},\tag{9.6}$$

它的傅里叶变换称作功率谱，

$$S(\omega)=\frac{1}{2\pi}\int_{-\infty}^{\infty}\rho(\tau)\mathrm{e}^{-\mathrm{i}\tau\omega}\,\mathrm{d}\tau.\tag{9.7}$$

这是工程中常用的一种湍流频谱的形式,它表示不同频率或不同尺度的湍流成分所具有的能量。

湍流中用以下几种特征长度表示涡的大小:(1)湍流巨尺度,又称积分尺度,

$$
\begin{aligned}
L_1 &= \frac{1}{\overline{u^2}}\int_0^\infty R_{11}(r,0,0)\mathrm{d}r, \\
L_2 &= \frac{1}{\overline{u^2}}\int_0^\infty R_{11}(0,r,0)\mathrm{d}r, \qquad (9.8) \\
L_3 &= \frac{1}{\overline{u^2}}\int_0^\infty R_{11}(0,0,r)\mathrm{d}r,
\end{aligned}
$$

上式括号中的三个量表示两探头在纵向、横向和侧向的间隔。(2)湍流微尺度 λ 用来表示湍流能谱中黏性子区中涡的大小,由 $\frac{\partial^2 R_{11}}{\partial r_1^2}=\overline{u_1^2}/\lambda^2$ 公式求得。(3) Kolmogorof 尺度 $\eta=(\nu^3/\varepsilon)^{1/4}$,用来表示惯性子区中涡的尺度,其中 ε 为湍能耗散率,ν 为运动黏度。

在湍流统计理论中还经常用到高阶相关或高阶矩的概念,例如 $P(x_{l'},t)$ 和 $P'(x_l+r_l,t+\tau)$ 两点的脉动速度之间的三阶矩或 $m+n$ 阶矩,如

$$S_{ikj}=\overline{u_i(x_l,t)u_j(x_l+r_l,t)u_k(x_l+r_l,t)}, \qquad (9.9)$$

$$R_{m_1m_2}^{ij}(\tau)=\overline{[u_i^*(x_l,t)]^{m_1}[u_j(x_l+r_l,t+\tau)]^{m_2}}. \qquad (9.10)$$

式中 * 号表示复共轭值.

二十世纪五十年代以后,研究重点从小尺度湍流转向工程实际中大量出现的剪切湍流和拟序结构。但是,上述这些基本概念仍然起重要作用,特别是能谱或功率谱一直是湍流研究最常用的分析方法。在近十余年来十分活跃的湍流模式理论中上述分析方法得到十分频繁的应用。但是,要用实验方法直接检验理论中各项假设的正确性以及适用范围却不是容易的事。

在湍流模式理论中最著名的是 k-ε 模式,其中 $k=\frac{1}{2}\overline{u_iu_i}$ 代表湍流脉动能量,$\varepsilon=\nu\overline{\frac{\partial u_i}{\partial x_j}\frac{\partial u_i}{\partial x_j}}$ 代表湍能耗散率。将湍流流动中的瞬时速度 V_i 分解为平均运动 U_i 和随机运动 u_i,即 $V_i=U_i+u_i$,代入纳维-斯托克斯方程后与雷诺方程相减,得到随机运动的方程

$$\frac{\partial u_i}{\partial t}+U_j\frac{\partial u_i}{\partial x_j}=-\frac{1}{\rho}\frac{\partial p}{\partial x_i}+\nu\frac{\partial^2 u_i}{\partial x_j\partial x_j}-\frac{\partial\overline{u_iu_j}}{\partial x_j}, \qquad (9.11)$$

式中 ν 为运动黏度,ρ 为流体密度,p 为脉动压力。经简单推导可得雷诺应力方程,

$$\frac{\partial \overline{u_i u_j}}{\partial t}+U_k\frac{\partial \overline{u_i u_j}}{\partial x_k}=P+F+S, \tag{9.12}$$

其中 $P=-\left(\overline{u_iu_k}\frac{\partial U_j}{\partial x_k}+\overline{u_iu_j}\frac{\partial U_j}{\partial x_k}\right)+\overline{\frac{p}{\rho}\left(\frac{\partial u_i}{\partial x_j}+\frac{\partial u_j}{\partial x_i}\right)}$称作产生项，$-\frac{\partial}{\partial x_k}(\overline{u_iu_ju_k})-\frac{1}{\rho}\times\left(\overline{\frac{\partial pu_j}{\partial x_i}}+\overline{\frac{\partial pu_j}{\partial x_j}}\right)$称作扩散项，$\nu\left(\overline{u_i\frac{\partial^2 u_j}{\partial x_k^2}}+\overline{u_j\frac{\partial^2 u_i}{\partial x_k^2}}\right)$称作耗散项。利用半经验常数将高阶矩$\overline{u_iu_ju_k}$和$\overline{p\frac{\partial u_i}{\partial x_j}}$降阶，使雷诺应力方程封闭，直接求解。取 $u_i=u_j$，在二维流动中，$u_1=u$，$u_2=v$，上式可简化为

$$\begin{aligned}\frac{\mathrm{D}k}{\mathrm{D}t}&=-\frac{\partial}{\partial y}\left(\overline{vk}+\frac{1}{\rho}\overline{vp}\right)-\overline{uv}\frac{\partial U}{\partial y}-\varepsilon\\&\approx\frac{1}{\rho}\frac{\partial}{\partial y}\left(\frac{\mu_t}{\sigma_k}\frac{\partial k}{\partial y}\right)+\mu_t\left(\frac{\partial U}{\partial y}\right)^2-\varepsilon.\end{aligned}\tag{9.13}$$

产生项 扩散项 耗散项

上式右边三项分别表示湍能的产生、扩散(或在不同频率间的传递)以及耗散，其中常数 μ_t 和σ_k 被认为是普适半经验常数，用来对各种典型流动进行计算，将计算结果和相应的实验测得的平均流速和湍流强度进行比较。将湍能耗散率同样表示成传输方程的形式

$$\begin{aligned}\frac{\mathrm{D}\varepsilon}{\mathrm{D}t}&=2\nu\overline{\frac{\partial u_i}{\partial x_j}\frac{\partial}{\partial x_j}\left(\frac{\mathrm{D}u_i}{\mathrm{D}t}\right)}=2\nu\Bigg(-\overline{\frac{\partial u_i}{\partial x_j}\frac{\partial u_k}{\partial x_j}}\frac{\partial U_i}{\partial x_k}-\overline{\frac{\partial u_i}{\partial x_j}\frac{\partial u_k}{\partial x_j}}\frac{\partial^2 U_i}{\partial x_j\partial x_k}\\&\quad-\overline{\frac{\partial u_i}{\partial x_j}\frac{\partial^2 p}{\partial x_i\partial x_j}}+\nu\frac{\partial u_i}{\partial x_j}\frac{\partial^3 u_i}{\partial x_t\partial x_t\partial x_j}\Bigg)\\&\approx2\nu\left(\frac{\partial}{\partial x}\left(\frac{\nu_t}{\sigma_k}\frac{\partial\varepsilon}{\partial x}\right)+\frac{\partial}{\partial y}\left(\frac{\nu_t}{\sigma_k}\frac{\partial\varepsilon}{\partial y}\right)+c_1\frac{\varepsilon}{k}\overline{uv}\frac{\partial U}{\partial y}-c_2\frac{\varepsilon^2}{k}\right),\end{aligned}\tag{9.14}$$

式中 c_1 和 c_2 是另外两个半经验常数，但是以上四个半经验常数在实践中证明是随具体的流动而变化的，例如，对于内流和外流就有一定的差别，尤其是在大尺度结构的作用较强或两种结构相互作用较强的情况下，用 k-ε 模型计算的结果很不理想。尽管如此，用这种方法可以解决大量要求较低的工程实际问题。

为了确定模式理论的有效程度和更准确地确定半经验常数，需要对流场的湍流特性和 k，ε 的分布做细致的测量，这使小尺度湍流的实验研究重新有了用武之地。但是，由于多数工程问题要求不高而实验测量需要有熟练的技巧，这方面的工作至今报道不多。

9.2 拟周期运动和湍流结构

关于大尺度湍流的研究涉及的内容很多,从各种巧妙构思的方法及其效果可以使我们得到启迪。本书篇幅有限,我们主要讨论实验的背景和方法,以及由此对湍流的认识上所得到的进步。

(1) 相关技术广泛应用于测量湍流大尺度结构的衰变规律和传播速度。Kovasznay 和 Blackwelder 等人在平板边界层的离壁面 y_0/δ_1 处放置固定的热线探头,并用另一热线探头沿纵轴游测量,由两处的纵向脉动速度 u 和 u'得到时-空互相关 $R_{uu'}(X,0,0,T)$,其中 $X=x/\delta_1$ 和 $T=\tau U/\delta_1$ 分别为无量纲间距和滞后时间,δ_1 为边界层位移厚度,y_0 为固定探头离壁面距离。图 9.1 中 $R_{uu'}$-T 表示的互相关曲线随间距 X 的变化显示大尺度结构的相干特性沿流向的衰变,图中(a)和(b)为两组在固定探头在不同高度的测量结果。图 9.2 为固定探头在 $y_0/\delta_1=0.5$ 时移动探头在平行壁面($Y=0$)、垂直壁面($Z=0$)以及延时为 $T=4.27$ 时在垂直于流向的法平面中测得的 $R_{uu'}$ 的等相关廓线,呈现出边界层中相干结构的重要特性。Townsend 在尾迹后期对信号做滤波后得到滚转涡对结构(double roller structure)一类的大涡涡对模型(图 9.3)。上述两点的互相关技术也广泛应用于脉动压力测量。图 9.4(a)为平板边界层壁面两个压力传感器,在不同流向间隔 x/δ_1 和延时 $\tau U_\infty/\delta_1$ 下测得的 $R_{pp}(x/\delta_1,\tau U_\infty/\delta)$的结

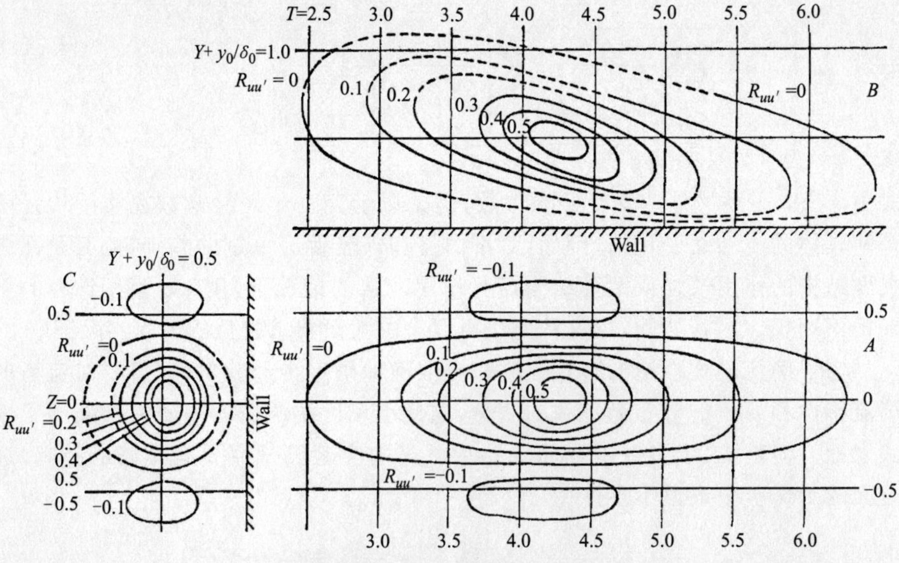

图 9.2 时-空互相关在坐标平面上的等相关廓线,固定探头在 $y_0/\delta_0=0.5$ 处。图中 A 对应于 $Y=0$ 平面;B 对应于 $Z=0$ 平面;C 对应于 $T=4.27$ 平面

果，表明脉动压力的互相关的变化比脉动速度的相关快得多；图(b)为脉动压力和脉动速度(u，v)之间的互相关的变化，将互相关表示成(R_{pu}，R_{pv})在(x/δ_1，y/δ_1)平面的分布，明显不同于脉动速度之间的互相关，表明两者间有本质区别。在自由射流中通过两点脉动压力之间互相关或互谱测量可确定剪切层中谐波或亚谐波的对流速度U_c，由两压力探头间距x/D改变时两点脉动压力的互谱中相位角$\phi/2\pi$的相应变化，按谐波或亚谐波的特征频率加以确定(图9.5)。

至今，在用热线阵列和快速扫描方法研究射流、混合层和边界层中的大涡结构的实验中，相关技术一直是重要的工具，例如对于研究边界层的条纹结构，在小尺度湍流很强的背景下检测大涡的发展和衰变以及在强湍流背景中检测湍流噪声向上游的传播等。

(2) 流动显示技术。在边界层底层的流向涡结构早有实验证明，但

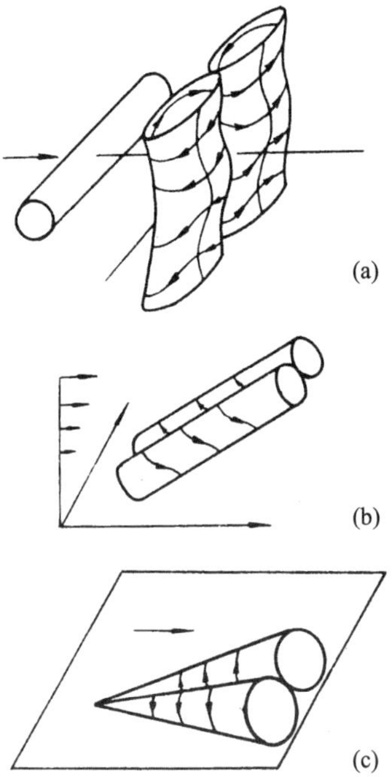

图9.3　相关技术测得的滚动涡对。
(a)圆柱尾迹中的滚转涡对；(b)剪切流中的倾斜滚动涡对；(c)边界层中的锥形涡对

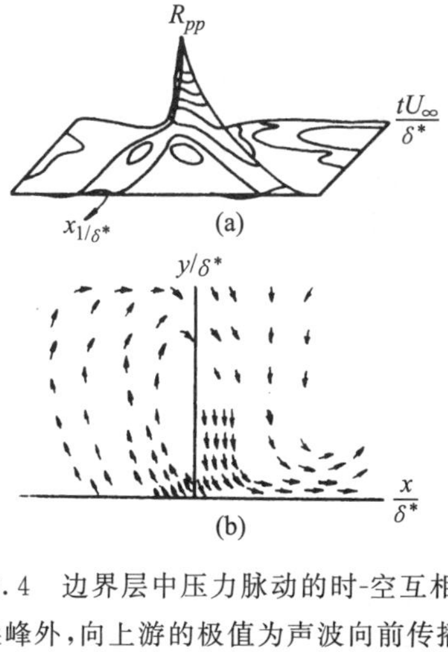

图9.4　边界层中压力脉动的时-空互相关
(a)R_{pp}中除了向下游的尖峰外，向上游的极值为声波向前传播的产物；(b)为猝发时的压力-速度互相关，箭头表示矢量(R_{pu}，R_{pv})

其中最突出的是 Kline 等人用氢泡法在边界层底部发现的猝发现象,它说明了 Laufer 和 Klebanoff 早年发现的湍流边界层底部 $y/\delta<0.05$ 的范围内如何产生整个边界层一半以上的湍流能量的原因。实验得到的图片与大涡数值模拟的结果有十分相似之处(图 9.6)。

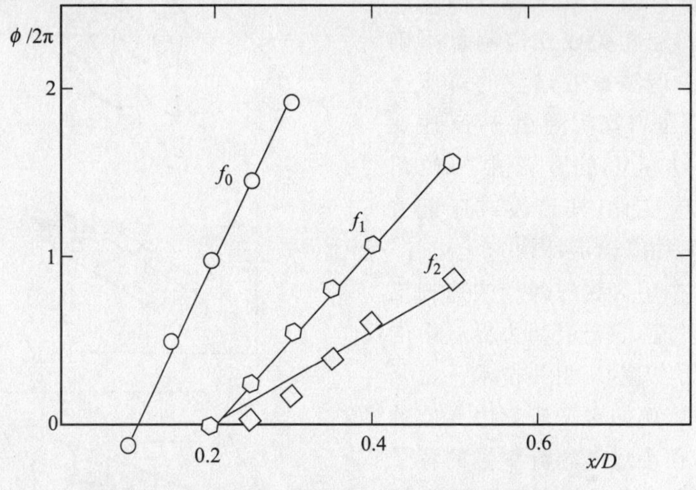

图 9.5 射流速度为 30 m/s 时辐角沿轴向变化

f_0 为基波频率,f_1 为第一亚谐波频率,f_2 为第二亚谐波频率

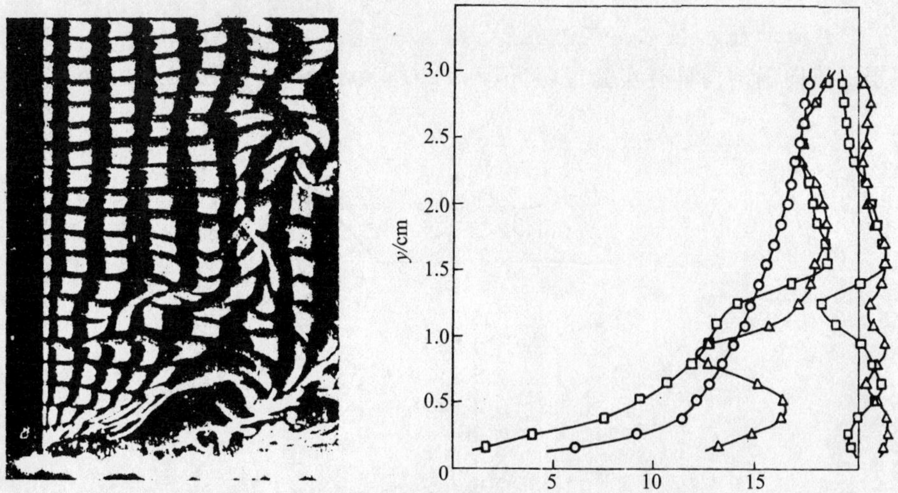

(a) 氢泡技术的流动显示 (b) 由氢泡分布表示的瞬时速度

图 9.6 边界层猝发时的氢泡图和纵、横向瞬时速度分布

混合层中大涡结构的流动显示也得到较好的结果。Brown 和 Roshko 在氦和氮两种气体的混合层中观察到清晰的展向大涡结构和涡的卷并(图 9.7)。它用提高实验段压力(从 4atm 到 8atm)来增加 Re,可以看到大涡中的微细结构和三维结构。除了展向涡外还可以看到清晰的流向条纹,它们的间隔很有规律,在下游方向略为增大。这一结果在水中也得到了证明。Winant 和 Browand 的实验主要在水中进行,仔细观察了涡对卷并规律。何志明用流动显

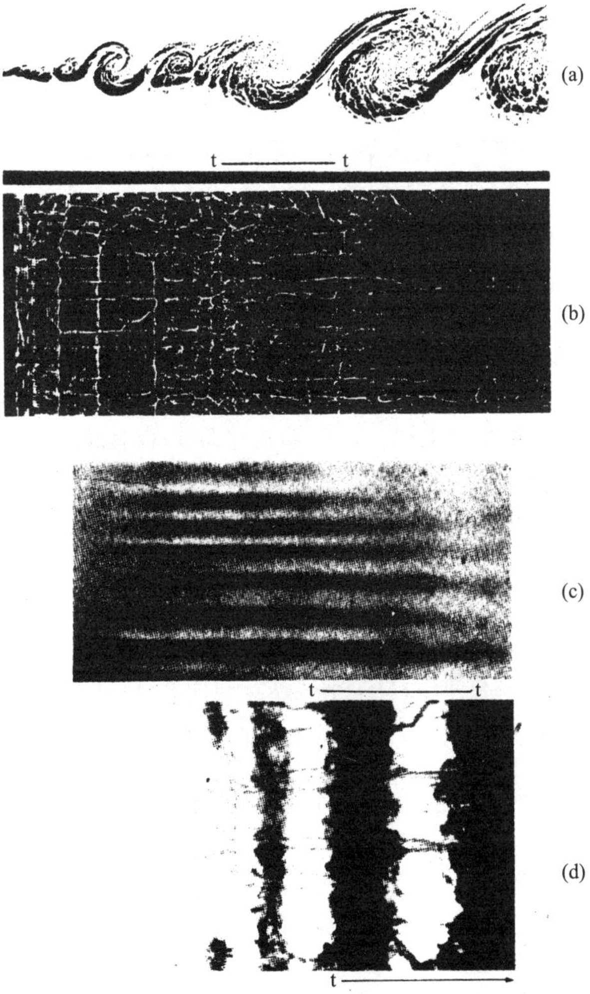

图 9.7　混合层中大涡结构的流动显示。(a)氦 10 m/s 和氮 3.8 m/s,在 4 atm 下的混合层侧视图;(b)混合层正视图中的三维结构;(c)氦 7.52 m/s 和氮 2.27 m/s 在 200 个火花连续曝光得到的流向条纹;(d)水中用化学反应显示原始流速为 43 cm/s 和 16 cm/s 的混合层流向结构

示配合激励方法得到多个涡卷并的集合干涉现象。

(3) 功率谱方法 对于自由湍流(射流、混合层等),它们中间的大涡产生机制是流动不稳定性,即 Kelvin-Helmholtz 波,因而用频率域来分析波的生长、发展、饱和和衰变是十分方便的。初始的涡脱落频率,也就是不稳定波的基波。每经过一次涡对卷并便产生高一阶的亚谐波,使不稳定波的周期倍增和频率减半。波的幅值可以很容易从功率谱中相应的峰值找出。对应于每一种频率的波幅在空间的分布称作不稳定波的振型,采用声激励或振动簧片激励可以抑制其他振型,使拟周期信号变得十分接近于周期信号。这种方法在研究小 Re 时不稳定现象得到了十分成功的结果,如 Batchelor 和 Gill 对圆射流的计算,Mattingly 和张捷迁的实验,Michalke 对混合层的计算,Freymuth 的实验等。又如,林家翘对线性不稳定性问题的分析和 Klebanoff 的实验研究。在转捩后期,不稳定波经过几次分叉或共振干涉,最后形成充分发展湍流。这是目前关于湍流发生这一难题中真正困难之处,在理论上尚没有办法,而在实验中由于不稳定波的谱峰淹没在强湍流的平滑谱中,需要用各种方法加以检测。特别是,在大 Re 时,对应于不稳定波的谱峰在湍流的作用下变宽,各种振型交替出现,使信号具有很强的拟周期性,各种激励方法也渐渐无效;用功率谱方法就变得越来越困难了,整个转捩过程逐渐接近于完成。

(4) 条件平均和条件采样。由于湍流中同时存在大尺度和小尺度结构,Townsend 曾建议将瞬时速度分解为三部分:$U=\overline{U}+\tilde{u}+u'$,其中 $\tilde{u}$ 和 u' 分别为大尺度和小尺度结构对应的速度脉动,$\overline{U}$ 为平均速度。因而,对于空间问题,有

$$\langle U\rangle=\overline{U}+\tilde{u}=\frac{1}{N}\sum_{n=0}^{N}U(x_i,t+nT), \tag{9.15}$$

式中 T 是大尺度运动的周期;对于轴向其空间周期性的时域问题表示为:

$$\langle U\rangle=\frac{1}{N}\sum_{n=0}^{N}U(x+n\lambda,y,z,t). \tag{9.16}$$

这类方法的目的是将拟周期运动和小尺度湍流区别开来,研究大涡发展规律以及大涡小涡之间的相互作用和能量传递关系,这已在实验中取得一定的成功。这种思想和大涡数值模拟的思想是一致的。Hussain 用火花激励法系统测量了条件平均的瞬时速度、流线、涡量,对涡的发展作了深入的分析(图 9.8),证明了在涡量场的鞍点处拟周期运动的能量产生率最高,而中心点附近的产生率最小,特别是在转捩后期和充分发展湍流区。这时,常常迫使人们又回到最原始的时-空相关法来寻求对大涡结构逐个加以探测的途径了。

条件采样技术指各种区分湍流-非湍流分界面的检测技术。通常用脉动速度的均方根值 u' 和它的导数 $\dfrac{\partial u}{\partial t}$,均方根值,瞬时雷诺应力 $\overline{uv}$ 的平均值,涡量

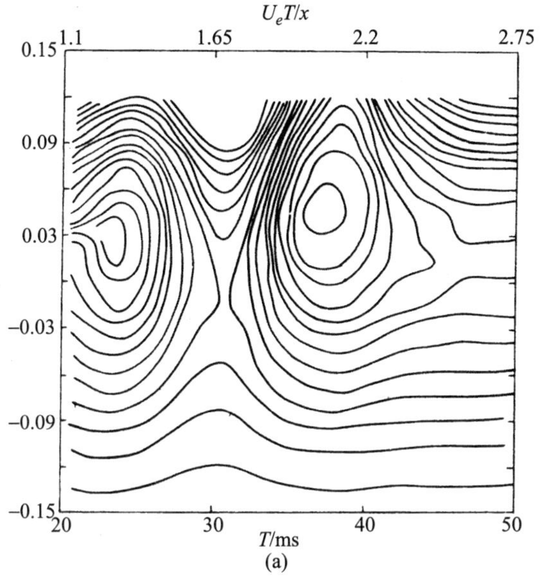

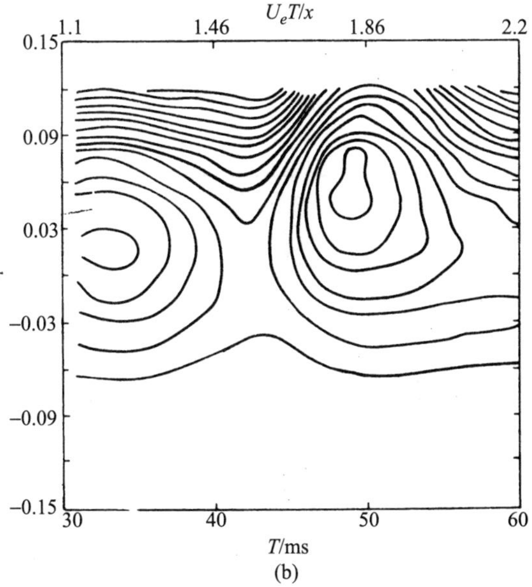

图 9.8　射流外围混合层中的条件平均流函数

(a)$x/D=3$;(b)$x/D=4.5$

$\dfrac{\partial v}{\partial x}-\dfrac{\partial u}{\partial y}$的平均值等作为分界面的判据，选用哪一种判据要根据实验需要来决定；然后设计专用的电路来给出和这些判据成比例的脉动电压，当脉动电压大于某个阈值时判为湍流区，否则是非湍流区。图 9.9 为选用雷诺应力作判据在边界层中测量的结果图中$\overline{\tilde{u}\tilde{v}}$为由湍流区条件平均下的脉动速度求得的雷诺应力，$\widetilde{\overline{uv}}$为直接由雷诺应力为判据作条件采样得到的湍流区雷诺应力，而$\overline{uv}$为不作条件采样得到的雷诺应力，γ 为湍流区的间隙因子，δ 为边界层厚度。实验证明在充分发展湍流边界层外沿用条件采样得到的脉动速度信号作谱分析后可得到标度指数为$-5/3$ 的惯性子区。

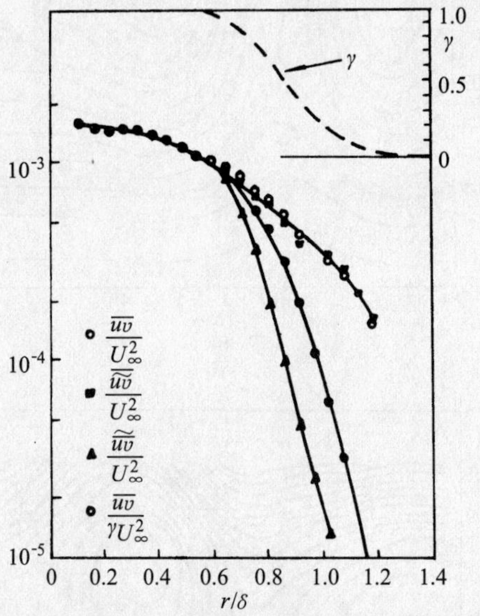

图 9.9　边界层中雷诺应力的各种条件采样分布

9.3　贝纳尔对流和泰勒涡

贝纳尔对流指由扁平容器底部加热，薄液体层的上边界为自由面或固壁，由于温差使液体密度产生变化：$\rho=\rho_0[1-\alpha(T-T_0)]$而产生的热对流现象。它的运动方程为

$$\frac{\partial u_i}{\partial t}=(0,0,g\alpha T')-\frac{1}{\rho_0}\frac{\partial p'}{\partial x_i}+\nu\Delta u_i, \tag{9.17}$$

其中 u_i，p'和 T'分别为速度、压力和温度的扰动值。因为重力项 $g\alpha T'$起重要作用，故称重力不稳定性。而能量方程为

$$\left(\frac{\partial}{\partial t}-\kappa\Delta\right)T'=-\beta u_3, \tag{9.18}$$

式中 κ 为热传导系数。消去 u_1，u_2 和 p'可得

$$\left(\frac{\partial}{\partial t}-\nu\Delta\right)\Delta u_3=g\alpha\left(\frac{\partial^2}{\partial x_1}+\frac{\partial^2}{\partial x_2}\right)T'. \tag{9.19}$$

令 $\tau=t\kappa/d^2,(x,y,z)=\frac{1}{d}(x_1,x_2,x_3)$，则

$$u_3=\frac{\kappa}{d}e^{i\sigma\tau}f(x,y)w(z),\quad T'=\beta d\,e^{i\sigma\tau}f(x,y)\theta(z),$$

可得

$$[\sigma-(D^2-\alpha^2)]\theta=-w, \tag{9.20}$$

$$\left[\frac{\sigma}{Pr}-(D^2-\alpha^2)\right](D^2-\alpha^2)w=R\alpha^2\theta, \tag{9.21}$$

其中 $D=\frac{\mathrm{d}}{\mathrm{d}z},Ra=\frac{-g\alpha\beta d^4}{k\nu},Pr=\frac{\nu}{\kappa}$，$Ra$ 为 Rayleigh 数，在不同条件下的计算结果可得到矩形格子和六角形格子(图 9.10)。

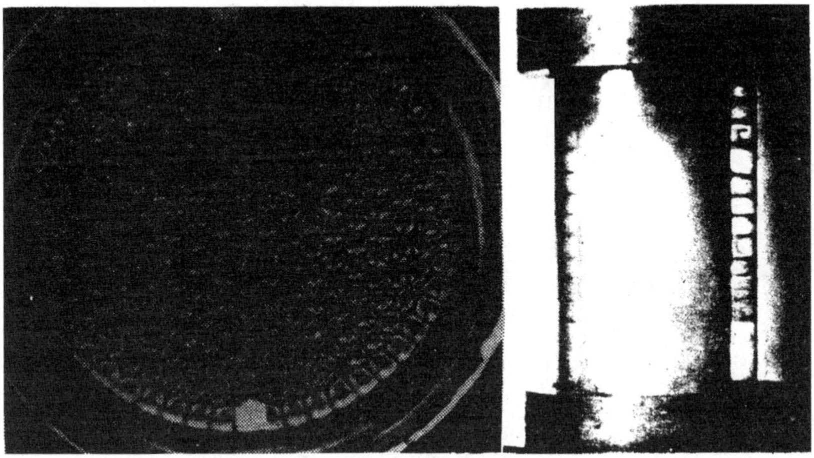

(a)　(b)

图 9.10　(a)六角形贝纳尔对流泡；(b)泰勒(Taylor)涡

实验结果表明，在 $Ra<10^4$ 时出现矩形格子，随 Ra 的增加出双重振型和振荡式双重振型，即贝纳尔对流的一次分叉和二次分叉。当 Ra 增加到失稳时的临界 Rayleigh 数 Ra_c 的 30 倍至 60 倍时，Gollub 和 Benson 观察到，随着 Ra 的增加出现基频和谐频，然后在出现相互独立的第三频率之后流动迅速湍流化。在功率谱中只有少数谱峰淹没在宽带谱中。这个实验表明由失稳转向混沌的过程，并且第一次在实际流动中观察到目前尚不多得的混沌现象，因而受到理论界的重视(图 9.11)。

用干涉仪观察长方形容器底部加热时产生的对流图形，随着温差的增加，

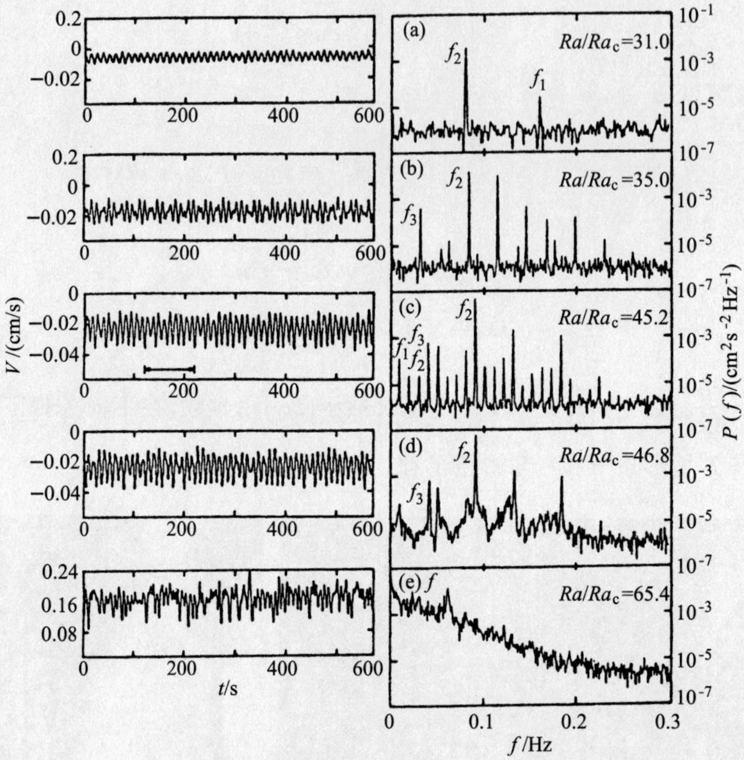

图 9.11 贝纳尔对流从失稳到混沌的演化,V 为流体速度;P 为脉动速度谱

单个对流泡沿高度方向分解成两个,然后在宽度方向分解,直到多次分解后形成复杂的对流图形(图 9.12)。

泰勒涡是指两同心圆柱在旋转中的黏性不稳定性。设圆柱半径分别是 R_1 和 R_2,柱间流体的速度分布为 $V=A_1r+\dfrac{B_1}{r}$,其中 $A_1=\dfrac{\Omega_2R_2^2-\Omega_1R_1^2}{R_2^2-R_1^2}$,$B_1=\dfrac{(\Omega_1-\Omega_2)R_1^2R_2^2}{R_2^2-R_1^2}$,$\Omega_1$,$\Omega_2$ 分别为内、外柱的角速度,则运动方程为

$$
\begin{aligned}
&\frac{\partial u'}{\partial t}-2\left(A_1+\frac{B_1}{r^2}\right)v'=-\frac{1}{\rho}\frac{\partial p'}{\partial r}+\nu\left(\Delta u'-\frac{u'}{r}\right),\\
&\frac{\partial v'}{\partial t}+2A_1u'=\nu\left(\Delta v'-\frac{v'}{r^2}\right),\\
&\frac{\partial w'}{\partial t}=-\frac{1}{\rho}\frac{\partial p'}{\partial z}-\nu\Delta w'.
\end{aligned}
\tag{9.22}
$$

令 $r'=\dfrac{r}{R_1}$,$z'=\dfrac{z}{R_1}$,$t'=t\Omega$,并设 $u'=u(r)\cos\lambda z\,e^{i\sigma t}$,$v'=v(r)\cos\lambda z\,e^{i\sigma t}$,$w'=$

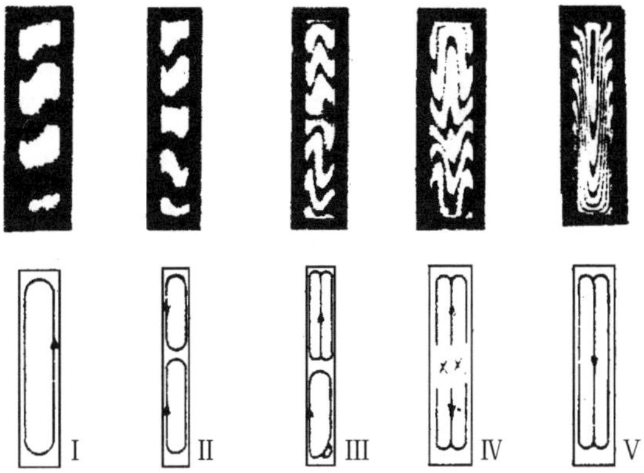

(a)

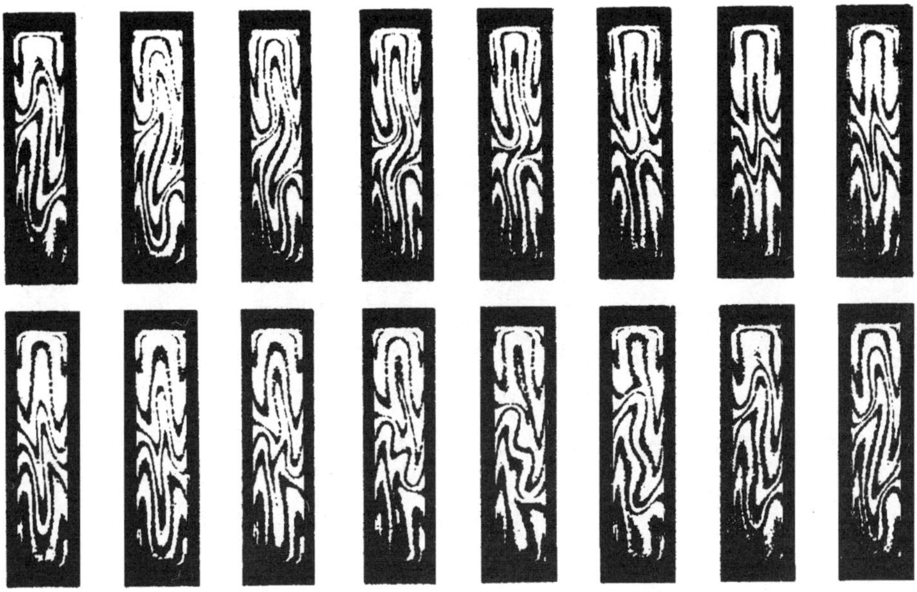

(b)

图 9.12　贝纳尔对流。(a)与干涉条纹(等温线)对应的流态;(b)在振荡过程中干涉条纹的变化

$w(r)\sin\lambda z\,\mathrm{e}^{\mathrm{i}\sigma t}$,消去 p',可得

$$(L-\lambda^2-\sigma R)(L-\lambda^2)u = 2\lambda^2 R\left(A+\frac{B}{r}\right)v,$$

$$(L-\lambda^2-\sigma R)v = 2RAu, \tag{9.23}$$

其中 $L = D^2 - \dfrac{D}{r} - \dfrac{1}{r^2}$, $D = \dfrac{\mathrm{d}}{\mathrm{d}r}$, $A = \dfrac{A_1}{\Omega}$, $B = \dfrac{B_1}{R_1^2\Omega_1}$, $R = \dfrac{\Omega_1 R_1^2}{\nu}$, $T =$

$2R^2\dfrac{R_2-R_1}{R_2+R_1}$。

解特征值问题,可以得到中性曲线,从而确定稳定和不稳定的边界。设 Re_c 为临界雷诺数,则在 Fenstermacher,Swinney&Gollub 的实验中 $R_1/R_2=0.877$,$L/d=20$(其中 $d=R_2-R_1$,L 为柱长)得到:在 $Re/Re_c=1\sim1.2$ 时为稳定的泰勒涡,在 $Re/Re_c=1.2\sim10.1$ 为频率 $f_1=1.3$ 的波状泰勒涡,在 $Re/Re_c=19.3$ 为拟周期性的波状泰勒涡,出现另一频率 $f_2=0.9$,其中 $Re/Re_c\approx12$ 时在 $f\approx0.45$ 处出现宽带谱,流动出现弱湍流并有很尖的谱分量,$Re/Re_c=19.3$ 时 f_2 消失,流动仍带有很尖的谱分量至 $Re/Re_c=21.9$ 时 f_1 消失,流动为弱湍流。

Coles 的实验表明,当内柱转速较外柱快时随着转速增加,可以观察到数十种振型交替出现,整个流动反映出轴向泰勒涡波数的变化和周向的波数变化,成为双周期运动。所有高阶振型都是这种双周期运动的两个频率的谐波。整个转捩过程中能量通过非线性干涉从一个离散谱分量向高频传递。到高 Re 时离散谱向连续谱过渡。在振型转换时泰勒涡成对地产生或消失,波数则相应地增加或减少,在 Re/Re_c 增加到 10 以前可以看到七十多种振型出现。

实验中还可以看到另一种突发性的转捩。当外柱转速大于内柱时,当 Re 增加到某一确定值时,流场中清晰地分成层流和湍流两部分,它们的分界面不时向两个方向传播。有时湍流区时而出现时而消失。在另一条件下又可能成为十分稳定的流态。另外,经常可以看到一种螺旋形的湍流带,近似以两柱的平均角速度旋转,除了略向左或右移动外,形状几乎完全不变。

关于泰勒涡的有趣的特性,也成为混沌研究中十分关注的一个问题。

9.4 射流和混合层中的不稳定波

关于射流和混合层中流动稳定性问题的研究在线性理论方面取得很大进展,它的基础是无黏性假定下的 Rayleigh 方程。

对于二维平行流来说,设 $u_1=U(y)+u$,$u_2=v$,代入纳维-斯托克斯方程和连续方程,可得

$$\begin{aligned}
&\frac{\partial u}{\partial t}+U\frac{\partial u}{\partial x}+v\frac{\partial U}{\partial y}=-\frac{1}{\rho}\frac{\partial p}{\partial x}+\frac{1}{Re}\nabla^2 u,\\
&\frac{\partial v}{\partial t}+U\frac{\partial u}{\partial x}=-\frac{1}{\rho}\frac{\partial p}{\partial y}+\frac{1}{Re}\nabla^2 v,\\
&\frac{\partial u}{\partial x}+\frac{\partial v}{\partial y}=0.
\end{aligned}\tag{9.24}$$

将脉动速度表示成流函数形式，即

$$u = \partial\psi/\partial y,$$
$$v = -\partial\psi/\partial x.$$

定义流函数和脉动压力为 $\psi = \varphi(y)\exp[i\alpha(x - c\tau)]$，$p = f(y)\exp[i\alpha(x - c\tau)]$，其中 α 为不稳定波波数，$c = c_r + ic_i$，c_r 为不稳定波的波速，c_i 为不稳定波的增长率。

自由湍流中采用无黏性假定，将运动方程中黏性项略去，令 $U'' = d^2U/dy^2$，消去方程中的 p，可得 Rayleigh 方程

$$(U - c)(\varphi'' - \alpha^2\varphi) - U''\varphi = 0. \tag{9.25}$$

Michalke 用 $U(y) = 0.5(1 + \tanh y)$ 剖面（和实验结果相当接近），计算了不稳定波的增长率和频率的关系，用最大增长率对应的频率计算不稳定波的振型以及流场中的流线和涡量分布得到明显的涡的图形。

Freymuth 对射流剪切层中不稳定波的增长作了细致的测量，得到的增长率 c_i 随 Strauhal 数（$St = f\vartheta/U_0$ 表示的频率变化）的变化规律与计算值一致，但在最大增长率频率附近，实验值明显低于计算值（图 9.13），其中 ϑ 为剪切层动量厚度，U_0 为射流速度。

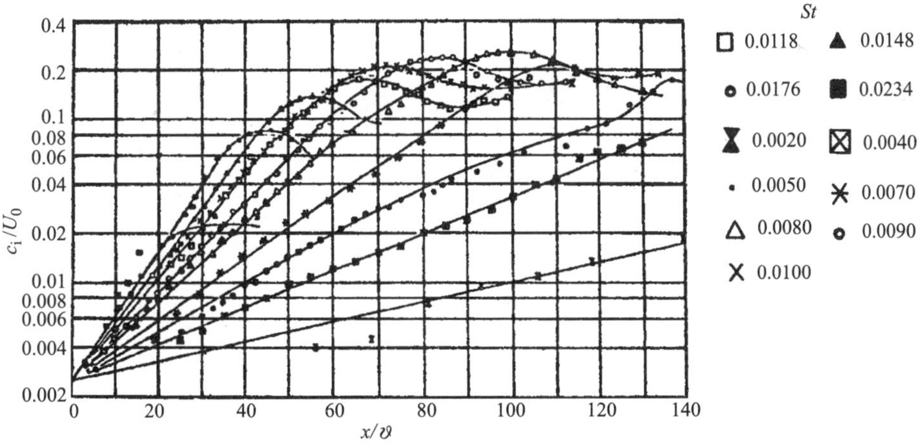

图 9.13　混合层和射流中不稳定波中剪切层振型的增长规律

不同 St 的不稳定波的振幅沿流向的变化。射流直径为 7.5 cm，$U_0 = 16$ m/s

二维射流的不稳定波分为对称和反对称二种振型，而圆射流中有优选振型、剪切层振型和螺旋形振型等。优选振型以射流出口直径为特征长度，则斯特罗哈数 $St \approx 0.3$，振幅最强处在射流核心区的终端。将流函数 ψ 中的指数部分改为 $i(\alpha x - \omega\tau)$。令 $\alpha = \alpha_r + i\alpha_i$，得到空间型剪切层振型的波数增长率 α_i 与 $St = f\vartheta/U_0$ 的变化规律。Crow 和 Champagne 用声激励法对这种振型作过系

统的研究,多数射流以这种振型为主导。在原始气流较好的情况下,有时剪切层振型为主导,实验中可以测到基波和各阶亚谐波的增长规律(图 9.14)。不稳定波剪切层振型的振幅增长率与 St 的关系,见图 9.14 优选振型及其亚谐波的振幅分布见图 9.15。

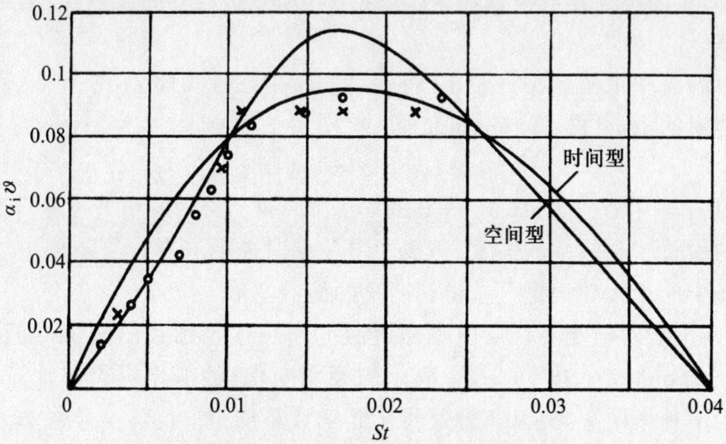

图 9.14 射流中不稳定波剪切层振型的振幅增长率 $\alpha_i\vartheta$ 与 St 的关系

○,轴对称射流;×,二维射流;实线为理论计算结果

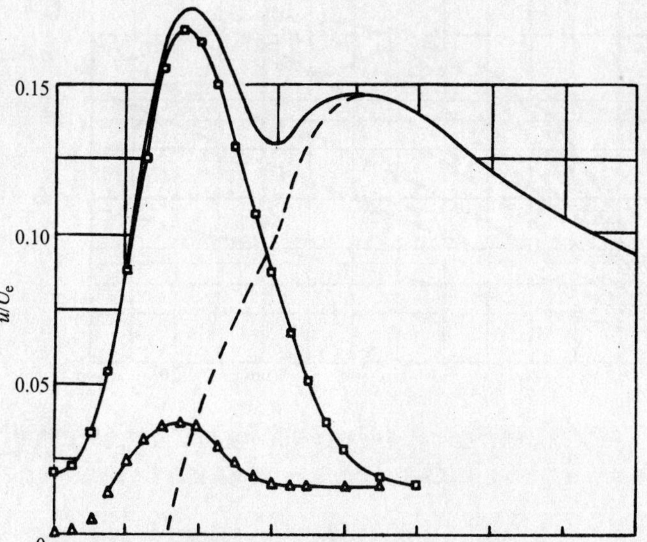

图 9.15 优选振型的声激励效果和振幅分布规律

St 为 0.3,激励强度 u_e 为射流出口速度 U_e 的 2%时,优选振型的振幅沿轴向分布

□ ,St=0.3;△ ,St=0.6

何志明通过对混合层的观察，证明在不稳定波振幅最大值处与涡对卷并位置一致，和 Laufer 一起用声反馈原理解释涡的形成和卷并的机制。

自由湍流中的另一个重要问题是转捩过程的机制。Landau-Hopf 分叉理论提出了经过无限多次分叉后形成湍流的假设。而混沌理论认为转捩通常要经过若干次分叉，而在分叉过程中并不考虑不断增长的湍流成分的影响。在实验观测中，证明混合层的整个转捩过程通常只出现几次分叉，湍流成分逐次增加而最终形成充分发展湍流。Miksad 对混合层的转捩过程作了较仔细的研究，但是主要限于基波和第一亚谐波。

在 Roshko 关于混合层中流向条纹的实验研究的基础上，关于二次稳定性理论的研究工作正在迅速开展。目前还不能确定这种二次稳定性对混合层的转捩过程的最终完成所起的影响。

9.5　边界层中的转捩过程

层流边界层的研究已有较成熟的结果。对于平板边界层来说，有较精确的 Blasius 解可以得到平均速度沿边界层厚度方向的变化，即边界层速度剖面 $U(y)$。令 $\eta=\frac{1}{2}\sqrt{\frac{U_0}{\nu x}}\cdot y$，则得

$$U(y)=\begin{cases}\frac{1}{2}U_0\left(\frac{\alpha\eta}{1!}-\frac{\alpha^2\eta^4}{4!}+11\frac{\alpha^3\eta^7}{7!}-375\frac{\alpha^4\eta^{10}}{10!}+\cdots\right), & \eta<1.5,\\ U_0\left\{1+r\int_\infty^y\exp[-(\eta-\beta)^2]\mathrm{d}\eta\right\}, & \eta>1.5.\end{cases} \tag{9.26}$$

定义 $U/U_0=0.997$ 处的 y 值为边界层厚度 δ 和位移厚度 δ_1 及动量厚度 ϑ，可得

$$\begin{aligned}\delta&=5.5\sqrt{\frac{\nu x}{U_0}},\\ \delta_1&=1.731\sqrt{\frac{\nu x}{U_0}},\\ \vartheta&=0.664\sqrt{\frac{\nu x}{U_0}},\end{aligned} \tag{9.27}$$

或 $\delta_1=0.31\delta$，$\vartheta=0.12\delta$。以上结果已为大量实验所证明。

关于充分发展湍流边界层或管流的研究亦已有大量的实验结果，对于**近壁层**，平均速度分布 $U(y)$ 与 $u^*=\sqrt{\tau_w/\rho}$，k，ν，y 等量有关，其中 k 为粗糙度，τ_{w} 为壁面摩擦系数。由量纲分析可得**界壁律**

$$U/u^* = f\left(\frac{u^* y}{\nu}, \frac{u^* k}{\nu}\right). \tag{9.28}$$

对于光滑壁的近壁层的速度分布,则有以下关系:

$$U/u^* = \frac{u^* y}{\nu}, \tag{9.29}$$

此式可用于壁面摩擦阻力测量,但是要准确测量近壁层速度梯度是十分困难的。

在近壁层上面为**对数律层**,其中速度分布满足以下公式:

$$U/u^* = A\ln\frac{u^* y}{\nu} + B, \tag{9.30}$$

根据大量实验结果,待定常数可取为 $A=2.44$ 和 $B=4.9$,利用 U 和 $\ln y$ 的关系,可以确定壁面摩擦阻力。

对于边界层外层,平均速度分布满足以下相似性关系

$$\frac{U_\infty - \overline{U}}{u^*} = f\left(\frac{y}{\delta}\right), \tag{9.31}$$

称之为速度亏损律,和壁面粗糙度无关。U_∞ 为边界层外的平均速度。

在充分发展湍流边界层中湍流能量分布在很宽的频率范围内,由功率谱测量可以看到,湍流能量的主要部分集中在频率较低的含能子区;然后逐级把能量向高频方向传递,形成惯性子区。

边界层由层流状态到充分发展湍流状态之间是转捩区。在整个转捩过程中湍流的发生和发展是目前湍流研究中重要课题之一。转捩区的起点可以从层流边界层出现不稳定现象开始。在考虑黏性项时可以由纳维-斯托克斯方程得到 Orr-Sommerfeld 方程

$$\varphi'''' - \alpha^2\varphi'' + \alpha^4\varphi = \mathrm{i}\alpha R[(U-c)(\varphi'' - \alpha^2\varphi) - U''\varphi], \tag{9.32}$$

式中 φ 为流函数的幅值,$R=U\sigma/\nu$。托尔明和施里希廷最早对上述方程进行研究,并用近似方程求解,因而将这种由于流动失稳而产生的波动称作托尔明-施里希廷(Tollmien-Schlichting)波,简称 TS 波。以后,林家翘对上述四阶微分方程作了精确的计算,确定了对原始扰动的放大率为零的条件,称作中性曲线(图 9.16)。图中横坐标是以位移厚度为特征长度的雷诺数,代表边界层从失稳到完全湍流化之间边界层厚度沿流向的增长或简单理解为转捩区演变过程中所具体研究的位置;纵坐标是扰动频率的无量纲形式或称无量纲频率。因此,它反映了在转捩过程中最初对较高频率的扰动具有放大作用,而在转捩区临近结束时对较低频率的扰动具有明显的放大作用。这一项成果在理论上确定了转捩区的起点和最初出现不稳定波的频率(以下称作基波频率或基频),给出了不同频率的扰动在转捩区中从增长到衰减的演变过程以及转捩区中不同位置时

对扰动具有不同放大作用的频率范围。中性曲线分上下两支：下支表示对特定频率的扰动开始具有放大作用的位置，上支表示扰动停止增长并出现能量转移或非线性现象的位置。中性曲线的右侧是开放的，因而无法直接预测转捩现象的终点，但是反映了扰动能量由高频向低频传递，并预示含能区频率范围的形成。事实上，在整个转捩区中随着流动中扰动成分的增加，边界层速度剖面也相应发生变化，特别是在转捩后期，速度剖面逐渐向湍流边界层过渡，因而中性曲线的形状也有相应的变化。

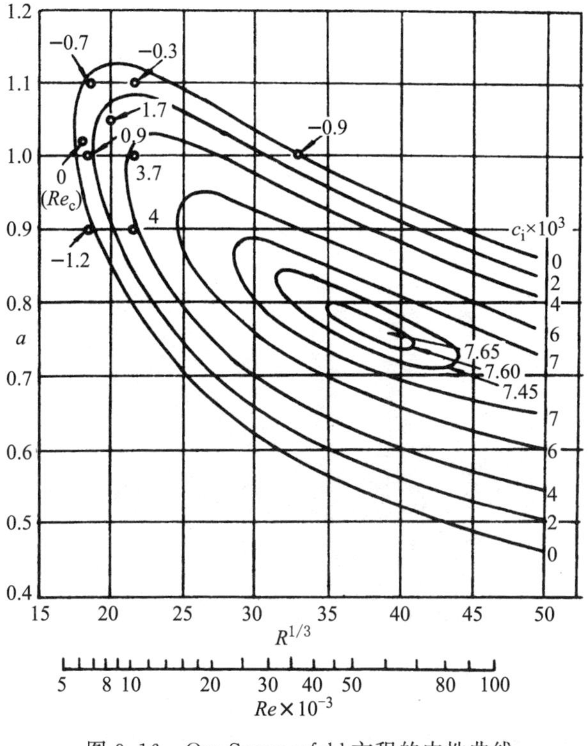

图 9.16　Orr-Sommerfeld 方程的中性曲线

$Re=U_\infty\delta_1/\nu$，Re_c 为失稳的临界雷诺数

Schubauer 和 Skramstad 最早用实验方法对 TS 波和它的三维化现象进行了研究，并在转捩区前沿用金属簧片，以电磁铁控制它产生一定周期的振动，在气流中引进固定频率和振幅的扰动，此后这种簧片技术在转捩研究中被普遍采用．TS 波最初以二维形式向下游传播，Klebanoff 等人进一步研究了 TS 波在下游方向的三维化过程，用流动显示技术观察到烟线逐渐在展向形成一定波长的周期性波动，连续几根烟线的波峰与波峰相对，波谷与波谷相对，波峰越走越快，形成 Λ 形波，破裂后成为一对对方向相反的流向涡。这时在热线风速计输

出的信号中可以观察到有亚谐波成分的产生;此外在若干个波形之中有一个尖峰出现,以后尖峰迅速加强,表明Λ形波头的速度越来越大,以后又出现双尖峰,然后出现湍流猝发现象。在破裂成充分发展湍流后,猝发次数不断增长到稳定值。

Craik用三波共振理论试图解释亚谐波产生的原因,证明亚谐波和两个以一定倾斜角对于流向对称的基波之间的共振干涉可以将基波能量向亚谐波传递。Herbert又提出二次不稳定理论,证明二维波对于三维波扰动的稳定性,给出对不同展向波数的扰动的放大率曲线,并由此确定最大放大率的展向波数β_{max}。以后,Saric,Kachanov等人分别用流动显示方法得到与Craik理论和Herbert理论相对应的波形图,分别称作C形波形图和H形波形图(图9.17),这两种波形图和Klebanoff发现的波形图(称作K形波形图)的区别在于,前者两根烟线的波峰与波谷相对,成交错排列,而C形和H形波形图的差别在于它

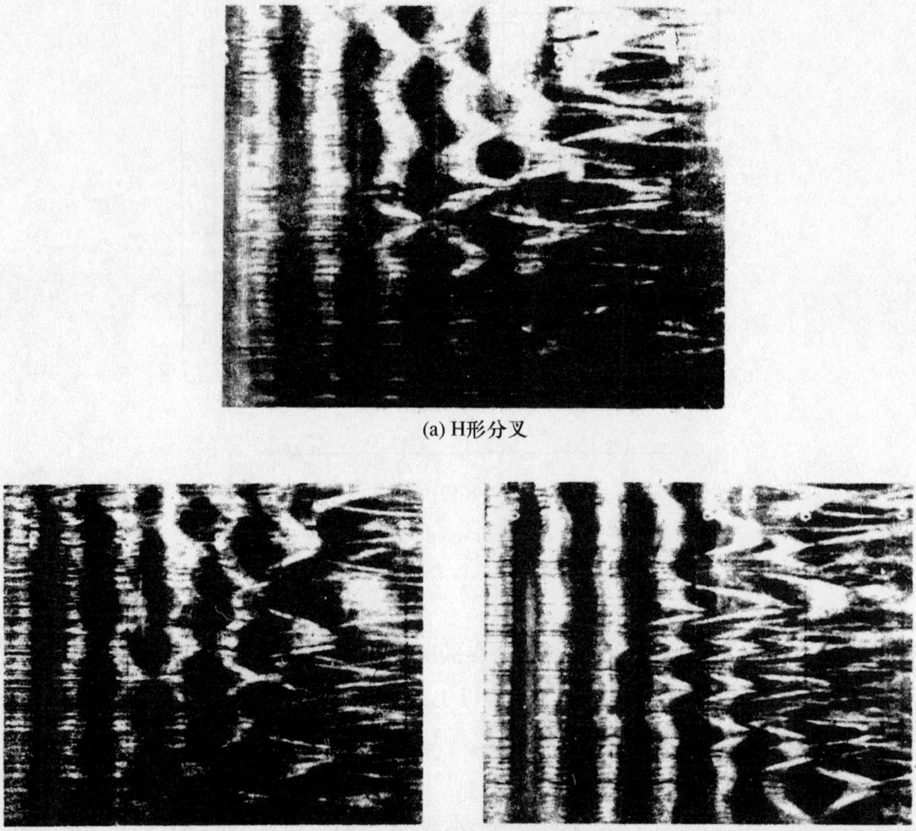

(a) H形分叉

(b) C形分叉　　　　(c) K形分叉

图9.17　TS波的H形、C形和K形分叉的振幅分布规律和流动图形

们的波数不同，C 形波形图的展向波数和流向波数之比约为 0.7，H 形波形图约为 1.0。图 9.18 所示为低湍流风洞中不同背景湍流强度 $u_0'=\sqrt{\overline{u^2}}/U_\infty$ 下 TS 波二阶振型（K 形、C 形和 H 形）在临界层的湍流强度 u' 沿流向的变化规律，并以出现 C 形振型时的背景湍流强度 u' 作无量纲化。与平板前沿的距离 x 由 $Re=U_\infty x/\gamma$ 表示。TS 波在 $Re>700$ 时快速增长后，K 形振型在 $u_0'=0.09\%$ 时于 $Re\approx840$ 处形成；C 形振型在 $u'_0=0.06\%$ 和 $Re\approx900$ 条件下形成；H 形振型在 $u_0'=0.038\%$ 和 $Re\approx980$ 时出现，u'/u_0' 急剧增加。

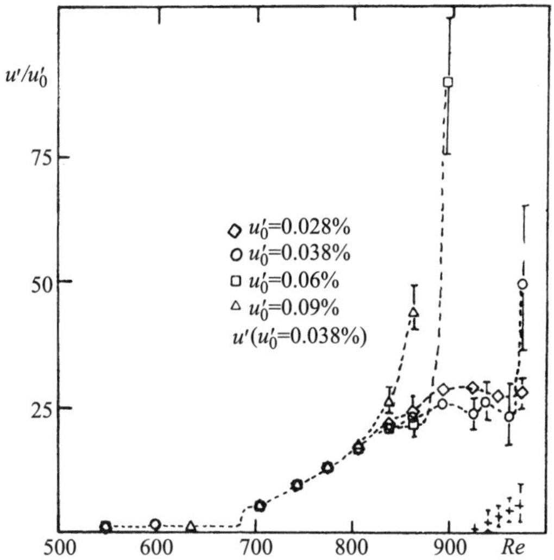

图 9.18　低湍流风洞在不同背景湍流强度下的二次振型。△，K 形；□，C 形；○，H 形

与此同时，Nishioka 在槽流中进行了系统的实验研究，用簧片技术得到和 Klebanoff 相似的现象，并从示波图观察了关于湍流尖峰的演化过程。对 TS 波的扰动出现湍流尖峰以后，随着雷诺数的增加在接近中性曲线上支时由单尖峰迅速分裂为双尖峰以至多尖峰，最后成为湍流（图 9.19）。

关于边界层转捩研究的另一方面工作是对湍斑的研究。Emmons 认为湍斑随机性地产生是转捩的重要机制，这些湍斑在时间上是随机的，这些湍斑增长是均匀的，并在向下游方向扫掠过程中不断增长。以后 Schubauer 和 Klebanoff 以及 Hama 指出湍斑的间歇性出现是转捩的特征，以后 Coles 用条件采样技术指出湍斑具有马蹄涡结构。Coles 和 Savas 的实验采用 24 个热线探头作条件采样，证明相邻湍斑之间的相互作用。

关于充分发展湍流边界层近壁区的研究表明湍流猝发现象是湍能产生的重要来源，研究近壁区的流动结构证明在滤除较强的背景湍流的干扰后，仍然

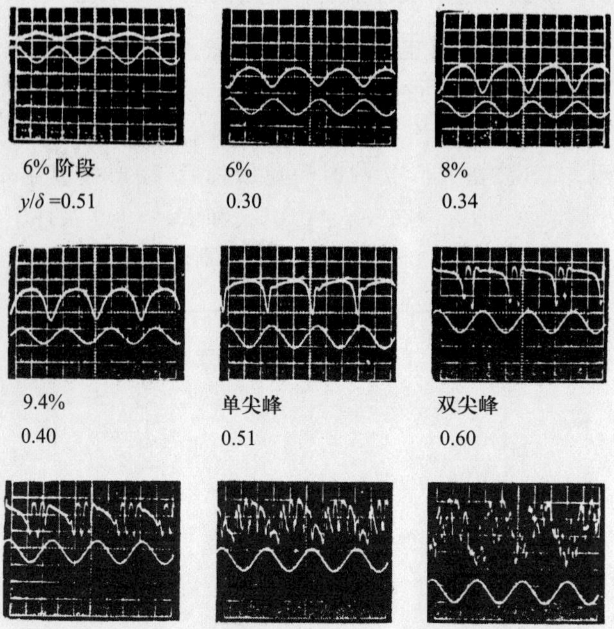

6% 阶段 $y/\delta=0.51$　　6% 0.30　　8% 0.34

9.4% 0.40　　单尖峰 0.51　　双尖峰 0.60

三尖峰 0.60　　多尖峰 0.62　　不规则状态 0.58

图 9.19　TS 波的多次分裂

可以检测到马蹄涡和流向涡等结构,而猝发过程的结果是形成类似于湍斑的泡状结构。流动显示和热线技术的观测结果表明,当马蹄涡尖部离开壁面进入较高流速的区域时,马蹄涡两个下游分支的诱导作用使尖部产生向上的速度分量,出现低动量流体的喷出现象;这时涡与壁面之间的空隙由较高动量的流体向上游注入,称为侵入现象;这时离壁的流体在强剪切层的作用下形成很强的湍流微团并产生剧烈的压力脉动,称作猝发;高动量流体从上游的注入加速了这个湍流微团向下游对流,形成了扫掠过程,而随着湍流成分的迅速扩散,使它的尺度很快增大(图 9.20),上述循环过程统称湍流猝发现象,其在整个湍流边界层近壁区是以一定概率不断发生的。由于这种机制和转捩过程中托尔明-施里希廷波的三维化和湍斑、尖峰的演化过程具有较大的相似性,因而理论工作试图用湍斑和马蹄涡的大量增长来描述湍流边界层和湍流化过程。

但是,上述关于转捩后期的研究离开转捩区的真正终结还有很大的距离。因为,无论是托明-施里希廷波三维化后亚谐波的破裂,还是湍流尖峰的多次分裂,都只能说明湍流高频成分的产生,它们的雷诺数大致对应于中性曲线的中部,在通过中性曲线上支以后便开始迅速衰减。问题的关键是无法解释湍流功率谱中含能范围和能量在惯性子区中逐级传递过程的形成。

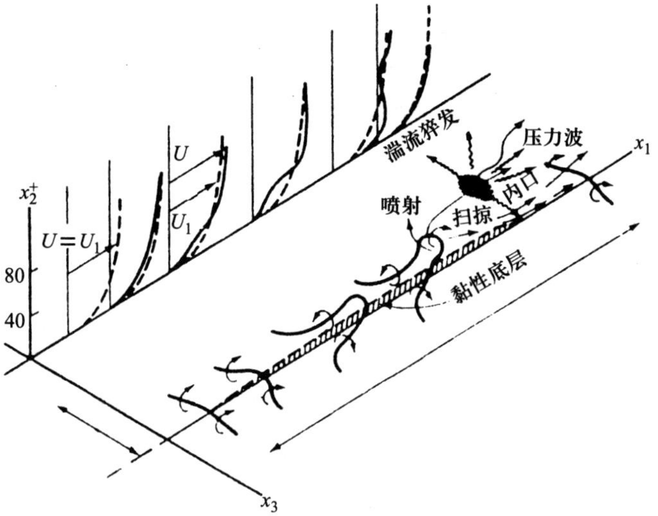

图 9.20　猝发过程的示意图

进一步的实验表明，由于托尔明-施里希廷波在离开中性曲线顶部不远的下游雷诺数即产生三维化和共振干涉，由此产生的第一亚谐波正处于中性曲线下支的附近，很快进入曲线内侧的放大区，随着雷诺数的增长，第一亚谐波迅速放大和趋于饱和，这时已接近中性曲线上支。采用声激励技术对基波注入能量，可以看到随着雷诺数的增长，基波能量通过共振干涉向第一亚谐波转移，然后在接近中性曲线上支时再一次通过共振干涉，逐级向第二、三亚谐波传递，在到达充分发展湍流边界层之前进入含能子区并出现符合−5/3 幂次规律的惯性子区，这时转捩后期才真正结束，并进入充分发展湍流区，声激励对转捩区的控制作用也近乎完全消失。

实验一　托尔明-施里希廷波的多次分叉

槽流和平板边界层中托尔明-施里希廷(TS)波的发现是研究湍流发生机制中的重大突破。从托尔明等人首先提出二维平行流的稳定性理论以后，经十余年才为 Schubauer 和 Skramstad 的实验所证明，并由林家翘完成了线性问题的准确解，奠定了黏性稳定性理论的基础。以后的研究重心集中在 TS 波的三维化和马蹄涡、发簪涡以及湍斑等具体流动结构的生长过程上。Craik 的共振三波理论试图从基波和有一定方向角的亚谐波之间的共振干涉来解释 TS 波的三维化，但对于转捩过程的湍流化机制来说未能有根本性的进展。实验研究较多地集中在发簪涡、马蹄涡等具体结构的描述和流动显示,但对 TS 波在整个转捩过程的发展以及对转捩所起的作用等方面的研究为数不多,特别是共振干涉在转捩过程中所起的作用及其主要特性都有待于进一步研究。为此,我们用声激励技术和频率分析方法对 TS 波的共振干涉以及 TS 波的特征分量在转捩过程中的演化进行系统的研究。

实验在北京大学 0.3 m×0.8 m 低湍流风洞中进行。实验段的原始湍流度为 0.08%,最高风速为 25 m/s。在实验段中央装有宽 0.3 m,长 1.5 m 的平板模型,由铝板经铣床做表面加工制成。

在实验段上游装有 0.5 W 的中音喇叭。由信号发生器经功率放大后,通过喇叭可以产生给定频率和功率的声辐射。在实验中采用声激励方法增强 TS 波的基波分量,利用选择放大原理有效地抑制噪声,使共振干涉现象较直接地可以从功率谱分析中检测出来,这种方法在射流和混合层研究中是成功的,在边界层研究中也有应用,具有明显的激励作用。和簧片振动法相比,上述方法对气流的干扰较小,对整个边界层流动中的噪声具有抑制作用。

所用 BD-2 型低噪声热线风速仪测量系统由二通道热线风速计和微计算机联机组成,有专用软件可作联机或脱机处理,适用于 0.05%的低湍流度测量,在功率谱分析中有四位精度,可精确反映湍流特性在频率域的变化。测量装置如图 9.21。

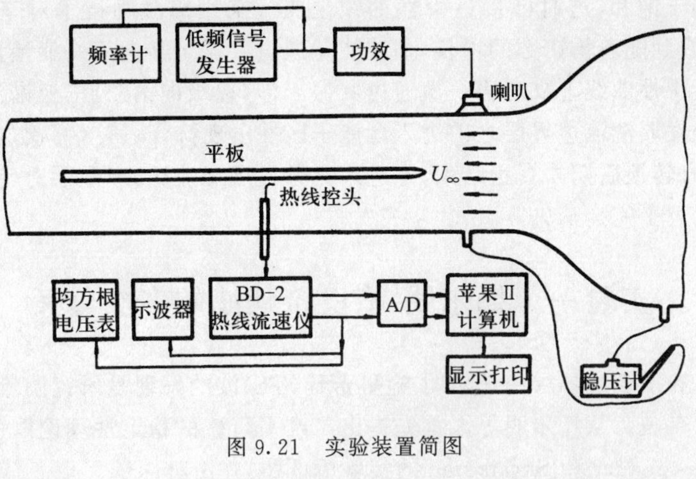

图 9.21 实验装置简图

图 9.22 为风速 6 m/s 时离平板前缘不同距离测得的平均风速剖面,曲线上各点的平均风速均由层外风速 U_∞ 作无量纲化,高度 y 则由边界层厚度 δ 作无量纲化,曲线和经典的 Blasius 解完全一致。实验中用 TS 波的基频 $f_0=137$ Hz 作声激励。在离前缘 800 ms 处风速剖面有明显变化,边界层中的湍流成分

迅速增加。图中附有离前缘 100 ms 处测得的湍流强度分布曲线$\sqrt{\overline{u^2}}/U_\infty \sim y/\delta$ 和对应于基频的特征曲线$\sqrt{\overline{u^2(f_0)}}/U_\infty \sim y/\delta$，$f_0$ 表示基频。近壁处的最大湍流强度为 15%，特征曲线的最大值在 $y/\delta=0.20$ 附近，由此可以估计，临界层的位置应在 1/4 层外速度点（$y_{1/4}=y|_{U/U_\infty=1/4}$）附近。因此，在 $y_{1/4}$ 处观察 TS 波各谐波分量沿流向的变化可以作为研究共振干涉规律的主要依据。

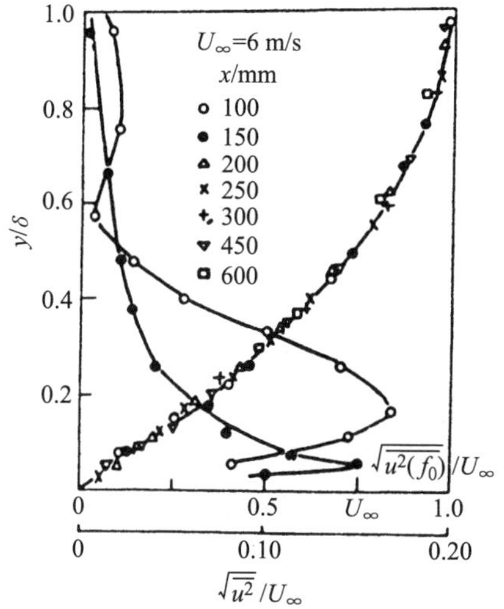

图 9.22　边界层中平均速度剖面和湍流强度分布

图 9.23 为边界层位移厚度 δ_1 沿流向的变化规律和 Blasius 得到的 $\delta_1^2 \propto x$ 的结果一致。但由于声激励的影响，边界层厚度的增长率略高于自然边界层。

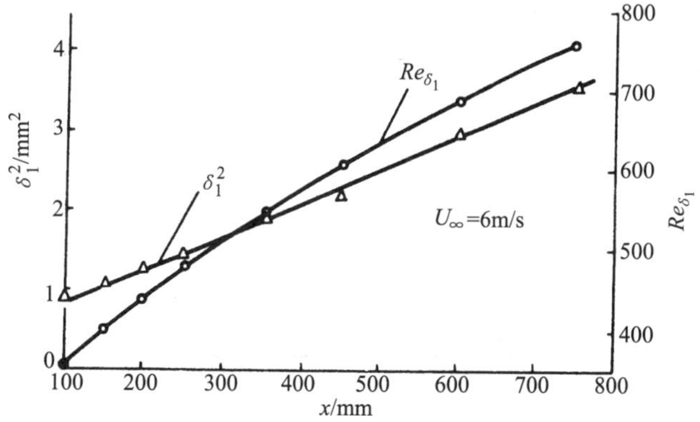

图 9.23　边界层位移厚度沿流向的变化

在 TS 波传播速度的测量中采用了相关技术。将热线探头逐点沿流向移动,同时将热线风速计的输出信号 δ^2 和激励频率下的标准信号求互相关,则在相关系数随流向距离的变化曲线上可以看到有规则的波形。由此可以求得 TS 波的平均波长 $\lambda=1.48$ cm。因此 TS 波的传播速度应为 $c=2.03$ m/s (图 9.24)。

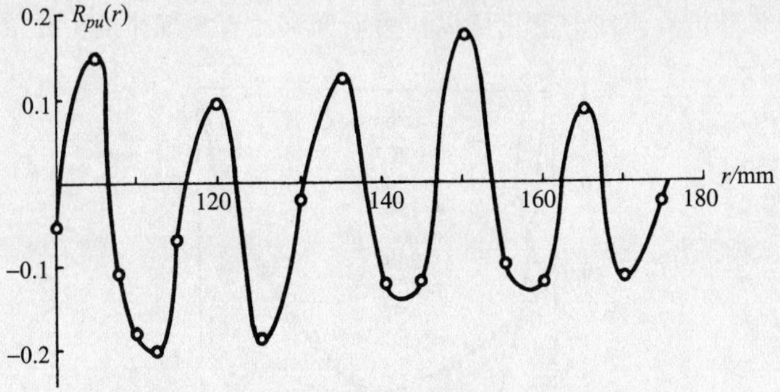

图 9.24 热线脉动信号和声激励信号的互相关曲线

$R_{pu}(r)=\overline{p(x,t)u(x+r,t)}$, $p(x,t)$ 为声激励信号

TS 波的振幅分布曲线如图 9.25,由波长求得无量纲波数

$$\alpha=\frac{2\pi}{\lambda}\delta_1\approx 0.38,$$

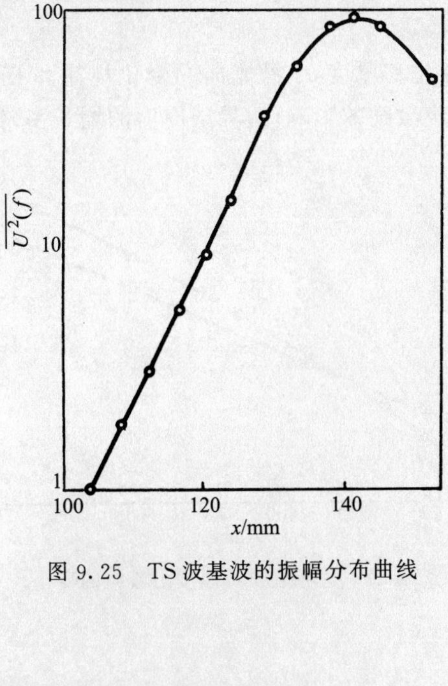

图 9.25 TS 波基波的振幅分布曲线

并由下式可求得 TS 波的增长率

$$\beta_{\mathrm{i}}=\frac{c}{2}\frac{\mathrm{dln}\,\overline{u^{2}(f)}}{\mathrm{d}x}.$$

无量纲化后可得

$$\alpha c_{\mathrm{i}}=\beta_{\mathrm{i}}\frac{\delta_{1}}{U_{\infty}}=\frac{\delta_{1}c}{2U_{\infty}}\left(\frac{1}{\overline{u^{2}(f)}}\frac{\mathrm{d}\,\overline{u^{2}(f)}}{\mathrm{d}x}\right)$$
$$\approx 4.3\times 10^{-3}.$$

因此，在离前缘 100～140 mm 的区域为 TS 波增长较快的区域。

按 1/4 层(即 $y|_{U/U_\infty=1/4}$)外速度点沿流向逐点测功率谱，可以看到 TS 波各分量沿流向的变化规律。在离前缘 100 mm 以后，功率谱中 TS 波的基波分量逐渐增长，见图 9.26(a)。它在中性曲线中的相应位置是在曲线的顶部附近，相

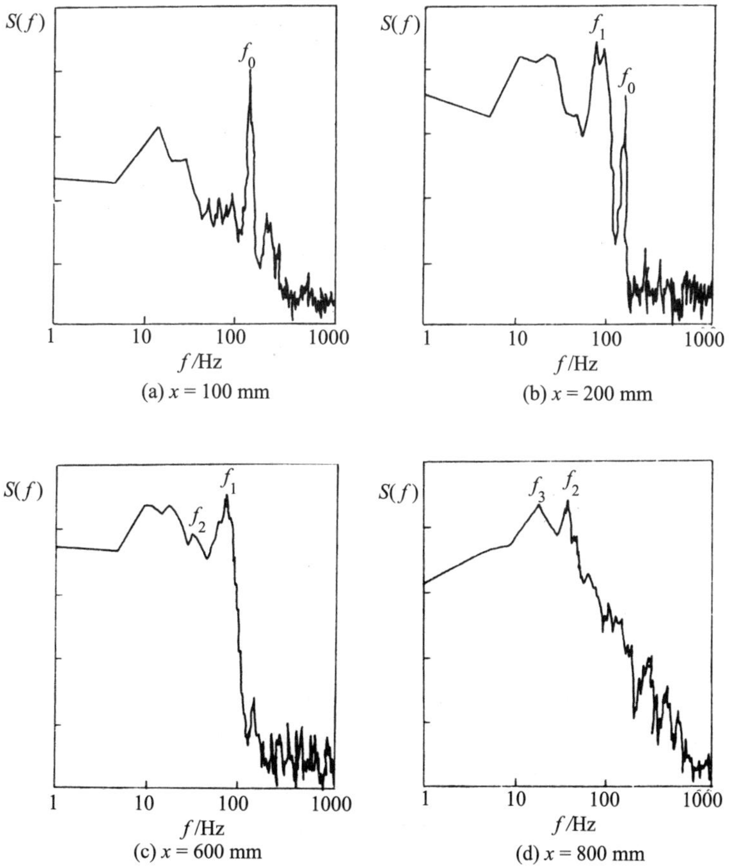

图 9.26　不同流向位置的功率谱

应的雷诺数为 $Re_{\delta_1}=\dfrac{U_\infty\delta_1}{\nu}=360$,相应的无量纲频率为

$$\alpha c=\frac{2\pi f_0\nu}{U_\infty^2}\approx 358,$$

(图 9.27),其中 f_0 为 TS 波的基波频率,ν 为运动黏度。当探头移到距前缘 200 mm 处,相应的雷诺数 Re_{δ_1} 为 440,基波分量已略微移到中性曲线上支的外侧。这时,基波分量逐渐衰减,而第一亚谐频 $f_1=f_0/2$ 所对应的 TS 波分量迅速增强(图 9.26(b))。与雷诺数 Re_{δ_1} 相对应,在中性曲线内侧的相交部分有较宽的频带处于增长率大于零的区域,而亚谐波分量接近于中性曲线的下支。在功率谱曲线中可以看到,在基频和第一亚谐频之间有一个尖峰,它的频率对应于中性曲线内侧的最大增长率频率。亚谐波分量的增长表明这时已出现共振干涉。值得注意的是,TS 波的基频和亚谐频(统称 TS 波的特征频率)所占有的能量仅为 TS 波总能量的一小部分。

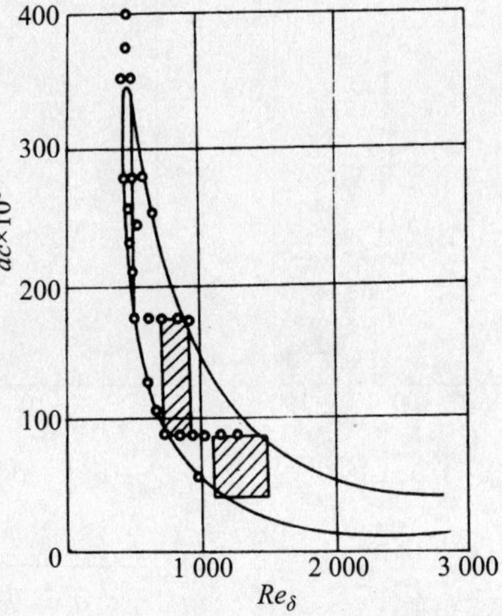

图 9.27 中性曲线和 TS 波的亚谐波的变化规律

当探头继续向下游移动时,随着位移厚度的增加,第一亚谐频移到最大增长率频率附近。这时基波和第一亚谐波之间的共振干涉已经结束,功率谱曲线上仅有对应于第一亚谐频的一个主峰(图 9.26(c))。将探头移动到 $x=$ 600 mm 处,出现第二亚谐频的尖峰。这时已处于第二个共振干涉区中,TS 波的能量逐渐由第一亚谐频传递到第二亚谐频。功率谱曲线的高频端已有明显的湍流化,并出现比较一致的惯性子区,在重对数坐标下具有 $-5/3$ 的斜率,见图9.26(d)。继续将探头向下游方向移动,到 $x=800$ mm 时,湍流化过程接近完成。湍谱中含能区的中央仍有对应于第三亚谐波的尖峰,它的右侧(高频侧)

则是很宽的斜率为－5/3 的惯性子区。这时信号中的湍流成分已居主要地位，TS 波通过共振干涉将能量由高频端向低频端传递的过程接近完成，而湍流中能量由低频向高频的阶梯传递过程已经开始。TS 波各特征频率所对应的尖峰逐渐淹没在平滑的湍谱中，特别是具有－5/3 斜率的惯性子区中。

图 9.27 的中性曲线中还附有在风速为 5，10，16，20 m/s 时的中性点。可以看到，它们和经典的线性稳定性理论的计算结果符合得很好。

以上实验结果表明，在 TS 波开始生成时由于它的选择放大作用，能量集中在某个特征频率（基频）及其两侧的窄带中，共振干涉的作用主要是在基频和它的各级次谐频之间逐级进行能量传递；非特征频率的 TS 波成分无明显的共振干涉，相应的那部分能量在下游方向迅速衰减。在 TS 波的三维化过程中，尽管有马蹄涡、发簪涡等具体流动结构对湍流化过程产生直接影响，但不影响 TS 波在整个转捩过程的总体作用和能量通过共振干涉的逐级传递。在共振干涉过程中，部分能量传递到高阶亚谐波，未被传递的部分则转化为湍流，因而产生共振干涉的区域也是马蹄涡、发簪涡和湍斑等湍流化因素迅速增长的区域。

以上方法曾成功地应用于自然对流边界层失稳时中性曲线的测量，湍流转捩时混沌和非线性动力学参数的测量，以及逆温条件下边界层逆转捩时相空间衰减规律的研究。

实验二　二维混合层中不稳定波的共振干涉和涡的卷并

二维混合层中的涡对卷并和不稳定波共振干涉对混合层的转捩有重要影响，而涡对卷并和共振干涉的关系已有实验证明。但是，现有的理论分析多数从无黏性不稳定性理论出发，但是要想由此描述整个转捩过程是不可能的。为此，本文对混合层中涡对卷并和共振干涉进行研究，观察在整个转捩过程中每次涡对卷并和共振干涉的过程中湍流成分的增长规律。

实验所用的二维混合层装置中，气流分上下两股，经二维收缩段后分别由 150 mm×15 mm 的出口截面进入大气，在上下收缩段间留有 1 mm 宽的窄缝，可引入 He 或 CO_2 气体作示踪剂，供流动显示之用。两股气流在出口截面的速度比为 5。实验在高速端的出口速度分别为 7.7，4.1 和 3.3 m/s 的条件下进行。平均流速和湍流特性的测量均用北京大学 BD-2 型热线测速系统。

在混合层装置的进气口一侧，装有 5 W 中音喇叭。由信号发生器输出不同频率的信号，经功率放大器来控制输出信号的电功率到喇叭，对混合层的基频作声激励。

图 9.28 为不同风速和不同截面的混合层中的平均风速剖面，高速端的平

均风速为U_1,低速端为U_2,$U_m=\frac{1}{2}(U_1+U_2)$,L 为混合层各截面处的涡量厚度

$$L=(U_1-U_2)/(\mathrm{d}U/\mathrm{d}x)_{\max}.$$

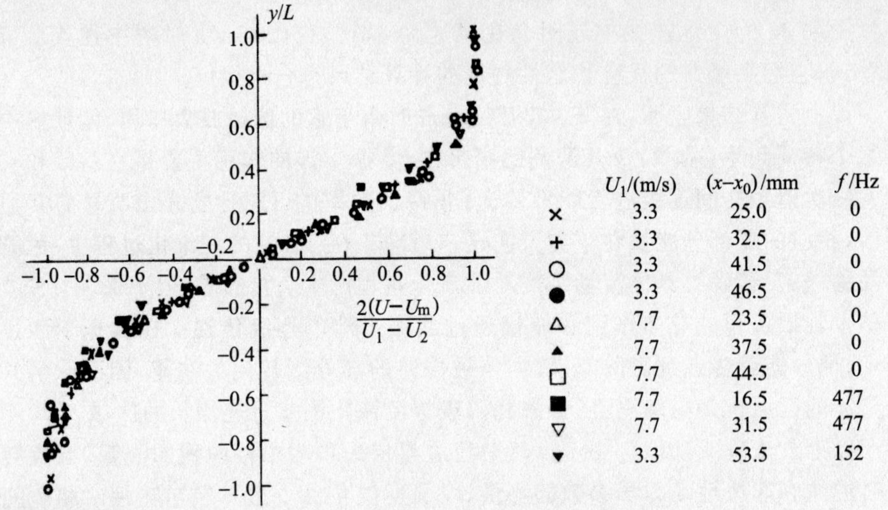

图 9.28　混合层中的平均风速剖面

图中 $x_0=7.5$mm 为坐标参考点。可以看到,从出口截面经过很短的形成段后,混合层中的速度剖面即具有良好的相似性,直到两侧自由边界与混合层交汇为止,实验结果为

$$\frac{U-U_m}{U_1-U_2}=\frac{1}{2}\tanh\frac{\beta y}{L}.$$

混合层中动量厚度的增长规律如图 9.29 所示。距出口截面 23 mm 以内,动量厚度 ϑ 逐渐增长,最后稳定在 0.4～0.5 mm 之间,速度剖面开始具有相似性。然后,动量厚度随$(x-x_0)$做线性增长。在有声激励的条件下,形成段缩短,动量厚度的增长曲线略呈梯形。

将热线探头从收缩段出口逐渐向下游方面移动,不断调节它的横向位置使热线风速计输出电压所对应的平均风速始终等于 U_m,输出的脉动电压经带通滤波器后由微计算机求得该频率下的脉动电压均方值及其沿流向的分布,由此得到各种频率下的不稳定波增长曲线(图 9.30),其中 $St=\frac{f\vartheta}{\Delta U}$,$\vartheta$ 为形成段的动量厚度,f 为频率。图中 $St=0.023$,0.012 和 0.006 分别为风速 3.3m/s 时基波和第一、二亚谐波的特征频率的相应值,而 $St=0.02$ 时的增长曲线具有最大增长率。为便于比较,将增长曲线起始点移到左下角。由曲线的斜率可求得不

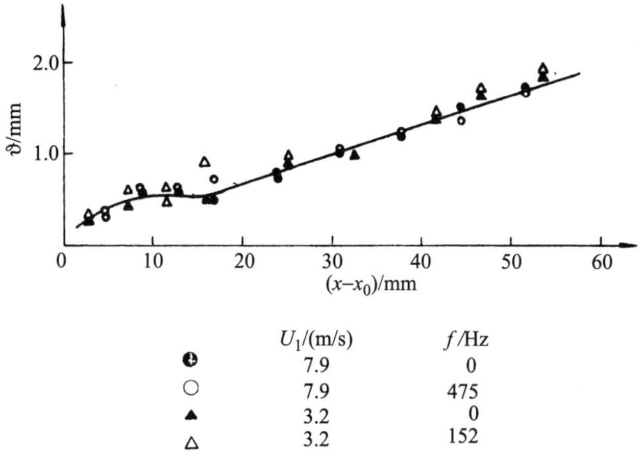

图 9.29　混合层中动量厚度的增长规律

稳定波在线性增长区增长率

$$\alpha_i = \frac{1}{\overline{u_m^2(f)}} \overline{\frac{\mathrm{d}u_m^2(f)}{\mathrm{d}x}}.$$

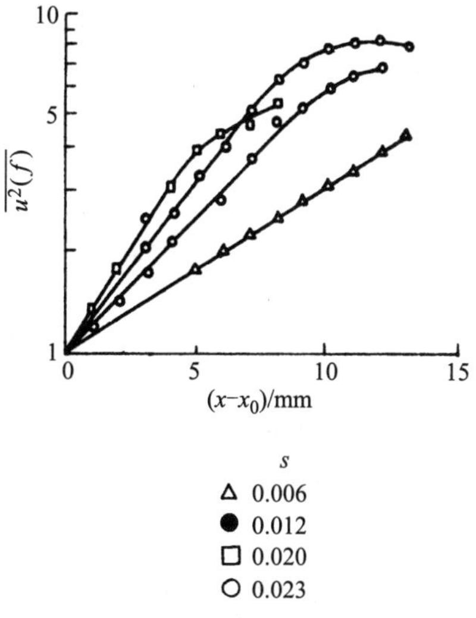

图 9.30　不同频率的不稳定波增长曲线

图 9.31 为无量纲增长率 $\alpha_i\vartheta$ 与 St 的关系，图中实线为 Michalke 由无黏性不稳定性理论得到的计算曲线，与本实验相符。可以看到，从第一亚谐波开始，不稳定波的增长率随阶次的增长而迅速减小。

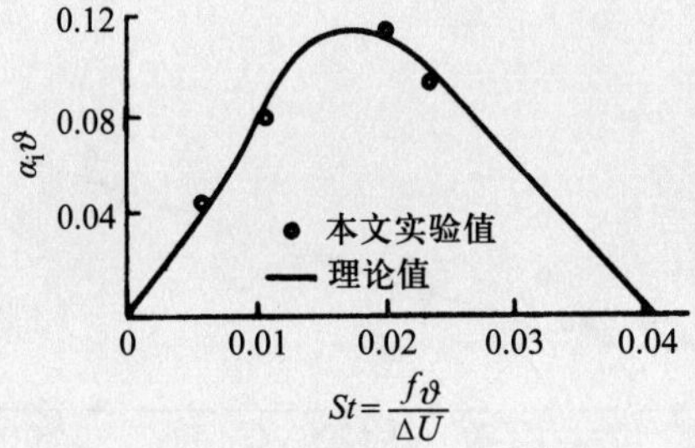

图 9.31 不稳定波空间增长率与频率的关系

图 9.32 为风速 4.1 m/s 时测得的基波和第一亚谐波的增长曲线。基波增长曲线的最大值在距出口 15 mm 处，第一亚谐波增长曲线的最大值在 28 mm 处。由于收缩段之间有 1 mm 狭缝，两股气流在出口下游 2～5 mm 处才开始汇合，与声反馈原理所预测的结果一致，涡核生成和第一次卷并的位置与混合层起始点距离为一倍基波波长 $\lambda_1 \approx 13$ mm 和第一亚谐波波长 $\lambda_2 \approx 26$ mm，相应的对流速度为

$$U_c = \lambda f \approx 2.56 \text{ m/s},$$

与经验值 $U_c = (1.0 \sim 1.2) U_m$ 相符。

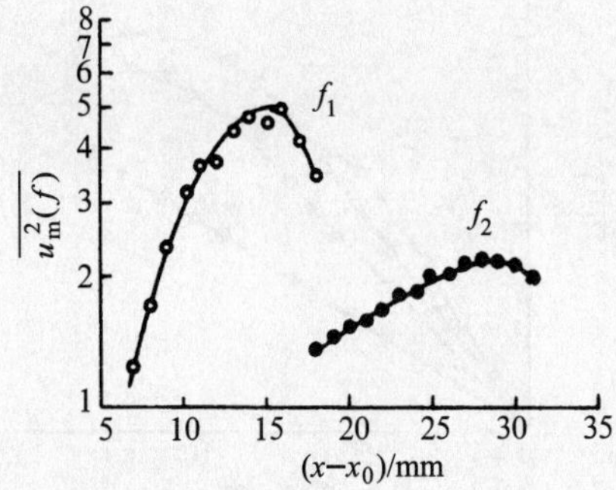

图 9.32 基波和第一次谐波振幅 $\overline{u_m^2(f)}$ 沿 x 方向的分布

f_1——基频，f_2——第一次谐频；$u_1 = 4.1$ m/s，$f_1 = 237$ Hz，$f_2 = 110$ Hz

图 9.33 为二维混合层中风速 4.1 m/s 时以 CO_2 为示踪气体，用纹影仪拍摄的照片。由于示踪气体流速较高(0.5 m/s)，三股气流的混合点后移，但由混合点到涡核形成和第一、二次涡对卷并位置的距离以及不稳定波增长曲线的最大值位置均能较为满意地相符。

以上实验结果表明，在混合层中不稳定波的增长、发展和共振干涉与涡的形成、涡对卷并是两类相互依存又相互独立的现象，在涡的形成和卷并过程中

不稳定波的发展和共振干涉起着主要作用。

图 9.33

参考文献

1. Tennekes H, Lumley J L. The First Course in Turbulence. MIT Press, 1972.
2. Bradshaw P. An Introduction to Turbulence and Its Measurement. Pergamon Press Inc., 1972.
3. Batchelor G K. The Theory of Homogeneous Turbulence. Camb. Univ. Press, 1959.
4. Monin A S, Yaglom A M. Statistical Fluid Mechamics, vol.1, MIT Press, 1971.
5. Townsend A A. The Structure of Turbulent Shear Flow. Camb. Univ. Press, 1956.
6. Corrsin S, Kistler A L. The free stream boundaries of turbulence flows. NACA TN, 1956, 3133.
7. Corrsin S. Turbulence: Experimental Methods in: vol.2, Handbuch der Physik. Springer Verlog, 1963: 524-590.
8. Kovasznay L S G. Turbulence measurement. Applied Mechanics Surveys, ASME, 1966.
9. Tritton D J. Some new correlation measurements in a turbulent boundary layer. J. Fluid Mech., 1970, 41: 283.
10. Kovasznay L S G, Kiben V, Blackwelder R F. Largescale motion in the intermittent region of a turbulent boundary layer. J. Fluid Mech., 1970, 41: 283.
11. Laufer J. The structure of turbulence in fully developed pipe flow. NACA Report, 1954, 1174.
12. Blackwelder R F, Kovasznay L S G. Time scale and correlation in a turbulent boundary layer. Phys. Fluids, 1972, 15: 1545-1554.
13. Gupta A K, Laufer J, Kaplan R E. Spatial structure in the viscous sublayer. J. Fluid

Mech., 1971, 15: 493-512.

14. Brown G L, Roshko A. On density effect and large structure in turbulent mixing layers. J. Fluid Mech., 1974, 63: 775-816.
15. Winant C D, Browand F K. Vortex pairing, the mechanism of turbulent mixing layer growth at moderate Reynolds number. J. Fluid Mech., 1974, 63: 237-255.
16. Bernal L P, Breidenthal R E, et al. On the development of three dimensional small scales in turbulent mixing layers in: Symposium on Turbulent Shear Flows. Springer-Verlag, 1980: 305-313.
17. Kline S J, Reynolds W C, Schraub F A, Runstadler P W. The structure of turbulent boundary layer. J. Fluid Mech., 1967, 30: 741-772.
18. Batchelar G K, Gill K E. Analysis of the stability of axisymmetric jets. J. Fluid Mech., 1962, 14: 529-551.
19. Mantingly G E, Chang C C. Unstable waves on an axisymmetric jet column. J. Fluid Mech., 1966, 23: 683-704.
20. Michalke A. On spatial growing disturbances in an inviscid shear layer. J. Fluid Mech., 1965, 23: 521-544.
21. Michalke A. On the inviscid instability of the hyperbolic-tangent Veloscity Profile. J. Fluid Mech., 1964, 19: 543-556.
22. Freymuth P. On transition in a separated laminar boundary layer. J. Fluid Mech., 1966, 26: 683-704.
23. Lin C C. The Theory of Hydrodynamic Stability. Camb. Univ. Press, 1955.
24. Schubauer G B, Skramstad H K. Laminar-boundary oscillations and transition on a flat plate. NACA Rpt., 1948, 909.
25. Laufer J, et al. Experiments on instability of a supersonic boundary layer in: Ⅸ Congress International de Mecanique Appliquee. Univ. de Bruxelies, 1957.
26. Klebanoff P S, Tidstrom K D. The evolution of amplified waves leading to transition in a boundary layer with zero pressure gradient. NASA TN, 1959, D-195.
27. Hussain A K M F, Kleis S J, Sokolov M. A turbulent spot in an axisymmetric free shear layer. Part 2. J. Fluid Mech., 1980, 92: 1-16.
28. Blackwelder R F, Kovasznay L S G. Time scale and correlations in a turbulent boundary layer. Phys. Fluids, 1975, 15: 972-930.
29. Busse F H. Transition to turbulence in thermal convection with and without rotation in: Transition and Turbulence. Academic Press, 1981: 43-61.
30. Gollub J P, Swinney H L. Onset of turbulence in a rotating fluid. Phys. Rev. Lett., 1975, 35: 972-930.
31. DiPrima R C. Transition in flow between rotating concentric cylinders in: Transition and Turbulence. Academic Press, 1981: 1-23.
32. Swinney H L, Gollub J P. Hydrodynamic Instabilities and the Transition to Turbulence.

Springer，1981.

33. Drazin P G，Reid W H. Hydrodynamic Stability. Camb. Univ. Press，1981.

34. Stuart J T. Hydrodynamic stability in:Laminar Boundary Layers. Ox. Univ Press，1963：492-577.

35. Crow S C，Champagne F H. Orderly structure in jet turbulence. J. Fluid Mech.，1971，48：547-591.

36. Ho C M，Huang L S. Subharmonics and vortex merging in mixing layer. J. Fluid Mech.，1982，119：443-473.

37. Laufer J，Monkewitz P. On turbulent jet flow:a new perspective. AIAA Paper，80-0962.

38. Miksad R W. Experiments on the nonlinear stages of free-shear-layer transition.J.Fluid Mech.，1971，56：393-413.

39. Craik A D D. Non-linear resonant interaction in boundary layers. J. Fluid Mech.，1971，50：393-413.

40. Emmons H W. The laminar-turbulent transition in a boundary layer. Part I，J. Aeron. Sci.，1951，18：440-498.

41. Schubauer G B，Klebanoff P S. Contributions on the mechanics of boundary layer transition. NACA TN，1955，3489.

42. Hama F R，Nutant J. Detailed flow field observations in the transition process in a thick boundary layer. Proc. 1963 Heat Transfer and Fluid Mech. Inst. Stanford Univ. Press，1963：77-93.

43. Coles D，Barker S J. Some remarks on a synthetic turbulent boundary layer in:Turbulent Mixing in Nonreative and Reactive Flows. Plenum，1975：285-292.

44. Coles D，Savas O. Interaction for regular patterns of turbulent spots in a laminar boundary layer in:Laminar-Turbulent Transition. Springer-Verlag，1980：277-287.

45. Yan D C，Zhu C K，Yu D C，et al. Resonant interactions of Tollmien-Schlichting waves in the boundary on a flat plate. Acta Mechanica Sinica，1988，4：305-310.

46. Becker H A，Massaro T A. Vortex evolution in a round jet. J. Fluid Mech.，1968，31：435-448.

47. Saric W S，Kozlov V V，Levchenko V Ya. Forced and unforced subharmonic resonance in boundary layer transition. AIAA paper，84-0007.

48. Kachanov Y S，Levchenko V Y. The resonant interaction of disturbances at laminar-turbulent transition in a boundary layer. J. Fluid Mech.，1984，138：209-247.

49. Shu W，Liu W M. The effect of compliant coatings on coherent structures in turbulent boundary layer. Acta Mechanica Sinica，1990，6：97-101.

50. Nishioka M，Asai M，Iida S. Wall phenomena in the final stage of transition to turbulence in：Transition and Turbulence. Academic Press，1981.

51. 颜大椿，张汉勋. 自然对流边界层中湍流的发生. 力学学报，2003，35：641-649.

第十章　多相流的实验研究

多相流是流体力学中另一个未能很好解决的问题。它除了考虑流体本身的运动外，还要考虑被流体携带的各种粒子的运动，相互碰撞、聚合、分裂、旋转、相变和化学反应，以及粒子群对流体的流动特性的影响。

假定粒子直径很小，浓度较低，可以看作是由质量传递引起的浓度分布问题。这类课题在烟气扩散等工程项目有许多应用。在生产实际中真正困难的还是高浓度大颗粒的问题，其中流态变化复杂，每种流态都需要建立单独的模型，大量粒子的掺混使流体的性质发生很大变化，而流体的湍流特性又使粒子运动的动力学特性有明显的改变。这就使得流体的运动和颗粒群的绕流问题错综复杂地纠结在一起。

10.1　多相流的各种流态

在多相流研究中，首先需要区别问题的性质，根据它的流态建立相应的物理模型，然后决定用何种实验或理论方法作进一步研究。下面例举几个典型的问题。

粉尘或液滴的扩散问题　在这类问题中粒子直径远小于湍流尺度，在不考虑相变的条件下可以列出分相的连续方程和动量方程：

$$\frac{\partial \rho_k}{\partial t}+\frac{\partial}{\partial x_j}(\rho_k v_{kj})=\frac{\partial}{\partial x_j}\left(\frac{\nu_k}{\sigma_k}\bar{\rho}_k\frac{\partial \phi_k}{\partial x_j}\right), \tag{10.1}$$

$$\frac{\partial(\rho_k v_{ki})}{\partial t}+\frac{\partial}{\partial x_j}(\rho_k v_{ki}v_{kj})=-f_{ki}+\rho_k F_{ki}-\frac{\partial p_k}{\partial x_i}+\frac{\partial}{\partial x_i},$$

$$\left[v_k\rho_k\left(\frac{\partial v_{kj}}{\partial x_i}+\frac{\partial v_{ki}}{\partial x_j}\right)\right]+\frac{\partial}{\partial x_j}\left(\nu_{ki}\frac{v_k}{\sigma_k}\bar{\rho}_k\frac{\partial \phi_k}{\partial x_j}\right), \tag{10.2}$$

式中下标 k 表示某相，φ_k 表示体积比，f_k 为阻力，F_k 为体积力，σ_k 为湍流施密特数，$\bar{\rho}_k$ 为某相的材料密度，以及在两相流中的平均密度 $\rho_k=\varphi_k\bar{\rho}_k$。实验要求确定粒子的密度、所占体积比、阻力、湍流施密特数等。$i,j=1,2,3$ 表示矢量的坐标分量。在多数情况下只是检查一下总体效果与理论计算的差别。

在大气扩散等问题中往往将烟尘和液滴的分布简单当作某种大气成分的浓度分布。满足以下方程：

$$\frac{\partial \overline{C}}{\partial t}+\overline{U}_j\frac{\partial \overline{C}}{\partial x_j}=-\frac{\partial}{\partial x_j}\overline{u_j c},\tag{10.3}$$

其中 $\overline{C}$ 为平均浓度，c 为浓度脉动，ε_c 为涡扩散系数，$\overline{u_j c}=\varepsilon_c\dfrac{\partial \overline{C}}{\partial x_j}$，拉格朗日相关系数 $[R_{ij}(\tau)]_{\mathrm{L}}=\overline{u_i(t)u_j(t+\tau)}/\sqrt{\overline{u_i^2}\cdot\overline{u_j^2}}$。对于短时间扩散，拉格朗日扩散系数 $\varepsilon_{\mathrm{L}}=\overline{u^2}\int_0^t[R(\tau)]_{\mathrm{L}}\mathrm{d}\tau$ 仍然是时间的函数，其中 $[R(\tau)]_{\mathrm{L}}$ 为拉格朗日相关；对于长时间扩散，

$$\varepsilon_{\mathrm{L}}=\overline{u^2}\int_0^{\infty}[R(\tau)]_{\mathrm{L}}\mathrm{d}\tau=\overline{u^2}\Lambda_{\mathrm{L}},\tag{10.4}$$

其中 Λ_{L} 为拉格朗日积分尺度，并有经验公式

$$\Lambda_{\mathrm{L}}=\frac{(\overline{u^2})^{3/2}}{\varepsilon}\Big/\frac{0.68}{\alpha\beta},\tag{10.5}$$

式中 $\alpha=0.4$ 为海森堡常数，β 为 0.3～1.0 的常数，随 Re 而变。

管道传输中的各种流态　管道中的多相流有气-液、气-固、液-固等多种状态（图 10.1）。

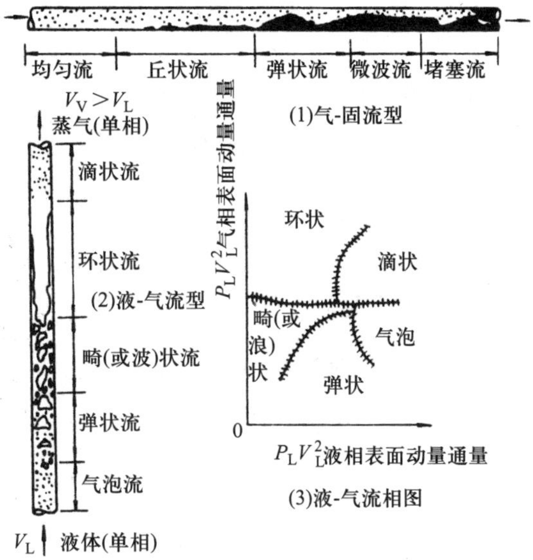

图 10.1　气-固、液-气两相流的各种流态

气-液两相流是在化工和动力工程中十分常见的一种流动。管道中的流态随气相或液相流量的增加而变化。在水平管道中先后有气泡流、柱塞流、层状流、波状流、弹状流、环形流等流态。各种流态与一定的气相和液相的流量相对

应。各分相流量的改变导致流态的有规律的变化。对于自下而上的垂直管道中的流动则有气泡流、弹状流、畸状流、环状流、滴状流等流态。

以下就几种气-液两相流典型的流态分别作简要介绍。

(1) 气泡流。气泡流的特征是在连通的液体介质中悬浮着某些离散的气泡。它的流动状态是多种多样的,定义气泡流的空隙因子 α 为单位体积中气泡容积所占的比例。因此,在泡沫流动中空隙因子可高达 99%,而在少量气泡的容器中水的空隙因子是一个接近于 0 的小数。在表面张力、黏性力、惯性力和浮力等因素作用下气泡的形状和轨迹也是各不相同的。它在高压蒸发、快速蒸馏、灭火器、啤酒泵、矿物浮选、港口消波等工程问题中均有广泛的应用。产生气泡的方法有以下几种:

① 小孔排气法。这是产生气泡最简单的方法,仅要求气体压力大于液体中的静水压力。设孔径为 d,则排出气泡静平衡条件为

$$\frac{4}{3}\pi\left(\frac{D}{2}\right)^3 g(\rho_f-\rho_g)=\pi d\sigma, \tag{10.6}$$

其中 D 为气泡直径,ρ_f 和 ρ_g 分别为液体和气体密度,σ 为表面张力,d 为小孔直径,因此小孔排气产生的气泡直径不超过

$$D_{\max}\approx\sqrt[3]{\frac{6\sigma d}{g(\rho_f-\rho_g)}}. \tag{10.7}$$

这时气体流率 Q_g 增加,气泡体积 V 随之增加,并有

$$V=\left(\frac{4\pi}{3}\right)^{\frac{1}{4}}\left[\frac{15\mu_f Q_g}{2g(\rho_f-\rho_g)}\right]^{\frac{3}{4}}, \tag{10.8}$$

其中 μ_f 为液体的动力黏性系数。

② 气体射流法。当排气速度较高时,在小孔附近形成气体射流。射流在 3~5 倍小孔直径处完全破碎成无数小气泡。产生气体射流的条件是气体在孔口的动量 $M=\rho_g v_g^2\cdot\frac{\pi d^2}{4}$ 和孔口速度 v_g 满足以下条件,

$$M>\frac{25\pi}{16}\sqrt{\frac{\sigma^3}{g(\rho_f-\rho_g)}}, \tag{10.9}$$

$$v_g>\frac{5}{2d}\sqrt[4]{\frac{\sigma^3}{g(\rho_f-\rho_g)\rho_g^2}}; \tag{10.10}$$

这时的气泡直径大约为小孔直径的两倍。

③ 气被法。由 Taylor 不稳定性在多孔或加热表面分离出一层气被或蒸气被,气泡直径大致为

$$D=\sqrt[3]{\frac{\sigma}{g(\rho_f-\rho_g)}}. \tag{10.11}$$

④ 蒸发或质量传递法。例如啤酒、苏打水或香槟酒中释放的大量气泡，或液体沸腾时产生的气泡。则气泡直径大致为

$$D \approx 0.021\beta\sqrt{\frac{\sigma}{g(\rho_{\mathrm{f}}-\rho_{\mathrm{g}})}},\tag{10.12}$$

其中 β 为气泡在脱离表面前的接触角。

⑤ 剪切层法。在强迫对流或机械搅拌装置中气泡大小由剪应力决定。剪应力的大小反映在单位质量流体的机械功消耗率 ε 上。气泡大小为

$$D=0.725\left(\frac{\sigma^{3}}{\rho_{\mathrm{f}}^{3}\varepsilon^{2}}\right)^{1/5}.\tag{10.13}$$

气泡浮升速度与气泡直径、两种流体的性质、流体的动力黏性系数等因素有关。当气泡直径很小时，满足 Stokes 方程。根据上升速度为 v_{∞}，定义气泡雷诺数 $Re_{\mathrm{b}}=\dfrac{\rho_{\mathrm{f}}v_{\infty}D}{\mu_{\mathrm{f}}}$，则有

$$v_{\infty}=\frac{1}{18}\frac{D^{2}g(\rho_{\mathrm{f}}-\rho_{\mathrm{g}})}{\mu_{\mathrm{f}}},\quad Re_{\mathrm{b}}<2.\tag{10.14}$$

不同直径的空气泡在水中的浮升速度可以由图 10.2 表示，而气泡很大的情况下，黏性和表面张力可以忽略，上升速度为

$$v_{\infty}=\frac{2}{3}\sqrt{gR_{\mathrm{c}}}.\tag{10.15}$$

R_{c} 为气泡前缘曲率半径，而对于中等尺度的气泡则惯性、表面张力、黏性和洁净与否都会产生重要影响，可根据气泡雷诺数的不同范围采用不同公式

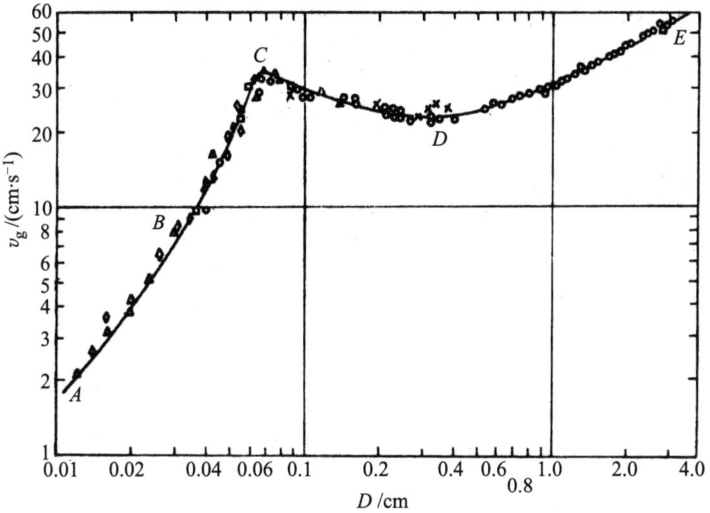

图 10.2 气泡浮升速度和直径的关系

$$v_\infty=\begin{cases}0.33g^{0.76}(\rho_f/\mu_f)^{0.52}(D/2)^{1.28}, & 2<Re_b<4.02G_1^{-2.214},\\ 1.35(2\sigma/\rho_f D)^{1/2}, & 4.02G_1^{-2.214}<Re_b<3.10G_1^{-1/4},\\ 1.53(g\sigma/\rho_f)^{1/4}, & 3.10G_1^{-1/4}<Re_b,\end{cases} \tag{10.16}$$

其中 $G_1=\dfrac{g\mu_f^4}{\rho_f\sigma}$。可见,对于大气泡($Re_b>3.10G_1^{-1/4}$),上升速度与气泡尺寸无关。关于容器壁、振动、空隙因子等对气泡上升速度的影响也有大量研究资料。此外,通过表面活化剂可使气泡在相互接触时破碎成较小的气泡。

图 10.3 柱塞流

(2) 柱塞流。柱塞流的特征是在管道流动中存在着一连串充斥管道大部分截面的大气泡(图 10.3),在分析柱塞流时通常将每一个气泡和它两边的部分液体柱塞作为单位,根据液体和气体的平均体积流率 Q_f 和 Q_g,可以确定柱塞流的平均流速为

$$v=(Q_g+Q_f)/A, \tag{10.17}$$

其中 A 为管道截面积。在考虑柱塞流中气泡的动力学特性时还需要知道液体部分的速度剖面,以及管壁粗糙度和液体流动的雷诺数 $Re=\dfrac{vD\rho_f}{\mu_f}$ 的影响,但与空隙因子 α、单独气相(或液相)的平均流速 v_g(或 v_f)无直接关系。

在考虑气泡的动力学特性时,气泡速度 v_b 是一个基本参量,它是平均流速 v、管道形状、流体性质和重力场的函数,在多数情况下,气泡长度并不是很重要的统计参量,而气泡的头部和尾部对气泡运动起主要作用。气体的浮升速度 v_g 可以由气泡速度和平均流速之差确定,即

$$v_g=v_b-v. \tag{10.18}$$

垂直柱塞流中单个气泡相对于静止液体的上升速度 v_∞ 取决于惯性力、黏性力、表面张力和静水压力的平衡。流动特性可以用以下三个无量纲参数组合来表示

$$\frac{\rho_f v_\infty^2}{gD(\rho_f-\rho_g)},\quad \frac{v_\infty\mu_f}{gD^2(\rho_f-\rho_g)},\quad \frac{\sigma}{gD^2(\rho_f-\rho_g)}.$$

当惯性力起主导作用时,

$$v_\infty=k_1\sqrt{\frac{\rho_f-\rho_g}{\rho_f}\cdot gD}. \tag{10.19}$$

k_1 值由实验确定,$k_1\approx0.345$。对于长为 b,宽为 a 的方形管道,$k_1=0.23+0.13\dfrac{a}{b}$,对于顶部通大气的情况则还需要考虑气泡的膨胀。

当黏性起主导作用时，

$$v_\infty = k_2 \frac{gD^2(\rho_f - \rho_g)}{\mu_f}, \tag{10.20}$$

其中 $k_2 \approx 0.010$。

当表面张力起主导作用时气泡完全不运动了，气泡的表面张力需满足以下条件：

$$\frac{gD^2(\rho_f - \rho_g)}{\sigma} < 3.37. \tag{10.21}$$

对于一般情况，用无量纲黏性系数(即雷诺数与 k_2 之比的倒数)

$$N_f = \sqrt{\rho_f g D^3(\rho_f - \rho_g)}/\mu_f \tag{10.22}$$

来表示气泡上升速度。一般情况下的气泡浮升速度可以用 k_1-N_f 图表示(图 10.4)．对于不同流体的性质可以用阿基米德数 Ar 来表示

$$Ar = \frac{\rho_f}{\mu_f^2}\sqrt{\frac{\sigma^3}{g(\rho_f - \rho_g)}}. \tag{10.23}$$

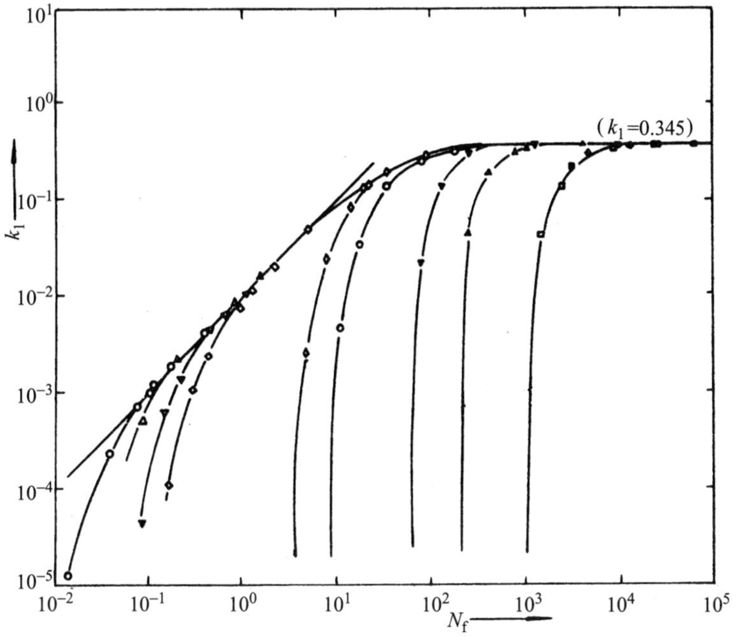

图 10.4　垂直管柱塞流中气泡浮升速度 k_1 和黏性倒数的无量纲关系

水平柱塞流的气泡速度取决于它的截面参数 $m = 1 - \frac{A_0}{A}$、惯性力、黏性力、表面张力和浮力等因素，其中 A 为管道截面积，A_b 为气泡截面积。设液膜平均

厚度为 δ，则 $A_b=\pi\left(\frac{D}{2}-\delta\right)^2=A\left(1-\frac{2\delta}{D}\right)^2$。利用速度和面积的反比关系，可以得到气泡速度 $v_b\approx\frac{A}{A_b}v$，其中 v 为液体速度。对于特定的流体和特定的管径，可以得到一个与速度无关，却与黏性力、惯性力和表面张力有关的无量纲组合 $\lambda=\frac{\mu_f^2}{D\rho_f\sigma}$，浮力与表面张力组成了另一个无量纲参量 $\frac{gD^2}{\sigma}(\rho_f-\rho_g)$。大量实验是在浮力影响较小并可忽略的情况下进行的，例如取 $\frac{gD^2}{\sigma}(\rho_f-\rho_g)<0.88$。实验结果可以得到速度比 v/v_b 和 $\frac{v\mu_f}{\sigma}$ 之间的关系。如图 10.5 所示，在极低速度时气泡速度与柱塞速度近似相等，液膜很薄，故有 $v_b\approx\left(1+\frac{4\delta}{D}\right)v$。在高速高雷诺数时 v/v_b 趋于约 0.84 的常值，故有 $v_b\approx 1.19v$，常数和垂直管道高速流动的结果相近，因而在液体流动的雷诺数 $Re=\frac{vD}{\nu_f}>3000$ 时，气泡速度近似为

$$v_b=1.2\,\frac{Q_f+Q_b}{A}. \tag{10.24}$$

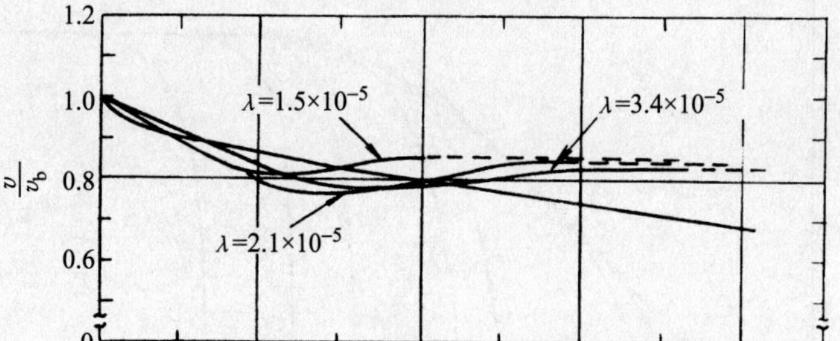

图 10.5　水平柱塞流气-液两相流率比的变化

对于 λ 很大，惯性力可以忽略的情况，柱塞流取决于表面张力和黏性力的平衡，则截面参数有经验公式

$$m=2.68\left(\frac{\mu v_b}{\sigma}\right)^{2/3}. \tag{10.25}$$

由截面参数 m 可以直接确定膜厚，但上式中 v_b 通常并非已知，而需要用迭代法来求。另一种方法是设 $c_1=\frac{v_b}{v}\approx\frac{A}{A_b}$，由下式求出

$$c_1 = 1 + 1.27(1 - e^{-3.8(\mu_f v/\sigma)^{0.8}}), \tag{10.26}$$

通常可保证 2%的精度。当 $c_1 > 2$ 时,气泡速度远大于液体柱塞的中心流线的速度,此时液体的流动特性和 $c_1 < 2$ 时有明显不同。由气泡速度可以求出空隙因子 $\alpha = v_g/v_b$,其中 $v_g = Q_g/A$。当雷诺数大于 3000 时,可得

$$\alpha = 0.84 \frac{Q_g}{Q_f + Q_g}, \tag{10.27}$$

与实验结果相符。最后在分析管路压降时可以区分两种情况,对于液体柱塞可以用单相流方法,而气泡柱形段的压降为零。因而,只需考虑每个气泡的头部和尾部的附加压降,对于一个气泡和一段柱塞所产生的压降为

$$\Delta P = 4c_f \frac{L_s + 4D}{D} \cdot \frac{1}{2}\rho_f v^2, \tag{10.28}$$

其中 L_s 为柱塞长度,相应的平均压力梯度为

$$-\frac{dP}{dz} = \frac{2c_f \rho_f v^2}{D} \cdot \frac{L_s + 4D}{L_s + L_b}, \tag{10.29}$$

其中 L_b 为气泡长度,c_f 为管道的水力损失系数。如果已知每个气泡的体积为 V_b,则可以求得

$$L_s + L_b = \frac{V_b}{A_a}. \tag{10.30}$$

若已知面积比$\frac{A_b}{A}$,则有近似公式可以求 L_b,

$$L_b = \frac{c_1 V_b}{A}, \tag{10.31}$$

故得压力梯度公式为

$$-\frac{dP}{dz} = \frac{2c_f \rho_f v}{D}\left(v_f + \frac{4DA}{V_b c_1} v_g\right). \tag{10.32}$$

对于倾斜管道的柱塞流来说,气泡速度 v_θ(θ 为管轴与垂直轴之间的夹角)可以用

$$\frac{v_\theta}{v_\infty} = f\left(\theta, N_f, \frac{gD^2(\rho_f - \rho_g)}{\sigma}\right) \tag{10.33}$$

来表示(图 10.6)。

(3) 环形流。环形流是管道流动中的一种特殊流态,是指管壁为连续液膜,中心为气流核心的流态,它在蒸发器、天然气管线和蒸气加热系统中常常是主导流态。若气流核心包含大量液滴则称作环形雾滴流,它是环形流过渡到滴状流的过渡状态。对于水平管道和倾斜管道则由于轴对称性消失,环形流转化为分层流。垂直环形流在气流核心流速较低,流向向上时,由于环状液体主要受重力影响,流向与气流核心相反,称作反向垂直环形流;当气流核心流速较高,

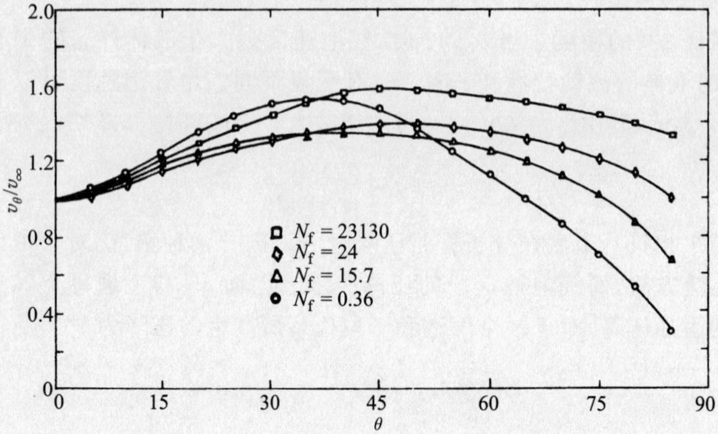

(a)

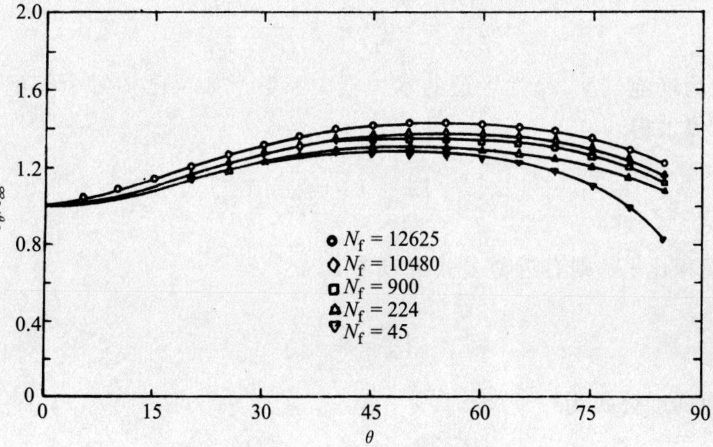

(b)

图 10.6　倾斜管柱塞流的气泡浮升速度

液体主要受气-液界面的剪应力影响时,环状液体的流向与气流核心的流向相同,称作同向垂直环形流。

对反向垂直环形流,如果气体速度较低,气液分界面的剪应力和压力损失较小而可以忽略,则在管壁曲率可以不计的条件下,液体薄膜在气流作用下的剪应力 $\tau=\mu_f\partial v/\partial y$ 满足以下平衡方程:

$$\tau=g(\rho_f-\rho_g)(\delta-y), \tag{10.34}$$

其中 δ 为液膜厚度,y 为与壁距离,在层流条件下可得

$$\mu_f v=g(\rho_f-\rho_g)\left(\delta y-\frac{1}{2}y^2\right). \tag{10.35}$$

其中 μ_f 为液膜中液体的动力黏度,v 为液膜中离壁距离为 y 处的流速。对 y 积分后可得液膜的体积流率 q_f 满足以下方程

$$q_f = \frac{\delta^3 g(\rho_t - \rho_g)}{3\mu_f} \cdot \pi D,$$

其中 D 为管径,则液体的平均流速为

$$v_f = \frac{4}{3}\frac{g(\rho_f - \rho_g)\delta^3}{\mu_f D},$$

液膜雷诺数 Re_Γ 为

$$Re_\Gamma = \frac{v_f \rho_f D}{\mu_f}, \tag{10.36}$$

无量纲液膜厚度 δ^* 为

$$\delta^* = \delta \sqrt[3]{\frac{\rho_f g(\rho_f - \rho_g)}{\mu_f^2}} = \frac{\delta}{D} N_f^{2/3}. \tag{10.37}$$

N_f 为表示液膜的浮力和黏性力之比的无量纲参数。当薄膜雷诺数 $Re_\Gamma \leqslant 2500$ 时,薄膜厚度满足以下公式

$$\delta^* = 0.909 Re_\Gamma^{1/3}; \tag{10.38}$$

当薄膜雷诺数较高($Re_\Gamma > 2500$)时液膜中的流动成为湍流,则有

$$\delta^* = 0.115 Re_\Gamma^{0.6}. \tag{10.39}$$

对于一个确定的环形液膜流率 Q_f,当气流核心的流率增加时,在液-气交界面出现表面波,最后成为混乱不规则的流态,气体成分的压力降迅速增加,有时液体下降,有时液体随气流上升(图 10.7),这种现象称作泛流(flooding)。继续增加气体流率则形成液膜随气流爬升的环形流。

当气液两相均是湍流时,泛流条件可以近似由下式表示:

$$\sqrt{v_f^*} + \sqrt{v_g^*} = c, \tag{10.40}$$

其中 $v_f^* = v_f \sqrt{\rho_f / [gD(\rho_f - \rho_g)]}$ 和 $v_g^* = v_g \sqrt{\rho_g / [gD(\rho_f - \rho_g)]}$ 为无量纲液体和气体的平均流速;c 为一个与表面张力有关的常量,但对于多数液体表面张力的影响不大,但与管道的进口条件有关,开始出现泛流时 c 的典型值为 0.8,而从泛流转化为爬升环形流时 c 的典型值为 1。对倾斜管道则 c 值要提高很多。

当黏性力起主要作用时,可用 v_f^* / N_f 表示黏性力与浮力之比

$$\frac{v_f^*}{N_f} = \frac{\mu v_f}{gD^2(\rho_f - \rho_g)}, \tag{10.41}$$

则泛流条件在 $N_f < 2$ 时为

$$\sqrt{v_g^*} + 5.6\sqrt{v_f^* / N_f} = 0.725. \tag{10.42}$$

当气体流率增加,气体平均速度 $v_g^* \approx 0.9$ 时,液体不再下流,形成同向垂直环形流。低于此值则可能有某些向下的液流,高于此值时才会产生某些连续向

上的液体流动。若向下的液膜不能由导管底部排出则最后形成柱塞流。

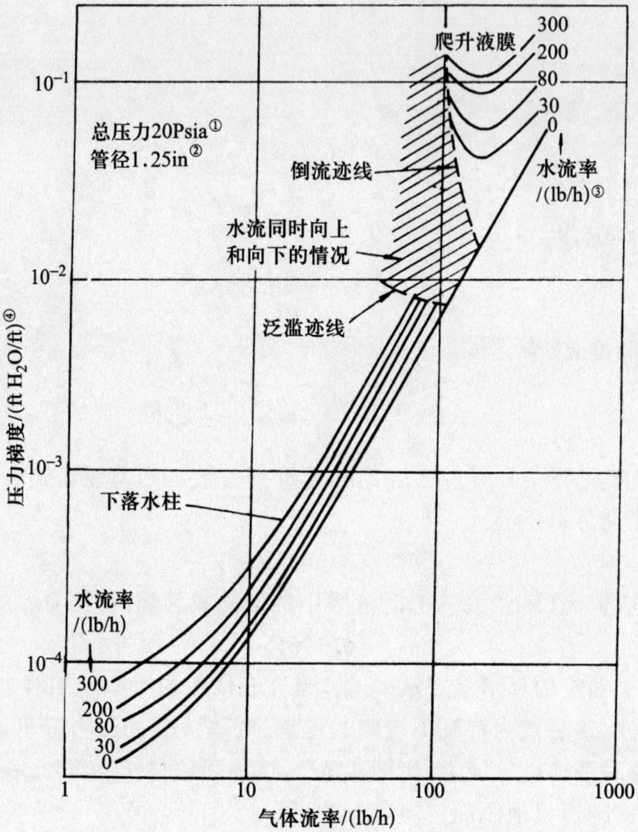

图 10.7 同向和反向环形流的压力降特性

(4) 滴状流。滴状流指液滴在连续流体中存在大量悬浮液滴的状态,它和气泡流相似。但气泡流中液体对气体的阻力比气泡自身的阻力要大,因而气泡流动更接近于强迫对流,而滴状流中液滴的跟随性差,用均匀流模型分析的结果不如气泡流好,至于滴状环形流则与气泡流相比就完全不能模拟了(图 10.8)。

小孔产生准静态液滴的半径为

$$R_d = \sqrt[3]{\frac{\sigma R_0}{g(\rho_f - \rho_g)}}, \tag{10.43}$$

---

① 1Psia(磅/英寸^2)=6.896kPa.

② 1in(英寸)=25.4mm.

③ 1lb(磅)=0.4536kg.

④ 1ft(英尺)=12 in=0.3048 m,1ft H_2O(英尺水柱)=304.8 mmH_2O=2.9891kPa.

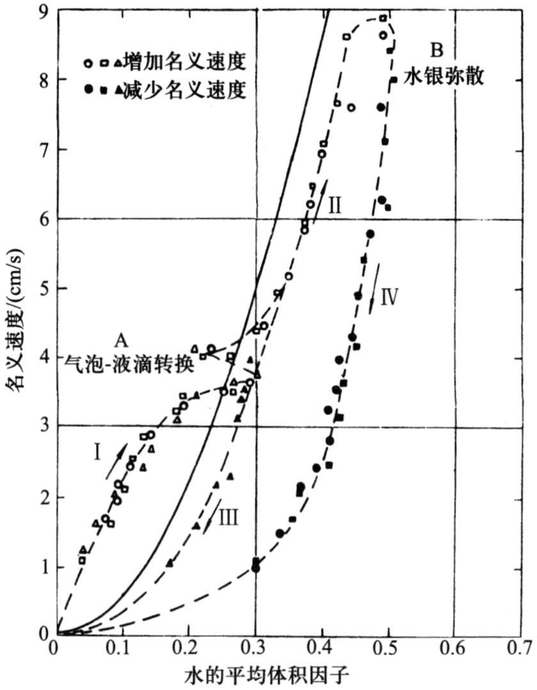

图 10.8　汞和水的滴状流

Ⅰ水滴在汞液中；Ⅱ，Ⅲ，Ⅳ汞滴在水中的各种状态

其中 R_0 为小孔半径。当液体流速增加时，由于不稳定性使射流很快破碎，并形成大量液滴，不稳定波的波长约为射流直径的 4.5 倍(如果周围气体的密度可忽略)，这时液滴半径约为射流半径的 1.9 倍，如果继续提高射流速度则在空气动力作用下液滴粉碎，产生很小的雾滴，这种情况称作雾化。除了用空气动力学方法将液体粉碎外也可以用机械法、离心法、电或超声方法。

决定液滴稳定性的主要无量纲参数为韦伯数

$$We=\frac{\rho_g(v_g-v_f)^2d}{\sigma}. \tag{10.44}$$

无黏性液体形成液滴破碎的临界韦伯数 $We\approx12$，考虑液体黏性则需加上一个黏性常数的影响，临界韦伯数为

$$We=12\left[1+\left(\frac{\mu_f}{\rho_f d\sigma}\right)^{0.36}\right], \tag{10.45}$$

上式通常适用于 $\mu_f/\rho_f d\sigma<5$ 的情况。当气流速度很高时液滴经过几次破裂，则最终液滴直径 d 与初始直径 d_0 之比满足以下关系式：

$$\left(\frac{d}{d_0}\right)^{1/4} = \frac{1.9}{(We)^{1/4}} + 0.315\left(\frac{\rho_g}{\rho_f}\right)^{3/2}(c_D)_0(We)_0^{1/8}\ln\left(\frac{d_0}{d}\right) \qquad (10.46)$$

c_D 为液滴的阻力系数,$(c_D)_0$ 的下标“0”代表初始状态。另一个常用公式是

$$d = \frac{585}{v_0}\sqrt{\frac{\sigma}{\rho_f}} + 597\left(\frac{\mu_f^2}{\sigma\rho_f}\right)^{0.225}\left(\frac{10^3 Q_f}{Q_g}\right)^{1.5}, \qquad (10.47)$$

其中 v_0 为初始速度,$\rho, v_0, d, \sigma, \mu_f$ 所用单位分别为 g/cm^3, m/s, μm, dyne/cm①, dyne · s/cm^2。实际雾化过程中雾滴直径与喷嘴结构、压力、流量、温度、液体的表面张力和黏度、环境温度等因素有关,而射流中强湍流的作用具有重要影响,设计中应提高喷嘴出口的湍流强度以改进液滴的雾化。

在上述气泡流和滴状流形成过程中,界面湍流起到重要作用,它使界面形成一系列的涡列,造成界面起伏不平以及切向与法向的剧烈脉动,并产生强烈的传质传热过程,导致界面破裂从而使表面张力大幅度降低,而这又强化了界面两侧的传质传热过程,使液体呈现乳化。这种界面湍流和前面讨论的壁湍流和自由湍流不同,它随着与界面距离的增加而迅速衰减,记忆效应很不明显,但对传质传热过程的影响十分明显。

气-固两相流通过水平管道的情况常见于气力输运,有以下几种流态;均匀流(指无固体颗粒沉结,但截面颗粒分布并不均匀)、丘状流、弹状流、波状流、堵塞流等。在有气流旋转时,还可以看到柱塞流,即一段气体与一段密集固体相互交替出现的情况。在垂直管道时,亦有均匀流、柱塞流、堵塞流等流态。当高密度粉尘(滑石粉、玻璃珠等)通过垂直管道时,介质的流动特性与单纯气体或低浓度两相流动均有明显差别,需通过特殊的实验装置来确定。例如,通过密集粉尘在经过长管时的压力损失的测量来确定这种两相流动的阻力特性。总的压力损失分别为空气和粒子的压力损失之和,用下标 a 和 s 标注(图 10.9),即

$$\Delta P = \Delta P_a + \Delta P_s = (\lambda_a + \lambda_s)\frac{\Delta L}{D}\frac{\rho_a}{2}U_a^2, \qquad (10.48)$$

$$\lambda_s = 1.5\beta C\frac{m}{Re_s^{\varepsilon}}\frac{(1-\varphi)^{2-\varepsilon}}{\varphi}\left(\frac{D}{d_s}\right)^{1+\varepsilon}\frac{\rho_a}{\rho_s}, \qquad (10.49)$$

其中 ρ_a 和 ρ_s,U_a 和 U_s 分别为气体和固体粒子的密度和速度,λ_a 和 λ_s 分别为二者的管道摩阻系数,M_a 和 M_s 分别为二者在管道流动中的载荷,并有 $\varphi = U_s/U_a$,$m = M_s/M_a$ 为载荷比,D 为管内径,ν_a 为气体的运动黏性,d_s 为粒子平均直径,$Re_s = (1-\varphi)\frac{d_s}{D}\cdot\frac{U_a D}{\nu_a}$,$\beta$ 为修正系数由实验确定,C 与 ε 为实验常数。

① 1dyne(达因)=1g · cm/s^2

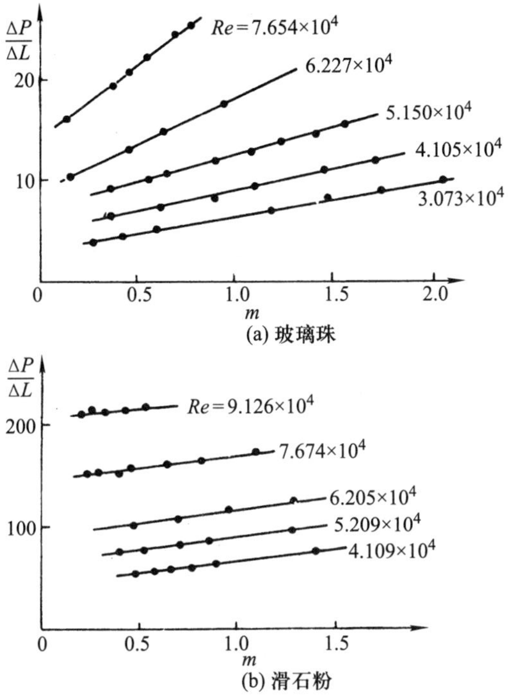

图 10.9　气-固两相流中压力损失系数 $\Delta P/\Delta L$ 随雷诺数 Re 和载荷比 m 的变化规律

液-固两相流的典型例子是泥沙问题。高浓度的泥沙流具有非牛顿流的特性。黄河在汛期含沙率高达 50％以上，河床底部泥浆具有宾汉体的特性，能承受一定应力，在应力超过临界值时出现揭底冲刷。

流态化床　这是动力、化工中常用的装置。颗粒直径较大，在重力作用下落在床底。空气自下而上流动。气体在流速较低时只能从颗粒的间隙通过；随着流速渐增，颗粒间距离逐渐增加，颗粒的阻力系数逐渐减小。当流速继续增加，颗粒间隙流和尾迹均出现强湍流，颗粒在平均位置附近大幅度摆动，阻力系数大降，空气和颗粒间的热量交换、质量交换(指颗粒中的水分或其他挥发性物质)或化学反应加剧。继续增加空气流量则可使大部颗粒从床底涌向床顶，导致整个过程的结束。

颗粒的沉降和在地面附近的运动　风沙的沉降、泥沙的沉积、河床和水库底部卵石的迁移都是生产实际中很有意义的多相流问题。强风作用下使大量沙土被风吹起并形成风蚀现象。沙土飞越一定距离后落下，形成波状沉积或沙丘。而河床底部砾石等迁移质在剪切流作用下滑移、滚动和跃移，即颗粒在剪切流作用下受到一定的升力，时而跃起，时而落下。大量迁移质的运动对水库

库容有很大影响。Saffman 对均匀剪切流中小球的作用力进行研究，得到 Stokes 阻力

$$D=6\pi\mu a(u'_s-u'),\tag{10.50}$$

其中 a 为小球半径，u'为局地流速，u'_s为小球中心的运动速度，u'_s-u'为对小球中心的相对速度。小球旋转产生的升力为

$$L_\omega=\pi a^3\rho_f\omega(u'_s-u'),\tag{10.51}$$

式中 ρ_f 为流体密度，ω 为角速度。此外，还受到横向升力

$$L_s=6.46\mu a^2|s/\nu|^{1/2}(u'_s-u')\tag{10.52}$$

其中 s 为速度梯度。除非 $\omega\gg 0.5s$，通常情况下横向升力大于旋转产生的升力。上述结论是 Saffman 在剪切雷诺数 $Re_s=4a^2(s/\nu)$ 远大于滑移雷诺数平方 $Re_p^2=(2a/\nu)^2(u'_s-u')^2$ 的条件下得到的。实验结果表明，上述结论在有壁面的情况下仍然是正确的(图 10.10)，但有大量不同直径粒子的情况还有待于研究。图 10.10 中 C_L 为小球的升力系数，U 为来流速度，V 为流体与小球的相对速度，h 为小球与地面的距离，影响颗粒在地表面运动的因素十分复杂，流动形态也变化多样，这些都是多相流中引人注目的课题。

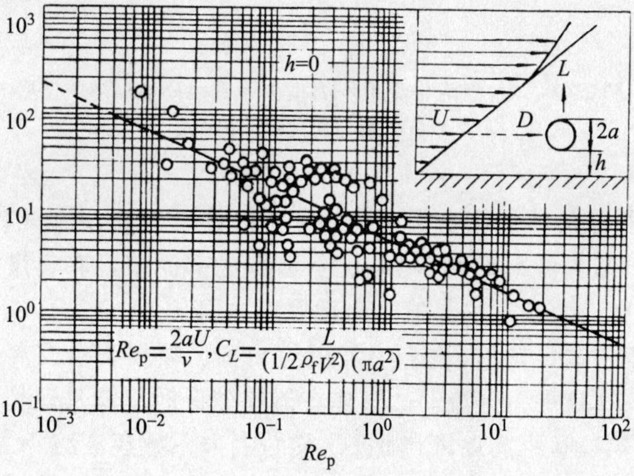

图 10.10 在均匀剪切流中测量得到的作用于小球上的升力与 Saffman 对无限流体均匀剪切流中剪切-滑移作用的理论预测的比较

10.2 多相流测量技术

多相流测量是技术上相当困难、研究对象十分复杂的课题，也是各种先进技术的重要用武之地。目前多相流测量技术还不能很好解决各种实际流动的

测量问题，但是已经发展了许多很有希望的方法。

流型测量　这是多相流测量中的一个重要问题，常用的方法是用透明窗口或管道作高速摄影。该方法对气-液两相流较为有效，但光的折射较复杂，常常遇到困难。用 X 射线可以得到较好的效果，直接利用 X 射线的吸收来确定瞬时的流型，可以得到和流型相应的空隙系数(图 10.11)，采用多束伽马射线、中子射线等也可以收到同样的效果。近年来，层析技术得到成功的应用，电容式层析图像系统通过几个方向的电容的测量，经过层析法处理，可以得到气固两相各分相在管道截面的分布。如图 10.12 所示，由 A_+ 与 A_-，B_+ 与 B_-，C_+ 与 C_- 三对电极分别在相位差为 $\pi/2$ 的输入电压作用下形成顺时针旋转的电场，用阻抗法对管道截面中气-液、气-固或液-固流动的界面分相形成层析图形。

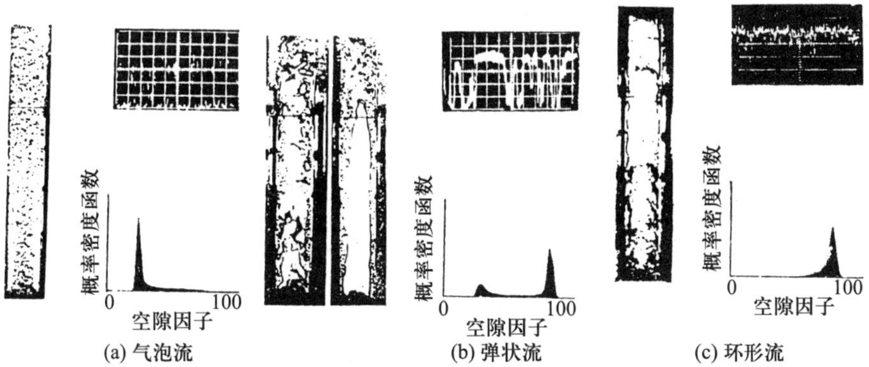

图 10.11　X 射线探测两相流的流型、瞬时浓度和空隙因子

流量测量　经典的方法有孔板流量计法、文丘里流量计法等，这些基于压差测量的方法仍在大量使用。转子流量计、示踪粒子(例如同位素法)流量计、超声流量计、阻力流量计、电磁流量计。但是在多相流测量中，对于各种流态来说，上述各种流量计并不是普遍能用的。另外要考虑各分相的影响，因此需要根据具体条件进行系统的校准或配合其他方法进行测量。

近年来发展的另一种新技术是相关流量计，用于原油两相流、燃气两相流、油水气三相流、煤粉输送、煤水输送、水泥输送的流量测量，均得到较好效果。相关流量计所用的传感器可以是电容式、电磁式、声光多普勒式，在管道两个截面上通过时-空互相关法求得平均流量(图 10.14)。另外，也可以用光学信号处理或图像处理方法与相关技术结合测量表面的点流速、线平均速度，进而由校准推算整个管道或渠道的流量，这是目前在流量测量上很有成效和发展前景。图 10.13(a)为反射式相关流量计，对流速为 V 和水深为 H 的河渠表面，由相隔一定间距的两个光检测器 D_1 和 D_2 测得的两组图像分别与倾斜角为 θ 的另一

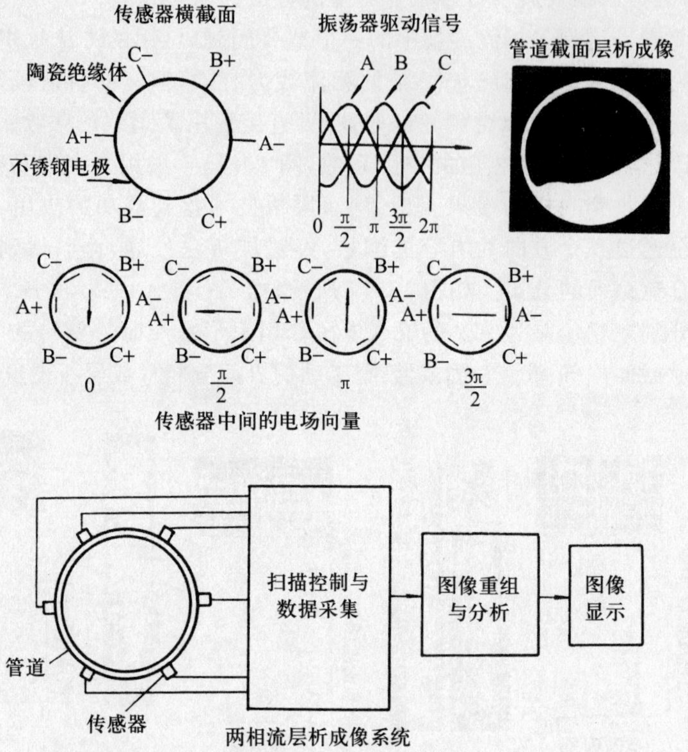

图 10.12 测量空隙因子的旋转电阻抗法层析成像系统

光检测器 D_3 测得的图像作相关分析,可确定河渠流量。图 10.13(b)为透射式流量计,将相隔 L 的两对光发射器和接收器分别置于截面流速为 V 的流场两侧,对两接收器检测信号 $x(t)$ 和 $y(t)$ 按参考模型作优化后得到 y_M 和偏差量 σ,由给出的判据决定数据的去留,确定模型中的参数 c_1 和 c_2,形成确定流量的流动模型。

流速测量 采用经典的皮托管原理并配合压力传感器以防止输压管道堵塞,这在多相流测速中仍经常使用。此外声多普勒、激光多普勒流速计也均有较好的应用。热线-热膜流速计在测量液相和气相流速中仍可用作湍流特性的测量。

压力测量 压电式、电容式、应变式、磁阻式、电位计式、涡流式、磁级伸缩式等传感器均有成功的应用,其中压电式的灵敏度最高,精度可达满量程的 0.001,而电容式和应变式较稳定,价格适宜,比较通用。

空隙因子测量 空隙因子的测量早期主要用传感器插入流动中进行测量,例如电容探针,利用水气介电常数不同进行测量。光导纤维探头将二根光导纤

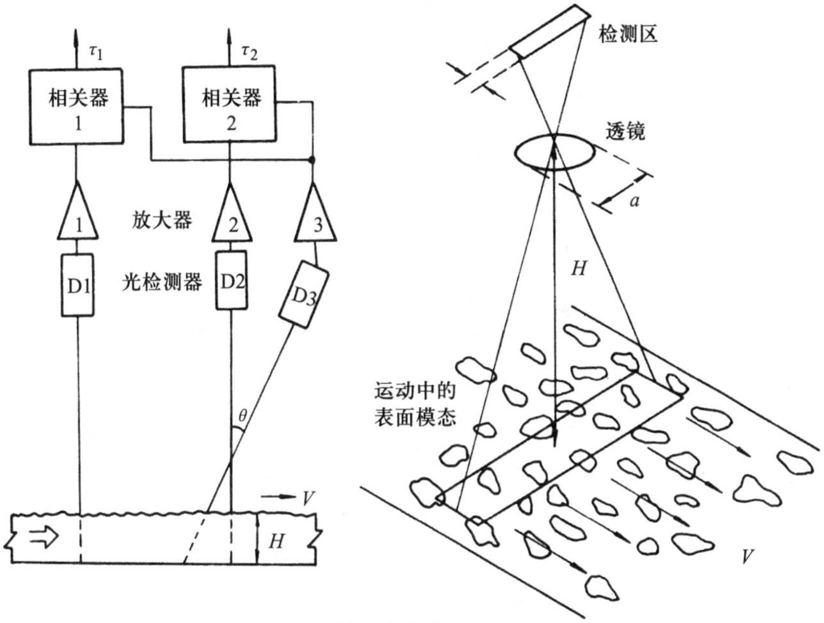

(a) 反射式相关流量计

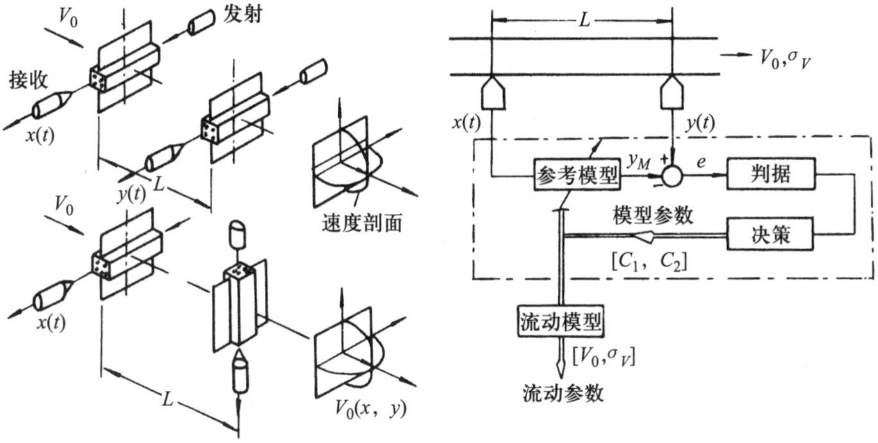

(b) 透射式流量计

图 10.13　相关流量计原理

维并排引入，一根输入激光束，在接触到水滴时形成闭合光路，由另一路引出并作检测。旋转电场阻抗测量法用于截面空隙率测量在近年来也取得很大的成功(图 10.15)。

温度和浓度剖面的测量　为了避免引入探针干扰流场，现广泛采用干涉

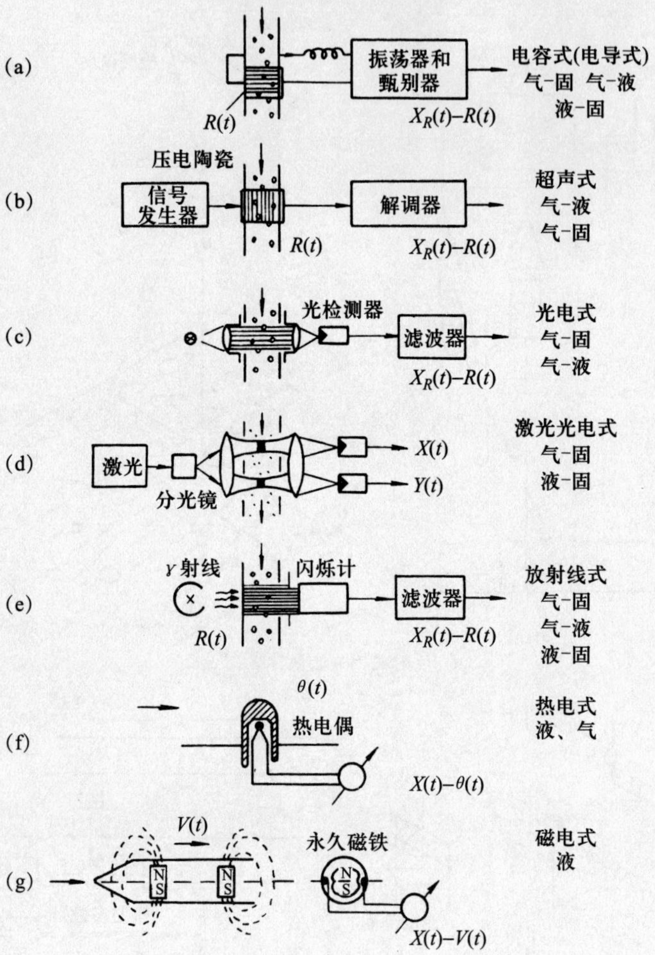

图 10.14　相关流量计检测方法

(a) 电容式;(b) 超声式;(c) 光电式;(d) 激光光电式;(e) 放射线式;(f) 热电式;(g) 磁电式

法、全息干涉法和双色全息干涉法。它的优点是可以同时测量热量和质量的传递,通过氩离子激光和氦-氖激光同时使用,将密度和温度分布的信息分离开来(图 10.16)。

采用散斑技术,利用散射粒子散斑图确定杨氏双缝衍射条纹,就可以得到流场密度。用全息法记下图像即可得到流场密度梯度沿光轴方向积分的绝对值。上述方法可用于二维或三维轴对称流场密度和温度分布的测量。

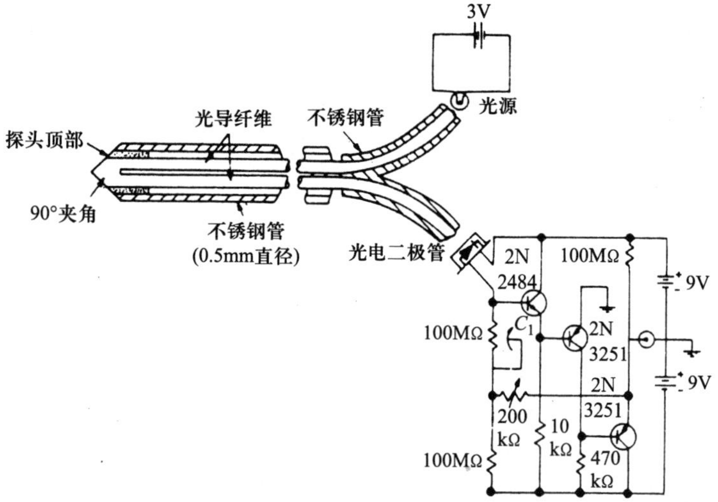

图 10.15　测空隙因子的光导纤维探头

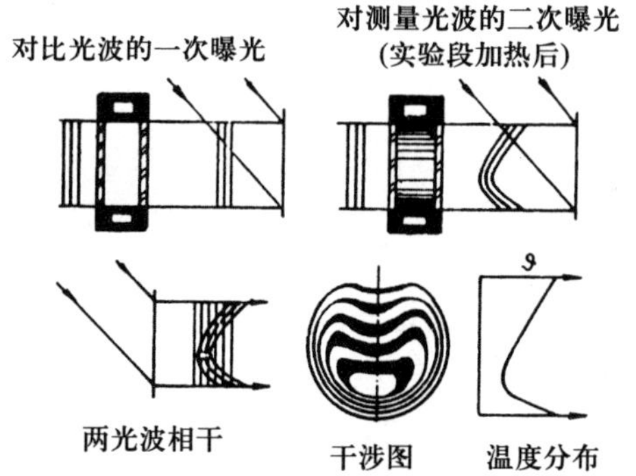

图 10.16　二次曝光全息干涉法测温度和浓度

10.3　流态化床和气力输运中的颗粒群的平均阻力

在流态化床和气力输送中遇到的是大颗粒、高浓度的问题，它具有如下特点：(1)流态相当复杂，颗粒对流场湍流特性的影响以及流场湍流特性对颗粒阻力的影响都比较明显；(2)颗粒的形状、直径的变化都比较大；(3)颗粒之间距离较近，因而相互干扰比较明显；(4)由于 Re 较高，湍流度很强，因而颗粒的阻力特性有待于研究。

雷诺数和湍流度对圆球阻力的影响　在大颗粒高浓度的条件下颗粒的 Re

常常可达100以上,相应的颗粒阻力的资料是十分缺乏的,单球阻力系数随 Re 变化早有结果。在 $Re\approx1$ 时阻力系数约为28,与奥辛和斯托克斯计算值相近。但 $Re<1$ 后与计算值有明显差别,而实际工程问题中 Re 可达 10^2 量级。在强湍流作用下,对绕圆球的流态有较大影响。当湍流强度高达20%以上,$Re>10^3$ 时,圆球绕流已呈现湍流分离的特征,使阻力明显下降,而球的尾迹的湍流化对受尾迹影响的下游球群有明显的影响。

球间干扰对圆球阻力的影响 对大颗粒高浓度条件下球群平均阻力系数的研究已开始引起人们的注意。Lee和Tsuji等人分别在 $Re=5\times10^3\sim1\times10^4$ 和 $10^2\sim10^3$ 范围内进行,但是实验条件有较大差别,特别是来流和球间的湍流特性均有较大差别。而球群间的湍流特性对圆球平均阻力有明显影响,为此需要结合球间流动对圆球平均阻力进行研究。在上述实验中有关球间流场的资料欠缺,较新的实验资料表明,在 $Re\approx1\times10^4$ 条件下球层之间有很强的湍流场,湍流强度高达50%左右。

单球阻力系数近似为0.48,但在球距-直径比小于2时,平均阻力系数随球距减小而迅速下降;从迎风第一层球开始,以后各层的平均阻力逐渐下降,到四、五层后才逐渐稳定,平均阻力下降到单球一半以下。对于高浓度密集排列的球群,排列方式对阻力的影响不大(图10.17)。

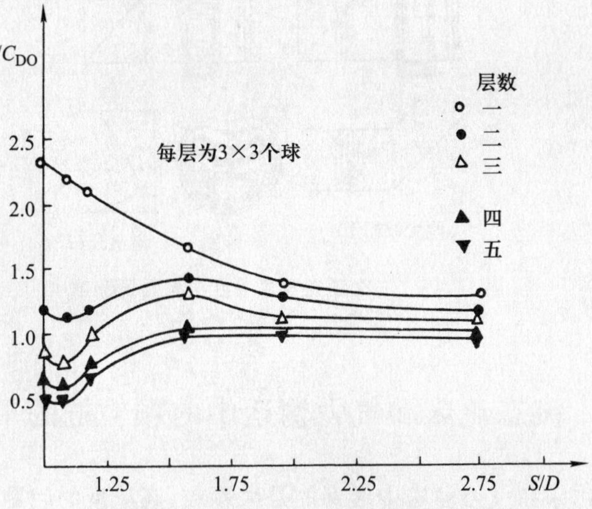

图10.17 球群平均阻力系数 C_D 随层数和间距的变化

S 为两球的间隔,D 为球直径,C_{DO} 为单球平均阻力系数

实验一　气体射流对液体表面的冲击和气泡流的形成

气体射流冲击和穿透液体表面的现象是工业中十分有用的技术，例如转炉炼钢中的氧气顶吹技术、化学工程中的反应注模技术等。氧气顶吹技术最初主要着眼于形成较长的超音速射流区，在枪位较高的条件下，氧射流在钢水中冲击深度尽可能增加，但是对于氧气如何通过气-水分界面并在钢水中扩散的机理，尚有待进一步研究。显然单纯靠气-水分界面的分子扩散和小尺度涡的作用是无法在十多分钟的冶炼过程中完成氧气在整个熔炉中的扩散的。其次，氧枪外的超音速流动区在射流对液面冲击时受到的干扰，只在最初一、二分钟枪位较高时接近自由射流，一旦炉膛中一氧化碳燃烧，加料出现炉渣，枪位下降5 min后即淹没在炉渣中，最后炉渣高于氧枪可达1.5m。炉渣中金属成分高达25％～85％，密度自上而下逐渐增加，这时，氧枪出口的超音速射流区在很强的静水压力作用下是很难保持的。所以，在整个冶炼过程的绝大多数时间内，无限空间超音速自由射流的研究是不能适用的，而应是亚音速淹没射流对熔渣和钢水的冲击和穿透起着决定性作用，也是实验中主要应该模拟的状态。此外，在实际冶炼过程中氧射流和钢水表面并不存在明确的分界面，因而不能用简单的凹陷和飞溅现象来解释或用所谓“穿透深度”来表征氧射流的穿透作用。

气体射流对钢水产生很强的乳化作用，并形成大量气泡，然而在实际冶炼过程是很难观察到射流冲击和穿透过程的具体细节的。以下通过一个简单的模拟实验对射流冲击和穿透液面的过程中观察到的几种典型流态进行初步的分析：射流喷嘴出口直径为1.5 mm，前室压力为0.1～2.0 kg/cm^2。

射流冲击下液面的凹陷和飞溅现象　当喷嘴高度为150 mm时，随着前室压力从0.2 kg/cm^2 增加到0.6 kg/cm^2 时，液面凹陷呈平滑曲线，凹陷深度随前室压力增加。

当$n/H<0.1$时，满足

$$\frac{n}{H}=\frac{\sqrt{\pi/125}}{\sqrt{M/\gamma n^3}-\sqrt{\pi/125}},$$

其中n为凹陷深度，H为喷管离水面距离，M为射流的动量流率（射流出口动压$\rho_g v_g^2$与出口截面积$\frac{1}{4}\pi d^2$的乘积），γ为水的重度（图10.18）。当$n/H\geqslant 0.1$时，气流由凹陷底部转向水平时对水面产生很强的剪应力，并形成界面湍流，气-液两相产生剧烈的混合，形成大量气泡向凹陷的顶部移动，气泡在凹陷顶部破碎并产生大量液滴，即所谓飞溅现象。

射流冲击下液面的空腔现象　当喷嘴高度下降到50 mm以下时，液面呈

图 10.18

空腔状,底部为半球形,侧壁近似为柱形,气流到空腔底部经过 180°转折后沿侧壁向上在空腔中形成反向环形流,这时空腔深度在$(H+n)/d>10$ 的条件下,满足以下关系式(图 10.19)

$$\frac{M}{rnd^2}=\frac{\pi}{125}\left(\frac{H+n}{d}\right)^2.$$

当前室压力增加时,反向环形流的速度随之增加,空腔表面出现轴对称的周期性收缩和膨胀,空腔顶部出现运动方向垂直向上的液滴飞溅现象(图 10.20)。随后,空腔表面出现许多纵向条纹,并有大量气泡在侧壁形成,气泡在反向环流的剪应力和液体中的浮力作用下迅速上升和合并。侧壁附近的液体呈现乳化。

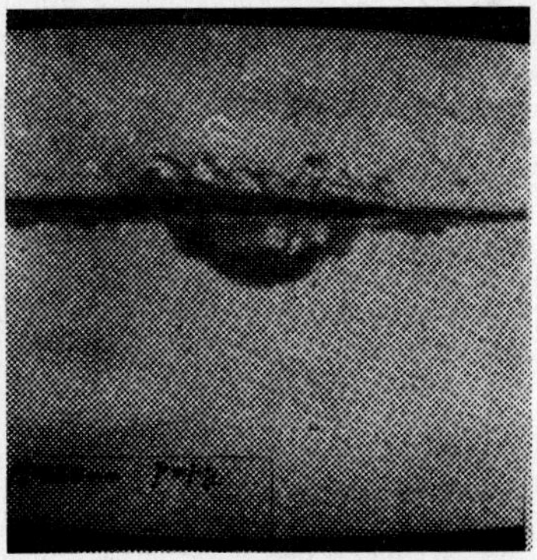

图 10.19

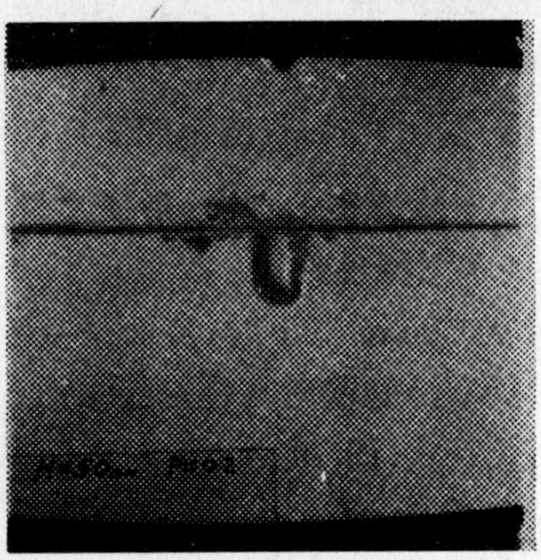

图 10.20

射流在空腔底部的穿透现象 当侧壁气泡流大量产生且气泡层从侧壁向空腔底部延伸时,空腔底部的表面张力因气泡的生成而迅速降低,部分气体以气泡形式穿透空腔底部进入液体,方向垂直向下或略微偏离轴线,气泡直径通常明显小于侧壁形成的气泡,并有极微细的气泡生成。这部分穿透空腔底部的气泡与液体产生动量交换,使液体形成方向向下的环流(图 10.21)。

液体中的气体射流和由之产生的气泡流 当喷嘴高度小于 20 mm 时,上述空腔现象不复存在,气体射流直接穿透液面,气液两相的分界面在冲击区不复存在,在长约三倍喷嘴直径的倒锥形气流核心区中以气相为主,外围为充斥着气泡的环形混合层。顺流而下为锥形扩展的气泡流区(图 10.22)。

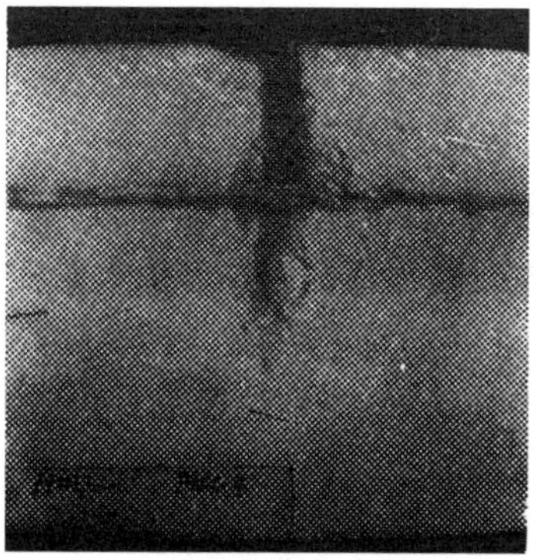

图 10.21

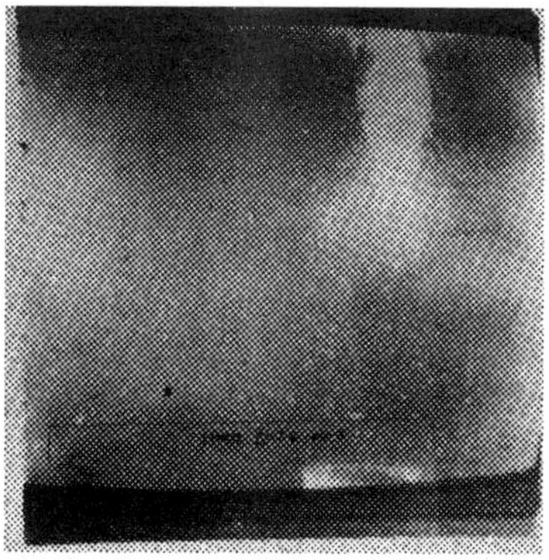

图 10.22

射流的大部分动量集中在气泡中并由气泡传递给液体,使液体产生向下的流动。较大的气泡在浮力作用下逐渐上升,大量亚毫米的气泡随着液体在容器底部形成大尺度的回流,并迅速扩散到整个液相的空间中。

以上四种典型流态表明,由气体射流形成的气泡流具有很强的扩散能力,对冶金和化工中反应速度的提高可起到重要的作用。

参考文献

1. Butterworth D, Hewitt G F. Two Phase Flow and Heat Transfer. Oxf. Univ. Press, 1977.
2. Soo S L. Fluid Dynamics of Multiphase Systems. Blaisdell Pub., 1967.
3. Rudinger G. Fundamentals of Gas-Particle Flow. Elsevier Sci. Pub. Co., 1980.
4. Crowe C T. Review-numerical models for dilute gas-particle flows. J. Fluids. Eng., 1982, 104: 297.
5. Wells M R, Stock D E. The effect of crossing trajectories on the dispersion of particles in a turbulent flow. J. Fluid Mech., 1983, 136: 31.
6. Calabrese R V, Middleman S. The dispersion of discrete particle in a turbulent flow. AIChe Journal, 1979, 25: 1025.
7. Hewitt G F. Measurement of Two-phase Flow Parameters. Academic Press, 1978.
8. Davidson J F, Harrison D. Fluidization. Academic Press, 1971.

9. Saffman P C. The lift on a small sphere in a slow shear flow. J. Fluid Mech., 1965, 22: 385-400.
10. 李绍林. 两相悬浮体剪切流的理论和实验. 北京:科学出版社, 1985.
11. Jones O C Jr. Two-phase flow measurement techniques in gas-liquid system in: Fluid Mechanics Measurements. Hemisphere Pub. Co., 1983: 479-558.
12. Dijstelbergen H H, Spenser E A. Flow Measurements of Fluids. North Holland Pub. Co., 1978.
13. 王式民,范珊. 第二届全国多相流检测技术学术讨论会论文集. 东南大学热能研究所, 1988.
14. Kunii D, Levenspiel O. Fluidization Engineering. John Wiley and Sons Inc., 1969.
15. 张建鑫,颜大椿,周光坰. 气固两相流中颗粒群对于连续相湍流特性的影响. 第三届全国多相流、非牛顿流、物理化学流学术会议文集(杭州,1990): 122-123.
16. Chaudhary K C, Redkopp L G, Maxworthy T. The nonlinear capillary instability of a liquid jet. J. Fluid Mech., 1986, 96: 257-297.
17. 辻裕. 空気輸送の基礎. 養賢堂発行, 1984.
18. Yan D C, et al. An experimental research on the gaseous jet penetration through liquid surface. Proc. 5th Intern. Symp. on Applic. of Laser Tech. to Fluid Mech. (Lisbon), 1990.
19. Clift R, et al. Bubbles, Drops and Particles. Academic Press, 1978.
20. Dijstelbergen H H, Spencer E A. Flow Measurement of Fluids. North Holland, 1984.
21. 孙宝江. 垂直圆管中气液两相湍流流型转化机制. 北京大学力学与工程科学系博士论文, 1999.

第十一章　环境流体力学的实验研究

环境流体力学是研究污染扩散和建筑物风载等城乡环境中出现的流体力学问题,也是城区规划中经常需要考虑或做出评估的课题,已日益引起国际和国内各界的广泛关注。现就其中的几个问题作简要的介绍。

11.1　大气扩散的实验模拟

生产实际中关于大气扩散的课题是多种多样的,典型的有如下几种。

烟囱的烟云扩散问题　对于大型火电站的排烟问题,直接影响居民的健康。以石景山发电站烟囱加高项目为例,由于原建 50 m 高烟囱排出的烟云长期影响西郊区广宁村居民健康,导致肺癌发病率的增长。经风洞实验证明,烟囱加高到 120 m 后烟云直接越过西山,不致影响居民(图 11.1)。

图 11.1　石景山电厂烟囱增至 180 m,实际用 120 m 时烟流已翻过西山,烟囱每增高 10 m,工程费用加倍

山区、盆地、峡谷地形的烟气扩散问题　如京郊珠窝电厂地处盆地,四周高山。气象资料表明上空经常有一两个逆温层影响烟气排出,造成烟尘大量在盆地内沉积的问题。对于地处内地山区的核工业基地的放射性废气排放问题,同样涉及模拟和控制的需要,即在对气象条件进行模拟的基础上利用自然规律加以控制

以减少污染的危害。这类课题已经引起国内外专家的关注和兴趣。

防护林和水汽蒸发问题 利用森林带对近地层风结构的影响,系统研究不同森林挡风密度,对于防风沙侵蚀有重要意义,以便最有效地达到保护农田的作用。

远距离大气扩散的模拟 烟流中的大尺度结构常常在数十公里以外仍可检出。在北京东郊的大气检测中仍可看到浓度分布具有双峰结构,相应于烟囱近距离中一对反向旋转的大涡结构。为了模拟远距离扩散,需要使大气边界层湍流特性长期保持一致,并要求对小尺度湍流结构的影响能够充分加以考虑。

城市风场的模拟 城市的风场与地形变化和地表建筑物的状况有密切关系,因而平均风速廓线的指数一般高于 1/7,例如 1/4.5 或更高。在高层建筑附近,局部风场十分复杂,要结合实测资料进行分析。高楼下游的尾迹常常延伸数公里仍可测出明显的气流脉动。因此,除了风速廓线相似外,特别要注意湍流功率谱的变化,但是在气象资料不全的情况下,多数情况只能做到风速廓线相似。

目前湍流扩散的理论模式及烟气浓度的近似公式不计其数,但是这一类直接检验性的基础实验工作是十分必要的,也是判别一种模式理论是否可用、使用情况的好坏以及它的应用范围的主要手段和客观标准。实验证明,对于烟流出口附近来说,绝大多数模式理论都是失败的。因此,如何改进大气扩散的模拟亟待于实验工作的配合,而浓度脉动测量是其中关键手段。

11.2 大型建(构)筑物的风荷载

近年来,世界各国的大型建(构)筑物相继崛起,风载问题的研究越来越引起人们的重视。对于高达数百米的大楼、数公里长的桥梁,风载是仅次于地震的主要荷载。对于目前西方流行的柔性结构来说,风载往往居于最重要的地位。

早期在缺乏资料和经验的情况下,风载研究除了依靠简单的风洞模型实验做参考外,主要依靠实测获取第一手资料。但是在积累了一定的模型和原型实验资料后,风洞模拟实验的优越性逐渐体现出来,并能利用相似性规律从风洞实验得到有价值的数据以供设计用。

风载研究中的许多课题是从现场的严重破坏事件中提出的。例如,在美国塔柯玛桥被风力破坏的事件中人们发现由于卡门涡街诱发的流体-弹性体耦合振荡使桥梁产生大幅度扭曲,最后导致断裂。此后大型吊桥的设计几乎都经过系统的风洞实验(包括桥梁不同断面形状的静态和动态空气动力,尾涡的频率和结构)和全桥弹性结构模型实验。现在,各种大型吊桥在欧美各国十分流行,足以证明对桥梁风载的研究是成功的。又如英国渡桥电厂的冷却塔倒塌事件(图11.2),事后人们对塔的风载做了详细调查和风洞实验,证明原设计中风载估计错误造成了这次事故。现在设计大型火力发电厂的冷却塔群,一般都要经过风洞实验或以足够实验资料作为根据。此外,大型电视塔及高烟囱的建造,大多数也要经过风洞实验。

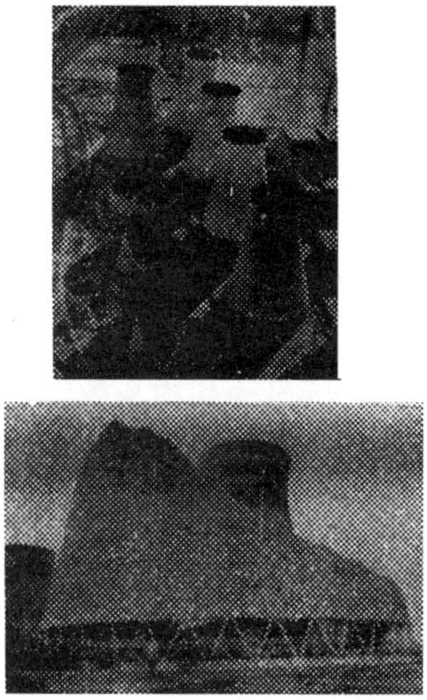

图 11.2　英国渡桥电厂倒塌现场

上述大型建筑物的截面形状多半是圆形或矩形的非良绕流体。而另一种构筑物则往往是桁架结构。对于大气边界层中截面为圆或矩形的物体来说,当高度和迎风截面之比大于 3 时,在中等高程(即中部)的各截面的压力分布与二维流动相近似。例如火电站的大型冷却塔的风压分布,在中间约 1/3 高度部分的周向压力分布在用剪切流不同高度的来流动压来做无量纲化后,与超临界状态圆柱绕流的周向压力分布十分接近。由于剪切流中湍流强度很高(15%～20%),雷诺应力项远大于黏性应力项,因而在 Re 较低的风洞中得到的实验结果(缩尺比仅1/1000),已能较好地模拟原型实测压力分布。但应注意塔面粗糙度对压力分布有明显的影响,特别是有塔肋的情况下要注意模拟方法的正确性。对于光滑塔,最小压力系数为－1.5 左右,而随粗糙度的增加上升到－1.2 以至－1.0 左右。在接近塔顶的区域由于有过顶的三维活动,周向压力分布渐趋平缓,最小压力系数的绝对值明显减小;而接近塔底时由于进风口的影响及剪切流近地面时下洗流的影响,压力系数的绝对值也明显减小,因而一般情况下仅用中间 1/3 高度的平均压力分布作工程计算是偏于安全的。对于矩形截面或其他几何形状截面时,通常要考虑周围涡的流态对它的压力分布的影响:一种是和尾迹相连的脱落涡;一种是从侧壁前沿开始,附着在侧壁一边,最后转化为脱落涡的;还有一种是在侧壁一边附体,形成封闭的循环的回流涡。从压力分布曲线中压力系数在流线的再附点附近有明显回升可以判断这种涡的存在。这三种涡对钝体的动态特性有明显影响,但是它们的作用和频率范围不同。对于桁架一类构筑物,由于流体经过多层次的桁架杆件,阻力系数较投影面积的迎风阻力系数大,而比各层重复计算的值要小。

多个建(构)筑物的流场之间的相互干扰也是工程中常见的问题。例如渡桥电厂共有八个冷却塔分成两排交错排列,但在风的作用下倒塌的是后排的三个。因而不能简单说是风载估计不足的问题。在模拟塔间或柱间干扰问题时,用 1 cm^2 的棒交叉排列的双向格栅可以产生高达 15%的湍流度,在强湍流作用下可使圆柱达到超临界状态,使圆柱压力分布与高 Re 的结果一致,阻力系数为 0.48,与 Dryden 或 Pechstein 在大气中由烟囱周向压力分布测得的阻力系数值 0.4 相近。用双柱模拟前后斜列双塔,在两柱中心连线与来流交角 α 为 7.5°,柱间距为 2.5 倍直径时,大主间流场产生强烈振荡,不断在两种流态之间切换。流态 A 时后柱驻点偏向外侧,迎风面压力系数低达 −1.7 左右,后柱淹没在前柱的尾迹中,驻点压力系数近乎为 0。结构计算的结果表明,在单柱时最小压力系数为 −1.5 时,塔的结构未曾超载;但在 −1.7 时出现局部破坏(图 11.3)。流态 B 时后柱在前柱尾迹中,压力远小于流态 A 时。因此,在建(构)筑群的设计中需要考虑它们的总体形成的流场,这种现象在城市高层建筑大量兴起的情况下,与整个城区规划有密切关系,在目前理论分析仍有困难的情况下,主要通过实验来解决。

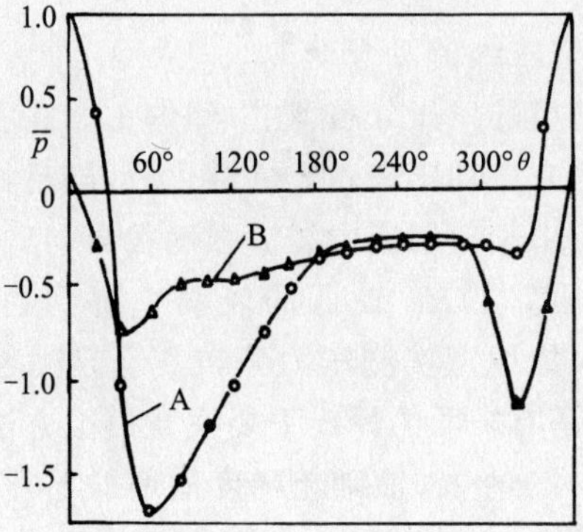

图 11.3 斜列双柱中后柱在 $\alpha=7.5°$, $L/D=2.5$ 时的压力分布

A,B 对应两种流态,L 为圆柱中心距,D 为直径,θ 为圆柱周向角

11.3 非定常风荷载和流体-弹性体耦合振荡

风荷载问题的研究一方面要研究非定常荷载,这时物体被看作完全刚性体,而另一方面则研究非定常载荷的特性已知的条件下流体和弹性体的耦合振荡。

非定常风荷载有的是由尾涡脱落的周期现象引起的。如圆柱绕流在 Re 为 400~200000 时尾涡的 $St\approx0.21$,而当低超临界状态时 St 在 0.17~0.47 范围内变动,脉动谱常为宽带,不一定能观察到主导频率和周期性。当 $Re>3\times10^6$ 时称作过临界状态，这时又出现周期现象和谱峰。

振动柱体在振动频率与弹性柱的自振频率相近时，出现频率锁定，这时由于柱体有非定常升力和阻力的作用，使振动不断增强直到饱和。若振动频率低于刚性柱体的自然脱落频率，则升力脉动的相位超前，反之落后于运动。当振动方向与流向一致时，则锁定频率为刚性柱 St 的二倍。因为每一对涡交替脱落使阻力变化完成一个周期，通常在脱落频率的某亚谐频时仍有锁定的可能。

对于非定常风荷载目前有开始用纳维-斯托克斯方程直接作计算的，也有用涡街模拟方法来计算的。但是迄今为止，计算结果的离散性一般比实验值的离散性大。

剪切流对振动柱体的影响由陡度因子 $\bar{\beta}=\dfrac{D}{V_r}\dfrac{\mathrm{d}V}{\mathrm{d}z}$ 决定，D 为柱的直径或某特征长度，V_r 可以取展向中间对称位置的速度，$\mathrm{d}V/\mathrm{d}z$ 为速度梯度。在 $\beta>0.01$ 的条件下沿展向出现 St 分段不等的层格状结构。

考虑到空气弹性并将物体与尾迹一起看作一个非线性振子，则可以看到一个惯性-阻尼-弹性系统在涡诱导产生的非定常流体动力作用下，而流体动力依赖于物体的速度和加速度。对于升力系数 C_L 可以用以下的范德玻尔(van der Pole)方程作为简单而有用的振子模型：

$$\ddot{C}_L + A\omega_s\dot{C}_L + \frac{BC_L^2}{\omega_s} + \omega_s^2 C_L = D\dot{y}$$

其中 $\omega_s = St \cdot U_\infty/2\pi L$，而 A,B,D 是经验常数，y 为柱的位移。

实验一 Y 形塔楼外围风场的实验研究

随着高层建筑的日益增多，截面为 Y 形的具有较高抗震能力的塔楼不断在市郊楼群中涌现。以下介绍在一座 Y 形塔楼外围施工的大型塔吊倾覆事故的实验研究。这起事故曾在北京主要报纸中报道过，并因此对公司负责人进行了法律处理。

当天的气象资料表明，在事故发生的十分钟内的平均风速为 18 m/s，瞬时风速为 24 m/s，来流的主导风向为西风，测量高度离地面 10 m。Y 形塔楼位于北京北郊，塔楼的一支指向正南，塔吊位置在 Y 形塔楼的北侧偏西。当时，塔吊向东侧倾倒，轻微擦伤东北方向的另一座 Y 形塔楼的南侧，随之折断后倒向南侧(图 11.14)。需要回答的两个问题是：塔吊倒塌是否由风力所致；塔吊的破坏形态是否与塔楼外围流场一致。图 11.14 中的 A,B,C,D,E 为当时现场中五个塔吊的所在位置，已倒塌的塔吊位于 A 处。因此，实验研究的结果直接关系着这个案件的处理，当然对于从事高层建筑的设计和施工以及城市风场研究的人们来说,都是有意义的。

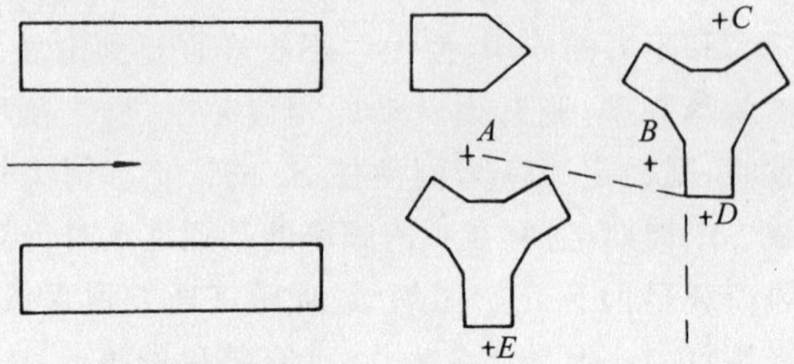

图 11.4 小区建筑物布局和倒塌现场,A,B,C,D,E 为塔吊位置

实验包括流动显示、压力分布测量和原型风场的模拟三部分,其中流动显示是在水槽中用氢泡技术做的,压力分布测量是在 0.3 m×1.5 m 二元低速风洞中进行的,原型风场的模拟在实验段为 3 m×2 m 的大气边界层风洞中进行的。模型尺寸为原型的 1/100,风速剖面系根据该地区气象资料按 1/4.5 幂次规律模拟的(图 11.5)。大气边界层的层外风速为 6 m/s,相应的雷诺数为 3×10^5。

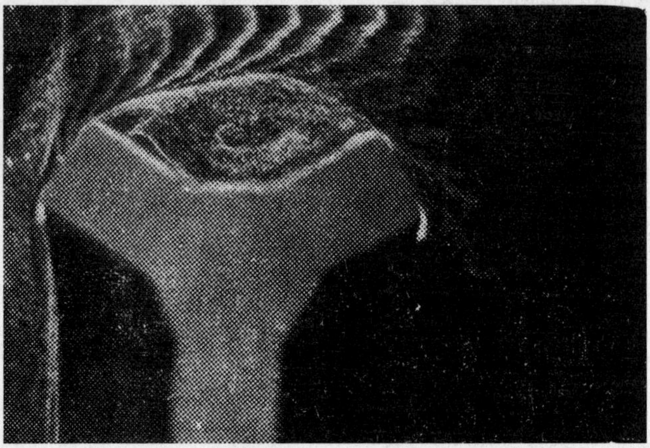

图 11.5

风速测量使用的是 DISA55M 热线风速仪,并用 IBM-PC 微计算机作联机处理。

流动显示的结果表明,在风向为西风和西北偏西的条件下,在 Y 形塔楼北侧存在很强的回流涡(图 11.6),涡的形状外凸,使涡外沿的局部流速明显加快,而倒塌的塔吊正位于回流涡的外沿。在塔楼的东北方向放置另一 Y 形塔楼后,可以看到,流线经过后一塔楼南侧时明显地向南拐折,与破坏现场基本一致(图 11.7)。从这张照片可以对塔吊破坏后的形态做出较为满意的解释。

图 11.6

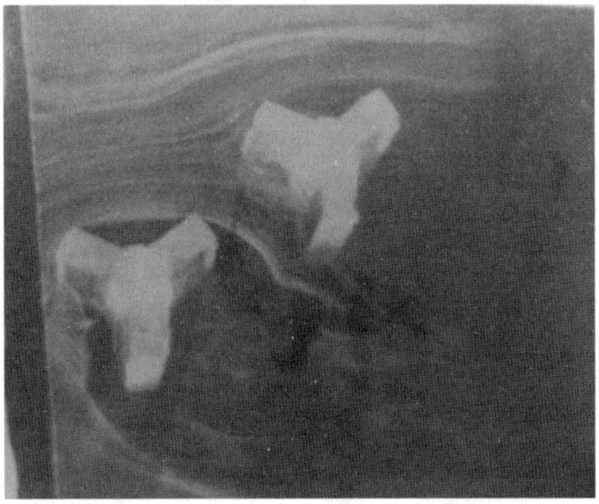

图 11.7

用 Y 形塔楼的断面模型作二维压力分布测量，可以看到在风向为西风的条件下，Y 形塔楼北侧出现较强的负压，最低压力系数为 −1.2(图 11.8)由此可以估计在回流涡外沿的自由流线上的速度应是 $U/U_\infty = 1.48$ 左右，这一结果被以后的模拟实验所证实。考虑到大气边界层中风速随高度的变化，可以确定气象台站在 10m 高度测得的速度偏低的情况下，在高楼外围有可能在某一局部区域存在这种局部灾害性气流，从而导致事故的发生，这是在最初施工中所始料未及的。

包括这些 Y 形塔楼在内的居民区建筑模型按原型的 1/100 缩小后被放置在 3 m×2 m 的大气边界层风洞中。在风向为西风、西北风和西北偏西时逐一测量这五个塔吊位置的速度沿高度方向的分布。图 11.9 表明，在风向为西风时位于 A 处塔吊位置的速度剖面远大于其他塔吊位置的风速剖面；位于 D 和

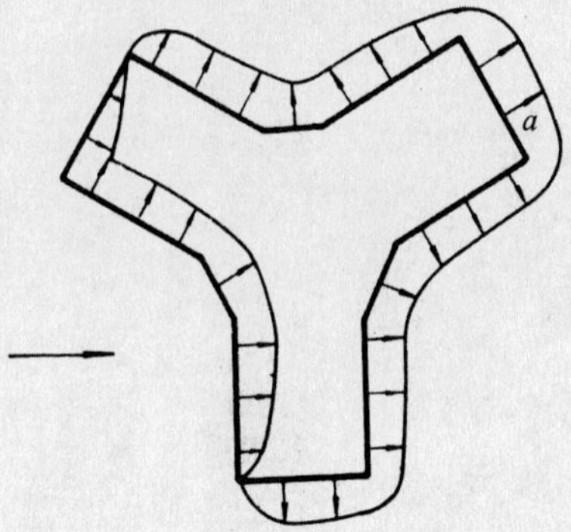

图 11.8　Y 形塔楼截面模型上的压力分布

E 处的风速剖面的中下部的速度很小,因为这些塔吊正好位于 Y 形塔楼下游的分离区中。与风向为西北风或其他方向的实验结果相比(图 11.10),在西风时位于 A 处的风速剖面都明显地大于其他剖面。而在这个剖面的大部分位置的平均风速都远大于气象台站在 10m 高度所报道的在事故当时的来流风速的两倍。通过结构计算表明,位于 A 处的塔身和墙之间的固接件在西风作用下超过强度极限时,其他位置或其他风速下各处的风速剖面计算表明都偏于安全。

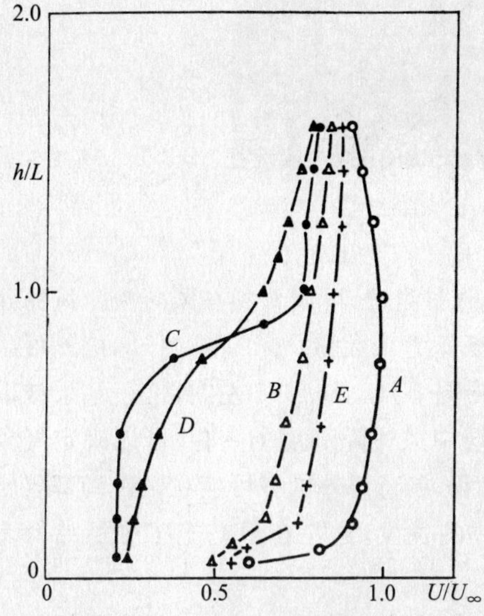

图 11.9　在西风作用下各塔吊位置的风速沿高度的分布

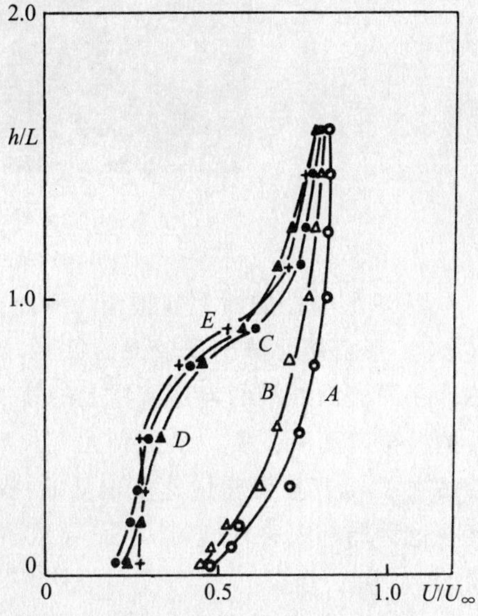

图 11.10　在西北风作用下各塔吊位置的风速沿高度的分布

实验二　大型冷却塔群风荷载和超临界状态下的串列双柱绕流

大型冷却塔群的风荷载　关于大型冷却塔群风荷载问题的研究已经不少，但是在塔群布局方面的研究还为数不多。从1965年英国渡桥电厂的倒塌事件可以看出，在前后排各为四塔成等间距交叉布局的情况下，被疾风吹垮的三塔均在后排，而前排四塔无一倒塌，足见塔群布局方面的研究具有重要意义。现在国内各大电厂的塔群布局各有千秋，但多数未从风载荷加以考虑。

从空气动力学角度来讲，塔与塔之间的相互干扰是一个相当复杂的问题。它与来流条件(风速廓线、风向和湍流特性等)及塔群布局有很大关系。在塔群对来流一字并列的情况下，塔距过小会导致Coanda效应；在一字串列的情况下，前塔的尾迹和分离区对后塔有明显的影响。从渡桥倒塌事件的气象条件分析，在猛烈西风的作用下，前后塔的中心连线与来流的夹角约7.5°，而上午十时和冷风前沿的大气层结很可能是在强逆温的条件之下。因此，风洞实验需要同时考虑强湍流度的中性层结大气边界层和低湍流度的强稳定层结时的大气条件。在布局方面着重对斜列的情况开展实验研究。

由于冷却塔处于大气边界层底部，湍流强度最高可达13%左右，而模型雷诺数至少也有$10^4\sim10^5$量级，因此黏性项通常比雷诺应力项小得多。冷却塔表面的边界层中受到层外强湍流的作用，也有较高的湍流强度，因而黏性项在边界层内远小于雷诺应力。这种现象与湍流条件下粗糙管或粗糙板的阻力系数基本上不受雷诺数影响的情况相似，但是雷诺数必须大于某临界值，并且根据实验精度的要求确定雷诺数的下限。忽略黏性项之后，模型和原型之间的流场相似条件可以归结为以下三点：

(1) 大气边界层原型和模型的风速廓线相似，即

$$[V_1(h)]_{原型}\cong[V_1(h)]_{模型};$$

(2) 大气边界层原型和模型的雷诺应力分布相似，即

$$[\overline{v_i v_j}(h)]_{原型}\cong[\overline{v_i v_j}(h)]_{模型};$$

(3) 冷却塔原型和模型的表面压力分布相似，即

$$[p(h,\theta)]_{原型}\cong[p(h,\theta)]_{模型},$$

其中$h=Y/H$为离地高度Y和塔高H之比，$V_1=U_1/U_\infty$为局地风速U_1和边界层外来流风速U_∞之比；θ为塔表面某点相对来流方向的周向角。将某高程r_2上的周向压力分布用同一高程的来流动压作无量纲化，即

$$\overline{p}(h,\theta)=\frac{p-p_\infty}{(1/2)\rho U_1^2}.$$

在风洞实验中我们采用 1/4 椭圆旋涡发生器、风障和粗糙元三种因素的调节，在直径 2.25 m 的低速风洞中形成高 0.5 m 的中性大气边界层模型。平均风速廓线符合 1/7 幂次律，与平坦地形时中性大气边界层的实测资料一致；纵向湍流强度与 Harris 的实测资料相符。另外，湍流尺度、功率谱的模拟也得到较好的结果。

由于冷却塔模型的 Re 仅 10^4 量级，而原型 Re 为 $10^7 \sim 10^9$，黏性项的影响有可能在模型和原型的周向压力分布中反映出来。令人感兴趣的是，在雷诺数相差近万倍的情况下，冷却塔模型上测得的周向压力分布已进入超临界状态，与实测结果有很大的相似性。由于实测资料中除茂名塔外都有塔肋，我们在冷却塔模型上沿径线方向粘贴直径为 0.11 mm 的丝线，丝线的周向稠密度分别为每周 8 根、16 根、32 根和 64 根，相应地记作 S8，S16，S32 和 S64。图 11.8 为模型表面在不同高度测得的一组压力分布曲线。

在 $h=Y/H=0.5 \sim 0.8$ 的范围内，周向压力分布曲线十分接近，由此表明，在将近 1/3 塔高的范围内，塔顶自由端、两塔底的进风口及地面的影响都较小，具有二维流动的特性。为此，将这中间 1/3 塔高的周向压力分布取平均值，比较不同的丝线周向密度对它的影响并与实测资料作对比。

(1) 光滑塔。模型和原型均处于超临界状态，最小压力系数都在 −1.5 左右；原型的分离点为 110°，背压为 −0.2；模型的分离点为 120°，背压为 −0.4。茂名塔的背压较其他实测或模型实验结果都低，原因是否是塔一侧的人梯的影响，尚属未知。

(2) 粗糙塔。模型实验的背压为 −0.4，与实测结果一致，最小压力系数随稠密度的增加而逐渐上升，其中 S16 的结果和 Weisweler 的实测结果相当接近，S32 的结果和 Schemehausen 的实测结果相近。塔肋的影响尚待进一步研究。

在塔群布局的研究中，渡桥八塔的布局具有典型性。为此，曾在大气边界层模型中对后排各塔的压力分布和等间隔三塔的压力分布进行了系统地测量。实验结果表明由于塔的底盘较大，两塔的中心距 L 和中间 1/3 部分的平均直径 D 之比通常在 2 以上，故并列塔的影响较小；串列时后塔在前塔尾迹中心的低速区，静态风载明显下降；但在前后塔中心连线与来流的夹角(称作方位角) a 为 $5° \sim 15°$ 时，可以观察到后塔表面压力有明显的大幅度变化。山东辛店电厂的模型实验中也有同样的现象。由于塔中部流动的二维特性，暂不考虑端部和地面影响，我们将斜列双塔的绕流简化为双柱绕流来研究，以便对平面布局问题作进一步探讨。为此，我们考虑了以下两种情况：

(1) 强湍流度均匀来流中的斜列双柱。

用 $1cm^2$ 的柱条做成双排方孔格栅(栅孔的边长为 2.5cm)，在格栅下游

60cm 处形成湍流强度为 13%的均匀气流，其湍流强度与大气边界层底部相当。圆柱模型的直径为 8.5cm，Re 为 1×10^5。前后柱的周向压力分布都呈超临界状态，分离点稳定在 120°左右。前后柱从前柱尾迹中心向外移时，驻点压力逐渐增大，直到等于位势流总压。最大升力系数在 $L/D=2\sim3$ 和 $\alpha=10^\circ\sim20^\circ$之间时仅为 0.2。在各种方位角和中心距的布局下，静态风载均不高于单塔。

(2) 弱湍流度均匀来流中的斜列双柱。

均匀来流的湍流强度为 0.2%，圆柱直径为 8.5cm，Re 为 1.5×10^5。这时前柱已接近临界区，后柱在进入前柱尾迹时为超临界状态。

图 11.11 为中心距不同时后柱升力系数随方位角变化的一组曲线。在 $L/D=2\sim3$ 和方位角 $\alpha=5^\circ\sim10^\circ$的范围内，后柱升力系数可以达到或在一段时间内保持在 −1.0 左右，竟与平板机翼在大攻角时的升力系数相当；但已出现切换现象，升力系数在 0 和 −1 之间剧烈地往返变化。

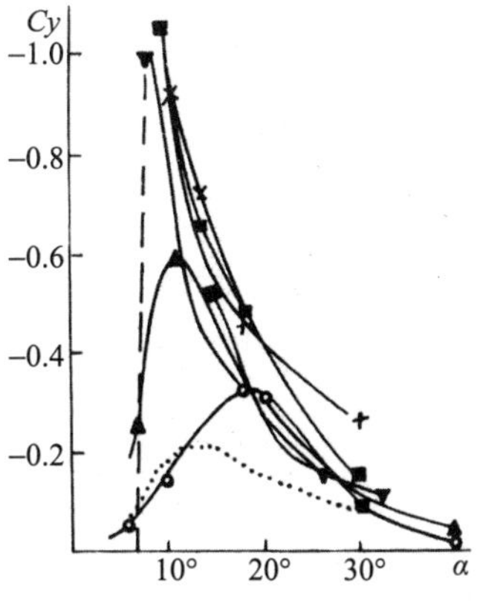

L/D：●，4；▲，3.5；▼，3；■，2.5；+，2.25；×，2；◇，1.5；…… 超临界

图 11.11　不同中心距时后柱升力系数随方位角的变化

图 11.12 为不同中心距时后柱压力分布随方位角而变化的两种典型情况。图(a)为 $L/D=3.5$ 时的一组压力分布，当后柱从尾迹中心线逐渐移出时，驻点压力系数由 0 逐渐增加到 1，表明通过后柱驻点的流线逐渐从尾迹一侧的混合层的低速端转移到高速端。当通过驻点的流线在混合层中间时必然将混合层中的大涡分割成两部分，分别绕后柱两侧向下游移去。图(b)为 $L/D=2$ 时的一组压力分布。当 $\alpha>10^\circ$时，驻点压力系数为 1.0，最小的压力系数在 −1.3 和 −1.1 之间。当 $5^\circ\leqslant\alpha\leqslant10^\circ$时，压力分布曲线在两种状态之间切换，状态 A 和 B 的驻点压力系数为 1 和 0 左右，通过驻点的流线分别来自混合层的外侧和内

侧。两种状态的交替出现说明混合层中的大涡具有很强的自持力,或者整个涡通过后柱内侧,或者整个通过外侧。中间转换过程是十分短暂的。由于剪切层中大涡的诱导作用,使后柱驻点向外侧偏转 60°以上,最小压力系数下降到 −1.75,比单柱有明显下降。这个结果后来在 CARDC 的 8m×6m 低速风洞的高雷诺数双柱绕流实验中得以证明。

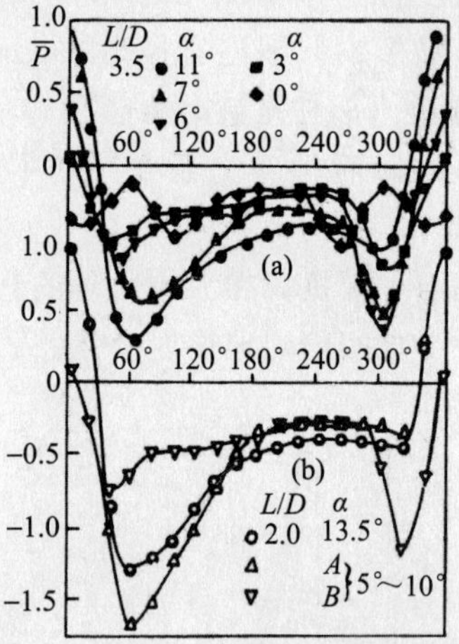

图 11.12　后柱压力分布随方位角的变化

(a)$L/D=3.5$;(b)$L/D=2.0$。其中 $\theta'=\theta-\theta_0$,θ_0 为驻点对来流的偏角

研究后柱负升力大幅度增长的原因必须对柱间流场作具体的测量。在 $L/D=3.0$ 和 $\alpha=7.8°$ 的条件下,用热线风速计在离前柱中心 X_1/D 分别为 0.85,1.20 和 1.58 三处截面上对前柱尾迹内侧的混合层中的速度分布进行测量(图 11.13)。

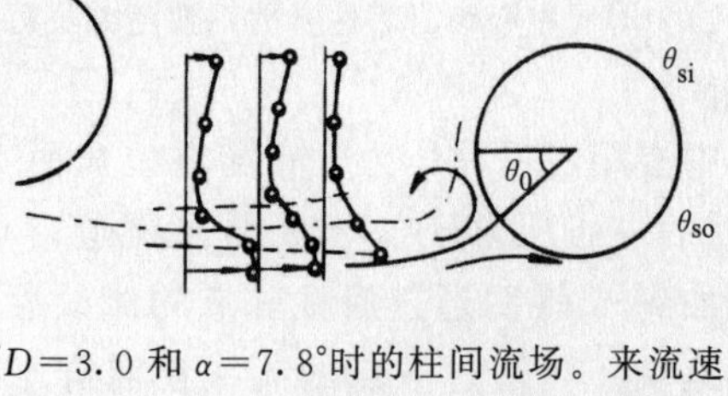

图 11.13　$L/D=3.0$ 和 $\alpha=7.8°$时的柱间流场。来流速度为 28 m/s

图 11.13 中驻点偏转角 θ_0 为 60°,内侧分离点 θ_{so} 为 195°,外侧分离点 θ_{sn} 为 135°。速度剖面上的拐点大致代表剪切层中大涡中心所通过的位置;三个截面上拐点位置的连线表示大涡中心的轨迹,它的指向正对着后柱驻点,并在后柱

前沿产生 90°角的偏折，使涡列在后柱前沿迅速减速，构成涡列卷并成集中涡的理想条件。这时驻点压力系数为 1.0，说明柱和涡之间的薄层仍是位势流。混合层中的大涡从上游下来不断聚积在集中涡之中，使集中涡不断增长直至脱落，这就使流动状态出现低频拟周期的切换现象，而集中涡的诱导作用则是后柱负压力大幅度增长的主要原因。切换之后的流动图形发生很大变化，驻点已处于剪切层内侧，驻点压力骤降，混合层速度剖面的拐点明显地移向外侧。

在实际工程中还经常出现两塔为一大一小的情况。因此，用直径为 6.5 cm 的圆柱来模拟小塔，测量大柱在前或小柱在前时后柱驻点的偏转角 θ_0 和方位角 α 的关系(图 11.14)，其中 $L/D=2.3$，D 为两柱的平均直径。实验结果表明，大柱在前时后柱驻点的偏转角较大，涡诱导作用也较强。由此可以说明，若将小塔安排在大塔背风面是不安全的。

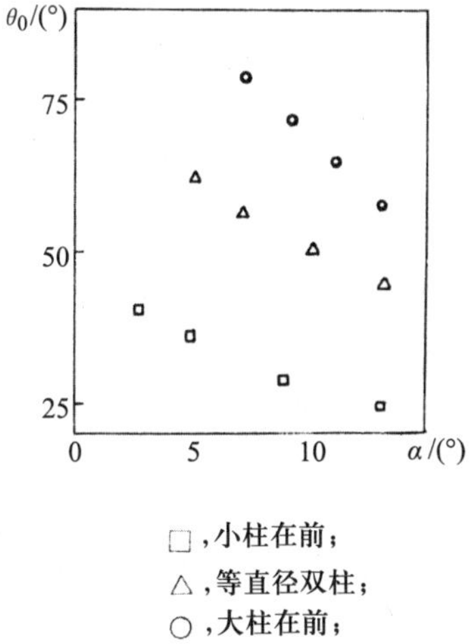

图 11.14 $L/D=2.3$ 时后柱驻点偏转角随 α 的变化

超临界状态下的双柱绕流 双柱绕流是一个有广泛实际背景的课题。由于它流动状态多变以及理论分析和数值计算中的困难，至今仍是流体力学和工程科学中值得关注的课题。Zdravkovich 曾对亚临界双柱绕流方面的有关资料作过系统的总结，但超临界状态的研究很少见诸报道。

Roshko 曾建议将高雷诺数的圆柱绕流分为三类：(1)亚临界状态，单纯的层流分离；(2)超临界状态，有层流分离泡的湍流分离；(3)过临界状态，先转捩后湍流分离。而后，Farell 建议将圆柱一侧或两侧有分离泡的状态称作临界或下过渡状态，将单纯的湍流分离状态称作超临界状态，而转捩点在前缘附近的状态称作过临界状态，由于临界雷诺数及其相应的流动特性受到来流湍流度、表面粗糙度，模型的长度-直径比和阻塞度等因素的影响，不同学者的实验结果有较大的分散性。例如,Szechenyi 和 Narakuma&Tomonari 等人的实验着重研究了表面粗糙度对临界和超临界区绕流特性的影响,他们的实验结果表明,对于均匀分布的粗糙元,高雷诺数在超临界或过临界状态下圆柱的阻力系数趋于 0.9 或 1.0,而用局部粗糙元的结果就十分分散了。此外,Apelt 和 Richter 等人对长径比和阻塞度做了研究。

在大量的工程实际问题中来流具有很高的湍流度,例如在大气边界层的底部和上层海洋,湍流度均为 10%量级,又如圆柱绕流处于超临界或过临界状态。尽管提高来流湍流度和增加表面粗糙度都起到提前进入临界状态的作用;但是在驻点附近的流速较低,粗糙度对转捩的影响减少而来流湍流度对转捩的影响反而加大;因而提高来流湍流度更容易在驻点附近造成转捩,使流动状态接近于 Farell 所说的过临界状态。在用大气边界层模拟方法作冷却塔风载的模型实验中,雷诺数(以塔的喉部直径和边界层外风速分别为特征长度和速度)仅 1×10^5 的模型的周向压力分布便处于超临界状态。而按照 Nakamura&Tomonari 的实验结果,在同样雷诺数下将表面粗糙度增加到直径的 1%时仍未进入超临界状态。直接在原型测量的有 Dryden&Hill 和 Pechstein 在烟囱中部得到的结果,阻力系数为 0.4 和 0.67 左右。为此,实验中采用提高来流湍流度的方法使圆柱绕流进入超临界或过临界状态,来研究串列双柱的绕流特性。另外,由于超临界和过临界状态主要特征和之间的过渡尚不太清楚,不同学者的定义、分类和实验结果也有很大差别,因此这里不准备对此进行讨论,也暂不加区别。

实验在 0.3 m×1.5 m 二元低速风洞中进行。实验段原始湍流度为 0.2%,最大风速为 50 m/s。为提高来流的湍流度,在实验段进口处安装一个由边长 1 cm 的铝制方杆构成的双向格栅,相邻方杆间距为 2.4 cm,在格栅下游 40 cm 处形成湍流强度为 8%的均匀气流。圆柱模型的直径为 8 cm,周向每隔 10°开一个测压孔,实验雷诺数为 0.86×10^5。

用 TS1 双通道热线风速计作平均速度和湍流度测量,实验时用坐标架逐点移动热线探头的位置,测量平均风速剖面和纵向湍流强度分布。

单圆柱的周向平均压力分布如图 11.15 所示,其中 B 曲线乃是无格栅亚临界状态的压力分布,雷诺数为 2.3×10^5;曲线 A 为超临界状态的典型压力分布(有格栅),最小压力系数为 −1.83,在周向角 ±80°处,背压为 −0.5,分离点在 120°,已经是湍流分离,无层流分离泡出现。积分后可得圆柱的阻力系数为 0.48,较 Roshko 的结果小,但与 Nakamura,Jones 等人的自然风实测结果相近。而采用增加粗糙度的方法得到的超临界状态下的圆柱阻力系数在大雷诺数下均趋于 1.0 或 0.9 的极限值。因此,粗糙圆柱虽能产生超临界状态,却不能完全模拟大雷诺数下光滑圆柱的结果,现将有关的实际结果列于表 11.1。

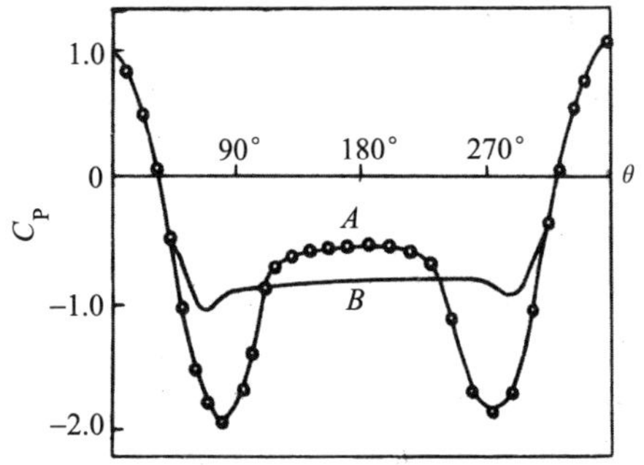

图 11.15 单圆柱周向压力分布图

表 11.1 高雷诺数下光滑或粗糙圆柱的阻力系数 C_D

作者	lg*Re*	粗糙度	湍流度	阻塞度	直径/长度	C_D
Roshko(1961)	6.26—6.94			0.136	0.176	0.72
Jones et al.(1969)	5.8—7.2		0.2%	0.19	0.19	0.54
Nakamura(1982)	4.0—6.23		0.12%	0.155	0.31	0.37
本文(1987)	≈4.0		8%	0.05	0.28	0.48
Szechenyi(1975)	5.4—6.8	$\leqslant 2\times10^{-2}$		0.08—0.23	0.11—0.25	0.9
Nakaruma(1982)	4.0—6.23	$\leqslant 1\times10^{-2}$	0.12%	0.155	0.31	1.0
Achenbach(1971)	4.6—6.7	$\leqslant 0.85\times10^{-2}$	0.7%	0.08,0.17	0.15,0.30	1.0
Dryden(1930)	≈6.0		自然风		3	0.4,0.67
Pechstein(1940)	≈6.0		自然风		5	0.4

图 11.16 和图 11.17 分别为圆柱尾迹中的平均风速分布和湍流强度分布，其中 x 和 y 分别为距圆柱中心的流向和横向距离，D 为圆柱直径。图示与层流分离的亚临界状态相比有明显的区别。

功率谱测量的结果表明，在圆柱尾迹中仅有宽带谱而没有离散谱。由于超临界状态下有确定周期的脱落涡能量减弱，相应的离散谱分量已淹没在强湍流之中了。

在串列双柱绕流中，后柱对前柱尾迹的对称流型起到稳定作用。在亚临界状态的流动显示照片中可以看到完全对称的回流涡(图 11.18)。当中心距增加到 $L/D=4$ 时，卡门涡街型的反对称流型出现，前柱分离区交替向上下两侧摆动，因而在临界间距两侧及后柱的前缘压力系数 C_{po} 由 −2 增至 0.2 大幅度的变化，见图 11.18。由图 11.19 表明后柱阻力系数由 −0.4 剧增至 0.24，其中 C_{pb1} 为前柱背压系数,C_{po}和 C_{pb2} 分别为后柱前缘压力系数和背压系数,C_D 为后柱阻力系数。

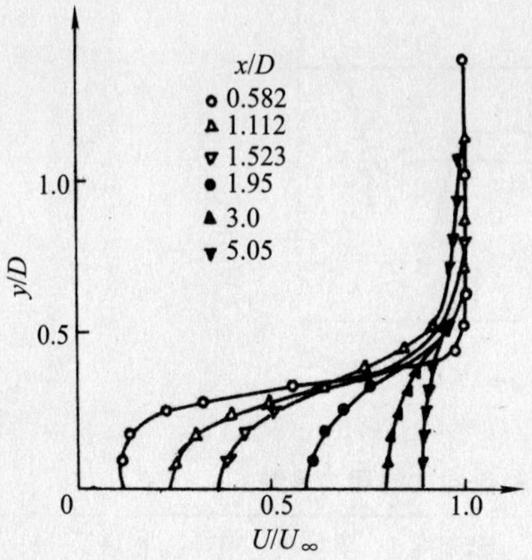

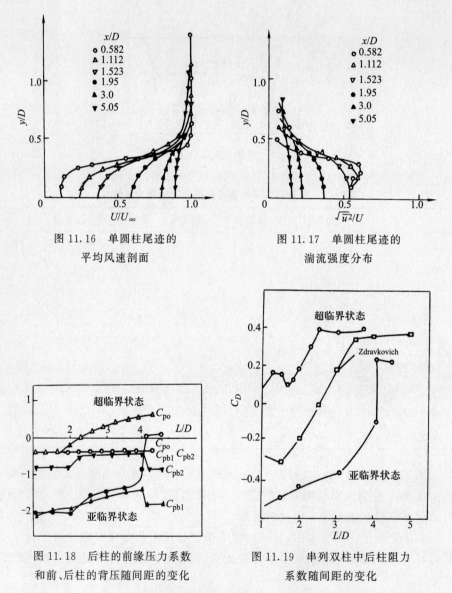

图 11.16 单圆柱尾迹的平均风速剖面

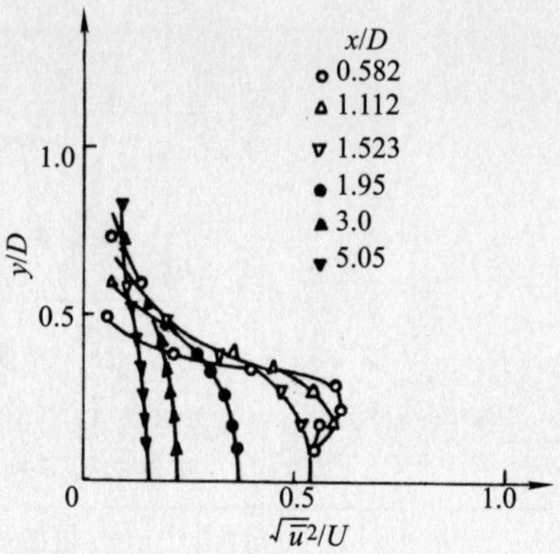

图 11.17 单圆柱尾迹的湍流强度分布

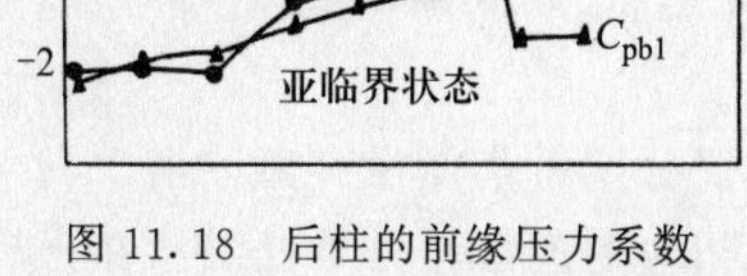

图 11.18 后柱的前缘压力系数和前、后柱的背压随间距的变化

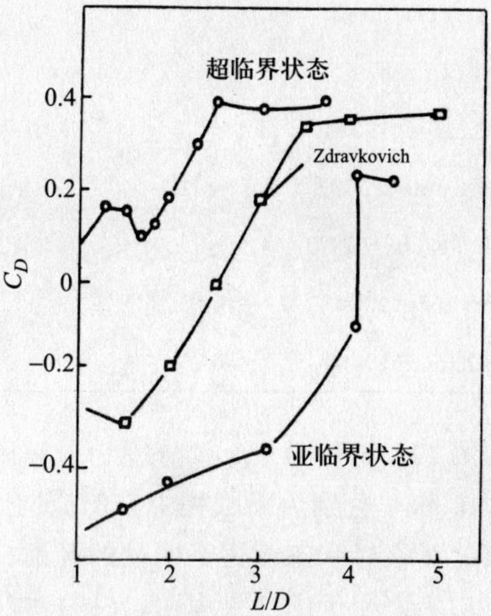

图 11.19 串列双柱中后柱阻力系数随间距的变化

超临界状态下后柱的前缘压力系数和阻力系数随 L/D 的变化有较大的区别。由于前柱分离区变窄和回流速度增大,以及脱落涡的频率特性为宽带谱,因而各种尺度的脱落涡以对称和反对称流型交替出现,后柱的稳定作用仅在小间距下才能保持。从 $L/D=1.7$ 开始,反对称型流态出现的概率逐渐增加,使

后柱的前缘压力系数上升，阻力系数亦由 0.1 上升到 $L/D=2.5$ 时 $C_D\sim0.4$ 为止。

图 11.20 为不同间距下后柱的压力分布，可以看到，当 $L/D\leqslant1.6$ 时在后柱前缘的两侧各有一再附点，其间与前柱分离区相接而产生前缘吸力。当 $L/D>1.6$ 的后柱前缘压力系数由负值转为正值，先是分离区两侧混合层中流线交替通过后柱前缘形成反对称流型；而后成为充分发展尾迹经过后柱，后柱前缘压力随亏损速度的减小而逐渐增加，压力分布与单柱相似。

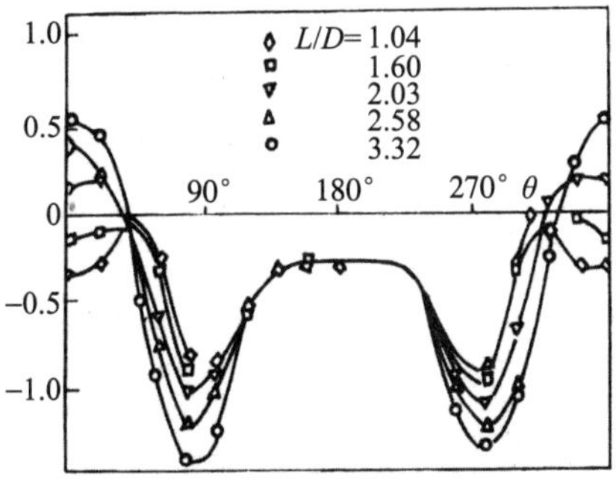

图 11.20　不同间距下后柱的周向压力分布

有气流偏角时柱间流动是非对称型的，因而后柱的阻力系数和升力系数随间距和气流偏角 α 而变。图 11.21 为超临界双柱在不同间距下后柱的阻力系数随气流偏角的变化。可以看出，在 $L/D\leqslant1.61$ 时，曲线在 $\alpha=0°$ 附近是下凹的，它表示后柱在前柱分离区的影响中，前缘附近有负压区，在 $\alpha<2°$ 的范围内，保持其对称型的特点；当 $L/D=1.7\sim2.5$ 时，曲线在 $|\alpha|\leqslant2°$ 的范围内上凸，反对称流型占主要地位，前柱分离一侧的剪切层交替在后柱前卷起并形成忽上忽

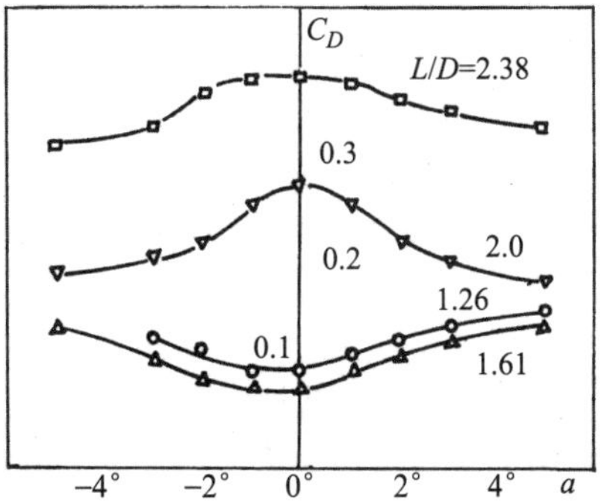

图 11.21　不同间距下后柱阻力系数随气流偏角的变化

下的间歇流,后柱驻点压力和阻力系数明显提高。由于对称流型和反对称流型交替间隔地出现,阻力系数在此范围内连续上升,而 $d^2C_D/d\alpha^2>0$ 时,对称流型居主要地位;由 $d^2C_D/d\alpha^2<0$ 时,反对称流型居主要地位。直至 $L/D>3$ 时前柱尾迹的速度剖面接近高斯型,后柱阻力系数和前缘压力系数随亏损速度的衰减而增加;在气流偏角增加时,后柱阻力系数亦相应增加,$C_D\sim\alpha$ 曲线在 $\alpha=0°$ 附近重新略显微凹。

图 11.22 为给定间柱下后柱升力系数随气流偏角的变化。可以看到,不同间距的升力曲线均有一线性增长区;由于通过后柱驻点的流线分割了混合层,使其内侧的涡旋在分离区和后柱之间形成集中涡,该流线切割的涡量越大,则集中涡的强度也随之增加。扣除零升力时的气流偏角 α,可见到在一定气流偏角范围内后柱的升力线斜率 $dC_L/d\alpha$ 近似为常值。

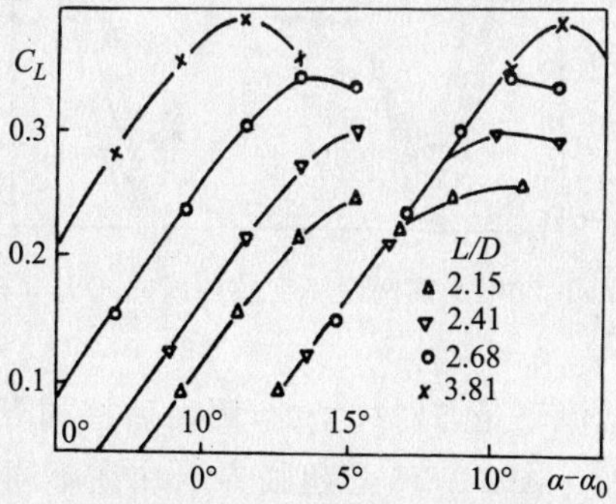

图 11.22　不同间距下后柱升力系数随气流偏角的变化

参考文献

1. Reinhold T A, et al. Wind Tunnel Modeling for Civil Engineering Application. Camb. Univ. Press, 1982.
2. Sun T F. Recent advances in wind engineering. Proc. 2nd Asia-Pacific Symp. Wind Engineering (Beijing, 1989) Intern. Academic Publishers, 1989.
3. Cermak J E. Wind Engineering. Proc. 5th Intern. Conf. Wind Eng. (New York, 1980), Pergamon Press, 1980.
4. Fockrell J E, Robins A G. Concentration fluctuations and fluxes in plumes from point sources in a turbulent boundary layer. J. Fluid Mech., 1982, 117: 1-26.
5. Harris C J. Mathematical Modeling of Turbulent Diffusion in the Environment. Academic Press, 1979.
6. Fu Z F, Yin J F, Wang X Y. Simulation of near ground atmospheric boundary layer and

wind tunnel studies of the airflow around shelter forest belt. Proc. lst Asia-Pacific Symp. Wind Eng. (Rookee), 1985.

7. Yan D C, Li C X. Wind tunnel simulation of wind effects on a group of high cooling towers. Acta Mechanica Sinica, 1987, 3: 36-43.
8. 颜大椿,李晨兴,陈凌,等. 超临界状态下串列双圆柱绕流. 力学学报, 1989, 21: 385-390.
9. Yan D C, Chen L. On the flow around twin circular cylinders at sub and supercritical regimes. Proceeding Intern. Conf. Fluid Mech. (Beijing, 1987). Peking Univ. Press, 1987.
10. Zdravkovich M M. Review of flow interference between two circular cylinders in various arrangements. J. Fluids Eng., 1977, 99: 618-633.
11. McCroskey W J. Some current research in unsteady fluid dynamics, the 1976 Freeman Scholar Lecture. J. Fluids Eng., 1977, 99: 8-38.
12. 孙天风,崔尔杰. 钝物体绕流和流致振动研究. 空气动力学学报, 1987, 5: 62-75.
13. Blevins R. Flow-induced Vibration. Van Nostrand Reinhold Co., 1977.
14. Scanlan R H. Aeroelastic modeling of bridges in: Wind Tunnel Modeling for Civil Engineering Applications. Cambridge Univ. Press, 1982.
15. Nakaruma Y, Timonari Y. The effects of surface roughness on the flow past circular cylinders at high Reynolds numbers. J. Fluid Mech., 1982, 123: 363-378.
16. Roshko A. Experiments on the flow past a circular cylinder at very high Reynolds number. J. Fluid Mech., 1961, 10: 345-356.
17. Farell C, Blessmann J. On critical flow around smooth circular cylinders. J. Fluid Mech., 1983, 136: 375-391.
18. 水利电力部. 英国渡桥电厂冷却塔倒塌事件调查报告. 水利电力部资料, 1972.

第十二章　空气动力学中的某些实验研究

在当前空气动力学的研究已经相当成熟的情况下，许多研究课题仍然处在十分活跃的势态，例如围绕飞行器机动性的课题（垂直起落和空中停留等）、边界层减阻（利用飞行器表面沟纹，控制湍流边界层特性来达到降低表面摩擦阻的目的）研究，大攻角复杂分离流（即便在层流分离条件下也没有完全解决）研究，控制分离和抑制尾旋的研究、围绕大气湍流和风剪切造成飞行事故的实验研究以及流向涡的破碎机制研究等。这些课题对于提高飞行器性能有重要意义，但有些课题连产生机制也还未有定论，实验研究往往处在前沿地位。限于篇幅，本章选择几个典型课题作简要介绍。

冯·卡门在《高速空气动力学原理》中指出：低速空气动力学粗陋的不可压无黏假设在飞机设计中显示出令人意外的很大价值。然而鸟类在亿万年的进化史中全都装备了羽翼，无一靠采用流线型翼面来使翼面升力大幅增加，这就要求对儒可夫斯基定理的后缘奇性做深入研究和更广义的基础理论解释，故而它成为实验流体力学有待研究的重大课题，对于定点或短程起降以及无人机抗风暴特性的基础理论研究有重要意义。

12.1　细长体和后掠翼在大攻角时的复杂流动

细长体在大攻角时的分离流动是近三十年来十分引人注目的课题。在这种三维流动的条件下，Prandtl 最初给出的定常二维边界层的分离准则，即壁面摩擦阻力 $\tau_w=0$，已不能使用。最初，从 Werle(1962) 发表的一系列尖头或钝头旋转体在不可压流动条件下的实验中，有一张攻角为 20°时细长椭球体的油膜照片，在椭球体背风面发现一种螺旋形分离涡（图 12.1），这是当时各种不可压

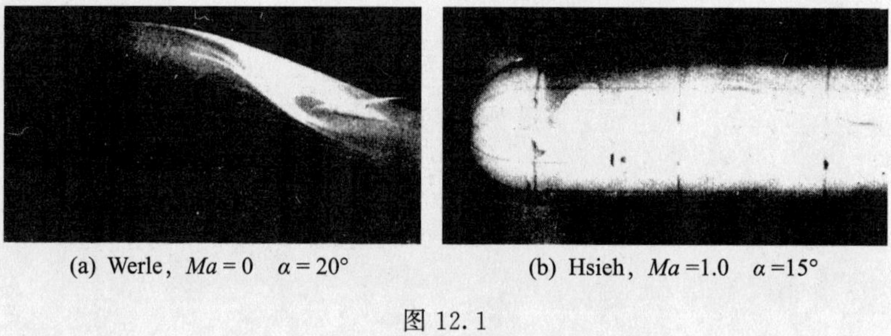

(a) Werle，$Ma=0$　$\alpha=20°$　　(b) Hsieh，$Ma=1.0$　$\alpha=15°$

图 12.1

流动的理论计算所无法想象的结果，简单地用三维不可压位势流动理论和三维边界层方程无法处理这种奇点附近的流动。以后十余年中许多人重复了 Werle 的实验，但未发现有类似的涡出现，因而 Werle 的螺旋涡成为孤证并被人们怀疑。直至 1976 年，Hsieh 用半球-圆柱组合体在马赫数 $Ma=1.0$ 和攻角 $\alpha=15°$ 以及 $Ma=1.2$ 和 $\alpha=19°$ 的跨音速气流中均证明有和 Werle 实验相似的头部涡(nose vortex)存在，进一步证实这种流动结构的普遍意义。事实上，对于这种涡结构在零攻角时已有萌芽，在半球和柱的结合处可以看到有很小的分离泡。小攻角时，迎风面的分离泡消失，背风面的分离泡略为前移，并形成分离涡，在模型两侧出现两根端部不封闭的分离线，称作开式分离线(图 12.2)。攻角继续增大时，开式分离线向前延伸，最后在前缘附近闭合。对于一般的钝头细长体，可以看到当攻角逐渐增加时，最初形成开式分离线，然后在头部背风面出现鞍点型分离点；继续增加攻角则鞍点发展成头部涡，开式分离线继续向前延伸，最后分离线闭合，头部涡消失。由于开式分离线允许流线从开口区进入分离线的另一侧，因而使旋涡形成封闭回路；并在开式分离线的上方出现一对向内侧卷起的羊角涡，它从流动的横向分量吸取能量，沿整个物体向下游扩展，一般情况下对绕流起着主导作用。而头部涡的涡轴垂直于物体表面，在物体上方往下游流去。它是边界层纵向和横向分量综合作用的结果，仅在特定的某个较小的攻

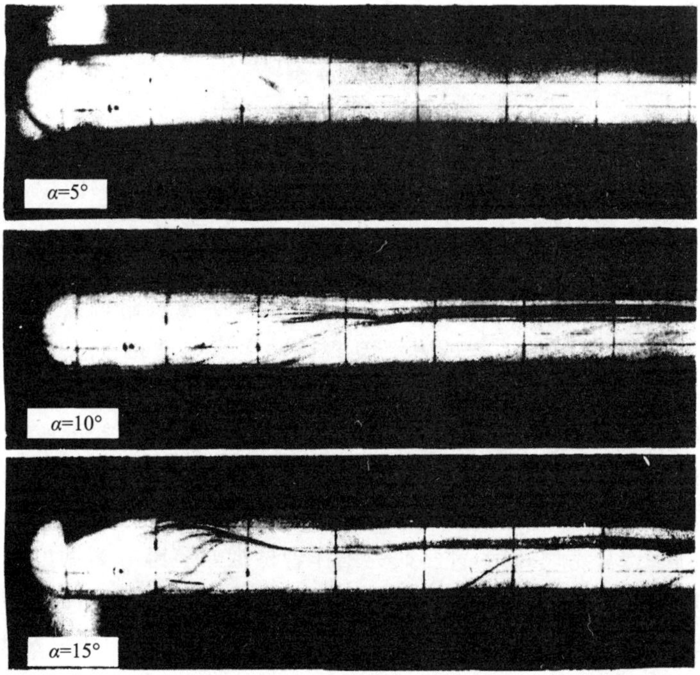

图 12.2

角范围出现,像龙卷风似的从表面逸出后进入主气流,这时流态处于开式分离线和闭合分离线之间的过渡状态,旋转方向可以是顺时针方向,也可以是逆时针方向,因而使流动失去对称性。这其中被人们大量重复的是扁平椭球的实验(图 12.3)。$\alpha=0°$时分离线在尾部附近,当$\alpha=3°$时周向流动较早出现反向;$\alpha=6°$时迎风面的分离线与周向流动反向点位置一致,背风面的分离线在周向流动诱导的主流作用下明显推迟,使分离线和周向流动反向点的距离拉开;$\alpha=15°$时出现开式分离,迎风面与周向流动反向点一致,主气流从分离线缺口进入背风面,形成很强的流向涡;$\alpha=30°$时分离线向前延伸,至 40°左右产生头部涡,涡的前方为另一侧分离线的延伸部分;$\alpha=45°$时分离线闭合。

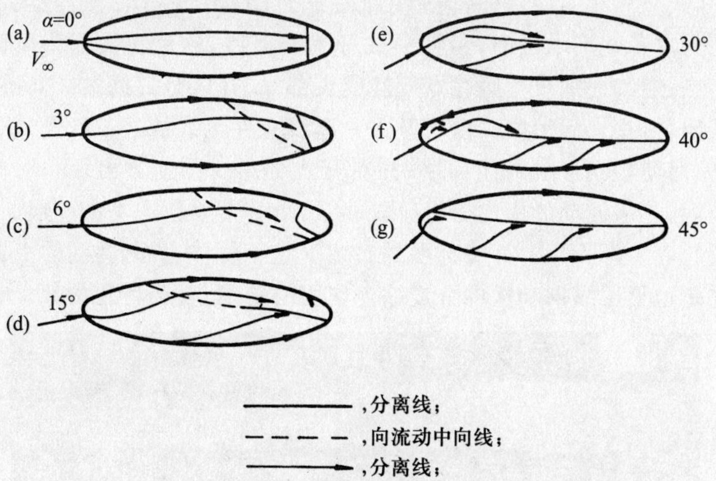

图 12.3　扁平椭球的开式和闭式分离状态随攻角的变化

上述三维流动中的分离现象涉及两个根本问题:第一,在三维流动中分离的物理实质是什么,判断的准则是什么?第二,在分离点附近以及下游方向的某个较大区域(分离区)内用来分析流动规律的主要工具和方法是什么?显然,对二维边界层分离可以有以下几种准则:(1)边界层方程的奇异性;(2)开始出现倒流;(3)上游气流对分离区的不可入性;(4)边界层厚度的迅速增长;(5)边界层假定的破坏;(6)边界层计算的发散。但是在三维边界层流动中是否适用,需要重新加以分析。

从 20 世纪 50 年代开始,许多研究工作者试图对三维分离做出明确的定义并给出相应的分离准则,但是他们很快发现三维分离和二维分离有许多根本不同之处。关于分离判据也存在着许多不同的观点,这方面的研究从未间断,但尚未有定论。

最初 Hayes 等人采用流动的不可入性作为分离准则,但是很快发现这种准则只适用于某些流动，不能作为一般性准则。后来 Eichelbrenner 等人经大量表面流动的实验提出用壁面极限流线的包络线作为分离线的假设。由于观察三维分离流的主要实验手段是油膜法，因为气流对模型表面的摩阻作用引起油膜的流动，使含油物质在模型表面留下永久性的可见迹线，称作表面摩阻线。由于速度向量 $\mathbf{V}$ 在壁面法线方向的导数近似为

$$\left(\frac{\partial \mathbf{V}}{\partial z}\right)_{\mathrm{w}}=\frac{\boldsymbol{\tau}_{\mathrm{w}}}{\mu}, \tag{12.1}$$

下标 w 代表在壁面取值，在邻近壁面的区域，除了在奇点或分离线附近，速度向量 $\mathbf{V}$ 为一级近似（忽略 z^2 的因子）应与壁面平行，因而

$$\mathbf{V}=\frac{z}{\mu}\boldsymbol{\tau}_{\mathrm{w}} \tag{12.2}$$

上式表明，当 $z\to 0$ 时流线方向应与表面摩阻线一致，速度的大小与表面摩阻 τ_{w} 成正比。因此，表面摩阻线又称作表面流线或极限流线。Maskell 支持包络线的说法，进一步指出分离线有空泡型和自由涡层型两种。前者具有奇异性，为鞍点型分离；后者都是常规点，但也是壁面极限流线的包络线。

Lighthill 认为用极限流线的包络线作为分离线是混乱和不精确的。他认为分离线应是从鞍点两侧流出的表面摩阻线，它们绕过物体，消失在一个结点之中；用两族相互正交的表面摩阻线和涡线的拓扑图形中奇点分布和通过奇点的表面摩阻线才能从数学上对分离线做出精确的解释。这种表面奇异性可以用表面摩阻线的奇异性来表示。设 x,y 为物体表面坐标；u 和 v 为 x 和 y 轴方向的速度分量；h_x,h_y 为度量系数；z 为法向坐标，则

$$\frac{C_{fy}}{C_{fx}}=\left(\frac{\partial v/\partial z}{\partial u/\partial z}\right)_{z=0}=\frac{h_y\,\mathrm{d}y}{h_x\,\mathrm{d}x}=\frac{\left(\dfrac{\partial v}{\partial z}\right)_{z=0}z+\left(\dfrac{\partial^2 v}{\partial z^2}\right)_{z=0}z^2+\cdots}{\left(\dfrac{\partial u}{\partial z}\right)_{z=0}z+\left(\dfrac{\partial^2 u}{\partial z^2}\right)_{z=0}z^2+\cdots} \tag{12.3}$$

设 $\left(\dfrac{\partial v}{\partial z}\right)_{z=0}=a_1x+a_2y$，$\left(\dfrac{\partial u}{\partial z}\right)_{z=0}=b_1x+b_2y$，则由 x 和 y 方向表面摩阻系数的分布 $C_{fx}(x,y)$ 和 $C_{fy}(x,y)$ 可以确定当二者同时为零时的坐标点 (x,y) 为奇点，并由 a_1,a_2,b_1 和 b_2 等系数确定奇点属性。

关于分离线的两种定义，可以用图 12.4 大致表示出来。按照 Lighthill 的说法，分离线本身应是一条极限流线，但是除了最后在结点（汇点）和其他极限流线交汇外，不和其他流线相交；而按照包络线的说法，分离线处处都是和其他极限流线的交汇点（图 12.5）。

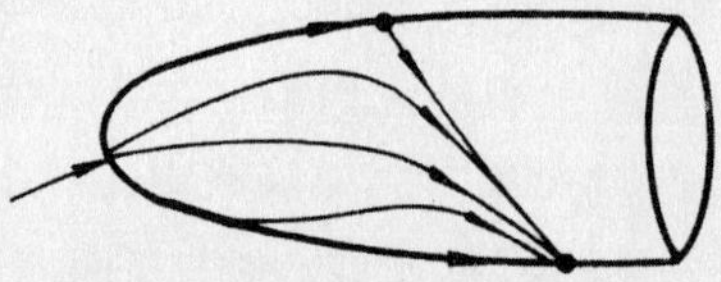

图 12.4 通过奇点的极限流线
——分离线的定义之一

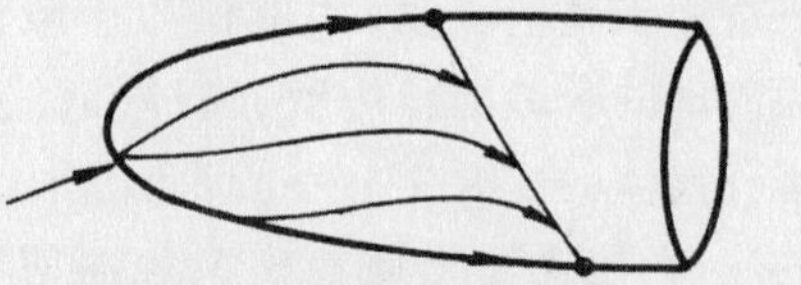

图 12.5 极限流线的包络线
——分离线的定义之二

王国璋通过对细长椭球的计算和大量实验资料的研究,认为分离线是极限流线的包络线的说法是比较现实的。他对细长比为 1/4 的椭球在攻角 $\alpha=30^\circ$ 条件下进行计算,发现椭球背风面的周向表面摩阻 $C_{f\theta}$ 有一个从正到负的分界线,而纵向表面摩阻 $C_{f\mu}$ 并没有趋近于零。由于零 $C_{f\theta}$ 线除两端外大致与经线平行,因而与表面摩阻线的包络线十分接近(图 12.6),并在端部具有开放性。这一计算结果和实验中观察到的开式分离线是一致的,并提供了开式分离线的有效计算方法。对于特大攻角($\alpha=45^\circ$)的情况,从 $C_{f\mu}$ 和 $C_{f\theta}$ 分布图可以找到零 $C_{f\mu}$ 线和零 $C_{f\theta}$ 线在背风面二者相近,随攻角增大逐渐合并,因而分离线前端是鞍点型分离点,具备闭式分离的特点(图 12.7)。

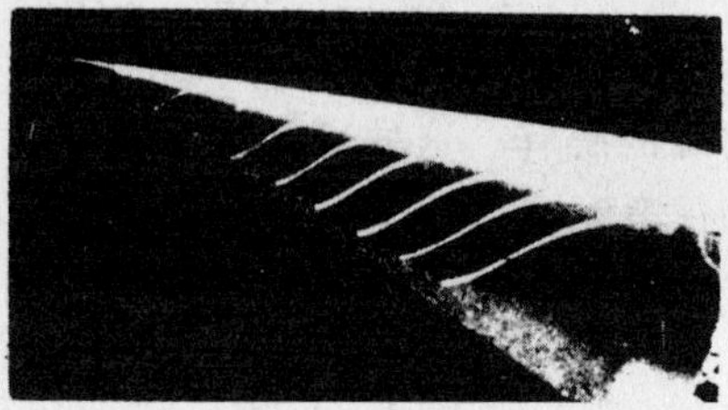

(a) 表面流动

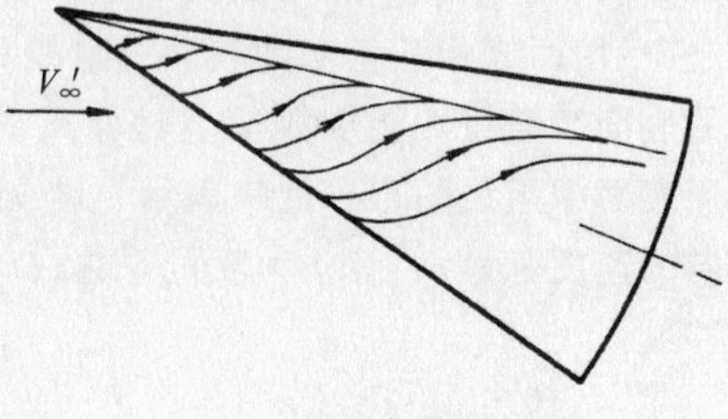

(b) 图中流线的草图

图 12.6 圆锥在大攻角时的极限流线和它们的包络线

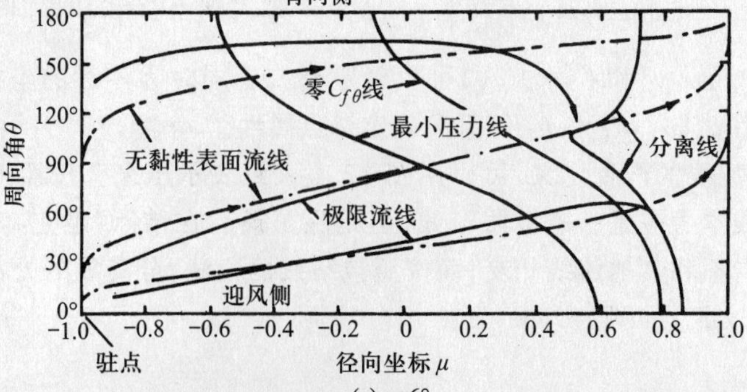

(a) $\alpha=6^\circ$

图 12.7 (a),(b),(c),(d),(e)扁平椭球在不同攻角时的极限流线和分离线

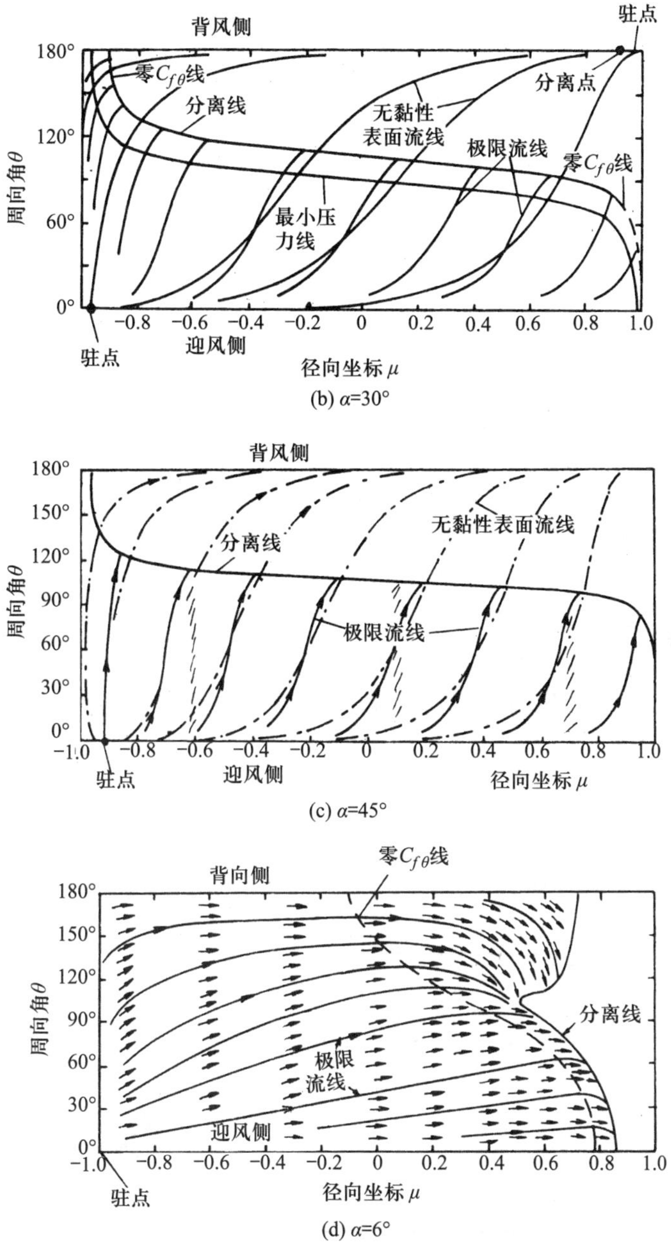

(b) α=30°

(c) α=45°

(d) α=6°

图 12.7　(a),(b),(c),(d),(e)扁平椭球在不同攻角时的极限流线和分离线(续)

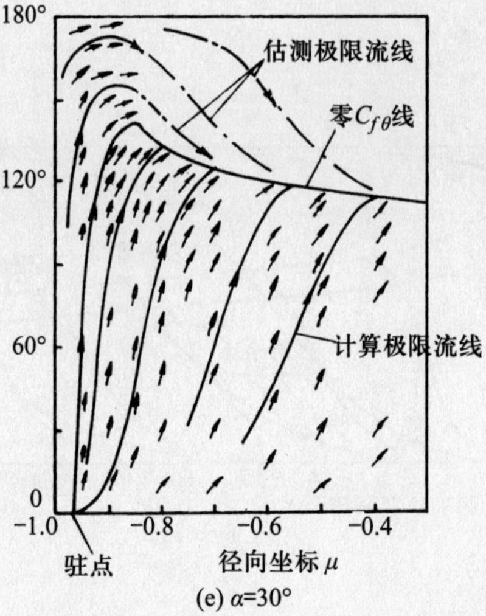

(e) α=30°

图 12.7 (a),(b),(c),(d),(e)扁平椭球在不同攻角时的极限流线和分离线(续)

此外,通过对椭圆机翼的计算,证明展弦比 $\lambda=5,4,3.75,1.7$ 时从根弦的 $C_{f\theta}$分布可以看到在 $\alpha=11°$附近,上表面分离点突然前移和突然失速的现象,与实验观察到的情况相符(图 12.8)。对于后掠机翼则小攻角时分离线近似平行于后缘,尖前缘机翼通常沿前缘有泡状分离,分布在前缘下游方向,有时沿展向分成几段。大攻角时从表面油流可以看到螺旋形涡(部分翼展涡)将前缘附近

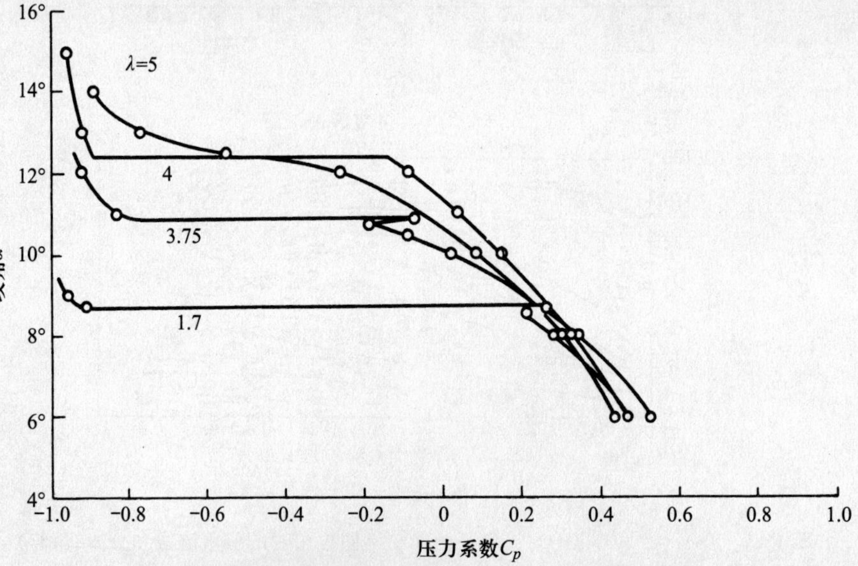

图 12.8 不同展弦比的椭圆机翼根弦处分离点位置随攻角的变化

的表面流动引向内侧(翼根方向),见图 12.9 和 12.10。

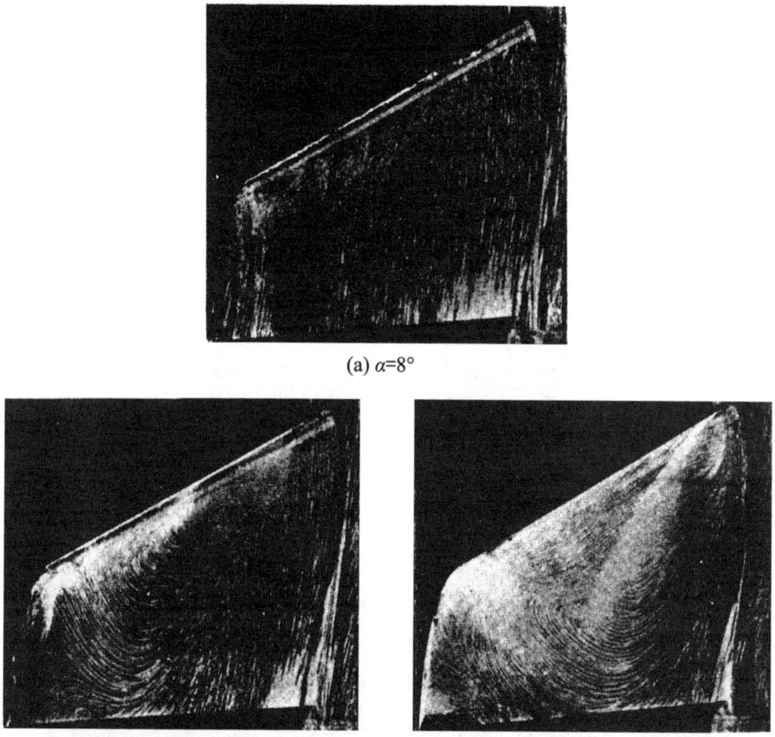

(a) α=8°

(b) α=10°

(c) α=14°

图 12.9 梯形后掠翼的表面油膜图和翼尖分离状态(照片)

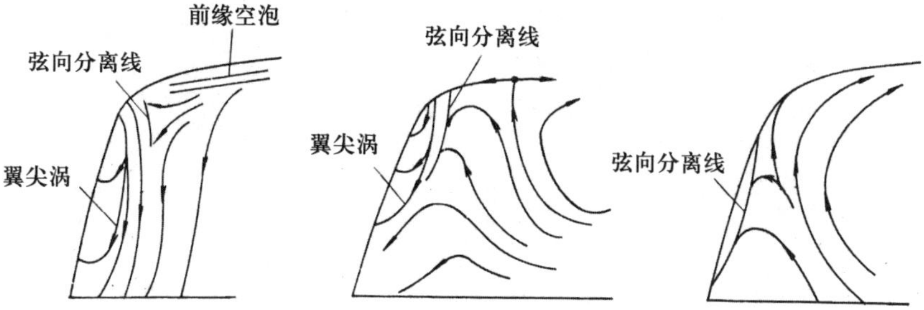

(a) α=8°

(b) α=10°

(c) α=14°

图 12.10 梯形后掠翼的表面油膜图和翼尖分离状态

对于跨音速后掠翼,有前侧激波、后侧激波和外侧激波交汇在一点,其中外侧激波为前二者的合成,因而更强。当攻角增加时前侧激波向下游方向偏折,后侧激波向上游偏折,使外侧激波向翼根方向延伸(图 12.11)。外侧激波较弱时引起泡式分离或极限流线的结状弯曲,有时则两种影响同时出现。在强的外侧激波作用下翼面产生分离,而内侧激波只引起通常的后缘分离,这时有较强的展向气流进入分离区。图 12.12 为展弦比 4.8、后掠角 35°的梯形机翼在 $Ma\approx0.95$ 时的油膜图。攻角 $\alpha=0°$时后缘区外侧产生激波分离;$\alpha=4°$和 6°时激波前移,分离区扩大;$\alpha=6°$时内侧激波分离有明显区别,不相连接;继续增加攻角则激波前移到机翼的前方。

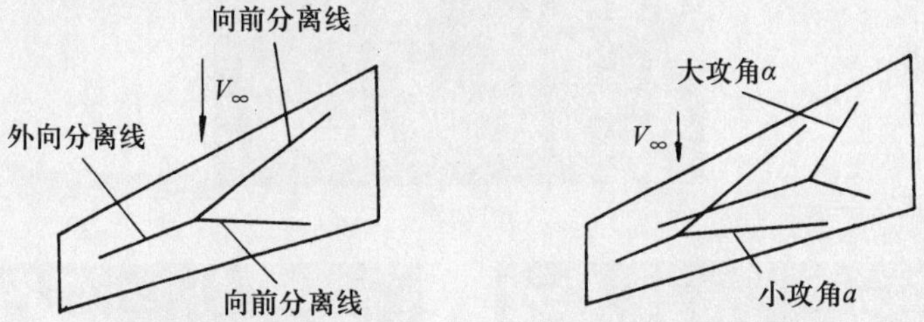

图 12.11　跨音速梯形后掠机翼的表面激波图形

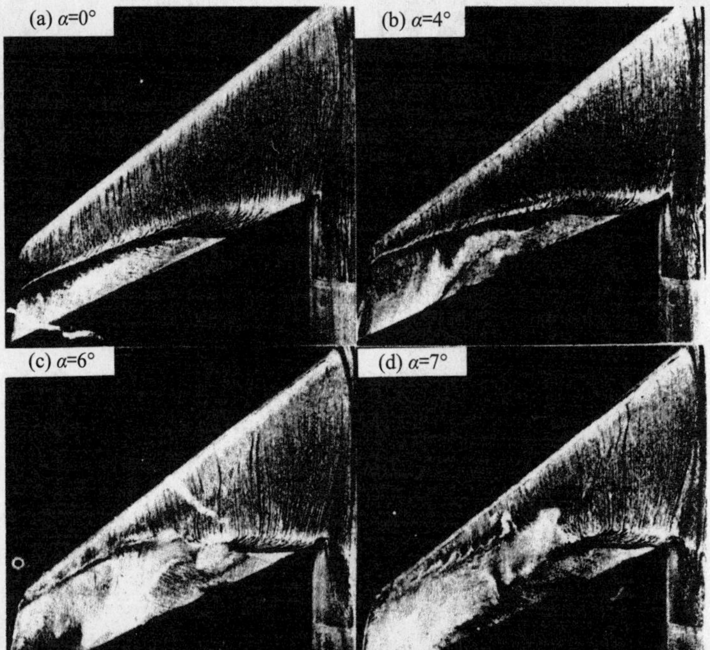

图 12.12　梯形机翼在 $Ma\approx0.95$ 时的油膜图

在翼身组合体模型上同样可以看到不同攻角下的闭式或开式分离线(图 12.13)。

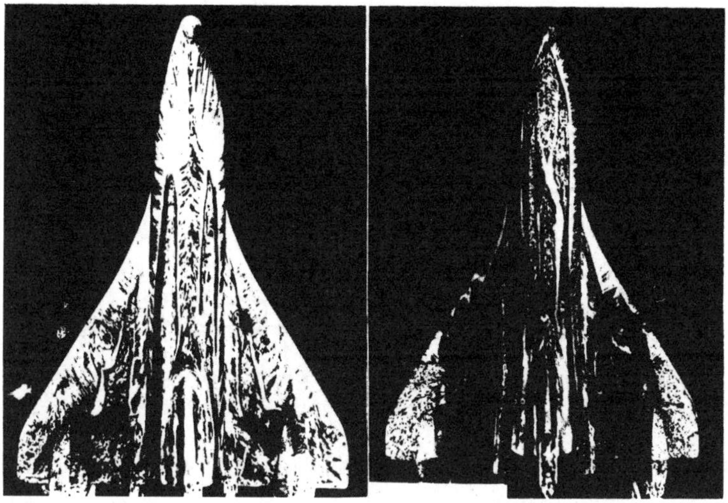

(a) 开式分离

α=20°

(b) 闭式分离

α=30°

图 12.13 翼身组合体的分离形式

关于二维非定常分离准则的研究，较重要的有 Rott(1956)，Moore(1958) 和 Sears 等人的工作，他们发现：绕运动壁的流动中分离点不在壁面上，但满足 $\mu\left(\frac{\partial u}{\partial y}\right)=0$ 的条件，后来称之为 MRS 准则(图 12.14)。Sears 和 Teltionnis 将 MRS 准则推广到分离点处于运动状态的更一般的情况，证明它具有 Goldstein 奇性。对分离点附近的流动做如下展开：

$$u(x,y,t)=u_0(\psi,t)+\frac{\partial\beta(\psi,t)}{\partial y}\sqrt{x_0-x}+\frac{\partial\beta_1(\psi,t)}{\partial y}(x_0-x)+\cdots,$$

$$v(x,y,t)=\frac{\beta(\psi,t)}{2\sqrt{x_0-x}}+\beta_1(\psi,t)+\cdots, \tag{12.4}$$

其中 $\psi=y-y_0(t)$，$u_0(\psi,t)=u(x_0,y,t)$，β_1 为高阶函数，则 $\beta(\psi,t)$具有如下形式：

$$\beta(\psi,t)=A(t)[u_0(\psi,t)-U_s(t)], \tag{12.5}$$

其中 $U_s(t)=\frac{\mathrm{d}x_0}{\mathrm{d}t}$为分离中心的速度，$A(t)$和 $u_0(\psi,t)$未定。由于 v 和$\frac{\partial u}{\partial x}$在 (x_0,y_0)附近不具有奇性，因而

$$u_0(\psi=0,t)=U_s(t),$$

$$\frac{\partial u_0(0,t)}{\partial y}=\left.\frac{\partial u}{\partial y}\right|_{y=y_0}=0, \tag{12.6}$$

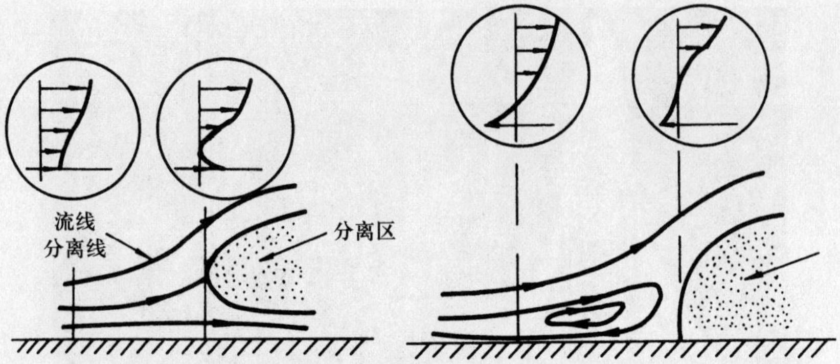

图 12.14 MRS分离准则在壁面向下游或上游移动时的应用

即推广的MRS准则。对于定常流中旋转圆柱的计算证明适用于壁面向下游运动的情况,但不适用于向上游运动的情况。王国璋将三维边界层做如下坐标变换

$$(x,y,z)\rightarrow(t,x,z),$$

用包络线准则得到较好的结果,以后又推广到非定常二维边界层。关于三维分离准则的研究仍在继续,有待实验研究方面做进一步的工作。

12.2 流向涡破碎的实验研究

流向涡是航空、流体机械和管道输运中常见的一种流动。例如,三角翼的前缘分离涡便是其中典型的例子,流向涡的破碎现象最早是 Peckham 和 Atkinson 在三角翼分离涡中观察到的,以后为许多人所证实。这种涡破碎现象对飞行器和各种流动机械有重要的影响,因而引起普遍的重视。在风洞和水洞中已对各种展弦比和攻角的三角翼的涡破碎点的位置作了系统的测量并得到某些经验公式。关于涡破碎机制曾经有过许多人从理论和实验两方面进行研究,但是涡的结构十分复杂,流动状态很不稳定,对各种干扰十分敏感,因此至今未能对各种流态作系统的测量。目前的实验研究主要限于对称型破碎,理论研究也主要限于这种流态。

为了对流动作进一步简化,实验研究主要在圆管中进行。为了保证轴向压力恒定,圆管略有扩张,上游有翼片导流使水流形成轴向旋转。设管道进口处中心的纵向流速、角速度和管径分别为 U_0,ω_0,D_0,则得速度向量 $\mathbf{V}$ 的无量纲方程

$$\frac{\partial\mathbf{V}}{\partial t}+\frac{1}{2}\nabla\mathbf{V}^2-(\mathbf{V}\times\boldsymbol{\omega})\frac{2}{Ro}=-\nabla p+\frac{1}{Re}\Delta\mathbf{V},\tag{12.7}$$

其中罗斯比(Rossby)数 $Ro=\frac{D_0\omega_0}{U_0}$，雷诺数 $Re=\frac{U_0D_0}{\nu}$。

Sarpkaya 用流动显示方法系统地观察了圆管中旋涡流动的流态，图 12.15 所示为其实验装置。圆管装在水箱之中，水流取自水箱，经喇叭口作轴对称收缩后进入圆管。喇叭口进口处沿圆周均匀分布 32 个翼片，以调节圆管中水流的环量 Γ。按照环量守恒定理，Γ 可由圆管中的流量、翼片参数及转角来近似确定，无量纲化后得到

$$\Omega=\frac{\Gamma}{U_0D_0}. \tag{12.8}$$

通过在恒定流量下改变环量 Γ 或恒定环量下改变雷诺数 Re，可以观察到管流中出现四种典型的流态。

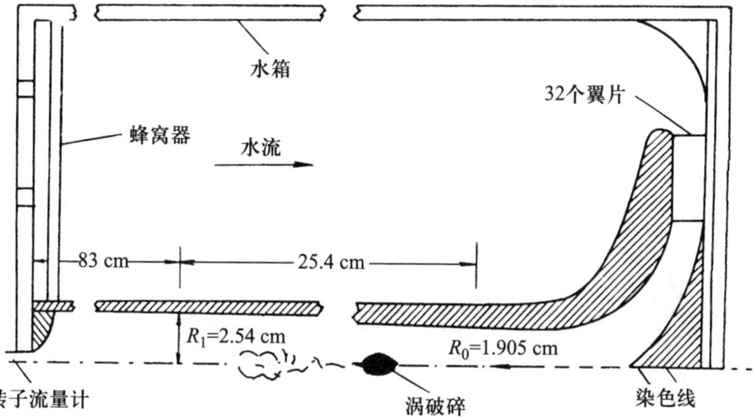

图 12.15　Sarpkaya 的涡破碎实验装置

稳定旋转流　这时在管轴附近形成涡核，近似作刚性旋转，切向速度 V 与半径 r 呈线性关系。轴向速度 U 较涡核外围有明显增高(图 12.16)，沿管轴近似相等，其中旋转角由 V/U 的反正切确定，R 为实验段的有效半径($\approx R_1$ 或 R_2)。速度剖面亦大致稳定，此流态主要发生在 Ω 很低或雷诺数较高的情况。

螺旋形破碎　主要发生在 Ω 较高的区域(图 12.17)，这时上游通过管轴的流线很快减速，到破碎点处流线经过扭折后呈螺旋形结构，旋转几圈后破碎成大尺度湍流。保持雷诺数不变，当 Ω 逐渐增加时，破碎点逐渐向上游方向移动；同样，保持 Ω 不变，当雷诺数逐渐增加时，破碎点也向上游移动。

双螺旋形破碎　在雷诺数较低和 Ω 数较高时可以观察到这种流态。上游管轴位置的流体迅速减速，并扩展成三角形薄层，随后在管轴附近卷起来，形成双螺旋形破碎结构。这种结构对外界扰动十分敏感，不存在驻点，因而不形成

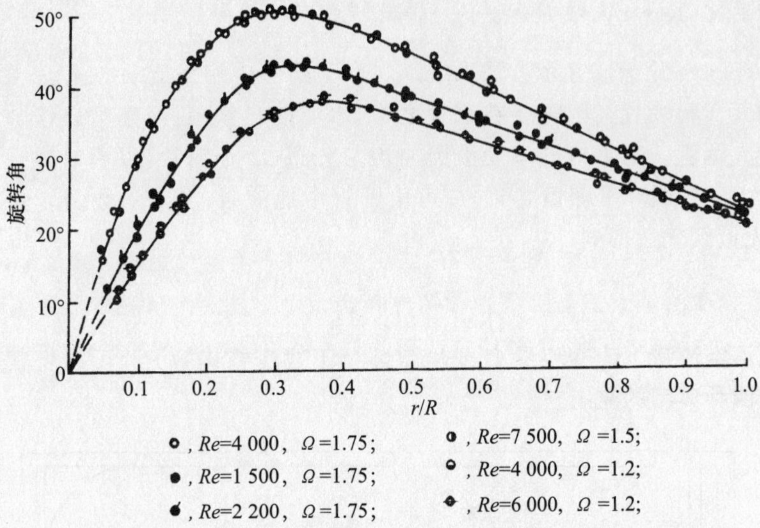

图 12.16 稳定旋转流态的旋转角沿径向分布

图 12.17 螺旋形破碎

泡状结构。在实验中不易观察到较稳定的流态(图 12.18)。

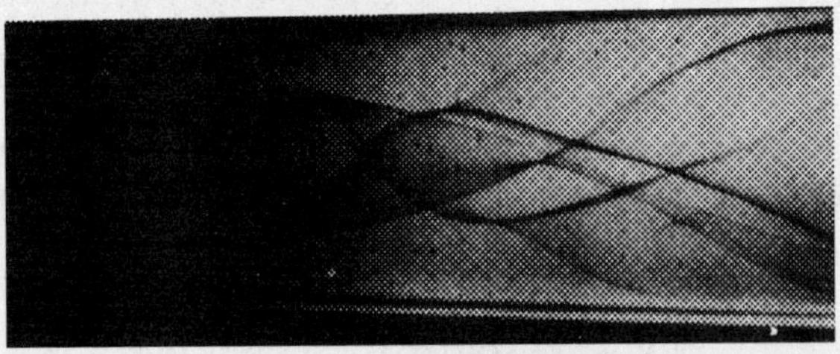

图 12.18 双螺旋形破碎

轴对称形破碎 这也是常见的一种涡破碎结构。通常由螺旋形破碎演化而成,流动状态稳定,实验观察资料也比较充分,通常发生在雷诺数和 Ω 数都比较高的情况下，上游管轴处流体到破碎点前沿迅速降低速度，在涡破碎区形成泡状结构(图 12.19)。

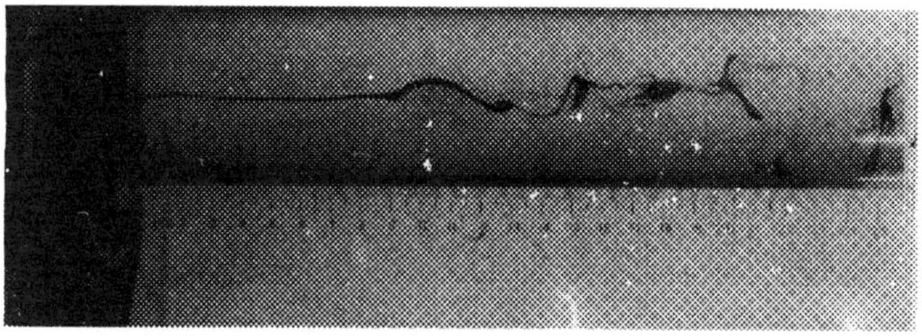

(a) 破碎前的流态

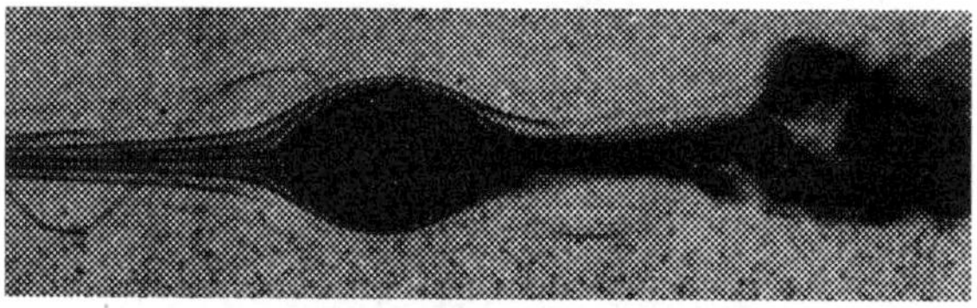

(b) 涡破碎开始的泡状结构

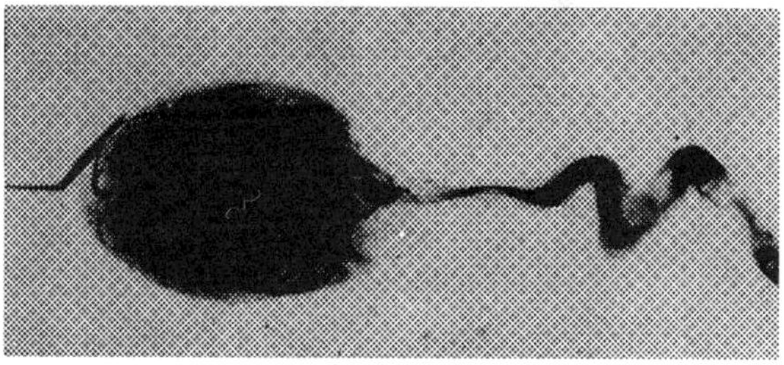

(c) 泡状结构的发展

图 12.19　轴对称形破碎

以上四种流态可以从 Re-Ω 图中反映出来(图 12.20)。但是，至今研究得较充分的仅是轴对称破碎的情况，还没有普遍适用于上述四种状态的一般性判据。因此，各个区域的分界只具有相对意义。固定圆管中的流量(雷诺数)连续改变 Ω 数，或固定 Ω 数连续改变流量可以看到泡状破碎点位置在 $0\sim d$ 范围移动时外围流速 U 的变化(图 12.21)。

由于涡破碎结构对于外界扰动十分敏感，要测量涡破碎区及其附近的速度是有一定困难的。用氢泡法或探头作测量都会对流动产生较大的干扰。因此，较精确的研究结果是 Faler 和 Leibovich 用激光流速计得到的。图 12.22 所示为在破碎点上游和下游的纵向速度剖面。可以看到破碎点前后纵向流速沿管轴的变化，迅速下降到零以至负值，在破碎泡内形成倒流，然后上升和逐渐恢复。通过整个轴对称流场的测量，可以得到涡破碎区的流线图，并显示出双泡

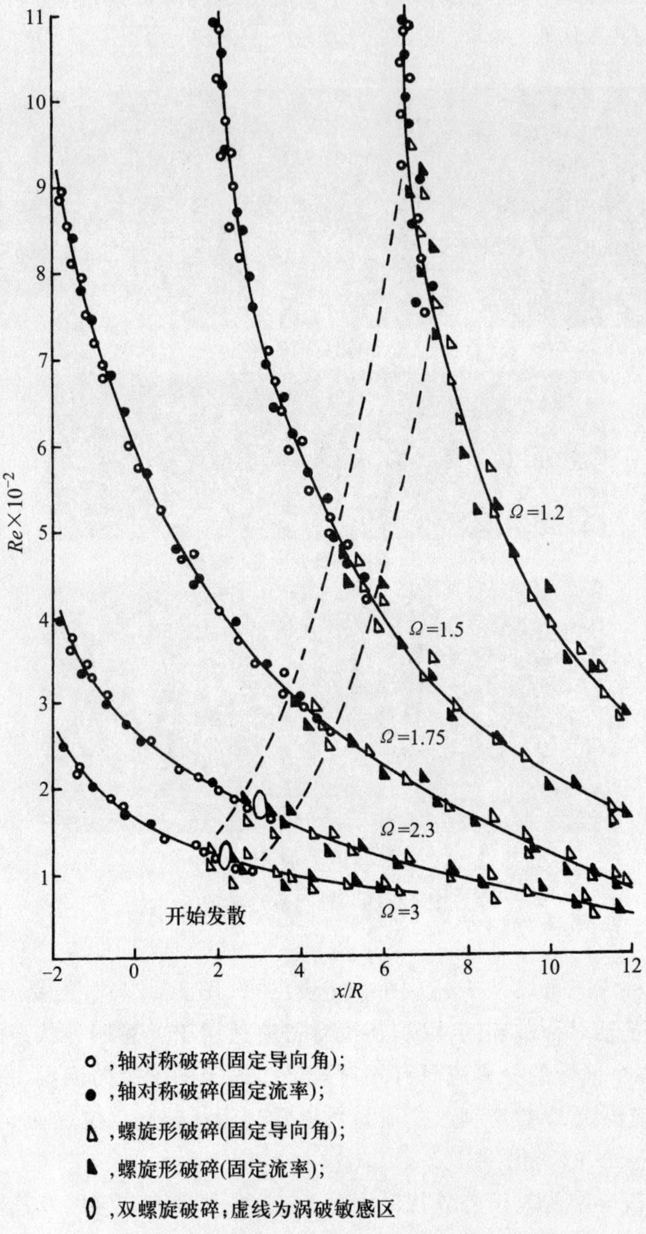

图 12.20 破碎点位置

结构(图 12.23)，这种流动结构后来被数值计算得到证实。此后内田茂男、张景镇、中村佳朗等也对螺旋形破碎作了测量。

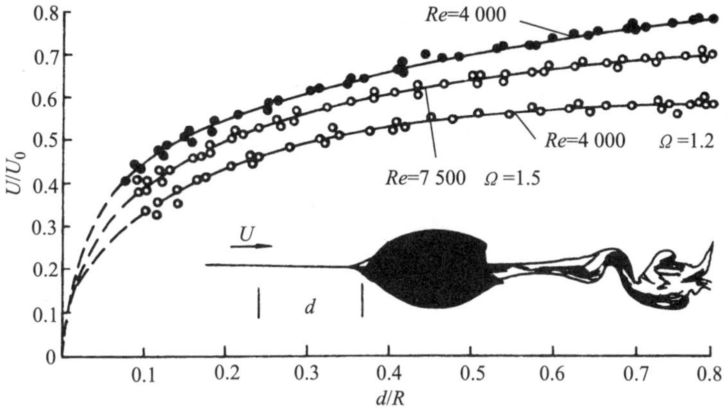

图 12.21　泡状涡破碎区的轴向移动对外围流速的影响

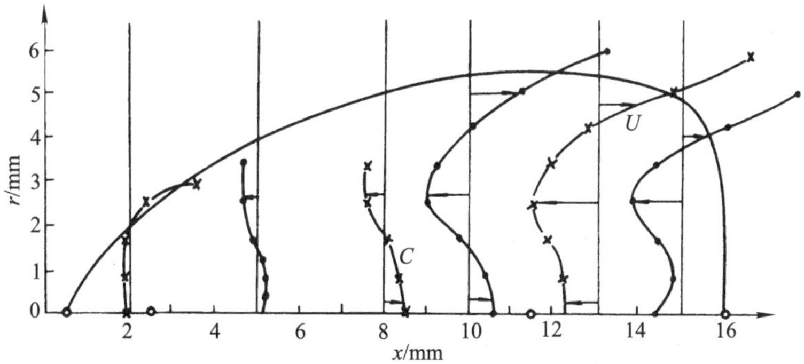

图 12.22　泡状涡破碎中各截面平均速度的径向分布

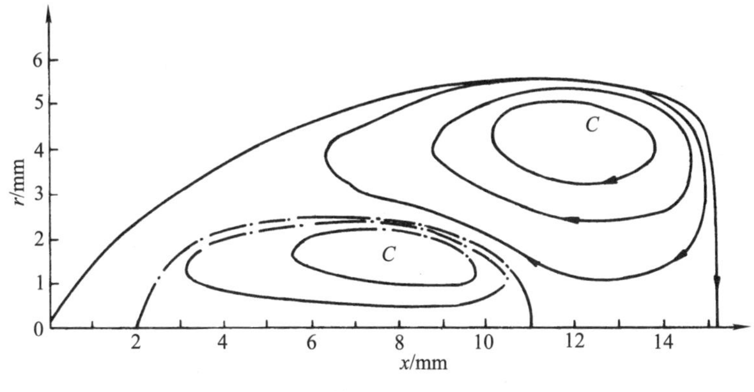

图 12.23　轴对称涡的双泡结构

关于涡破碎的机制至今还很不成熟，早期的理论认为涡破碎的机制是上游流动处于超临界状态，在涡破碎过程中流动由超临界状态向临界状态过渡。但是,实验和数值计算的结果表明,不管上游是超临界或亚临界流动,都能产生轴对称破裂泡。关于轴对称破裂泡的数值模拟已有较好的结果,并能得到和实验观察相似的双泡结构。但是对于螺旋形破碎的结构目前还没有较好的实验数据和理论分析方法,实验结果还不能说明螺旋形破碎过程中扰动在涡核中的增长规律及涡破碎的具体结构。

围绕三角翼涡破碎机制的研究一直为人们所关注,北大西洋公约组织(NATO)和美国国家航空航天局(NASA)等均曾出巨资作大量的研究。在我国李京柏等亦曾用七孔探针法进行过研究,但在超临界状态下探头干扰的影响显然不可低估。关于不同后掠角的三角翼在各种攻角下的破碎点位置已有较可靠的经验公式,并在实验中得到了较普遍的验证。关于涡破碎机制的研究仍在继续进行,并有待新一代的激光测量装置的研制;另一方面关于控制涡破碎点的技术措施也在研究中,并引起普遍的兴趣。

12.3 复杂流动的控制

关于大攻角下复杂分离流动的大量研究成果使人们对空气动力学中在各种流动状态下分离流的控制产生越来越大的兴趣。

推迟失速攻角的各种控制方法 这是当年美苏等国航空界十分重视的课题。某些抑制大攻角分离的方法已能使二维机翼在大攻角的条件下保持不发生分离。除了喷气、抽吸等边界层控制技术有较广泛的应用外,采用移动壁方法可以使二维机翼的失速攻角推迟到48°(图12.24),采用俯仰摆动法也可以大大推迟动态失速的产生。

声激励方法已被成功地应用于分离点的位置控制。改变声激励的频率和振幅可以使转捩区和混合层中不稳定波的强度大幅度变化,促使边界层或分离区和外流的能量交换加剧,使近壁层的流速增加,分离区涡脱落频率得到调制,使高频随机脉动得到抑制,并使尾迹宽度明显变窄,分离点也大幅度后移。

风剪切气流中的控制问题 风剪切是大气中复杂气团形成的速度梯度很大的流层,这是目前许多飞行事故的原因。高空中的风剪切通常在机翼或它的一侧形成很强的上升气流。它使机翼的局部攻角急剧增加,产生失速,严重的可形成尾旋。局部上升气流可以使飞机产生很强的滚转力矩。特别是在近地面的风剪切气流,经常是造成飞机着陆时失事的重要原因。根据国际民航组织的标准,风切变值到0.15 m/s便是事故多发的大气条件。除了提高驾驶员在风剪切条件下的操纵能力外,在近代飞机设计中,提高在风剪切条件下的稳定度已逐渐成为设计中关注的问题。

边界层中发簪涡的控制 这是目前机翼减阻研究中引人注目的一个课题。

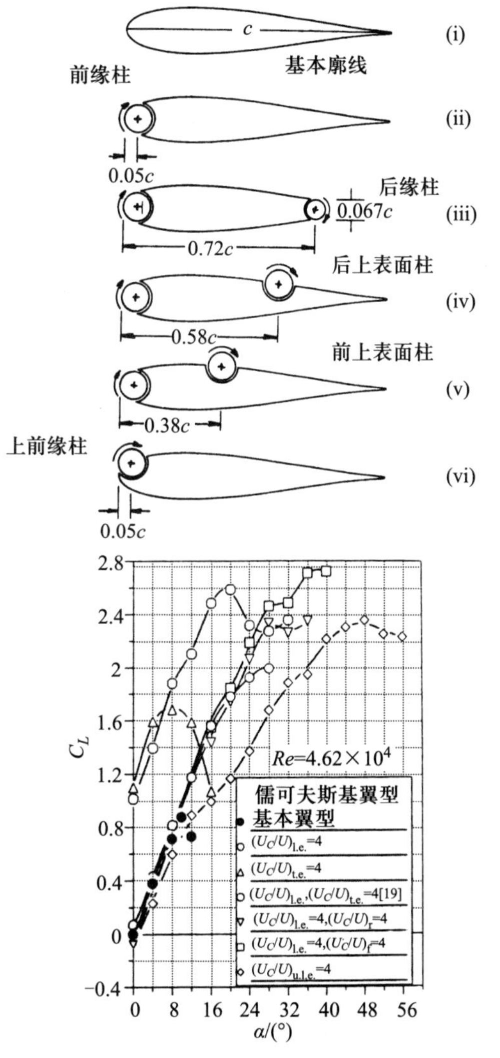

图 12.24 移动壁法控制二维机翼的升力系数 C_L 和失速攻角的关系曲线

$(U_C/U)_{\mathrm{l.e.}}$ 为前缘风速和来流风速之比；c 为弦长

在机翼表面加上带纵向沟纹的蒙皮，改变流向涡的间隔和猝发频率，使表面摩阻降低。周明德等人用斜列控制器对发簪涡加以抑制，也达到了减阻的目的。

参考文献

1. Dimeff J, Allen H J. Static force measurements in: High Speed Problems of Aircraft and

Experimental Methods. Princeton Univ. Press, 1961: 691-738.

2. Dubois M. Six-component strain-gage balance for large wind tunnels. Experimental Mechanics, 1981, 21: 401-407.
3. Pope A, Harper J J. Low Speed Wind Tunnel Testing. John Wiley and Sons Inc., 1968.
4. Werle H. Separation on axisymmetrical bodies at low speed. La Reclerche Aeronautique, 1962, 90: 3-4.
5. Hsieh T, Wang K C. Concentrated vortex on the nose of an inclined body of Revolution. AIAA J., 1976, 14: 698-700.
6. Wang K C. Separation of three-dimensional flow. Martin Marietta Lab. TR,1976,54c.
7. 张涵信. 二维黏性不可压缩流动的通用分离判据. 力学学报, 1983, 15: 559.
8. Suzuki K, et al. Singular aerodynamic features of low-speed high-angles-of attack slender bodies. Proc. Intern. Conf. Fluid Mech. (Beijing, 1987) Peking Univ. Press, 1987: 435-440.
9. Moore F K. The three-dimensional boundary layer theory in: Advances in Appl. Mech., vol.Ⅳ, Academic Press, 1956.
10. Eichelbrenner E A, Oudart A. Methode de calcul de la couche limite tridimensionelle in: Application un corpe fusele incline sur le vent. ONERA Publication, 1955, 76.
11. Maskell E C. Flow separation in three-dimensions. RAE Rept. Aero., 1955, 2565.
12. Lighthill M J. Laminar Boundary Layer. Oxford Univ. Press, 1963.
13. Wang K C. Three-dimensional boundary layer near the plane of symmetry of a spheroid at incidence. J. Fluid Mech., 1970, 43: 187-209.
14. Wang K C. Boundary layer over a blunt body at high incidence with circumferential reversed flow. J. Fluid Mech., 1975, 72: 49-65.
15. Rott N. Unsteady viscous flow in the vicinity of a stagnation point. Quart. Appl. Mech., 1956, 13: 444-451.
16. Hayes W D. The three-dimensional boundary layer. NAVORD Rept., 1951, 1313.
17. Telionis D P, Tsahalis D T. Unsteady laminar separation on a spheroid at incidence. J. Fluid Mech., 1974, 92: 643-657.
18. 李京柏,齐孟卜. 三角翼前缘分离涡场的实验研究. 空气动力学学报, 1987, 5: 141-147.
19. 内田茂男,张景镇,中村佳朗. 关于涡的破碎研究和螺旋形破碎的激光测量. 南京航空学院科技报告, 1982, 1555.

第十三章　地球物理流体力学的实验研究

13.1　浮力效应和地转效应

在大气、海洋、江河、湖泊等大型地球物理流动中，为了搞清流动机制需要有实验和现场观测的配合，才能较清楚地说明现象的物理本质。其中许多现象与重力影响有关，还有许多现象与地转运动有关，由此产生各种形态的波，对人类产生直接的影响，其中较大的如墨西哥湾流、黑潮、热带-亚热带的台风、海湾地区的风暴潮等都是长期以来为人们研究的课题。

涉及地理物理流动的现象主要与重力和地转有关，因而有关的研究方向常分别称作分层流动和旋转流体力学，前者以研究重力作用下的浮力效应为主，后者则以地转运动为主。

分层流中的内波　对于二维分层流动

$$\rho=\bar{\rho}(z)+\rho_1,\quad \boldsymbol{U}=(\bar{U}+u,w),\tag{13.1}$$

其中 ρ 为大气密度，$\bar{\rho}(z)$ 和 ρ_1 分别为不同高度 z 的平均密度及其扰动量；$\boldsymbol{U}$ 为风速，$\bar{U}$ 为平均风速，u 和 w 分别为水平和垂直方向脉动速度。用流函数

$$\psi=f(z)\exp[\mathrm{i}k(x-ct)],\tag{13.2}$$

表示脉动速度的变化，其中 $f(z)$ 为扰动幅值，k 为波数，c 为扰动传播速度。则

$$u=f'(z)\exp[\mathrm{i}k(x-ct)],\quad w=\mathrm{i}kf(z)\exp[\mathrm{i}k(x-ct)].\tag{13.3}$$

代入动量方程并消去压力 p，可得

$$f''+(\ln\bar{\rho})'f'-k^2\left(1-\frac{N^2}{\sigma^2}\right)f=0,\quad N^2=-g(\ln\bar{\rho})',\tag{13.4}$$

N 为 Brunt-Väisälä 频率，也是这种分层流内波中的最大频率。可见当密度梯度为零时无内波，而在密度梯度越大时内波频率越大。

分层流动的另一特征是逆流运动的物体所产生的扰动可一直传播到上游无穷远处，故称之为前缘尾迹。设密度梯度为线性常数，则 $g\rho\sqrt{\rho}=-N^2z$，$\psi=-\bar{U}z$，由动量方程消去 p，可得

$$\frac{\partial^4\psi}{\partial z^4}+\beta\frac{\partial\psi}{\partial x}=0,\tag{13.5}$$

其中 $\beta=N^2/\overline{U}\nu$。求解后可得到上游尾迹的速度剖面,其与实验结果一致(图 13.1)。

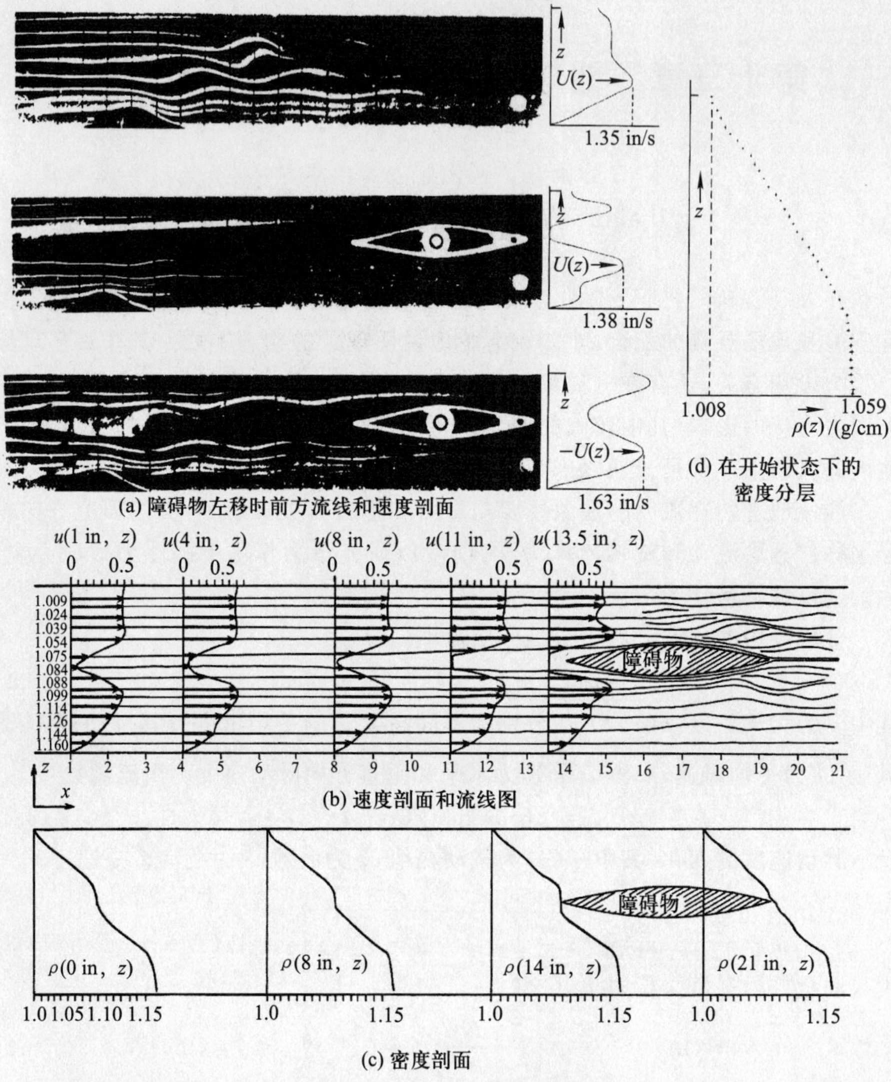

图 13.1 分层流中的前缘尾迹

地转流中的惯性波 对于转速为 λ 的地转流动,设 $\boldsymbol{U}=\overline{V}\mathrm{e}^{\mathrm{i}\lambda t}$, $p=\Phi\mathrm{e}^{\mathrm{i}\lambda t}$,则运动方程组

$$\mathrm{i}\lambda\boldsymbol{V}+2\boldsymbol{k}\times\boldsymbol{V}=-\nabla\Phi,\quad \nabla\cdot\boldsymbol{V}=0, \tag{13.6}$$

可得

$$\nabla^2\Phi-\frac{4}{\lambda^2}(\boldsymbol{k}\cdot\nabla)^2\Phi=0. \tag{13.7}$$

则当 $|\lambda|<2$ 时方程为双曲型,并且在以下特征锥面上可能出现不连续性

(图 13.2)

$$(x^2+y^2)^{1/2} \pm \lambda(4-\lambda^2)^{-1/2}z = \text{常数}. \tag{13.8}$$

这种在有地转运动条件下出现的波称作惯性波,它使整个流场受到较大的干扰。

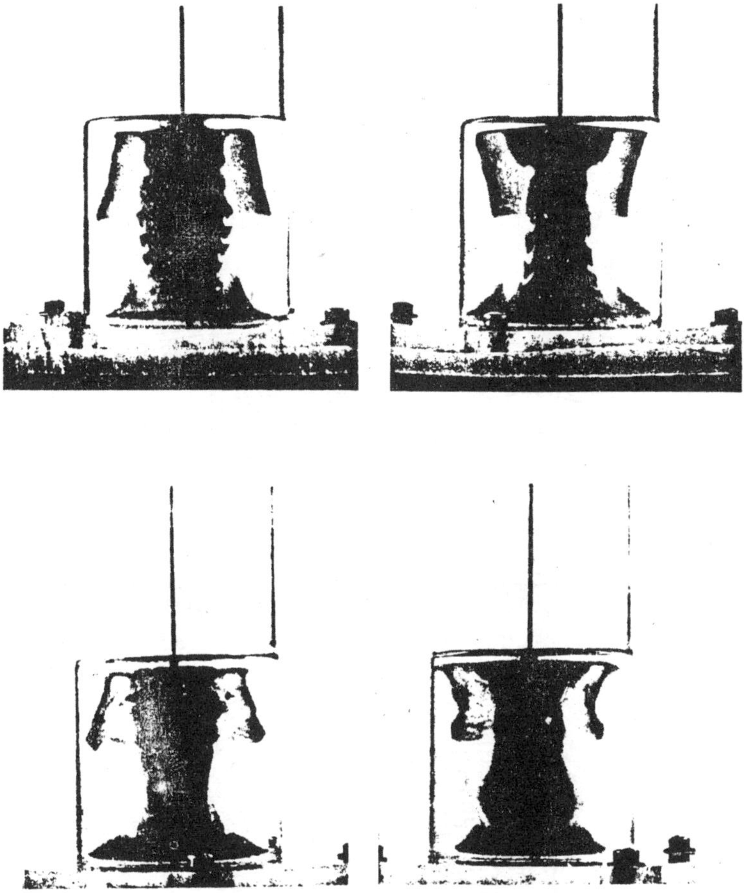

图 13.2 圆筒中旋转流动的惯性波

13.2 山后波、孤立波和罗斯贝波

山后波的模拟 在分层流动的槽底放置一个障碍物,可以模拟过山气流中出现的波动,又称山后波。它影响着低空云层中出现各种有规律的纹理,并对飞行器常产生直接的影响。

将动量方程化成涡量方程形式,在定常条件下为$\left(注意:\frac{\mathrm{d}}{\mathrm{d}\psi}=-\frac{1}{U}\frac{\mathrm{d}}{\mathrm{d}z}\right)$

$$\frac{\mathrm{d}\zeta}{\mathrm{d}t}+\frac{1}{\rho}\frac{\mathrm{d}\zeta}{\mathrm{d}\psi}\left(u\frac{\partial q^2/2}{\partial x}+w\frac{\partial q^2/2}{\partial z}\right)+\frac{g}{\rho}\frac{\mathrm{d}\zeta}{\mathrm{d}\psi}\frac{\mathrm{d}z}{\mathrm{d}t}=0, \tag{13.9}$$

其中涡量 $\zeta=\frac{\partial w}{\partial x}-\frac{\partial u}{\partial z}$,$q^2=u^2+w^2$,$\psi$ 为流函数。因此,

$$\nabla^2\psi+\frac{1}{\rho}\frac{\mathrm{d}\zeta}{\mathrm{d}\psi}\left[\frac{1}{2}(\nabla\psi)^2+gz\right]=H(\psi). \tag{13.10}$$

令 $\delta=(z_0-z)/h$ 即流线偏离初始高度 z_0 的位移参量,h 为障碍物高度,可得

$$\Delta\delta+K^2\delta=0, \tag{13.11}$$

其中 $K=Nh/U$,在 $0<K<1.5$ 的范围内,流动随着障碍物的增高而变得不稳定(图 13.3)。

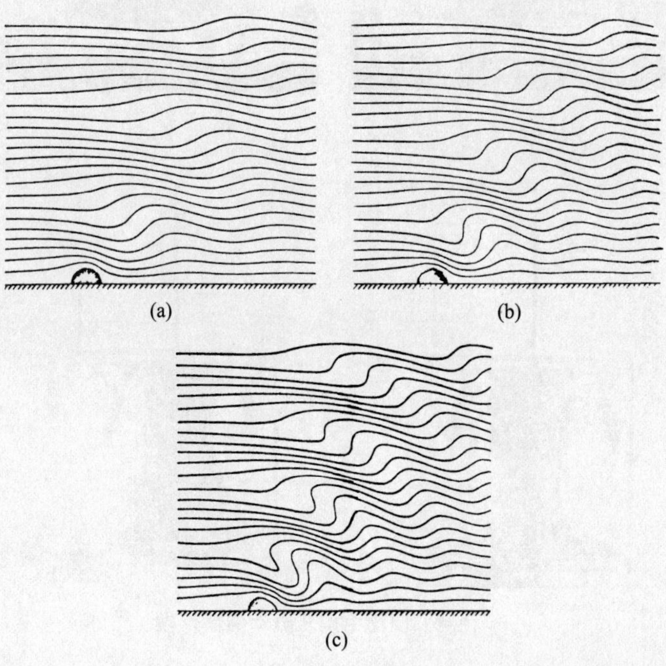

图 13.3 分层流经过半圆柱障碍物后在 $0<K<1.5$ 时的流线扰动

在 $K=1.27$ 时出现垂直上升流动,以后又出现倒流. 对于不同 K 值可以看到多种不同流动形态图(图 13.4)。

分层介质之间的界面波在波幅逐渐增大的情况下,不仅表面形状变化,而且波速也逐渐增大,这时它的高阶谐波也同时增长起来,当界面波的波长远超过层厚 h 时,波速与波的幅值有关,由伯努利方程可得

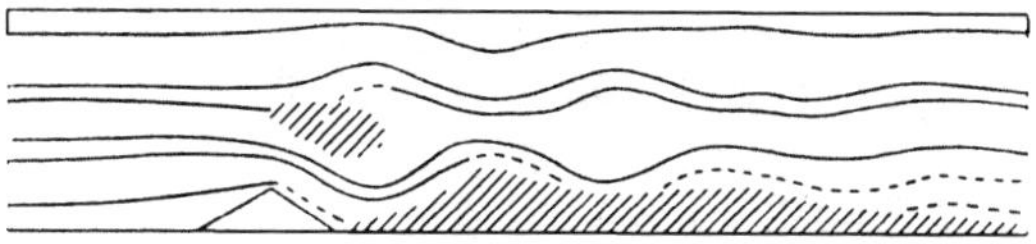
(a)

(b)

图 13.4　分层流中的山后波

$$u^2+w^2=c^2-2g(z-h), \tag{13.12}$$

式中 u 为水平速度分量，w 为垂直地表的速度分量，并由自由表面关系式可得

$$c^2=g(h+a)。 \tag{13.13}$$

这说明波速 c 随波幅而增加，而自由表面的高度

$$\eta=a\,\mathrm{sech}^2\frac{x}{2b}, \tag{13.14}$$

其中 a 为高出水面的最大幅值，b 为波幅。因此，表面只有一个隆起，较无穷远处高出的幅度为 a，这类现象可以在水槽中较准确地得到重复。

罗斯贝波的模拟　罗斯贝波是由于地转形成的一种波动现象，反映在水或大气层中深度（或高度）h 处发生变化的情况，在气象和海洋研究中有重要意义，

$$\begin{aligned}&\frac{\partial u}{\partial t}-2\Omega v=-\frac{1}{\rho}\frac{\partial p}{\partial x},\\&\frac{\partial v}{\partial t}+2\Omega u=-\frac{1}{\rho}\frac{\partial p}{\partial y},\end{aligned} \tag{13.15}$$

其中 Ω 为地转角速度，u 和 v 分别为切向和轴向速度。消去 p 后利用连续方程可得

$$\frac{\partial^2 v}{\partial x\partial t}-\frac{2\Omega\gamma}{h}v=0, \tag{13.16}$$

式中 h 为水深，$\gamma=\mathrm{d}h/\mathrm{d}y$，由此可得产生的罗斯贝波的波数 k 与频率 ω 关系为

$$k=2\Omega\gamma/h\omega. \tag{13.17}$$

图 13.5 为旋转圆盘中拍摄的当流动经过底部的凸出物时出现罗斯贝波，同样在底部倾斜的旋转容器中也可以观察到这种现象。

图 13.5 容器底部凸出物引起的罗斯贝波

13.3 地转流中的不稳定性

除了泰勒涡的不稳定性外,在地转流中还可以看到各种不稳定现象发展成为湍流。

Ekman 层的不稳定性 Tatro 和 Mollö-Christensen 用一个高为 3 in,外径为 36 in,内径为 3 in 的容器,逐点用热线探头测量垂直方向的流动形态。当以边界层厚度为特征长度的雷诺数增长到 75 以上时出现不稳定波,到 130 时出现多种振型,分别称作 A 型波和 B 型波。Faller 和 Kaylor 对 A 型波进行观察表明 A 型波的指向与地转风成 $0°\sim8°$偏角,波长在 $25\delta\sim36\delta$ 之间(δ 为大气边界层厚度),相速度近似为层外流速的 0.16 倍。产生不稳定的临界雷诺数近似为 $Re=56.3+58.4\varepsilon$,其中 $\varepsilon=\dfrac{V}{\Omega r}$为罗斯贝数。B 型波与地转流夹角为 $14.6°$,波长为 11.8δ,相速度为层外流速的 0.034。转捩过程的观察中可以看到湍流猝发及两种波的相互干涉,并自外而内逐渐向湍流过渡的过程(图 13.6)。

旋转环形容器中的热对流 为了模拟极地和赤道之间的大气循环,Fultz 等人做了一个简单的模型,在两个同心圆柱之间的环形容器中注水,容器底部绝热。内壁为低温 T_0,外壁为高温 T_1,分别模拟北极圈和赤道。实验中改变温差和转速。测量显示最初为规则的螺旋形流动,以后出现多瓣形波区,波数由 2 逐渐增加到 6 以上,并伴随着急流,急流逐渐变窄,形成很强的温度梯度,最后振荡而破碎成不规则涡旋。这些现象很好地模拟了大气环流。对称性流

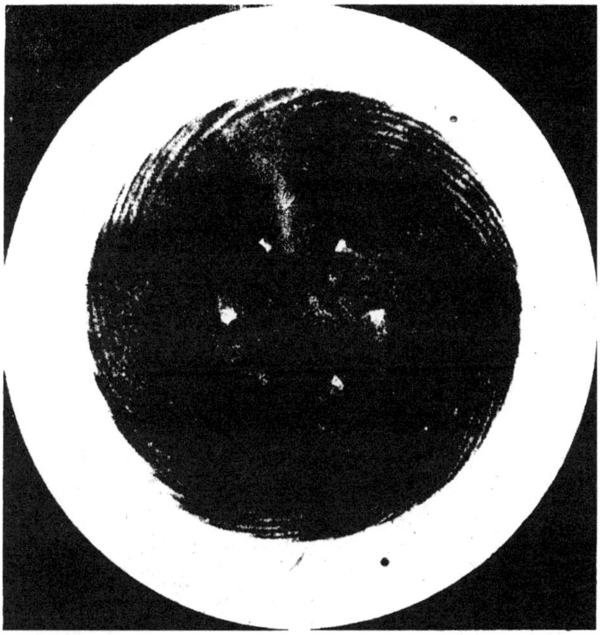

图 13.6　Ekman 层的不稳定性和湍流化

动对应于赤道附近的信风，而高速急流往复出现于容器内壁和外壁，吸取和释放热量。

此外，旋转分层流及旋转剪切流的研究也分别得到许多有意义的结果。前者在柱形容器中用盐水形成密度分层，在起动和止动过程中用流动显示方法观察多种尺寸的边界层流动；后者利用柱形容器顶部和底部转速的区别形成剪切流，并观察周向多瓣形波状结构的生长和破碎。

参考文献

1. Turner J S. Buoyancy Effects in Fluids. Camb. Univ. Press，1973.
2. Greenspan H P. The Theory of Rotating Fluids. Camb. Univ. Press，1968.
3. Long R R. Some aspects of the flow of stratified fluids Ⅰ，Ⅱ，Ⅲ. Tellus，1953，5：42-58；1954，6：97-115；1955，7：341-357.
4. Phillips O M. Dynamics of the Upper Ocean. Camb. Univ. Press，1969.
5. Davis R E. The two-dimensional flow of a stratified fluid over an obstacle. J. Fluid Mech.，1969，36：127-608.
6. Davis R E，Acrivos A. The stability of oscillatory internal waves. J. Fluid Mech.，1967，29：593-608.

7. Hammock J L, Segur H. The Korteweg-de Vries equation and water waves. part 2, comparison with experiments. J. Fluid Mech., 1967, 27: 291-304.
8. Pedlosky J, Greenspan H P. A simple laboratory model for the oceanic circulation. J. Fluid Mech., 1967, 27: 291-304.
9. Obbetson A, Phillip N A. Some laboratory experimentation Rossby waves with application to the ocean. Tellus, 1963, 19: 560-576.
10. Faller A J. An experimental study of the instability of the laminar Ekman boundary layer. J. Fluid Mech., 1967, 15: 560-576.
11. Tatra P R, Mollo-Christenson E L. Experiments on Ekman layer instability. J. Fluid Mech., 1967, 28: 531-544.
12. Fultz D. A survey of certain thermally and mechanically driven fluid system of meteorological interest. Proc. lst Symp. on the Use of Models in Geophysical Fluid Dynamics. (Baltimore, 1953), 27-63.
13. Hide R. Some experiments on thermal convection in a rotating liquid quart. J. Roy. Meteor Soc., 1953, 79: 294-297.
14. Riehl H, Fultz D. Jet stream and long waves in a steady rotating dishpan experiment: structure of the circulation. Quart. J. Roy Meteor. Soc., 1957, 83: 215.
15. Chen R R, Boyer D L. The stabilizing effect of topography on jets in rotating two-layer flows. Proc. 4th Asian Conf. Fluid Mech. (Hongkong, 1989), E9-12.

第十四章　非牛顿流体力学的实验研究

对于在寻常条件下空气、水等流体的应力 τ 与应变率 $\frac{\mathrm{d}u}{\mathrm{d}y}$ 关系来说，通常满足牛顿公式 $\tau=\mu\frac{\mathrm{d}u}{\mathrm{d}y}$，其中 μ 为黏度，并将满足这种线性关系的流体称作牛顿流体。但是，有许多流体不满足上述关系，它们被称为非牛顿流体，例如：

(1) 高分子溶液。这些高分子聚合物的分子量高达 $10^4\sim10^9$，它们的黏度很高，黏性系数随分子量按指数规律增加，并随流动条件(特别是应变率的变化)而改变，如聚丙烯酰胺 PAM(poly-acrylamide)的水溶液等。

(2) 纯聚合材料或高分子聚合物的熔体，如硅有机树脂(silicone)和聚异丁烯橡胶(poly-isobutylene)。

(3) 生物材料，如生物黏液或分泌物等。

(4) 固体或液滴悬浮质。

(5) 液晶。由中等分子量(10^3 量级)分子凝聚而成的线形或扁平形超大型结构，如向列型(nematic)、胆甾醇型(cholesteric)、蝶形(smectic)液晶。

(6) 许多常温下满足牛顿公式的流体，在低温高压下由于黏性增加出现非牛顿流体特性，或在超声波或高频剪切应力波作用下形成高应变率之后呈现非牛顿流体特性，如甘油、甲苯、润滑油、熔盐等流体和二氧化碳、二硫化碳、氮、甲烷等气体。

14.1　非牛顿流体的本构关系和流变特性

非牛顿流体的种类繁多，呈现的流变特性也是多种多样的，但大致可分为以下几类：

黏性系数随应变率而变的纯黏性流体　它们的应力和应变率之间为单值函数关系，常常可以用幂次规律来表示，

$$\tau=k\left(\frac{\mathrm{d}u}{\mathrm{d}y}\right)^{n},\tag{14.1}$$

当 $n<1$ 时称作**拟塑性流体**，多数高分子溶液属于这一类，它们的幂指数 n 在 0.3～0.9 的范围内。与牛顿流体相比，它们的表观黏性系数为

$$\mu_{\mathrm{app}}=k\left(\frac{\mathrm{d}u}{\mathrm{d}y}\right)^{n-1}.\tag{14.2}$$

常数 k 越大,则表观黏性越大;剪切应变率越高,则表观黏性越小。这种在剪应力作用下流体表观黏性减小的趋向,称作**剪切稀化**现象。它可以使高分子溶液在管道中的速度远远大于同样黏性的牛顿流体,黏度的变化可高达 $10^3 \sim 10^4$。典型的高分子材料,如羧甲基纤维素(CMC)的水溶液、聚乙烯或聚丙烯的熔体、聚丙烯酰胺(PAM)的水溶液或甘油溶液。当 $n>1$ 时称作**膨胀塑性流体**,它的特点是表观黏性随剪切应变律而增加,典型的如玉米糊,高浓度的气-固、液-固两相流(图 14.1)。

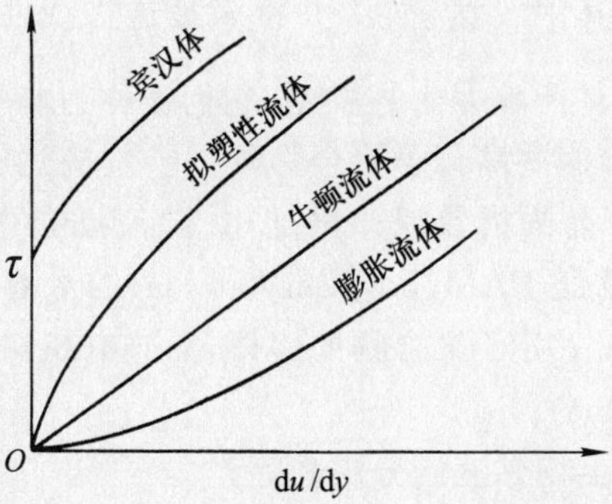

图 14.1　典型非牛顿流体的应力-应变率关系

严格说来,上述应力和应变率之间的幂次规律仅在中等应变率条件下成立。假设$\dfrac{du}{dy}$趋于零时,μ_{app}趋于某常数 μ_0;当$\dfrac{du}{dy}$趋于无穷时,μ_{app}趋于 μ_∞,则在整个应变率变化范围内,多数高分子溶液的应力-应变率关系可以用下式来拟合:

$$\frac{u-u_\infty}{u_0-u_\infty}=(1+\lambda^2 r^2)^{\frac{n-1}{2}}, \tag{14.3}$$

其中 λ 为时间常数。图 14.2 为聚丙烯酰胺的水溶液在不同浓度下的一族曲线。在剪切应变率较低时,呈牛顿流体特性,黏性系数不随应变率而变化。当应变率大于 1/秒时有明显的非牛顿特性。当溶液浓度降低时,黏性系数的变化明显减小,非牛顿流体的特性逐渐减小。

黏弹性流体　流体中各点的应力除了和该点的应变率有关外,还和流体在运动中产生的形变有关,故有以下 Maxwell 方程,

$$\mu \frac{du}{dy}=\tau+t\,\frac{u}{G}, \tag{14.4}$$

其中 t 为剪应力对时间的导数,G 为剪切模量。黏弹性流体在外力消失后,由于弹性项的作用,会产生回弹,并有恢复到它初始位置的趋势,称作记忆效应。

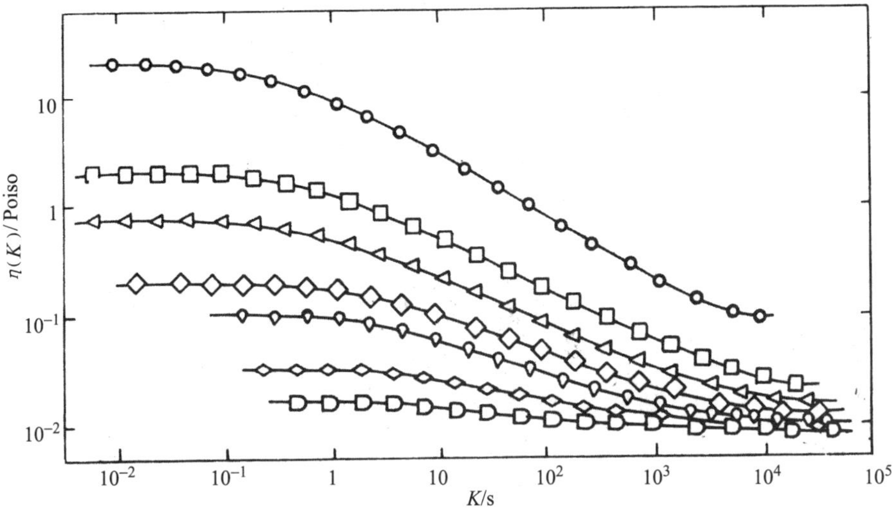

图 14.2　聚丙烯酰胺水溶液不同浓度时的表观黏性和应变率关系

黏弹性流体的应力-应变率关系（又称本构关系）可以用张量函数的形式表示：

$$T = f[D], \tag{14.5}$$

式中 T 为应力张量，D 为应变率张量。对于 Couette 流，

$$T = \alpha_0 I + \alpha_1 D + \alpha_2 D^2, \tag{14.6}$$

其中

$$D = \frac{k}{2}\begin{pmatrix} 0 & 1 & 0 \\ 1 & 0 & 0 \\ 0 & 0 & 0 \end{pmatrix}, \tag{14.7}$$

$$D^2 = \frac{k^2}{4}\begin{pmatrix} 1 & 0 & 0 \\ 0 & 1 & 0 \\ 0 & 0 & 0 \end{pmatrix}, \tag{14.8}$$

$k = V/h$ 为切向速度 V 在两板狭缝之间的速度梯度，h 为两板之间的距离。因此在剪切应变率条件下，有第一和第二法向应力产生。例如，将旋转棒插入黏弹性流体中，流体有向棒表面会聚和向上爬升的趋势，称之为维森堡效应或爬杆效应。这时，以棒为中心沿半径方向的动力学方程为

$$\frac{1}{r}\frac{\mathrm{d}}{\mathrm{d}r}(rT_{rr}) + \frac{\mathrm{d}p}{\mathrm{d}r} = \frac{\rho u_\theta^2}{r} + \frac{1}{r}T_{\theta\theta}, \tag{14.9}$$

其中 T_{rr} 为作用在径向的第一法向应力，$T_{\theta\theta}$ 为沿周向的第二法向应力，u_θ 为周向速度，故有

$$\frac{\mathrm{d}}{\mathrm{d}r}(T_{rr}+p)=\frac{\rho u_\theta^2}{r}-\frac{1}{r}(T_{rr}-T_{\theta\theta}). \tag{14.10}$$

当法向应力差 $T_{rr}-T_{\theta\theta}$ 超过离心力$\frac{\rho u_\theta^2}{r}$时,上式中的径向导数为负值,使流体向旋转杆会聚和爬升。爬升的高度可以由下式估算:

$$h(a)=\frac{\rho a\omega^2}{2\sigma\sqrt{S}}\left(\frac{r_c^2}{4+\lambda}-\frac{a^2}{2+\lambda}\right), \tag{14.11}$$

其中 a 为旋转杆的半径,σ 为液体的表面张力,$S=\rho g/\sigma,\lambda=a\sqrt{S}$,$\omega$ 为杆的转速,r_c 为临界半径。当 $r<r_c$ 时法向应力占主导地位,当 $r>r_c$ 时惯性离心力占主导地位,产生爬杆效应。爬杆高度 h 和杆的转速平方 ω^2 呈线性关系。在聚丙烯酰胺 P-250 的甘油溶液和水溶液,STP,TLA-227,Paratone 715 等溶液中均得到证明(图 14.3)。由于流体黏性随温度变化较大,因而不同温度的临界半径和爬升高度均有明显变化。图 14.4 为高分子聚合物 STP 在 10°,25°和 56°的爬杆现象,杆半径为 0.476 cm,以 5 rev/min 的速率旋转,可以看到在 56°时的临界半径与杆半径相等。这种爬杆效应大量应用在抽拉单晶硅的晶元制作中。

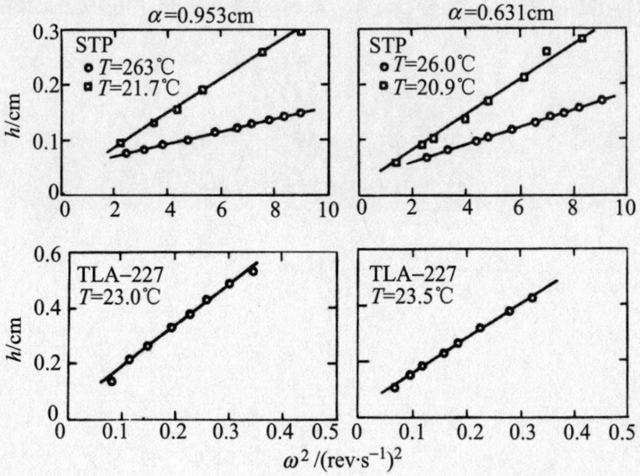

图 14.3 STP 和 TLA 在不同温度时爬升高度和旋转速率 ω 的关系①

对(14.4)式积分,可得

$$\tau=\int_{-\infty}^{t}Gr(t,\tau)\mathrm{e}^{-\frac{G}{\mu}(t-\tau)}\mathrm{d}\tau. \tag{14.12}$$

定义 $t_r=\mu/G$ 为流体的特征时间,又称松弛时间。非牛顿流体的弹性效应可以用松弛时间和流动过程(例如涡的运动)的特征时间 t_f 之比来表示,称作德波拉

① $1\ \mathrm{rev}\cdot\mathrm{s}^{-1}=2\pi\ \mathrm{rad}\cdot\mathrm{s}^{-1}$.

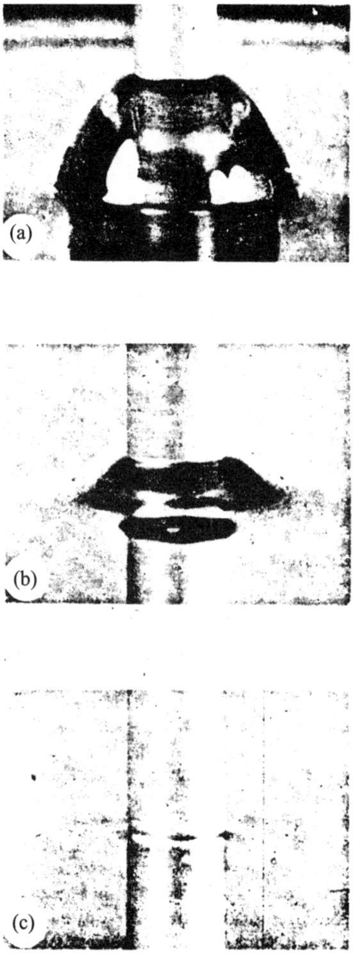

图 14.4　STP 的爬杆效应和临界现象

(Deborah)数

$$De = t_r / t_f. \tag{14.13}$$

除了剪切变形外，高分子黏弹性流体的拉伸流动常常起着重要作用。设长度为 L 的高分子液柱的端部以速度 $u(t)$ 做纵向运动。若径向收缩均匀一致，$\frac{\partial u_r}{\partial z}=0$；纵向速度沿截面一致，即$\frac{\partial u_z}{\partial r}=0$，由连续性方程可得

$$\frac{\partial u_z}{\partial z} + \frac{1}{r}\frac{\partial}{\partial r}(r u_r) = 0, \tag{14.14}$$

故得

$$\frac{du_z}{dz}=-\frac{1}{r}\frac{d}{dr}(ru_r), \tag{14.15}$$

积分得

$$u_z=z\cdot\frac{u(t)}{L(t)}=\varepsilon z,$$

$$u_r=-\frac{r}{2}\cdot\frac{u(t)}{L(t)}=-\frac{r}{2}\dot{\varepsilon}, \tag{14.16}$$

其中 $\dot{\varepsilon}$ 为应变率,等于

$$\dot{\varepsilon}=\frac{\partial u_z}{\partial z}=\frac{u(t)}{L(t)}=\frac{d}{dt}\ln L(t). \tag{14.17}$$

相应的应力分量为

$$\begin{aligned}\tau_{rr}&=\tau_{\theta\theta}=\dot{\mu}\varepsilon,\\ \tau_{zz}&=-2\dot{\mu}\varepsilon,\\ \tau_{r\theta}&=\tau_{\theta z}=\tau_{zr}=0.\end{aligned} \tag{14.18}$$

在实际应用中,定义拉伸黏度

$$\mu_{el}(\dot{\varepsilon})=(\tau_{zz}-\tau_{\theta\theta})/\dot{\varepsilon}. \tag{14.19}$$

由于拉伸流动的阻力系数常常是剪切流动的 $10^2\sim10^4$,因而只要有拉伸流动存在,它的影响就不能忽略。例如,聚丙烯酸酯 AP30 的水溶液

表 14.1

浓度/(%)	$\frac{du}{dy}$	$\mu_{el}\Big/\left(\frac{kg}{m\cdot s}\right)$	μ	μ_{el}/μ
0.01	33	9.1	0.0014	6300
0.083	68	26.2	0.0026	10000
0.083	380	76.3	0.0026	29000
0.50	82	47.4	0.023	2060
0.50	544	142.0	0.017	8350

柱形流体的拉伸黏度可由德波拉数值估算

$$\mu_{el}=3\mu/[(1+De)(1-2De)]. \tag{14.20}$$

有时效的非牛顿流体 切变率或黏度不仅和剪切应力有关,而且和它的作用时间有关。在一定的剪切应变率下,应力随作用时间减小的称为触变流体(如油漆),应力随作用时间增加的称为震凝流体(如石膏水)。

黏塑性流体 当剪切应力超过屈服应力 τ_{cr} 时,呈现非牛顿流特性,如泥浆

等，有

$$\mu \frac{\mathrm{d}u}{\mathrm{d}y}=\begin{cases}\tau-\tau_{cr}, & \tau<-\tau_{cr},\\ \tau+\tau_{cr}, & \tau\geqslant\tau_{cr},\end{cases}\quad \text{宾汉体模型.} \tag{14.21}$$

14.2　非牛顿流动的实验研究

对于非牛顿流体来说，首先需要研究它的本构关系，所用的工具主要是黏度计；其次，需要考虑如何在复杂流动中进行压力、速度和应力的测量。

黏度计是一种通过某种人工形成的简单流动并测量其中应力的工具。它可以分为两大类：剪切式和拉伸式。某些黏度计带有通用的工作台，可以兼作以上两种用途(图 14.5)。

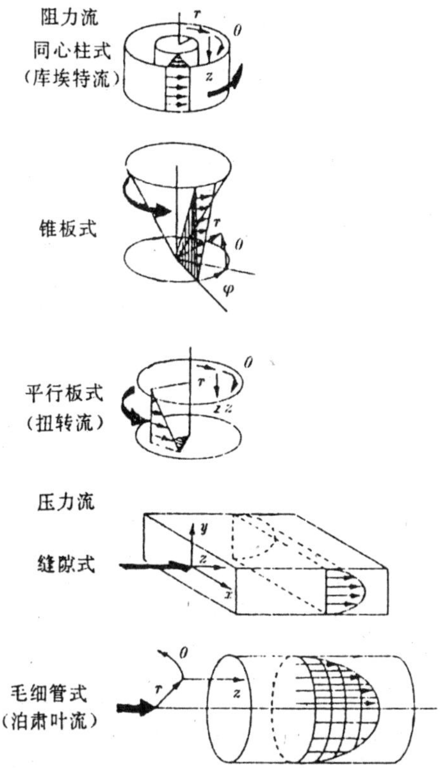

图 14.5　测量非牛顿流本构关系的几种典型黏度计

剪切式黏度计是最常用的黏度计。它是通过同心圆柱、锥与平板以及两旋转圆盘之间扭矩的测量确定流动中的剪应力的方法。通过旋转角速度测量确定剪切应变率,以及因此产生的法向应力。其中剪应力 $T_{r\theta}(R_i)=M_i/2\pi R_i^2L$,$M_i$ 和 R_i 为内柱扭矩和半径,L 为柱长,剪切应变率 $\gamma(R_i)=2\Omega_i/(1-k^2)$,其中 $K=R_i/R_o>0.99$,R_o 为外柱半径,法向应力

$$T_{\theta\theta}-T_{rr}=[T_{rr}(R_o)-T_{rr}(R_i)]\cdot\frac{\overline{R}}{R_o-R_i},$$

其中 $\overline{R}=\frac{R_o+R_i}{2}$。它适用于低黏度流体($\eta<100\text{Pa}\cdot\text{s}$),在高剪切率条件下测量,但高黏度材料不易装取,法向应力测量不易准确。

锥板黏度计常用于高黏度材料的法向应力测量。由剪应力 $T_{\varphi\theta}=\frac{3M}{2\pi R^2}$ 和剪应变率 $\dot{\gamma}=\Omega/\beta$ 的测量确定,其中 θ 为极角,φ 为周向角,β 为锥面与平面的交角。法应力 $N_1=T_{\varphi\varphi}-T_{\theta\theta}=2F_2/\pi R^2$,$N_1+2N_2=-\frac{\partial T_{\theta\theta}}{\partial(\ln\gamma)}$。

平行板黏度计的优点是可以通过改变转速 Ω 或间隙 h 很方便地调整剪切应变率 γ_R,其中剪应力为 $T_{\theta z}=\frac{M}{2\pi R^3}\left(3+\frac{\mathrm{dln}M}{\mathrm{dln}\dot{\gamma}_\theta}\right)$,剪切应变率 $\dot{\gamma}_R\ \frac{\Omega R}{h}$,法应力 $N_1-N_2=\frac{F_2}{2\pi R^2}\left(2+\frac{\mathrm{dln}F_2}{\mathrm{dln}\dot{\gamma}_R}\right)$。

毛细管黏度计是一种压力黏度计,较前面各种黏度计的应用更频繁,可在高黏性流体中形成高剪切率。壁面剪应力 $\tau_w=\frac{R\Delta P}{2L}$;壁剪切应变率,对幂次率变形而言 $\dot{\gamma}_w=\left(\frac{3n+1}{n}\right)\frac{Q}{\pi R^3}$,对非均匀变形而言为 $\dot{\gamma}_w=\left(3+\frac{\mathrm{dln}Q}{\mathrm{dln}\Delta P}\right)\frac{Q}{\pi R^3}$;黏度 $\eta=\tau_w/\dot{\gamma}_w$;法应力满足 $(T_{11}-T_{22})^2=8\tau_{12}^2(B^6-1)$,其中 $B=\frac{R_s}{R}-1.10$,R_s 为膨胀流半径。

狭缝黏度计的侧壁为平面,可以嵌入压力传感器,或作流动显示,壁剪应力为 $\tau_w=\frac{A\Delta P}{2L}$,$A$ 为缝宽,剪切应变率 $\dot{\gamma}_w=\frac{6Q}{A^2B}\left(\frac{2}{3}+\frac{1}{3}\frac{\mathrm{dln}Q}{\mathrm{dln}\Delta P}\right)$,黏度 $\eta=\tau_w/\dot{\gamma}_w$。

拉伸黏度计是将被测非牛顿体固态在一定环境温度下夹住或胶着端部。通常适用于黏度大于 10^4 帕·秒的高黏度流体。受力后可以看到起动,蠕变和应力松弛等阶段。并由以下公式计算:应变率 $\varepsilon=\ln L/L_0$,应变率 $\dot{\varepsilon}=\frac{\mathrm{dln}L}{\mathrm{d}t}$,应力对柱形试件 $T_{11}-T_{22}=\frac{FL}{\pi R_0^2L_0}$。

非牛顿流体的测量包括压力、速度和应力场测量等方法。

由于非牛顿流体的压力测量要考虑高黏度、高温和弹性影响，在高分子材料的处理中经常用到1000 at的高压，熔融材料的温度常为300～400℃，因而要求压力传感器的量程很宽。由于传感器直径较大，通常要开测压孔传递压力。实验证明，对低黏度的测压孔可引起20%的误差，因而需要用嵌入探头作校准，而高黏度时的误差反而减少。

速度测量通常用光学方法，有一种是氢泡法，对水作电解后产生氢泡。但高分子溶液中，由于高分子物质聚结、缠绕在金属丝上，使氢泡线极不均匀，故需经常清洗。另外丝在高剪应力下容易产生弯曲或破坏。

热膜或热线探头亦有相类似的问题。此外高黏度物质使探头附近产生黏性耗散，改变热传导特性，影响结果的解释。另外，用高分子溶液的杂质作为示踪剂，但是非牛顿流体中的附加应力使粒子迁移出正常轨道，使问题变得复杂。

激光多普勒流速计也有较多的应用，但是剪切稀化的非牛顿流体在壁面附近速度剖面很陡，光的聚焦和壁面附近的小容积中流动特性的变化都将影响实验结果。

流动双折射特性常用于测量应力场，由于分子的非对称性也引起光学的非对称性，使折射率沿不同方向有明显差别。这种双折射现象在固体光弹性中研究很多，在高分子流体中应用比较成功。

14.3　非牛顿湍流的减阻

早在1949年汤姆斯(Toms)的实验表明，在有机溶液中加入少量聚甲基丙烯酸甲酯可以大幅度降低湍流阻力。此后，关于汤姆斯效应有大量报道，几百万分之一的聚合物材料可以使阻力减少90%，浓度较低的高分子溶液的黏性和密度都和纯水无异，减阻的原因在于黏性能量损失被涡旋的剪切或拉伸运动的弹性反力所代替，表面附近的湍流运动被表面薄膜所衰减。

对于牛顿流体来说，在强湍流作用下通常具有高阻力特性，但是在加上高分子减阻材料后阻力系数大大降低，有时几乎和层流时的阻力系数相近。工程上将这种特性称作泵唧能力的提高。对于很稀的高分子溶液，它的黏性略大于纯水，但是当Re到10^4～10^5时，由于对湍流作有效的抑制，溶液的阻力系数可以比纯水小一个量级。这种添加剂在石油工业中常常采用。例如，在井口用高压泵入大量的含有不同化学成分的水和油滴悬浮液，以增加井的渗透率，添加剂还可以用在长的输油管网、海水处理管路、下水道和消防水管的减阻，但是在流速很低的条件下，它的实际应用常常有一定的困难。较经济的管线中液体的平均流速应为1 m/s的量级。例如，直径为0.3 m的水管或有机溶液的管线的最经济流速约为 2 m/s 左右,低于这个经济流速则很难达到减阻 30%的指标。添加剂不需要充满整个管道,在近壁注入很薄的黏弹性溶液,在流动介质外围形成环形液膜就可以达到目的。因为绝大部分湍流是在离壁很近的区域内产生的,即 $y^+=30\left(=\frac{yu^+}{\nu}\right)$附近,控制湍流的发生可以大大减少壁面摩阻,特别是运送很重的原油时,减阻可以接近 99%。

减阻效果特别好的是长的单链的高分子溶液,长链在溶液中应有很好的弥散特性,通常用离子化法提高链的导向性和弥散性。例如聚乙烯氧化物(Polyox)分子量约 4×10^6,含有无支链的氧化乙烯残基。用 20ppm 的 Polyox 溶液在 20mm 管中可减阻 50%以上。

稀溶液的减阻特性 稀溶液通常用在 $Re>3\times10^3$ 即转捩成湍流以后的流动,如 0.01%的聚丙烯酸乙酯,0.1%的黄原胶的水溶液,0.5%的聚甲基丙烯酸甲酯的甲苯溶液,0.1%的聚异丁烯在环己烷溶液。

添加剂的作用是减小涡产生的快速位移,在通常的湍流运动中涡的作用是使流体微团拉伸和剪切,涡的作用越快则流体的弹性所产生的反力越大。由于湍流中小涡的位移处于高频(υ'/l,即湍流脉动均方根和涡尺度之比),因而在弹性流体中可以以很高的速率将湍流的成分最有效地衰减掉。也就是说,频率最高的涡所对应的德波拉数也最大,其中 $\upsilon'\sim l^{1/3}$,因此涡的局部剪切率为

$$\frac{\mathrm{d}\upsilon'}{\mathrm{d}y}\propto l^{-2/3}. \tag{14.22}$$

涡越小,则局部剪切率越高。由此可知,弹性流体对小涡的恢复力较强。

流动显示表明,牛顿流体中横向扩散主要取决于大涡,而弹性流体中显示剂分成大块,它们的强度保持很长时间而小涡迅速消失,即便大尺度涡的数量和强度也较牛顿流有较大的减少。

设水流通过 10 mm 细管时 Re 为 $10^4\sim10^5$,耗散涡的频率 f_d 约为 1 kHz 量级,以聚丙烯酰胺的 0.01%水溶液来说,松弛时间与涡的特征时间相当,为 $10^{-3}\sim10^{-4}$ s,故而德波拉数 $De\approx1$,涡的平移和拉伸中弹性占主导地位,因而涡的能量耗散大大减弱,阻力远低于牛顿流体的相应流动。实验证明,在 Re 为 10^5 时,阻力系数只有牛顿流体的 60%。

采用低浓度的高分子添加剂时,松弛时间约为 10^{-5} s,涡频率应为 10^5 Hz 才能使德波拉数为 1 左右,减阻应在流速较高的条件下才能满足,使德波拉数接近于 1;否则就应减小管径,在保证 Re 的条件下才是高流速。将摩阻系数因添加剂而偏离的寻常阻力-Re 曲线的相应 Re,称作临界 Re,则临界 Re 值与管道直径的一次方成正比,图 14.6 为 0.5%聚甲基丙烯酸甲酯的甲苯溶液的阻力-Re 曲线,标准阻力曲线在直径 50mm 的圆管中测得,而直径为 0.8mm,

1.2mm,13mm,25mm 的圆管阻力曲线与标准阻力曲线的分叉点为相应的临界 Re,与管径呈一次方关系,也有的文章报道为 1.1 次方关系。

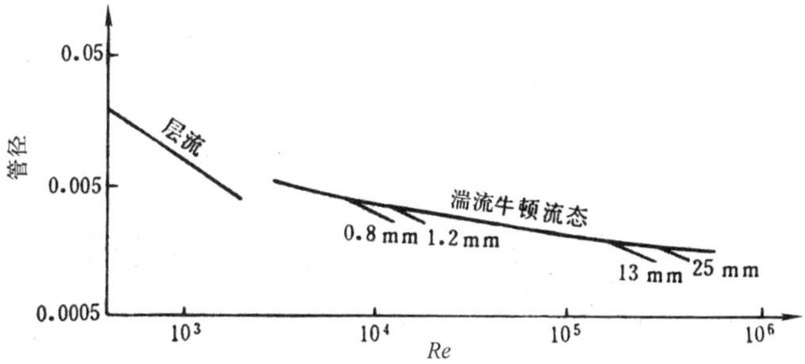

图 14.6　不同管径(0.8mm,1.2mm,13mm,25mm)的阻力系数和 Re 关系及减阻效应

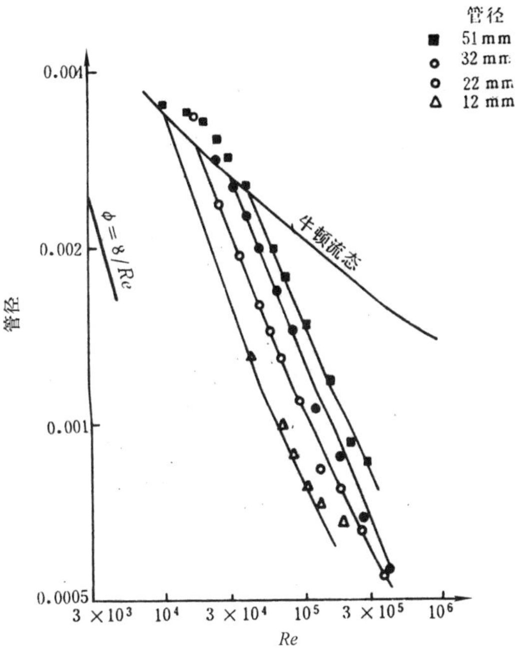

图 14.7　黄原胶的减阻效应

在一级近似下,假定同一浓度的流体在各种剪切条件下的松弛时间 t_r 为常数。在近壁区流体微元的扰动在 $y^+ = \frac{yu^+}{\nu} = 13$ 附近区域,由于拉伸产生许多小涡,它们的频率

$$f_{\mathrm{el}} = v'/l = 1.2\frac{U}{y} = 0.09U^2/\gamma = 0.09(\text{壁面剪切应变率}), \quad (14.23)$$

这种局部拉伸过程的德波拉数为

$$De = 0.09t_r U^2/\nu. \quad (14.24)$$

在 $De>0.1$ 的情况下,局部拉伸突然停止,近壁区的湍流发生过程受到抑制。相应的阻力曲线可以用以下公式拟合:

$$\left(\frac{2}{c_f}\right)^{1/2} = 4.0\lg\left(Re\frac{c_f}{2}\right) + 0.30 + \psi(De), \quad (14.25)$$

近似地 $\psi(De)=A\lg(11De)$,常数 A 由高分子材料特性决定。对于黄原胶,A 在 1～20 范围内变化,随添加剂的浓度而增加。在 $De>0.1$ 时,减阻效应开始起作用,U 或 Re 越大,松弛时间也长;德波拉数越大,减阻效果也越大。例如,管径为 32mm 时,在 $Re=10^5$ 处可得 $\psi(De)=5.7$,可得 $De<0.1$,无减阻效应;在 De 到 0.1～0.4 时,开始有减阻效应。

实验一　游泳衣料和高分子涂料的减阻作用

游泳是国际体育比赛中的重要项目。围绕游泳的力学问题为体育界和生物力学工作者共同关注。大量的研究表明,游泳成绩的提高不仅是体力、体形和技巧的问题,也是正确运用生物力学的科学规律的问题。例如,近年来逐渐为体育界所承认的一个发现是,游泳产生的推力不仅取决于划行时手所受到的阻力,更重要的因素是手掌和划行方向保持一定攻角时所产生的升力。研究的另一个方向是如何减少水对人体的阻力,它和运动员的体型、游泳姿态以及游泳衣帽的选择有直接关系。

关于游泳衣料的研究是一个不甚为人们注意的问题。传统的看法认为,人体皮肤是光滑表面,穿游泳衣反而增加阻力,应尽可能减少游泳衣的覆盖面积。值得注意的是,在巴赛尔斯的《回顾十年来游泳运动生物力学的研究》一文中报道了范·马宁和里肯在 1975 年荷兰的船模拖曳水槽中的对比性实验结果,即穿紧身游泳衣的女运动员的阻力比不穿游泳衣时减少了 9%。因此,游泳衣的设计和衣料的选择仍有待于研究。

由于游泳衣料表面粗糙,柔软有弹性,采用常规的微型天平法、加热薄膜法以及基于牛顿公式和湍流边界层底层的界壁律的 Stanton 管和 Preston 管等方法都有较大困难,为此对衣料表面局部摩阻的测量利用了在黏性次层外侧的对数律层的特性,由对数律中的增长指数和局部摩阻的对应关系来加以确定。

对数律公式是 Millikan 根据湍流边界层中近壁区的界壁律和外层的亏损律的特性加以证明的。他指出,在湍流边界层中存在较宽的区域,其间界壁律

和亏损律同时成立，该区域的速度分布符合对数规律

$$\frac{u}{u_\tau} = A\ln\left(\frac{u_\tau y}{\nu}\right) + B, \tag{14.26}$$

其中 τ_w 为壁面的局部摩擦阻力，$u_\tau = \sqrt{\tau_w/\rho}$ 为摩擦速度，y 为距壁面的高度，u 为对应于此高度的当地流速，ν 为水的运动黏性系数，ρ 为水的密度。大量的实验结果表明，A 和 B 均为常量，A 可以相当精确地确定为 5.75，B 取决于表面粗糙度。

将速度剖面用边界层层外流速 u_∞ 做无量纲化处理后，将实验点表示在半对数坐标上

$$u/u_\infty \sim \ln y,$$

其直线部分即对数律区，其斜率即对数律中的增长指数

$$s = \frac{\mathrm{d}(u/u_\infty)}{\mathrm{d}\ln y} = 5.75u_\tau/u_\infty. \tag{14.27}$$

将局部摩擦阻力作无量纲化，可得

$$c_f = \frac{\tau_w}{\rho u_\infty^2} = \left(\frac{u_\tau}{u_\infty}\right)^2 = \left(\frac{s}{5.75}\right)^2, \tag{14.28}$$

其中 c_f 为壁面局部摩擦阻力系数，可由对数率的增长指数求得。因而，这种方法可以适用于粗糙度很大的表面。

实验是在 14 cm×20 cm 小型水槽中进行的。实验段最大流速为 25 cm/s，来流湍流度为 8%，实验段中央水平放置一块平板，长为 60 cm，宽为 14 cm，平板上粘贴待试验的游泳衣料。实验雷诺数为 1.4×10^4，与游泳时的实际雷诺数相近。

流速测量采用国产 LDV/L2F 型二维偏振型激光多普勒流速测量系统。光机部分为四光束正交偏振型光路，配 30 mW 氦-氖激光器。由三维坐标架调整光机系统的位置，使交叉光点落在被测点上。水流中的粒子在通过交叉光点时所产生的散射光的多普勒信号由光电管接收，经计数型信号处理器可确定相应的多普勒频率，再由微计算机转换成相应的瞬时流速，或经统计分析得到平均流速和湍流强度沿高度的分布，直接由打印机打印或硬拷贝输出。

实验中对四种游泳衣料进行比较，其中国产的单向弹性奥纶游泳裤的纹理细密，但弹性较差，相比之下双向弹性奥纶游泳裤的弹性明显增大，但有较大的结状颗粒；Speedo 公司生产的女用尼龙泳衣弹性介于前二者之间，Arenda 公司生产的女用游泳衣弹性最佳，但结状颗粒的粗糙度也最大。此外，实验中还选用一种有明显条纹的涤纶布料，比较它们在顺纹或横纹时的局部摩擦阻力。在整个实验中来流速度保持在 10 cm/s，测量位置在距平板前缘 20 cm 处。

(1) 速度剖面。各种布料在上述位置和来流速度下测得边界层平均流速分

布。曲线在重对数坐标中均有不同程度的弯曲,但在边界层的中下部接近 1.3 次方幂。横纹涤纶布料的粗糙度最大,与 1.3 次方幂相符的区域也最大。各种衣料的速度分布曲线大致随衣料粗糙度的增加。

(2) 边界层厚度。各种衣料的边界层厚度 δ 大体随表面粗糙度而增加。国产单向弹性游泳裤衣料粘贴平板后测得的边界层厚度为 4.3mm,双向弹性的衣料为 5.2mm;Speedo 公司的女游泳衣料为 5.0mm,Arenda 公司的女游泳衣料为 5.4mm,而顺纹和横纹涤纶布料分别为 5.5mm 和 8.7mm。

(3) 壁面局部摩擦阻力系数。以上各种衣料的边界层速度分布在半对数坐标中均有较宽的对数律区。由图得到各种布料的对数律中的增长指数为

$$s = 2.3\frac{\mathrm{d}(u/u_\infty)}{\mathrm{d}\ln y},$$

并可算出相应的局部摩擦阻力系数 C_f,如表 14.2 所示。

表 14.2

衣料	局部摩擦阻力系数 C_f
国产单向弹性奥纶游泳裤	0.0133
国产双向弹性奥纶游泳裤	0.0187
Speedo 公司女用尼龙游泳衣	0.0170
Arenda 公司女用奥纶游泳衣	0.0194
顺纹涤纶布料	0.0213
横纹涤纶布料	0.0249

可见国产单向弹性奥纶游泳裤衣料的局部摩阻力系数较 Arenda 公司衣料减小近三分之一。

以上结果表明,对于弹性柔软粗糙壁上的湍流边界层,当粗糙高度和黏性底层的厚度为同一数量级而利用牛顿阻力公式测量表面摩阻的方法不能使用时,由黏性底层外侧较宽的对数律层的速度分布可以成功地确定粗糙壁面的局部表面摩擦阻力系数。这种方法的优点是无须像微型天平法那样在表面形成间隙,也无须像加热薄膜法那样需要考虑表面粗糙度对传热的影响。整个测量过程不需要和衣料表面直接接触。

从几种衣料的局部摩擦阻力系数的比较可以看到,它们与衣料的表面粗糙度、纹理的走向和高度、材料的弹性和编织方法有关。国产的单向弹性奥纶游泳裤料,纹理细密,在顺纹时测得局部摩擦阻力系数最小,明显低于 Speedo 和 Arenda 公司的游泳衣料,和横纹涤纶布料相比,局部摩擦阻力可减小将近一半。

目前,通过采用具有一定纹理的表面来减少湍流边界层表面摩擦阻力的实

验研究正引起航空界日益增长的兴趣。尽管它减阻的机制有待于深入研究，但它在减阻方面的潜力是很有吸引力的。由此可见，进一步改进衣料的设计，使局部摩擦阻力系数减少一半以上是有可能实现的。

另一组实验研究了涂上某种高分子溶液后表面摩阻的变化。实验结果表明，高分子溶液使黏性子层明显增厚，在壁面附近形成团块状结构向下游滚动，有效地吸收了湍流边界层底层的脉动能量，有明显的减阻效果。

参考文献

1. Coleman B D, Markovitz H, Noll W. Viscometric Flow of Non-Newtonian Fluids: Theory and Experiment. Springer Verlog, 1966.
2. Schowalter W R. Fundamentals of Non-Newtonian Fluid Mechanics. John Wiley and Sons Inc., 1979.
3. Bird R B, Armstrong R C, Hasager Q. Dynamics of Polymeric Liquids, vol 1, Chap. 3. Wiley, 1977.
4. Astarita G, Marrucci G. Principles of Non-Newtonian Fluid Mechanics. McGraw-Hill, 1974.
5. Middleman S. The Flow of High Polymers: Continuum and Molecular Rheology. Interscience Publishers, 1968.
6. Ferry J D. Viscoelastic Properties of Polymers, 3rd. John Wiley and Sons Inc., 1980.
7. 陈文芳. 非牛顿流体力学. 北京:科学出版社, 1984.
8. Walters K. Rheometry: Industrial Applications. Research Studies Press, John Wiley and Sons. Inc., 1980.
9. Macosko C W. Fluid mechanics measurements in non-Newtonian fluids in: Minnesota Short Course on Fluid Mechanics Measurements. Hemisphere Pub. Co., 1980.
10. Winter H H, Macosko C W, Bennett K E. Orthogonal stagnation flow, a framework for steady extensional flow experiments. Rheol. Acta, 1979, 18: 323-334.
11. Macosko C W, Ocansy M A, Winter H H. Steady planar extension with lubricated dies. Proc. 8th Intern. Conf. Rheology. Plenum, 1980: 723-728.
12. Han C D. On silt- and capillary- die rheometry. Trans. Soc. Rheol., 1974, 18: 163-190.
13. Goddard J D. Polymer fluid mechanics. Advances in Appl. Mech., 1980, 19: 143-219.
14. 陈文芳，范椿. 涂布流动和涂布材料的流变性能. 力学进展, 1990: 191.
15. 李晨兴，颜大椿. 游泳衣料的表面摩阻测量. 实验力学, 1989, 4: 133-136.
16. 李毕忠，徐端夫，颜蔚飞，等. 高分子涂层对平板边界层流动的影响. 中国科学院化学研究所博士后论文集, 1991.
17. Eckert E R G, Drake R M. Heat and Mass Transfer. McGraw-Hill, 1959.

第十五章 燃烧机制的实验研究

燃烧是工业生产中供热供电或直接驱动机械的主要方法，在日常生活中也是必不可少的手段。通常工业生产中常见的燃烧过程是可燃成分和空气中的氧气进行快速放热和发光的化学反应。其中温度最高、反应速度最快的发光区域称作火焰。它将燃烧过程中未燃烧成分和助燃成分分隔开来，并以一定的速度在可燃介质中传播，化学反应的速度越高则火焰的温度越高。

燃烧要求可燃介质达到一定的温度和浓度。在可燃介质的浓度达到起燃要求时可以用火花或预燃火焰产生局部高温，形成火焰，并以一定速度迅速在可燃介质中传播，传播速度通常低于或远小于音速，称作缓燃火焰；传播速度大于音速时形成激波并产生高温高压火焰，称作爆震。这里主要考虑缓燃火焰。

除了煤和油页岩的层燃和流化床燃烧等几种燃烧方式外，多数是在携带可燃气体（如天然气、煤气等）、液雾（如燃油雾化）或固体颗粒（如煤粉、油页岩粉）的气体射流中完成的。当射流雷诺数 $Re=\frac{U_0 D}{\nu}$ 较低时（U_0 为射流出口速度，D 为射流出口直径），热和质量传递以分子交换形式完成，燃烧在锥形薄层中进行，火焰在空间几乎静止不动，流动处于层流状态，称作层流火焰。火焰外形光滑清晰，锥形火焰的高度随着射流出口速度增加而增加，火焰传播速度近似不变。设火焰顶部半顶角为 φ，由射流出口的燃气速度 U_0 可以确定层流火焰的传播速度：$S_L=U_0\sin\varphi$；并估算层流火焰反应区的厚度：$\delta_L=\lambda_L/\rho c_p S_L$，其中 λ_L 为分子导热系数，ρ 为燃气密度，c_p 为定压比热。当射流速度超过某临界雷诺数时，火焰开始破裂并产生皱褶，最后发展成湍流火焰（图 15.1）。湍射流中火焰的传播速度加快，火焰反应区厚度加大；但长度较短，不随射流出口速度增加，这种湍流火焰在工业炉中应用十分广泛，也是目前主要的研究方向。

对湍流火焰的实验研究最初用闪光照相法，在火焰反应区可以看到许多薄而充满皱褶的锋面，皱褶引起火焰锋面的位移 Y，位移的均方根值 $\sqrt{\overline{Y^2}}$ 反映了湍流火焰的厚度 δ_T，它们的大小取决于横向湍流脉动强度 $\sqrt{\overline{v^2}}$，因而对火焰的早期研究中将湍流火焰看作是层流火焰由湍流引起锋面皱褶后得到的产物。Damkoehler 根据以上模型指出，湍流火焰的传播速度 S_T 应等于层流火焰速度 S_L 和湍流强度 u' 之和，即 $S_T=S_L+u'$。Karlovitz 指出湍流火焰传播速度与湍流尺度无关，但和湍流强度有密切关系。在弱湍流条件下 Damkoehler 的公式

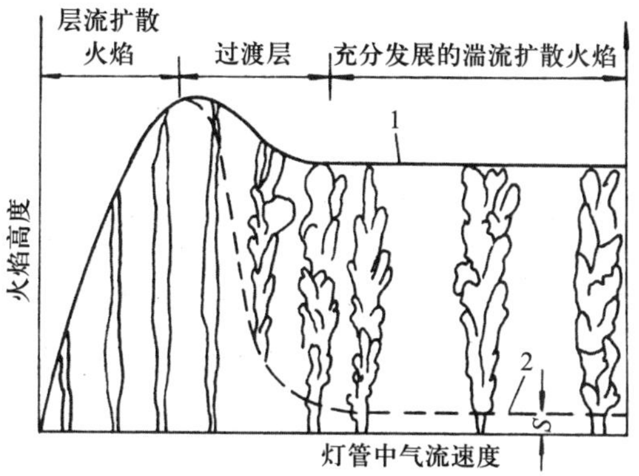

图 15.1 随着灯管中气流速度的增加，层流扩散火焰向湍流扩散火焰的逐渐转变
1—火焰长度的包络线；2—转变点的包络线

是正确的，但在强湍流条件下由于燃烧放热使已燃气体温度明显升高，已燃气密度 ρ_b 较未燃气密度 ρ_0 大大降低，所以必须考虑火焰产生的湍流强度 $u'=\frac{S_L}{\sqrt{3}}\left(\frac{\rho_0-\rho_b}{\rho_b}\right)$，相应的湍流火焰传播速度为 $S_T=S_L+\sqrt{2S_Lu'}$，而原始湍流度的影响远小于 S_L，以上考虑得到部分实验的证明。

另一种火焰模型是 Summerfeld 指出的分布反应区模型。他认为在大雷诺数强湍流条件下，湍流火焰分布在某个较宽的反应区中，不存在层流火焰的锋面皱褶。反应区的主要参量 S_T，δ_T 和湍流扩散系数 ε 构成了一个无量纲参数，与层流火焰具有相似性，即

$$\frac{S_T\delta_T}{\varepsilon}\approx\frac{S_L\delta_L}{\nu}=f(\text{燃料 - 空气比}), \tag{15.1}$$

其中 $\delta_T\approx\lambda_T/\rho c_pS_T$，$\lambda_T$ 为湍流热交换系数。这个相似性假设在大尺度或小尺度湍流火焰的实验结果中，采用拟合方法可得到较好的结果。湍流火焰的分布反应区模型适合于数值模拟，用湍流模式理论和某些典型流动的实验测量结果可以预测具体燃烧过程中各种气流参数的分布规律，这是一个实验和数值计算相结合并拓广实验数据应用的值得重视的方向。

对于轴对称射流，通常采用柱坐标(x,r,θ)，用扰动方法略去方程中的小量，可得到方程组如下：

$$
\begin{cases}
\dfrac{\partial}{\partial x}(\rho v_x)+\dfrac{1}{r}\dfrac{\partial}{\partial r}(r\rho v_r)=0, \\
r\left[\rho\left(v_x\dfrac{\partial v_x}{\partial x}+v_r\dfrac{\partial v_x}{\partial r}\right)+\dfrac{\partial p}{\partial x}\right]=\dfrac{\partial}{\partial r}(r\tau_{xr}), \\
\rho r^2\left(v_x\dfrac{\partial v_\theta}{\partial x}+v_r\dfrac{\partial v_\theta}{\partial r}+\dfrac{v_r v_\theta}{r}\right)=\dfrac{\partial}{\partial r}(r^2\tau_{r\theta})\rho\dfrac{v_\theta^2}{r}=\dfrac{\partial p}{\partial r}, \\
\rho r\left(v_x\dfrac{\partial h}{\partial x}+v_r\dfrac{\partial h}{\partial r}\right)=-\dfrac{\partial}{\partial r}r\rho\overline{v'_r h'}\approx\Gamma_h\dfrac{\partial h}{\partial r}, \\
r\left[\rho\left(v_x\dfrac{\partial m_j}{\partial x}+v_r\dfrac{\partial m_j}{\partial r}\right)-R_j\right]=-\dfrac{\partial}{\partial r}r\rho\overline{v'_r m'_j}\approx\Gamma_j\dfrac{\partial m_j}{\partial r},
\end{cases}
\tag{15.2}
$$

其中 v 为气体速度，h 为焓，m_j 为 j 种气体成分的质量分数的时均值。h'，m'_j 和 v'_r 分别为它们的脉动成分，Γ_h 和 Γ_j 分别为湍流热量交换系数和质量交换系数。在采用高阶湍流模式时还需有附加方程。

15.1 可燃气体射流的燃烧

气体射流和两相射流是大量燃烧装置中经常采用的有效方法。可燃成分以湍射流形式喷出，与周围气体混合后产生化学反应并释放大量热量，形成非等温射流。可燃成分与助燃剂混合后喷出燃烧的，称作预混火焰；单独可燃成分喷出与周围空气混合后燃烧的，称作扩散火焰。

在气体射流离出口 3～5 倍直径内有位流核心区，其中流速大致均匀，它的外围与四周空气混合并形成逐渐扩展的混合层，下游经过一个不长的过渡区后成为充分发展射流。从射流出口到充分发展区之间约 5～10 倍直径。充分发展区中平均速度、浓度和温度剖面具有相似性，满足高斯型分布规律。利用射流中充分发展区的相似性可以对湍流火焰的轮廓线和速度、温度、浓度分布规律做出较好的估计。

扩散火焰的相似性理论　对于轴对称射流的充分发展区，射流的横向尺度与轴向坐标 x 按线性关系增加，按相似性规则可用各个截面的轴线上的平均速度、浓度和温度来做无量纲处理，并有 $u/u_m=h(r/x)$，$c/c_m=h_2(r/x)$，$\theta/\theta_m=h_2(r/x)$；g，g_1，g_2 则为相应高斯型分布的最大值。令 $\eta=r/x$，则按高斯型分布可得(其中 c_{u}，c_{c} 和 c_{T} 为动量、质量和热量交换系数)

$$
\frac{\rho u^2}{(\rho u^2)_{\mathrm{om}}}=\frac{k}{4c_{\mathrm{u}}^2(x/d)^2}\exp(-\eta^2/c_{\mathrm{u}}^2)=g\left(\frac{x}{d}\right)h(\eta), \tag{15.3}
$$

$$
\frac{\rho uc}{(\rho uc)_{\mathrm{om}}}=\frac{k_1}{4c_{\mathrm{c}}^2(x/d)^2}\exp(-\eta^2/c_{\mathrm{c}}^2)=g_1\left(\frac{x}{d}\right)h_1(\eta), \tag{15.4}
$$

$$\frac{\rho u c_p \theta}{(\rho u c_p \theta)_{om}} = \frac{k_1}{4c_T^2 (x/d)^2} \exp(-\eta^2/c_T^2) = g_2\left(\frac{x}{d}\right) h_2(\eta), \tag{15.5}$$

其中 $\theta = T - T_a$ 即当地温度和环境温度之差，下标 o 或 m 表示在射流出口或轴线位置取值。由动量、质量和热量守恒定律可得

$$k = 8\int_0^{1/2} \frac{(\rho u^2)_o}{(\rho u^2)_{om}} \eta d\eta, \tag{15.6}$$

$$k_1 = 8\int_0^{1/2} \frac{(\rho u c)_o}{(\rho u c)_{om}} \eta d\eta = 8\int_0^{1/2} \frac{(\rho u c_p \theta)_o}{(\rho u c_p \theta)_{om}} \eta d\eta. \tag{15.7}$$

相似性理论假设燃烧过程是在某个表面上完成的，它可以用火焰轮廓线来表示。在火焰轮廓线内是可燃气和已燃气的混合物，火焰轮廓线外为已燃气和空气的混合物；化学反应区或火焰轮廓线处的温度为 T_f；暂不考虑压力的变化，故而等压条件下 $\frac{\rho}{\rho_0} = \frac{T_0}{T}$。设火焰的相对长度为 $\frac{x}{d} = L$，若下标 0 表外部条件，则在火焰轮廓线 $\eta_s = f\left(\frac{x_s}{d}\right)$ 上，相应的浓度为 c_s，故有

$$\frac{c_s}{c_0} = \frac{1}{2} \frac{T_f}{T_0} \cdot \frac{k_1}{k^{1/2}} \cdot \frac{c_u}{c_c^2} \frac{d}{x_s} \cdot \exp\left[-\left(\frac{1}{c_c^2} - \frac{1}{2c_u^2}\right)\eta_s\right]. \tag{15.8}$$

在火焰的最长处 $\eta_s = 0$，$x_s = Ld$，故得火焰长度

$$L = \frac{1}{2} \frac{k_1}{k^{1/2}} \frac{c_u}{c_c^2} \frac{c_0}{c_s} \left(\frac{T_f}{T_0}\right)^{1/2} \approx 0.375 \frac{c_0 k_1}{c_u c_s k^{1/2}} \left(\frac{T_f}{T_0}\right)^{1/2} \tag{15.9}$$

代入上式可得火焰轮廓线 η_s

$$\eta_s = \left(\frac{2c_u^2 c_c^2}{2c_u^2 - c_c^2}\right)^{1/2} \left(\ln \frac{Ld}{x_s}\right)^{1/2} \approx 2c_u \left(\ln \frac{Ld}{x_s}\right). \tag{15.10}$$

图 15.2 为氢、城市煤气和 CO 的火焰轮廓线的实验测量值，和上述方法计算结果相比存在一定的误差。显然，这是由于在火焰区射流偏离相似性假定而造成的，尽管如此，这毕竟是一种简单而直观的估算方法。通过系统的实验测量可以对相似性理论的效果作进一步的估计，运用相似性概念，在确定火焰轮廓线和它的温度之后，可以分区求出整个流场的速度、温度和浓度分布：(1) 火焰轮廓线内侧：$\frac{\theta}{\theta_f} = \frac{T_{om} - T}{T_{om} - T_f} = \frac{1-\rho_0/\rho}{1-\rho_0/\rho_f}$，求出 ρ_0/ρ 后可以由相似性公式(15.3)～(15.5)求出流场中速度、温度和浓度分布；(2) 火焰轮廓线外围：$\frac{\theta}{\theta_f} = \frac{T - T_1}{T_f - T_1} = \frac{\rho_f/\rho - \rho_f/\rho_1}{1-\rho_1/\rho_f}$，求出 ρ_f/ρ 后由相似性公式求流场分布；(3) 火焰区下游：直接由相似性公式求流场分布(图 15.3)。

火焰的稳定性 燃烧过程中要求反应区中可燃介质经化学反应产生的热

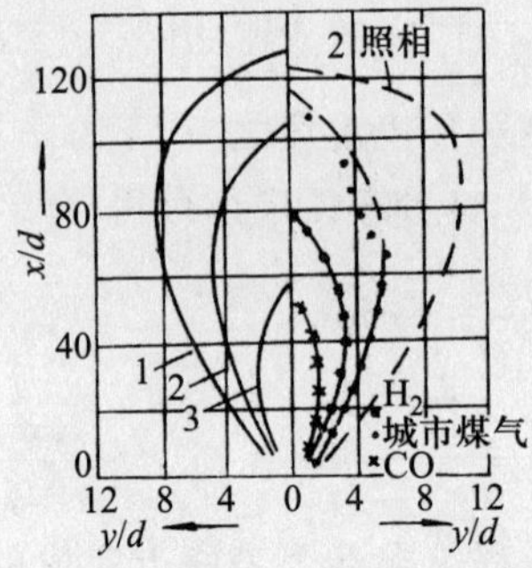

图 15.2　对于不同气态燃料计算所得的扩散火焰轮廓线与实验测量的火焰轮廓线之间的比较

1—氢气；2—城市煤气；3——氧化碳(其中——理论计算曲线；— —实验测量曲线)

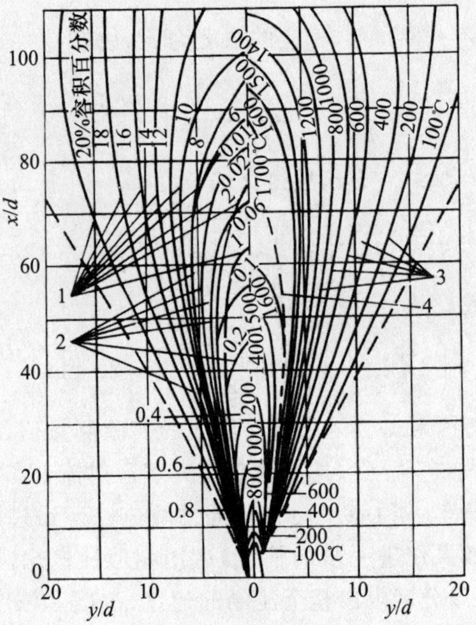

图 15.3　湍流扩散火焰中反应物的混合区

1—氧气等浓度线；2—等热值线；3—等温线；4—最高温度曲线

量、辐射与对流消耗的热量平衡，火焰传播速度与可燃气体的流速相匹配，以使火焰保持稳定。可燃介质产生的热量多少由它们的化学当量比确定。当射流在烧嘴喷口壁面附近的流速低于火焰传播速度时，火焰锋面退回喷口内部，导致火焰熄灭，称作回火。当射流速度 u 较高，产生的热量不足以平衡对流和辐射消耗的热量，使反应区温度下降导致火焰熄灭，称作吹熄，因此要保持火焰的稳定性必须有一定的可燃气体流量和浓度。流量太低可能导致回火；流量太大而燃料发热量不足，可能导致吹熄。通常用靠近喷口壁面的气流横向速度梯度 $g=\mathrm{d}u/\mathrm{d}r$ 的大小作为表征火焰稳定性的主要参数，并将对应于开始产生回火或吹熄现象的速度梯度称作回火或吹熄的临界速度梯度。对于预混火焰，需要考虑可燃成分在预混气体中的浓度 V_g。图 15.4 为在不同管径的烧嘴中丁烷-空气预混火焰的稳定性曲线。从吹熄的火焰稳定曲线 1,2,3,4 可以看到，当管径较小时，燃气浓度必须加大；当气流速度增加时横向速度梯度随之增加，燃气速度也必须增加。从回火的火焰稳定性曲线 5,6,7 可以看到，当管径增大时，最大临界速度梯度移向燃气浓度较低的方向。

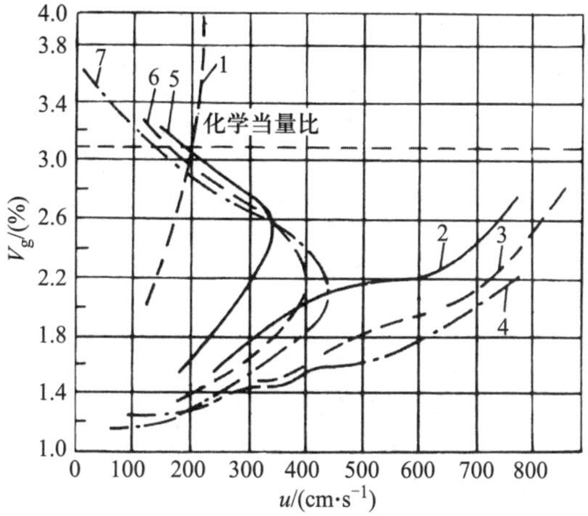

图 15.4　火焰在吹熄和回火时的稳定性曲线

1—吹熄 0.5 英寸；2—吹熄 1 英寸；3—吹熄 1.5 英寸；4—吹熄 2 英寸；

5—回火 1 英寸；6—回火 1.5 英寸；7—回火 2 英寸

工程中通常用钝体、多孔板等方法来稳定火焰，利用钝体背风面回流区中流速低的特点，使火焰传播速度在钝体附近大大降低，以防止回火；又利用回流区上游高温已燃气体回流，以防止流速较高时火焰被吹熄。另一种提高火焰稳定性的方法是使气流旋转，在射流出口附近形成回流涡，或利用扩散管道上的附壁效应使火焰稳定。

旋转射流的燃烧　关于旋转射流的速度场，在柱坐标(x,r,θ)中轴向、径向和切向速度和压力分布分别为

$$\frac{u_x}{u_0}=(1+a)^{-2}\left[12.64\,\frac{r}{x}-0.79\,\frac{b}{r_0}\left(\frac{1-3a}{1+a}\right)\left(\frac{2r_0}{x}\right)^2\right],\tag{15.11}$$

$$\frac{u_r}{u_0}=(1+a)^{-2}\ \frac{r}{x}\left[6.32(1-a)\ \frac{r_0}{x}-0.79\ \frac{b}{r_0}\left(\frac{1-3a}{1+a}\right)\left(\frac{2r_0}{x}\right)^2\right],\tag{15.12}$$

$$\frac{u_\theta}{u_0}=6965(1+a)^{-2}\ \frac{r}{x}\left(\frac{2r_0}{x}\right)^2,\tag{15.13}$$

$$p=-1820(1+a)^{-3}\ \frac{2r_0SI_\phi}{x^4},\tag{15.14}$$

其中 u_0 和 r_0 分别为喷嘴出口的轴向速度和半径,$S=I_\phi/2r_0I$ 为旋流数,$I_\phi=2\pi\rho\int_0^{r_0}(u,w)r^2\mathrm{d}r$ 为角动量轴向分量,$I=2\pi\rho\int_0^{r_0}u^2r\mathrm{d}r+2\pi\int_0^{r_0}pr\mathrm{d}r$ 为线性动量轴向分量,$a=53(r/x)^2$;b 是与 S 有关的常数,由实验确定。由图 15.5 可以看到,当 $b=20r_0$,$100r_0$ 或 0(无旋转)时,由轴向速度的分布可以看到,在 $b=100r_0$ 时气流轴线附近的轴向速度为负值。射流的扩张半角 ϕ,轴向速度 u_m,满足

$$\frac{\tan\varphi}{\tan\varphi_0}=\frac{u_{m0}}{u_m}=(1+KS),\tag{15.15}$$

其中 $K=5.68$,下标 0 表示无旋转时的值。

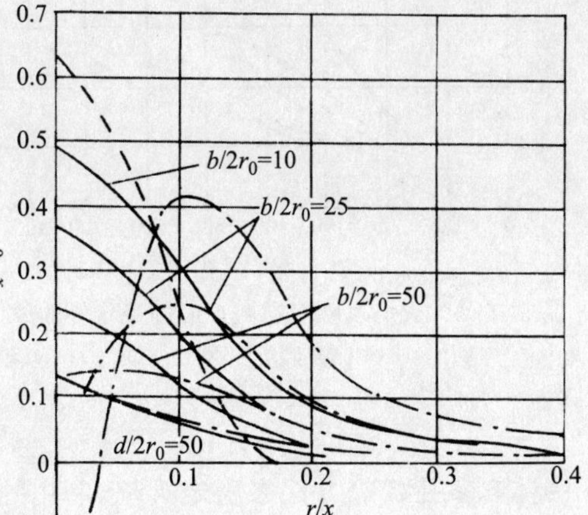

图 15.5 旋转空气射流在截面上的轴向速度变化曲线

——,$b/2r_0=10$;—·—,$b/2r_0=50$;——,无旋转的自由射流,$b/2r_0=10$

被射流引射的外围流体质量流率 $\dot{m}$ 和射流出口的质量流率 $\dot{m}_0$ 之比。

$$\frac{\dot{m}}{\dot{m}_0}=(K_1+K_2S)\ \frac{x}{2r_0},\tag{15.16}$$

其中 $K_1=0.35$,$K_2=1.70$。

对于环形射流,应用当量直径 $d_e=\sqrt{d_2^2-d_1^2}$,代替射流出口直径,d_2 和 d_1 分别为环形面积的内径和外径。

15.2 液雾和固体粉末燃料的燃烧

为了提高燃烧效率,需要将液体燃料雾化成为微细液滴,或将固体燃料粉碎后再进行燃烧,因此需要对这些燃料的具体问题作简要的讨论。

液体燃料的燃烧过程中,有大量液体蒸发后成为蒸汽,再与助燃剂混合后进行燃烧,因而液雾燃烧可以从以下几个方面来考虑:(1)雾化问题。为了提高液体的蒸发率需要将液体雾化,使单位质量液体的表面积大幅度增加,蒸发率提高。雾滴直径缩小几倍,则单位质量液体的表面积也扩大几倍。所以雾化过程中要设法减小雾滴的直径,选择雾化方法;(2)蒸发问题。在蒸发率一定的条件下,液滴因蒸发而逐渐变小,直到完全成为蒸汽,需要一定的时间;(3)燃料发烟碳化问题。也需要考虑液滴在蒸发过程中已开始燃烧,使周围介质的温度迅速增加,液滴外围形成温差很大的薄层,在燃烧过程中造成燃料发烟碳化问题。

液体燃料的雾化装置大体分作三类:机械压力式喷嘴、气动式喷嘴和离心式喷嘴,也有采用两种原理的混合式喷嘴。机械压力式喷嘴将液体燃料挤成很薄的扇形或空心锥形薄膜,射流喷出后液体薄膜在毛细张力波作用下破碎,并成为雾滴,迅速蒸发或掺混在空气中进行燃烧,火焰的形状大小主要取决于气流的流型。这种机械压力式喷嘴比较经济,驱动功率小,结构简单可靠,可以用重油作燃料。喷嘴上游通常有离心式旋流器(图 15.6)。

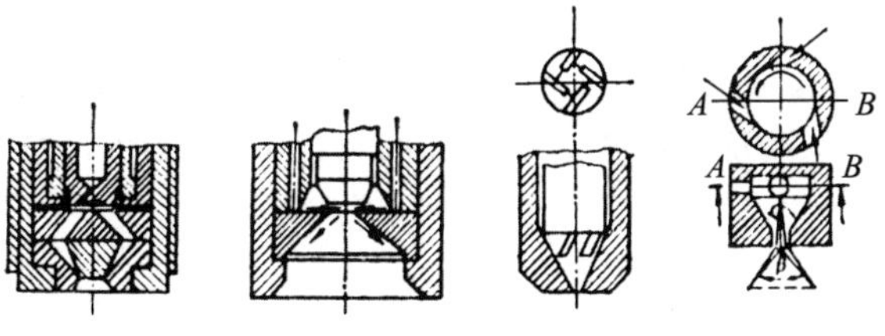

图 15.6 各种机械压力式喷嘴

关于雾化过程中液滴直径的确定,Rayleigh 提出的机制仍为大家普遍接受,他认为当自由液柱的长度大于截面周长时,即失稳并粉碎成一串液滴。对于无黏性流体,当扰动波长为 4.5 倍直径时雾化效率增长最快。对于黏性流体,Weber 指出,液柱破碎的最佳波长为$\sqrt{2}\,\pi d_1\sqrt{1+\frac{3\mu}{\sqrt{\rho\gamma d_1}}}$,其中 d_1 为液柱直径,μ 为液体黏度,ρ 和 γ 分别为液体的密度和重度,而液柱的直径又取决于液膜皱褶的波长和它的厚度。按 Dombrowski 的分析液柱直径 $d_1=\sqrt{\frac{2}{\pi}\lambda h}$,其中 λ 为液膜失稳时的最佳波长,h 为液膜的厚度。Rosin 和 Rammler 指出,通常雾滴直径分布在一个较宽的范围之内,设 R 为直径大于 d 的液滴质量的百分数,则有

$$R=100\exp[-(d/d_{\mathrm{m}})^n],\tag{15.17}$$

其中 d 为雾滴直径,d_{m} 为雾滴的特征尺度,由 $d/d_{\mathrm{m}}=1$ 时 $R=100/\mathrm{e}$ 的条件来确定;$n=1\sim4$,为雾滴直径的分布常数。此式在液滴直径较大时与实验结果比较一致,适用于机械压力式喷嘴。

对于气动式喷嘴,Nukyama 和 Tanasawa 给出计算液滴平均直径的近似公式

$$d=\frac{585}{u}\left(\frac{\sigma}{\rho}\right)^{1/2}\frac{725}{\rho^{1.72}}\left(\frac{\mu}{\sigma^{1/2}}\right)^{0.45}\frac{1}{j^{1.5}},\tag{15.18}$$

其中 u 为喷嘴出口处空气和液体的相对速度(单位:m/s),σ 为液体表面张力(单位:$\mathrm{dyn/cm^2}$)①;ρ 为液体的密度(单位:$\mathrm{g/cm^2}$),μ 为液体的动力黏度(单位:P)②,j 为空气-液体比。可以看到,空气-液体比越高,则雾化越细。

低温蒸发和高温蒸发 液体燃料在雾化后立即在空气中扩散和蒸发,然后进入燃烧状态。开始燃烧前的液滴的蒸发称作低温蒸发;燃烧中液滴的蒸发处于高温状态,伴随着液滴表面物理性质的变化,称作高温蒸发。从球状液滴的扩散方程出发,可得液体燃料的浓度 C 的满足

$$\frac{\partial C}{\partial t}=D\,\frac{\partial^2(C)}{\partial r^2},\tag{15.19}$$

D 为液体表面到周围介质的扩散系数。对于球滴和外围介质均为静止,球滴表面为饱和蒸汽度 C_{s} 以及外围空间足够大的情况下,球滴周围的浓度分布满足

$$C=\frac{R(C_{\mathrm{s}}-C_\infty)}{r}+C_\infty,\tag{15.20}$$

其中 R 为球滴半径,C_∞ 为背景浓度。因为液体蒸汽的扩散是沿径向进行的,与径向浓度成正比,则液滴表面的质量蒸发率为

$$\dot{m}=-D\,\frac{\mathrm{d}C}{\mathrm{d}r}(4\pi R^2)=4\pi DR(C_{\mathrm{s}}-C_\infty).\tag{15.21}$$

对于液滴的对流蒸发,设 β 为液滴表面到周围介质的传质系数,并设 Sherwood 数 $Sh=\beta d/D$ 为对流传质与静止蒸发效率之比,略去 C_∞ 得

① $1\ \mathrm{dyn/cm^2}=0.1\ \mathrm{Pa}$.

② $\mathrm{P}=1\mathrm{dyn\cdot s/cm^2}=0.1\ \mathrm{Pa\cdot s}$.

$$\dot{m}=\pi dDC_sSh,\quad Sh=\frac{\dot{m}}{\pi dC_sD},\tag{15.22}$$

它是液滴表面质量蒸发率的无量纲形式。通过大量实验研究的结果可以得到 Sh 与 Schmidt 数 $Sc=\nu/D$,它们与 Re 的关系为

$$Sh=2(1+a_1Sc^{1/3}Re^{1/2}),\tag{15.23}$$

其中 a_1 为经验常数,根据不同液体而定,$a_1=0.276$(水),0.3(苯)。

由于球滴表面的蒸发使球滴体积和直径逐渐减小,球滴直径变化与蒸发率的关系为 $\dot{m}=-\rho_t\frac{\mathrm{d}V}{\mathrm{d}t}=-\frac{\pi d\rho}{4}\frac{\mathrm{d}(d^2)}{\mathrm{d}t}$,其中 V 为球滴的体积,故有液滴直径衰减公式为

$$\frac{\mathrm{d}(d^2)}{\mathrm{d}t}=-\frac{8C_sD}{\rho}(1+a_1Sc^{1/3}Re^{1/2})=-K,\tag{15.24}$$

$$d^2=d_0^2-K,\tag{15.25}$$

其中 d_0 为球滴的初始直径,K 为蒸发常数。当液滴与外围介质的相对速度为零时 Sh 的第二项消失,$d^2=d_0-\frac{8C_sD}{\rho}$.

当液滴外围的燃料蒸汽处于燃烧状态时,环境温度高于液滴温度,形成球形火焰区,外围气体通过导热给液滴的热量与液滴表面蒸汽或汽化潜热带走的热量相平衡。这时液滴表面温度略低于液体的沸点,故有

$$4\pi r^2\lambda\frac{\mathrm{d}T}{\mathrm{d}r}=\dot{m}[c_p(T-T_0)+l],\tag{15.26}$$

或

$$\frac{\mathrm{d}}{\mathrm{d}r}\left(r^2\frac{\mathrm{d}T}{\mathrm{d}r}\right)=\frac{\dot{m}c_p}{4\pi\lambda}\frac{\mathrm{d}T}{\mathrm{d}r},\tag{15.27}$$

其中 λ 为导热系数,l 为液体的汽化热,T_0 为液滴表面温度。在半径为 r_1,温度为 T_1 的球形火焰区表面和半径为 R,温度为 T_0 的液滴表面之间的区域中,

$$\frac{\dot{m}}{4\pi\lambda}(T-T_0)=-\left[\left(r^2\frac{\mathrm{d}T}{\mathrm{d}r}\right)_{r=R}-\left(r^2\frac{\mathrm{d}T}{\mathrm{d}r}\right)_{r\leqslant T1}\right].\tag{15.28}$$

设外围气体由热传导到液滴表面的热量全部转化为汽化热并使表面液体蒸发,则 $ml=4\pi\lambda_0\left(r^2\frac{\mathrm{d}T}{\mathrm{d}r}\right)_{r=R}$。代入上式后,得到在球形火焰区以内到液滴表面之间的 T 的一阶微分方程

$$r^2\frac{\mathrm{d}T}{\mathrm{d}r}=\frac{\dot{m}l}{4\pi\lambda_0}\left[1+\frac{\lambda_0}{\lambda}\frac{c_p}{l}(T-T_0)\right],\tag{15.29}$$

其中 λ_0 为液滴表面温度 T_0 时的导热系数。积分后可得

$$\dot{m}=\frac{4\pi\lambda}{c_p}\frac{r}{1-(r/r_1)}\ln\left[1+\frac{\lambda_0}{\lambda}\frac{c_p}{l}(T_1-T_0)\right].\tag{15.30}$$

相应的蒸发常数为

$$K=\frac{8\lambda}{c_p\rho}\ln\left[1+\frac{\lambda_0}{\lambda}\frac{c_p}{\lambda}(T-T_0)\right],\tag{15.31}$$

并有 $d_0^2-d^2=Kt$. 在有对流时,还需要乘上因子$(1+a_1Sc^{1/3}Re^{1/2})$。

液滴的燃烧 在液雾燃烧中除了燃料蒸气的燃烧,形成一定的火焰轮廓线外,还需考虑火焰轮廓线附近的燃烧反应区两侧未完全蒸发的燃料液滴的燃烧。液滴的质量燃烧率可以用下式估计:

$$\dot{m}=\frac{4\pi\lambda}{c_p}\frac{R}{1-R/r_1}\ln\left[1+\frac{c_p(T_1-T_0)}{l-A}\right],\tag{15.32}$$

其中 λ 和 c_p 均在球形火焰锋面和液滴表面之间的区域取平均值。A 为液滴吸收火焰辐射热量的速率与液滴外围蒸发速率之比。r_1 为球形火焰锋面的半径,由液滴外围的气流条件和气体成分所决定,需要由实验确定。Spalding 假定燃烧在邻近液滴表面的气体层中,建立了氧扩散方程和火焰向液滴及四周的热传导方程,可得液滴的质量燃烧率为

$$\dot{m}=2\pi d\frac{\lambda}{c_p}\ln\left(1+\frac{H}{l}\frac{M}{i}+c_p\frac{T_g-T_0}{l}\right),\tag{15.33}$$

其中 H 为燃烧热,M 为周围气体中氧的质量浓度,T_g 为外围气体温度,i 为化学当量比,l 为液体的汽化热,λ 为导热系数,d 为液滴直径。

然而,实验结果和上述结果存在一定的差别,特别是火焰温度及火焰直径与液滴直径之比都要明显小于估计值,因而必须考虑燃烧过程中各种被忽略的因素。实验结果表明,液滴燃烧最初在外围液体蒸汽的扩散区着火并迅速扩展和包围整个液滴,然后液滴直径平方按线性规律减小(图 15.7)。有些含碳量较高的燃料因为供氧不足而冒黑烟。对于重油燃烧,液滴最初受热膨胀,以后轻油成分迅速挥发使直径缩小,表面形成黏性半固态外壳;这时内部液体的蒸发减小,因温度升高使液滴继续膨胀,直到外壳迸裂,液体成小滴溅出,直径迅速减小,d^2 随时间的变化明显偏离时间倒数规律。

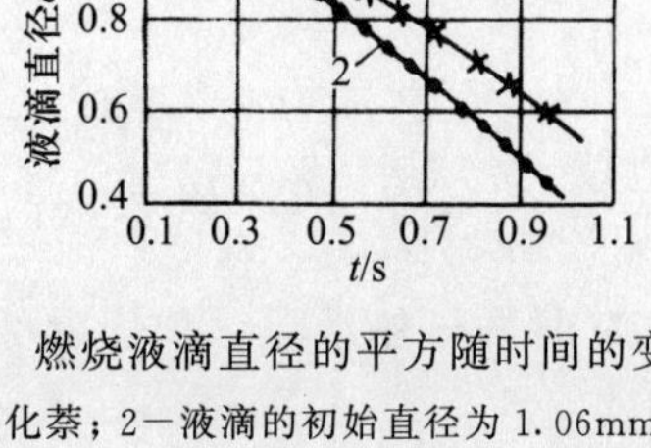

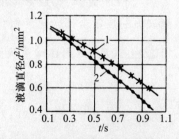

图 15.7 燃烧液滴直径的平方随时间的变化关系

1—四氢化萘;2—液滴的初始直径为 1.06mm 的癸烷

图 15.8 为典型液雾燃烧示意图。液雾在圆盘形稳定器后喷出，在分离区周围的混合层形成一次反应火焰，在分离区终点形成二次反应火焰。实验结果表明，当雾滴直径大于 100μm 时，雾滴轨迹呈射线状；雾滴直径小于 100μm 时雾滴轨迹受气流的影响很大。

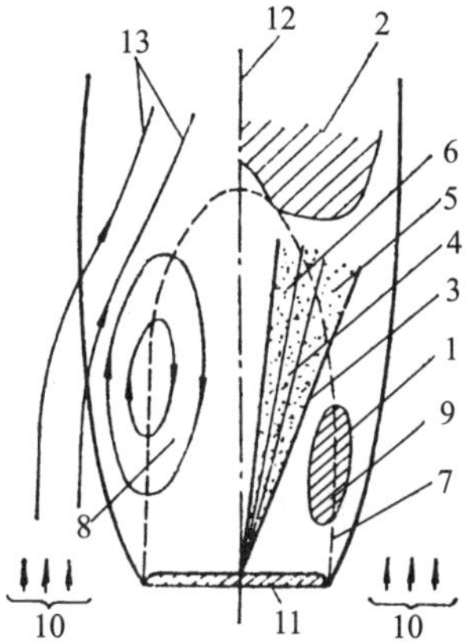

图 15.8　圆盘稳定器的尾迹中液体喷雾燃烧的模型

1—一次反应区；2—二次反应区；3—喷雾炬外边界；4—较低速的液滴组成的冷核心；5—较热与较高速度液滴组成的外周边；6—加速区；7—速度为零的边界；8—逆流区；9—可见火焰边界；10—空气流；11—圆盘；12—对称中心线；13—气体流线

煤粉射流的燃烧　煤粉射流的燃烧通常采用射流形式将煤粉喷入炉内，煤粉在气流中呈悬浮状。煤粉中焦油等挥发成分首先分离出来，随即使碳粒温度升高，以致着火，直到燃烧完毕为止。当雷诺数 $Re \leqslant 1 \sim 1.5$ 时，$c_f = \dfrac{24\mu}{\rho w d}$ (Stokes 定律)，要求煤粉颗粒满足

$$\frac{\pi d^3}{6}(\gamma_p - \gamma_a) \leqslant c_f \cdot \frac{\pi d^2}{4} \frac{w^2}{2g}\gamma_a = 3\pi d\omega\mu$$

或
$$d \leqslant \sqrt{\frac{18\mu w}{\gamma_p - \gamma_a}}, \tag{15.34}$$

才能保持悬浮状态，其中 γ_p 和 γ_a 分别为煤粉和气体的重度，c_f 为煤粉颗粒的阻力系数，w 为煤粉与气体的相对速度，μ 为空气的动力黏度，d 为煤粉颗粒的直径。

煤粉着火后碳粒直径逐渐减小并满足和液滴燃烧相似的关系式

$$d^2 = d_0^2 - \frac{96(1+b)D}{\rho_0} c_a t, \tag{15.35}$$

其中 c_a 和 D 分别为碳粒在周围气体温度下的氧浓度和扩散系数，ρ_0 为碳粒密

度,b 为经验常数,当燃烧只产生 CO_2 时取零,只产生 CO 时取 1,由此可确定碳粒燃烧时间 t。

煤粉射流火焰的长度与湍流强度、燃烧速度、煤粉挥发物含量等因素有关,在上述因素较强时,可以由以下公式估算:

$$L=10.8d_0(1-\ln\nu)\left(\frac{\rho_{\mathrm{gf}}}{\rho_{\mathrm{fa}}}\right)^{1/2}\left\{1.29\left(\frac{V_0}{M_{\mathrm{w}}}\right)(1-\alpha)+\alpha\right\}+\beta, \tag{15.36}$$

式中 ρ_{gf} 和 ρ_{fa} 分别为火焰中气体密度和燃烧器出口处气体密度,d_0 为喷口直径,V_0 为单位重煤粉中可燃气容积,M_0 为一次空气量和炉膛中燃料量之比,β 为喷口到煤粉着火的距离;$\alpha=\dfrac{1-0.01\nu}{2.3(2-\ln\nu)}$,其中 ν 为着火点的轴向坐标加上火焰瞬时长度处未燃尽煤粉的质量百分比。

15.3 燃烧的测量技术

燃烧过程的研究中要求确定:① 火焰的结构、属性、传播速度和反应速率;② 火焰区的流速、压力、温度以及燃料、助燃剂和已燃气体的浓度分布,燃料的成分、热值、液滴或固体颗粒的直径,浓度和粒径分布;③ 火焰区内外的动量、热量和质量传输规律。这些测量要求涉及流体力学、传热学和化学动力学等各个领域的实验技术并常常要求结合燃烧研究的特定条件而设计的专用的仪器。但是限于目前的条件许多测量方法仍亟待开发和研究,而许多理论模型尚有待于实验研究和分析。

速度测量 燃烧过程中火焰锋面的速度为燃料(或预混气)的流速和火焰传播速度的向量差,对于静止的火焰锋面则传播速度等于流速在垂直锋面方向的分量。对于非定常火焰则需要分别测量。

流速测量对于确定火焰结构有重要意义,特别是采用旋流式钝体来稳定火焰的装置后面流场比较复杂,火焰结构要根据回流涡的特性来确定。在掺入大量液滴和煤粉后流体性质发生改变,例如在旋流中的速度分布有明显偏离不含悬浮物质的倾向(图 15.9),这些影响只能用实验方法加以确定或修正。通过平均速度分布的测量可以确定射流中引射气体和被引射气体的质量流率。最常用的方法仍然是皮托管,但是当地密度需用 $\rho=\dfrac{pM}{RT}$ 来计算,其中 p 是压力(单位:at),M 是平均分子量(单位:at · g/mol),T 是绝对温度(单位:at · K),R 是气体常数(单位:82.05 cm^3 · at/mol · K)。对于较低温度的火焰,皮托管可以用石英或不锈钢制成,高温时要加水冷措施。燃油或烧煤粉的火焰要用较粗的皮托管,防止堵塞。火焰区密度和流速较低,因而压差常常小于 1mm,这就要求压力计有较高的灵敏度。

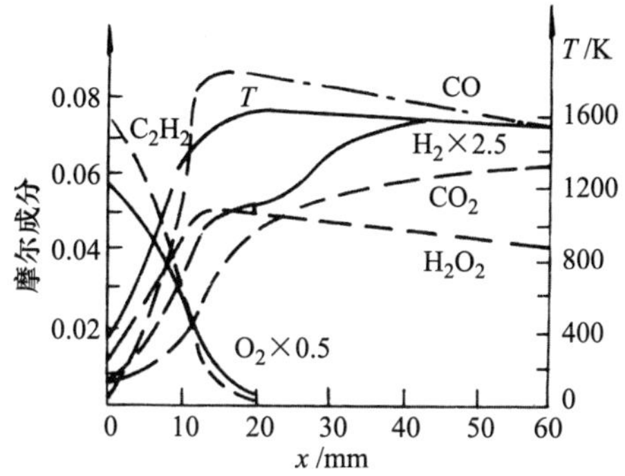

图 15.9 (C_2H_2—O_2—N_2)富混合物火焰的温度、反应物浓度和稳定燃烧产物的分布

燃烧过程常常伴随着强湍流流动，热线风速计仍是常用的脉动速度测量手段之一，但是要求采用专用的高温探头并在特殊的校准风洞中测量温度对校准系数的影响。在需要测量雷诺应力和三个方向的速度分量时，要用X型探头或特殊的三维探头，但是在湍流强度大于20%或可能出现瞬时反向流速的情况下，测量结果是不可靠的，另外在有油污或大量尘埃的气流中容易使探头污染，使用受很大限制，因而主要用于气体燃料火焰。

激光流速计在燃烧测量中的应用日益频繁。由于它采用无接触测量并能直接从多普勒频移换算速度，因此对于燃烧测量是十分合适的，适用于平均速度、湍流强度、谱和相关量的测量，但是要求掺入粒子，测得的速度实际上是粒子的速度。激光流速计可以同时做粒子直径和瞬时速度测量，在垂直光轴方向安置阈值光电倍增管，可以使控制体积的长度减小到250μm。光电信号经窄带滤波器后可减少火焰辐射的影响。在燃烧条件下，光学系统的散射特性需事先确定，然后用理论的响应曲线来确定火焰中的粒径分布。近年来利用多普勒信号的相位信息，通过FFT可以同时确定粒子的速度和直径。

用双火花光源拍摄颗粒轨迹，根据两次火花的时间间隔和从照片得到的粒子移动距离，可以确定气流的速度和方向。对于气体燃料火焰可以掺入氧化镁粉末作为示踪剂，随着激光全息和图像处理技术的发展，数字式粒子图像流速仪可以利用全息技术由图像系统记录整个流场中的粒子轨迹来确定三维速度场。

温度测量 温度是燃烧研究中主要的热力学参数。最简便的方法是用温差热电偶，它的测量精度高，用25μm或40μm的铂丝可以得到很高的空间分辨率和频率响应，最细的铂丝可以做到10μm，能测量湍流温度脉动，但是在高温火焰环境下探头温度很高,辐射损失和温度四次方成正比,因而探头体积越大,温度越高,辐射损失越大。除了辐射损失外,还需考虑支杆热传导产生的损失,因而测得的温度要做修正。将热电偶放在屏蔽管中用抽气方法吸入高温空气可以大大减少辐射损失,但对火焰可能产生明显的干扰。由于高温氧化对热电偶产生严重影响,涂上很薄的硅层可以大大减少热电偶表面氧化的影响。

近年来测量温度场的光学方法也有迅速的发展。例如用激光全息干涉仪测量热射流的温度场,用激光诱导荧光法测量火焰中一个剖面的温度分布和微量成分的浓度分布。

测量温度的光学方法很多,例如通过吸收光谱和发射光谱的分析可以同时确定燃烧过程中各种气体成分的温度,对于分析燃烧过程,特别是反应区的反应过程有很大的帮助。图 15.10 为在乙烯-氧的二维扩散火焰中由光谱测量得到的各种气体成分沿火焰厚度方向的温度分布,O_2 和 OH 基的浓度分布(利用浓度和分压的对应关系)。此外,其他的一些方法,如干涉法、纹影法、散斑法、X 射线或 α 射线吸收法等,都有不少成功的应用。

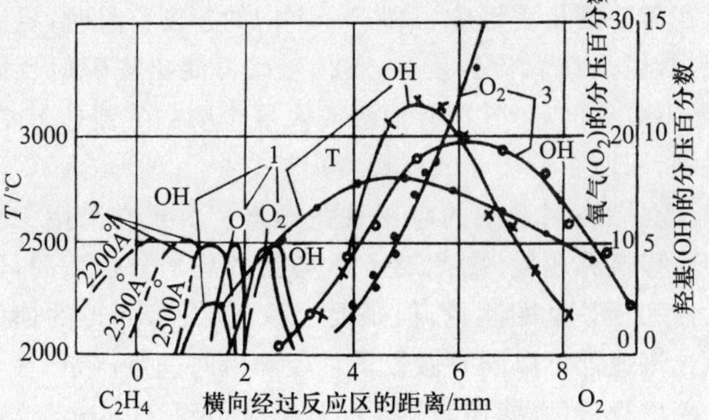

图 15.10 乙烯一氧气平面扩散火焰的光谱研究

1一发射光谱
2一吸收光谱 } 仅是强度的定性估计;

3一由吸收光谱估算的浓度;

T一温度

浓度测量 最基本的浓度测量方法是采样法。为了减少采样器对气流的干扰,采样速度应与气流速度一致;采样探头外壳是冷却水套,用来保护采样探头和过滤器,使进入采样器的气体迅速冷却,不致继续产生反应;采样速度应很好控制,防止采样管之间相互干扰。过滤器通常用平均直径为 5μm 的多孔青铜制成,厚度约 2mm,过滤器表面积约 $20cm^2$,用来收集固体颗粒。恒流式热线风速计、干涉仪等方法亦可用来测量气体的浓度。采用 Raman 光谱法等对于确定气体成分和浓度分布都是十分有效的方法。现场测量中由于条件恶劣，激光测量方法常常不能使用，但其他的一些方法，如同位素法、超声、红外线方法，都得到一定的效果。

参考文献

1. Fristrom R M, Westernberg A A. Flame Structure. McGraw-Hill, 1965.
2. Rohsenow W M, Choi H Y. Heat, Mass and Momentum Transfer. Prentice Hall, 1965.
3. Williams F A. Combustion Theory: the Fundamental Theory of Chemically Reacting Flow Systems. Addison-Wesley, 1965.
4. Beer J M, Chigier N A. Combustion aerodynamics. Appl. Sci. Publ. Ltd., 1972.
5. Chedaille J, Braud Y. Industrial Flames. Intern. Flame Res. Found., 1971.
6. Shchelkin K I, Troshin Ya K. Gasdynamics of Combustion. Baltimore, 1965.
7. Ishikawa N. Flame structure and propagation through an interface of layered gases. Combust. Sci. Techn., 1983, 31: 109-117.
8. Libby P A, Williams F A. Combust. Flame, 1982, 44: 287.
9. Stambuleanu A. Flame Combustion Processes in Industry. Abacus Press, 1976.
10. Durao D F G, et al. Combusting Flow Diagnostics. Kluwer Academic Publ., 1990.
11. Libby P A, Williams F A. Turbulent Reacting Flow in: Topics in Applied Physics, vol.44, Springer-Verlag., 1980.

第十六章　湍流中声产生机制的实验研究

湍流中声产生机制是湍流的重要基本特性。周培源湍流理论指出湍流的宏观特性符合流体力学基本方程，但是对湍流更深层次的研究属于湍流微观理论，不适用此方程；并证明湍流流动中的脉动压力场适用于由具有对流特性的脉动雷诺应力驱动的泊松方程。但是，Lighthill 用声类比方法论证湍流声产生机制得到的声学波动方程的声源项是脉动雷诺应力，该理论在气动声学的论文和著作中被广泛引用。因此，周培源湍流理论和 Lighthill 理论中脉动雷诺应力在湍流流场中的作用成为湍流声产生机制研究的重大课题。

流体中噪声是以声速向四周传播的一种压力脉动。噪声发生的机制可以分为三类：(1)在两种介质之间的封闭界面内，由温度脉动或质量增减引起的界面内质量或体积的相应脉动所产生的压力波，如气泡的脉动胀缩、活塞的往复移动、空泡的破碎等。(2)在两种介质的界面上，一种介质作用在另一种介质上的脉动力产生噪声，同时流体的质量和体积并不产生变化。这种声辐射是有方向性的，声辐射强度在外力作用方向取最大值，并随着相对于主方向的偏角 θ，按 $\cos^2\theta$ 规律而变化。杆、壳或板在流体中振动所产生的噪声都属于这一类。(3)湍流和不稳定波产生的噪声。这种噪声的产生机制是由于流场中的脉动雷诺应力。它产生在流体界面以内的整个流场之中。声辐射的方向特性和辐射强度与具体流动结构有关。由于噪声是一种以声速传播的压力脉动，它将对流场产生一定的反作用，称作声反馈。在流场中出现不稳定的情况下，利用声激励方法可以人为地增强某一个或若干个不稳定波振型，达到对流动进行控制的目的。

噪声防治是工程中的重要课题，如飞行器、舰船、风机、水泵、螺旋桨、阀门、管道等所产生的噪声都是经常引起人们注意的研究课题。对于某些产品来讲，噪声指标是否满足工业规范常常决定着产品的命运。在目前环境科学十分发达的情况下噪声防治已成为该学科的重要课题。在通常情况下，除了采用相应的防护措施外，更重要的是尽可能消除或减弱噪声源，这也是需要研究的一个基础课题。

16.1　Lighthill 的声类比理论

关于脉动圆球和振动表面力作用下的发声机理早在百余年前已为人们所

认识，这些研究已在 Rayleigh 的《声学理论》一书中作了详细的介绍。但是，关于流体中脉动流场产生噪声的机理，直至 1952 年才有 Lighthill 的称作气动声学的声类比理论。

从流体动力学中的连续方程和动量方程出发，则

$$\frac{\partial\rho}{\partial t}+\frac{\partial\rho v_i}{\partial x_i}=q, \tag{16.1}$$

$$\frac{\partial\rho v_i}{\partial t}+\frac{\partial}{\partial x_j}(\rho v_i v_j+p_{ij})=0, \tag{16.2}$$

其中 v 和 x 分别为瞬时速度分量和坐标分量($i,j=1,2,3$)，μ 为动力黏性，p 为流体中的瞬时压力，q 为单位体积内的质量变化，p_{ij} 为斯托克斯应力张量，即

$$p_{ij}=p\delta_{ij}-\mu\left(\frac{\partial v_i}{\partial x_j}+\frac{\partial v_j}{\partial x_i}\right)+\frac{2}{3}\frac{\partial v_k}{\partial x_k}\delta_{ij}, \tag{16.3}$$

式中 μ 为动力黏度，δ_{ij} 在 $i=j$ 时为 1，余为 0。考虑到外力 f_i 的作用，并将动量方程改写成

$$\frac{\partial\rho v_i}{\partial t}+a_0^2\frac{\partial\rho}{\partial x_i}=-\frac{\partial T_{ij}}{\partial x_j}+f_i, \tag{16.4}$$

其中 a_0 为静止介质中的声速，则

$$T_{ij}=\rho v_i v_j+p_{ij}-a_0^2\rho\delta_{ij}. \tag{16.5}$$

由式(16.1)和(16.4)可得

$$\frac{\partial^2\rho}{\partial t^2}-a_0^2\frac{\partial^2\rho}{\partial x_i^2}=\frac{\partial^2 T_{ij}}{\partial x_i\partial x_j}+\frac{\partial q}{\partial t}-\frac{\partial f_i}{\partial x_i}. \tag{16.6}$$

作为气动声产生理论的基本方程，方程的右边三项为声源项，分别称作四极子、简单声源和二极子。斯托克斯应力张量中的黏性项在雷诺数较高时可以忽略；又假设流场内外温差不大，即当地声速 $a=\sqrt{\mathrm{d}p/\mathrm{d}\rho}\approx a_0$；则 T_{ij} 可以简化为 $\rho v_i v_j$。在低马赫数流动中，脉动应力张量可以进一步简化为 $\rho_0 v_i v_j$，即脉动雷诺应力。

对于注入静止空气中的自由射流来说，由于声场可以看作是无限空间而声源区只占很小的部分。因而，可以在静止声学介质中叠加上四极子、简单声源和二极子来模拟射流的声辐射场。对于集中在一点的声源来说，设简单源强度为 $q(t)$、二极子强度为 $f(t)$ 和四极子强度为 T_{ij}，由延迟势公式给出声辐射所产生的密度脉动为

$$\rho-\rho_0=\frac{1}{4\pi a_0^2\partial x_i\partial x_j}\left[\frac{1}{r}T_{ij}(t-r/a_0)\right]\text{(四极子)}, \tag{16.7}$$

$$\rho-\rho_0=\frac{1}{4\pi a_0^2}\frac{q'(t-r/a_0)}{r}\text{(简单声源)}, \tag{16.8}$$

$$\rho-\rho_0=-\frac{1}{4\pi a_0^2}\frac{\partial}{\partial x_i}\left[\frac{1}{r}f(t-r/a_0)\right]\text{(二极子)}. \tag{16.9}$$

对于声源分布在某一区域的情况,简单声源、二极子和四极子的强度分别用 $Q(y,t)$,$F(y,t)$和 $T_{ij}(y,t)$表示。令 $\boldsymbol{x}$ 为声场坐标向量,$\boldsymbol{y}$ 为声源区坐标向量,x_i 和 y_i 为坐标分量,$r=|\boldsymbol{x}-\boldsymbol{y}|$。由克希霍夫公式得

$$\rho-\rho_0=\frac{1}{4\pi a_0^2}\int\frac{\partial}{\partial t}Q\left(\boldsymbol{y},t-\frac{|\boldsymbol{x}-\boldsymbol{y}|}{a_0}\right)\frac{\mathrm{d}\boldsymbol{y}}{|\boldsymbol{x}-\boldsymbol{y}|}(\text{简单声源}),\quad(16.10)$$

$$\rho-\rho_0=\frac{1}{4\pi a_0^2}\frac{\partial}{\partial x_i}\int F_i\left(\boldsymbol{y},t-\frac{|\boldsymbol{x}-\boldsymbol{y}|}{a_0}\right)\frac{\mathrm{d}\boldsymbol{y}}{|\boldsymbol{x}-\boldsymbol{y}|}(\text{二极子}).\quad(16.11)$$

假定观察点的距离远大于声源的尺度,并对被积函数直接微商,可得密度脉动的主导部分为

$$\rho-\rho_0\sim\frac{1}{4\pi a_0^2}\int\frac{x_i-y_i}{|\boldsymbol{x}-\boldsymbol{y}|^2}\frac{1}{a_0}\frac{\partial}{\partial t}F_i\left(\boldsymbol{y},t-\frac{|\boldsymbol{x}-\boldsymbol{y}|}{a_0}\right)\mathrm{d}\boldsymbol{y}.\quad(16.12)$$

当声源为四极子时

$$\rho-\rho_0=\frac{1}{4\pi a_0^2}\frac{\partial^2}{\partial x_i\partial x_j}\int T_{ij}\left(\boldsymbol{y},t-\frac{|\boldsymbol{x}-\boldsymbol{y}|}{a_0}\right)\frac{\mathrm{d}\boldsymbol{y}}{|\boldsymbol{x}-\boldsymbol{y}|},\quad(16.13)$$

同样按对流四极子假定将对坐标分量的微商改为对时间的微商$\left(\frac{\partial}{\partial x_i}=\frac{1}{a_0}\frac{\partial}{\partial t}\right)$,可得到它的主导项为

$$\rho-\rho_0\sim\frac{1}{4\pi a_0^2}\int\frac{(x_i-y_i)(x_j-y_j)}{|\boldsymbol{x}-\boldsymbol{y}|^2}\frac{1}{a_0^2}\frac{\partial^2}{\partial t^2}T_{ij}\left(\boldsymbol{y},t-\frac{|\boldsymbol{x}-\boldsymbol{y}|}{a_0}\right)\mathrm{d}\boldsymbol{y}.\quad(16.14)$$

利用以上公式,可以将注入静止空气的自由射流噪声用均匀声学介质中带有若干声源成分的声场来模拟,因而称作声模拟理论。由密度脉动可以求出声压强度和声辐射强度分别为

$$\overline{p^2}=a_0^4\,\overline{(\rho-\rho_0)^2},\quad(16.15)$$

$$I=\frac{a_0^4}{\rho_0}\overline{(\rho-\rho_0)^2}.\quad(16.16)$$

相应的积分公式为

$$\overline{p^2}\sim\frac{1}{16\pi^2a_0^2}\iint\frac{(x_i-y_i)(x_j-y_j)(x_k-z_k)(x_l-z_l)}{|\boldsymbol{x}-\boldsymbol{y}|^3|\boldsymbol{x}-\boldsymbol{z}|^3}\overline{\cdot\frac{\partial^2}{\partial t^2}T_{ij}\left(\boldsymbol{y},t-\frac{|\boldsymbol{x}-\boldsymbol{y}|}{a_0}\right)\frac{\partial^2}{\partial t^2}T_{kl}\left(\boldsymbol{z},t-\frac{|\boldsymbol{x}-\boldsymbol{z}|}{a_0}\right)}\mathrm{d}\boldsymbol{y}\mathrm{d}\boldsymbol{z},\quad(16.17)$$

在观察点较远和声源区较小的条件下坐标向量 $\boldsymbol{x}-\boldsymbol{y}$ 和 $\boldsymbol{x}-\boldsymbol{z}$ 的向径和坐标投影有

$$|\boldsymbol{x}-\boldsymbol{y}|\approx|\boldsymbol{x}|=x,\text{和}|\boldsymbol{x}-\boldsymbol{z}|\approx|\boldsymbol{x}|\approx x,$$

并有

$$\frac{x_i - y_i}{|\boldsymbol{x} - \boldsymbol{y}|} \approx \frac{x_i}{x}, \quad \frac{x_i - y_i}{|\boldsymbol{x} - \boldsymbol{z}|} \approx \frac{x_i}{x}.$$

由此可得

$$\overline{p^2} \sim \frac{1}{16\pi^2 a_0^2 x} \frac{x_i x_j x_k x_l}{x^4} \iint \frac{\partial^2}{\partial t^2} T_{ij}\left(\boldsymbol{y}, t - \frac{|\boldsymbol{x} - \boldsymbol{y}|}{a_0}\right) \cdot \frac{\partial^2}{\partial t^2} T_{kl}\left(\boldsymbol{y}, t - \frac{|x - z|}{a_0}\right) \mathrm{d}\boldsymbol{y}\, \mathrm{d}\boldsymbol{z}, \tag{16.18}$$

积分号内为瞬时速度及其导数的四阶相关量。由此可知，声辐射强度不仅取决于脉动速度的幅值，还取决于声源区各种流动结构产生的脉动速度或瞬时雷诺应力的相干性。

Lighthill 指出，将瞬时速度分解为平均速度和脉动速度后，对声辐射起作用的只是瞬时雷诺应力中的脉动成分，考虑流场中以一定对流速度运动的单个涡的声辐射时，由于声源的运动产生多普勒效应。取活动坐标架 $\eta_i = y_i + \boldsymbol{Ma}_{\mathrm{c}} \cdot \boldsymbol{y}$，其中 $\boldsymbol{Ma}_{\mathrm{c}} = \boldsymbol{U}_{\mathrm{c}}/a_0$ 称作对流马赫数，$\boldsymbol{U}_{\mathrm{c}}$ 为涡的对流速度，则

$$\mathrm{d}\eta_i = \mathrm{d}y_i\left(1 - \frac{\boldsymbol{Ma}_{\mathrm{c}} \cdot \boldsymbol{y}}{y}\right) = (1 - Ma_{\mathrm{c}}\cos\theta)\,\mathrm{d}y_i, \tag{16.19}$$

其中 θ 为对流速度 $\boldsymbol{U}_{\mathrm{c}}$ 和 $\boldsymbol{y}$ 的夹角，又可得

$$\rho - \rho_0 = \frac{1}{4\pi a_0^2} \frac{\partial^2}{\partial x_i \partial x_j} \int T_{ij}\left(\boldsymbol{\eta}, t - \frac{|\boldsymbol{x} - \boldsymbol{y}|}{a_0}\right) \frac{\mathrm{d}\boldsymbol{\eta}}{(1 - Ma_{\mathrm{c}}\cos\theta)x}. \tag{16.20}$$

由式(16.14)，当 $|\boldsymbol{x}| \gg |\boldsymbol{y}|$ 且声源区尺度 $l \ll \lambda_a$ 时

$$\rho - \rho_0 \sim \frac{1}{4\pi a_0^4 x} \frac{x_i x_j}{x^2} \frac{1}{(1 - Ma_{\mathrm{c}}\cos\theta)^3} \frac{\partial^2}{\partial t^2} \int T_{ij}\left(\boldsymbol{\eta}, t - \frac{|\boldsymbol{x} - \boldsymbol{y}|}{a_0}\right) \mathrm{d}\boldsymbol{\eta}, \tag{16.21}$$

其中 λ_{a} 为声波波长，$D = (1 - Ma_{\mathrm{c}}\cos\theta)$ 称作多普勒因子。

由量纲分析方法，取 l 为声源区的尺度，U 为速度尺度，故 U/l 为时间导数或频率的尺度，式(16.21)的量纲为

$$\frac{1}{a_0^4} \cdot \frac{1}{x}\left(\frac{U}{l}\right)^2 \cdot \rho_0 U^2 l^3 = \rho_0 \left(\frac{U}{a_0}\right)^4 \frac{l}{x},$$

由此得到射流声辐射强度与射流出口速度的八次方成正比的关系式。这一结果为许多实验所证明(图 16.1)，但在低马赫数射流中大尺度结构较强时与八次方规律有明显的差别。由式(16.18)可以估计四极子声源的方向特性(图 16.2)

$$I \propto \cos^4\theta,$$

事实上，此时 θ 为声辐射相对于纵轴的指向角。对于对流四极子，相应的方向特性为

$$I \propto (1 - Ma_{\mathrm{c}}\cos\theta)^{-6}.$$

Ffowcs Williams 对此作了进一步讨论，指出正确的结果应是

$$I \propto (1 - Ma_c \cos\theta)^{-5},$$

图 16.3 所示为不同射流速度下用声压强度表示的指向性曲线。

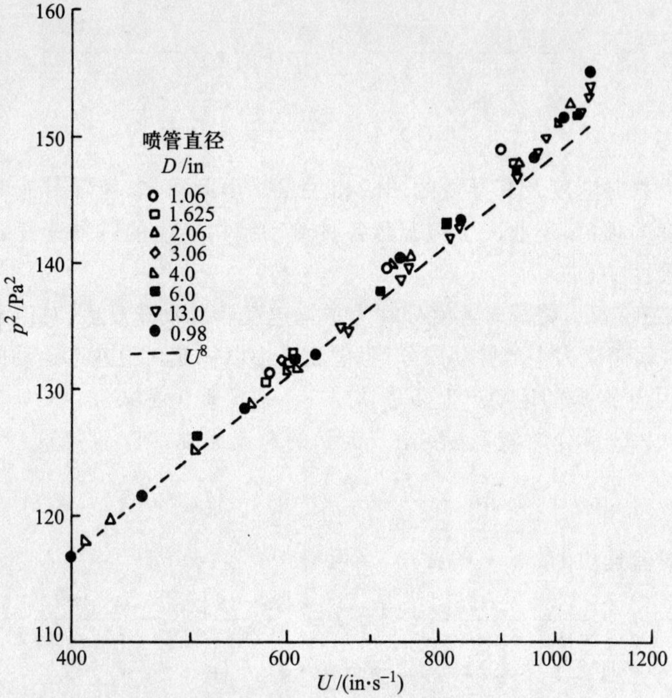

图 16.1 远场声压强度和射流出口速度的八次方关系

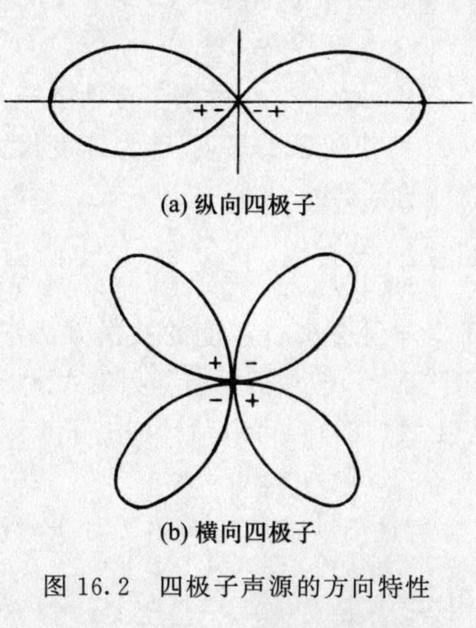

图 16.2 四极子声源的方向特性

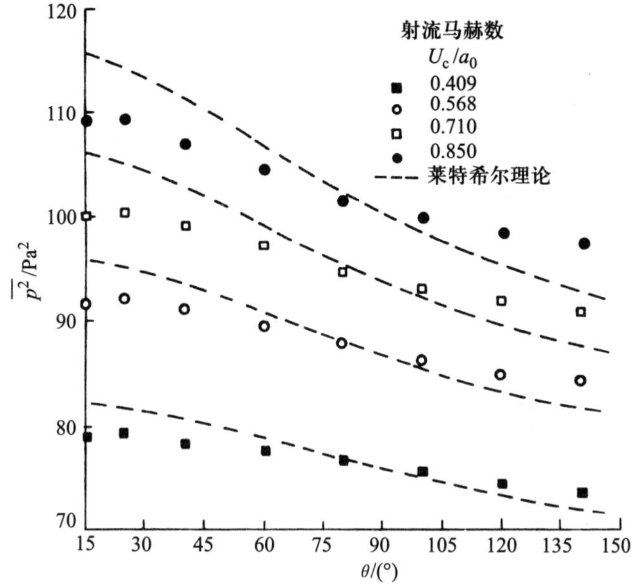

图 16.3 远场声压强度与指向角表示的指向性曲线

16.2 不稳定波的声辐射

在湍流声产生的各种学说中,由于 Lighthill 理论严格由 NS 方程给出声流关系,一度成为气动声学各家学说中最广为流行的一种理论。Lighthill 认为声是湍流的副产品,可以先算流后算声,由脉动雷诺应力确定声场。若计算结果与理论不符,则表示湍流声产生机制不适用 NS 方程。这和流体力学界多数学者的认识有悖。但是这需要对脉动雷诺应力和声辐射规律的变化作细致的实验研究,这在当时是相当困难的。

Ffowcs Williams 和 Kempton 采用简单波模型用 Crow 和 Champagne 的射流优选振型的高斯型振幅分布及各向同性假定表示脉动雷诺应力的主导成分;又将 T_{ij} 表示成截面积为 $D^2\delta(x_2)\delta(x_3)$ 的轴向一维模型,其中 $\delta(x_2)$ 和 $\delta(x_3)$ 均定义在(0,1)区间内;考虑到大尺度结构脱落的不规则性和不稳定波的相位随机性,以及在远场声辐射中的频率调制作用,定义相位随机因子 $\varepsilon(t)$ 后,可得

$$T_{ij}=\delta_{ij}\delta(x_2)\delta(x_3)\rho_0\tilde{u}^2\cos\{\omega_0 t-k_0(x_1+x_0)[1+\varepsilon(t-x_1/U)]\}\times\exp(-x_1^2/l^2), \tag{16.22}$$

式中 ω_0 是简单波频率,k_0 为相应的波数,ρ_0 是流体密度,D 为多普勒因子,$\overline{u}$ 为脉动速度的振幅,l 为高斯形振型的特征长度,x_0 为不稳定波的中心位置,

x_1, x_2, x_3 为射流流场坐标,U 为射流中瞬时速度。

将上式代入(16.14)式并由 $p=\rho_0 a_0^2$ 表示远场声压,由于远声场坐标远大于流场坐标,即 $|\boldsymbol{x}| \gg |\boldsymbol{y}|$,或 $|\boldsymbol{x}-\boldsymbol{y}| \approx x, x_i - y_i \approx x$,故得

$$p(\boldsymbol{x},t)=\frac{1}{4\pi x}\frac{\partial^2}{a_0^2\partial t^2}\int_{-\infty}^{\infty}\exp\left(-\frac{\xi^2}{l^2}\right)\cdot$$
$$\cos\left\{\omega_0\left(t-\frac{x-\xi\cos\theta}{a_0}\right)-k_n(\xi+x_0)\left[1+\varepsilon\left(t-\frac{x}{a_0}+\frac{\xi_\infty}{U_c}\right)\right]\right\}\mathrm{d}\xi, \tag{16.23}$$

远场声压强度为

$$\overline{p^2}=\int_{-\infty}^{\infty} < p(\boldsymbol{x},t)p(\boldsymbol{x},t+\tau) > \cos\omega\tau\,\mathrm{d}\tau, \tag{16.24}$$

相位随机因子的自相关为

$$R_\varepsilon=\langle\varepsilon(t)\varepsilon(t+\tau)\rangle\approx(1-\tau^2/T_c^2)\langle\varepsilon^2\rangle,$$

式中 T_c 称作脉动压力的相干时间尺度。由式(16.17)得

$$\begin{aligned}\overline{p^2}(\omega)=&\frac{\rho^2\tilde{u}^4k^4D^4}{16\pi^2x^2}\int_{-\infty}^{\infty}\int_{-\infty}^{\infty}\int_{-\infty}^{\infty}\cos\omega\tau\cos(\omega_0\tau+k_0(\xi-\zeta)D)\\&\times\exp\left\{-\frac{\xi^2}{l^2}-\frac{\zeta^2}{l^2}-\frac{1}{2}k_0^2\langle\varepsilon^2\rangle\right.\\&\left.\times\left[(\xi-\zeta)^2+2(\xi+x_0)(\xi+x_0)\frac{\tau^2}{T_c^2}\right]\mathrm{d}\xi\mathrm{d}\zeta\mathrm{d}\tau\right.\\\approx&\frac{\sqrt{\pi}}{2}\left(\frac{\rho_0\tilde{u}^2k^2D^2l}{4\pi x}\right)^2T_c\exp\left(-\frac{1}{2}k_0^2l^2D^2\right)\\&\times[E(\omega+\omega_0)+E(\omega-\omega_0)],\end{aligned} \tag{16.25}$$

其中

$$E(\omega)=\exp(-\omega^2U_c^2/4k_0^2\langle\varepsilon^2\rangle x_0^2). \tag{16.26}$$

以上结果表明,声源为优选振型时声辐射为指数型指向性曲线,其特征频率对应的谱峰的带宽为

$$\Delta\omega=k_0x_0\langle\varepsilon^2\rangle^{1/2}U_0, \tag{16.27}$$

因此,在相位随机因子增加时谱带随之加宽,直至成为平滑谱。

以上结果给出了声源区的脉动雷诺应力和远场声辐射的关系,以及相干时间尺度和远场声谱中谱峰带宽的关系,它们可作为检验 Lighthill 理论的重要依据。

16.3 湍流中的脉动雷诺应力

脉动雷诺应力是湍流的一个重要特性,始于 Lighthill 在学界流行长达五十

年的气动声学理论，他用类比方法论证流体力学基本方程对流项中的 $\rho v_i v_j$ 是空气动力声产生的基本方程中的声源项。将瞬时速度 v_i 分解为平均速度 U_i 和脉动速度 u_i，即 $v_i = U_i + u_i$，则声源项 T_{ij} 中的平均项对声产生并无贡献，略去其中的 $U_i U_j$，得到脉动雷诺应力

$$T_{ij} \approx \rho_0 (U_i u_j + U_j u_i + u_i u_j - \overline{u_i u_j}). \qquad (16.28)$$

事实上，由于脉动雷诺应力的强度远远高于雷诺应力，湍流的高随机性和扩散性等主要特性并不决定于雷诺应力，而决定脉动雷诺应力。雷诺应力可以解决工程需要的平均流动中的问题，但不能解决有关湍流本质的大量关键性问题。

为了研究脉动雷诺应力和声产生的关系，可以用各向同性假定对脉动雷诺应力作简化。这时，简单波的脉动雷诺应力的主要成分可以用热线风速计测得的平均风速和脉动风速表示

$$T_{ij} = \delta_{ij} (2\rho_0 U u + \rho_0 u^2 - \rho_0 \overline{u^2}),$$

式中 U 和 u 为各向同性假定下的平均流速和脉动流速。按照 Crow 和 Champagne 在射流优选振型的实验，脉动速度的振幅分布为高斯型，即

$$u = \tilde{\alpha} \exp(-x_1^2/l^2) \cos\{\omega t - k(x_1 - x_0)[1 + \varepsilon(t - x_1/U)]\}, \qquad (16.29)$$

其中 $\tilde{\alpha}$ 为脉动速度沿轴向的最大幅值，l 为高斯型分布的长度尺度，ω 为角频率，k 为波数，x_0 为高斯型中心位置与射流出口的距离，$\varepsilon(t)$ 为相位随机因子。因此，脉动雷诺应力的线性项和非线性项可分别表示成(略去 $\varepsilon(t)$)

$$\begin{aligned} T_{ij} \sim\ & 2\rho_0 U \tilde{\alpha} \cos[\omega t - k(x_1 - x_0)] \exp(-x_1^2/l^2) \\ & + \rho_0 \tilde{\alpha}^2 \cos[2\omega t - 2k(x_1 - x_0)] \exp(-2x_1^2/l^2). \end{aligned} \qquad (16.30)$$

以上分析表明，简单波的脉动雷诺应力可以由热线风速计测得的脉动速度的功率谱中对应简单波频率的谱峰值沿 x_1 变化所表示的幅相特性 $\overline{u^2}(f, x)$ 给出。$f = \omega/2\pi$ 为简单波的频率。

由脉动速度的幅相特性表示的脉动雷诺应力研究湍流声产生机制的实验研究装置如图 16.4 所示。在用消音室消除外界噪声并在上游排除各种气流干扰后，射流装置有良好的气流品质，但始终有一种原因不明的呼啸声为人所不解，一个“干净的”射流为什么不是一个“安静的”射流呢？射流的原始湍流度小于 0.1%。在测量剪切层中脉动速度时观察到功率谱中有一组离散的谱峰，频率依次相差两倍，和远场声谱一一对应。由此表明声源是剪切层振型，在上游气流十分干净且喷管出口为层流边界层时这种剪切层振型尤为突出而强劲，反之若在喷管出口加粗糙元后可使这种呼啸声消失并得到“安静”。此前的射流噪声的研究主要集中在射流核心区末端的优化振型和“安静的”射流。脉动雷诺应力的测量需要在整个射流剪切层中逐点进行，在轴对称条件下简化为剪切层中的垂直于射流轴线的各个径向截面中平均速度和脉动速度的测量，其主要

成分集中在邻近平均速度为双曲正切 tanh 的拐点的临界层内,需在加密测量中仔细观察各点脉动速度的功率谱中基波和各阶亚谐波的谱分量在不同轴向位置和不同声激励强度下的变化,得到不同轴向截面中临界层内的脉动速度在基波和各阶亚谐波的谱分量$\overline{u^2}(f_n,x)$。

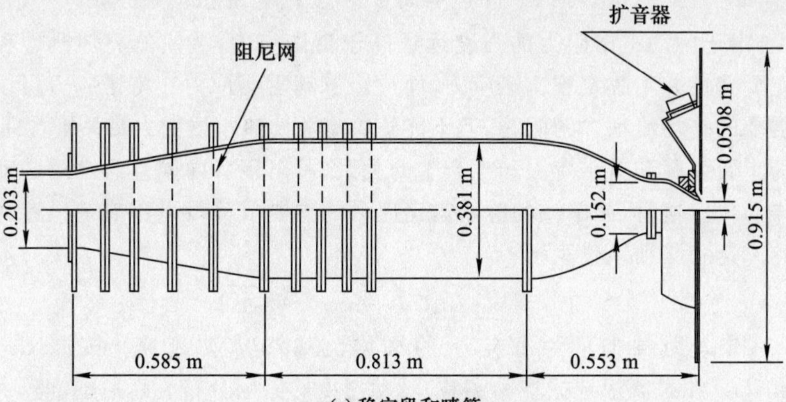

(a) 稳定段和喷管

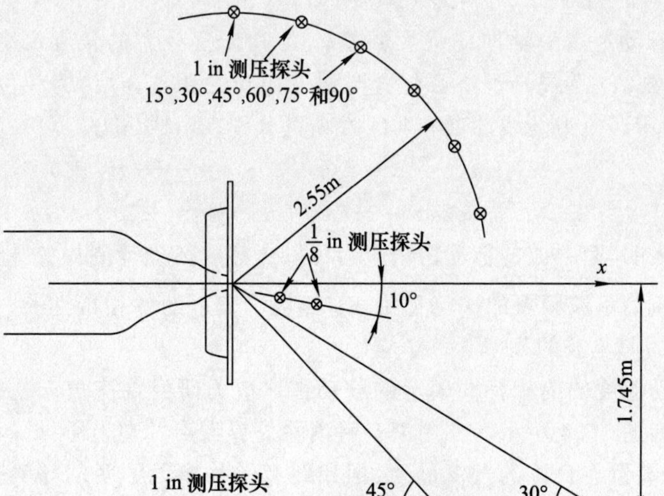

(b) 脉动压力和声压探头

图 16.4 射流实验装置

脉动速度的功率谱如图 16.5 所示,其中基频 f_0 随射流风速 U_j 增长,并有 $f_0=0.02U_j^{2/3}$。n 阶亚谐频 f_n 逐级减半。基波频率用剪切层动量厚度 ϑ 作无量纲化得 Strauhal 数 $St=f_0\vartheta/U_j\approx 0.017$,统一用来表示各种射流速度和声激励强度下脉动速度、脉动压力和声压的功率谱中的无量纲频率。在对不同射流速度和声激励条件下基波和各阶亚谐波的脉动速度分量的振幅分布仍按特征频率 f_n 的值表示。$\overline{u_{mn}^2}$ 为 n 阶振型的脉动速度谱分量在沿轴向的高斯型幅值分布中的最大值。在声激励强度逐渐增加时功率谱中基频和各阶亚谐频的谱峰值 $\overline{u^2}(f_n,x)$ 随之增加，下标 n 表示亚谐波的阶数。剪切层振型中脉动雷诺应力主要分布在剪切层中平均速度剖面的拐点附近，以剪切层振型的临界层为主的宽约相当于剪切层动量厚度 ϑ 的环形区域内。作用面积为 $A=\pi D\vartheta$，与优选振型中 $D^2\delta(x_2)\delta(x_3)$ 不同。实验中需要测量剪切层中各个截面中脉动速度的功率谱，由对应于特征频的谱峰值在截面中的最大值得到沿流向的高斯型振幅分布和脉动速度振幅分布中的最大值 $\overline{u_m^2}(f_n)\approx\tilde{\alpha}^2$。由此得到脉动雷诺应力的线性项和非线性项，线性项为 $2\rho_0 U_c\tilde{\alpha}\cos[\omega_n t-k_n(x_1+x_0)]\exp(-x_1^2/l^2)$，$l$ 在 $\varepsilon\to 0$ 时趋于不稳定波波长 λ_n，非线性项为 $\rho_0\tilde{\alpha}^2\cos[2\omega_n t-2k_n(x_1+x_0)]\times\exp(-2x_1^2/l^2)$，分别对应于远场声谱中对应于 ω_n 和 $2\omega_n$ 的谱峰，但非线性项的谱峰小于线性项一个量级。在 Ffowcs Williams 和 Kempton 对脉动雷诺应力的表达式(16.15)中，若是脉动雷诺应力的线性项，则幅值应该用 $2\rho_0 U_c\tilde{\alpha}$；若是非线性项，则频率和波数应该用 $2\omega_0$ 和 $2k_0$，指数应是 $-2x_1^2/l^2$，分别用于计算远场声谱。

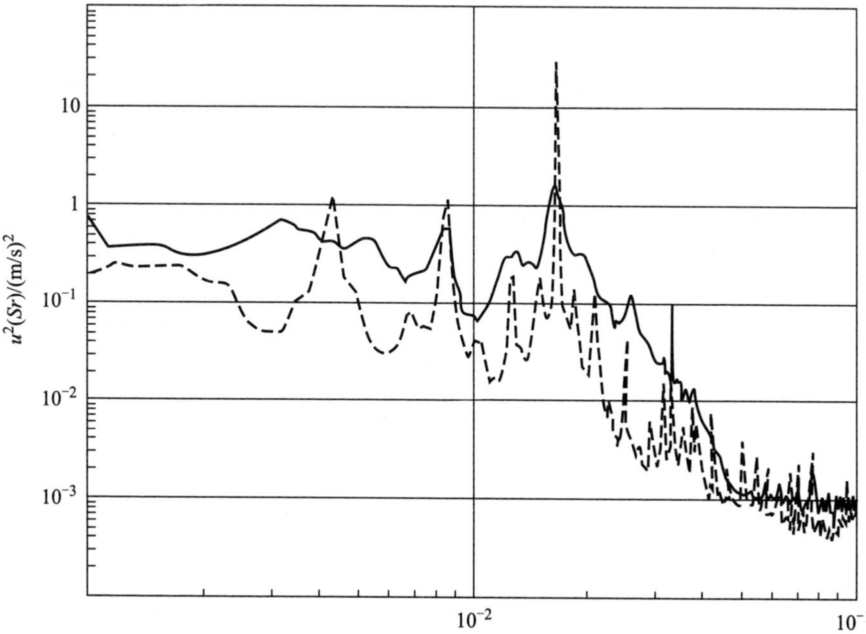

图 16.5　速度谱 $U_j=30\text{m/s}$，$x/D=0.15$，$y/D=0.02$：

——，自然状态；— —，声激励状态，$\overline{u_{m0}^2}/U_j^2=4\times10^{-3}$

16.4　脉动压力的调和特性

脉动压力是湍流的另一个重要特性。周培源湍流理论证明湍流脉动压力适用以脉动雷诺应力驱动的泊松方程

$$\frac{1}{\rho}\nabla^2 p = -\frac{\partial^2}{\partial x_i \partial x_j} T_{ij}. \tag{16.31}$$

由于 T_{ij} 的二阶导数具有对称性,可将 T_{ij} 写成

$$T_{ij} = \rho_0 (2U_i u_j + u_i u_j - \overline{u_i u_j}), \tag{16.32}$$

与式(16.28)一致,故脉动压力的解为

$$\frac{1}{\rho} p = \frac{1}{4\pi}\iiint T_{ij,ij}\ \frac{1}{r}\mathrm{d}V - \frac{1}{4\pi}\oiint \left\{ p\ \frac{\partial}{\partial n}\left(\frac{1}{r}\right) - \frac{1}{r}\ \frac{\partial p}{\partial n} \right\} \mathrm{d}S. \tag{16.33}$$

因此,湍流中的脉动压力具有调和特性,式中体积分称作牛顿势,曲面积分中两项分别为单层势和双层势。因此,脉动雷诺应力是声学波动方程中的声源项还是泊松方程中脉动压力的驱动项,成为湍流声产生机制的研究中两大学派和两位流体力学泰斗之间长达半个世纪的争议。由于流体力学的基本方程主要描述流体运动中的动量传输,因而对自由射流而言是有边界的;而脉动压力是一种势,没有边界。因此,在射流边界以外存在一个平均速度和脉动速度为 0,但仍有较强脉动压力的区域。

图 16.6 所示为 $U_j = 70$ m/s 和 $x_1/D = 0.20$ 时的脉动压力的功率谱,在基频 $St = 0.017$ 处有清晰的谱峰。加声激励后峰值快速增长而低频扰动大幅度下降,声激励强度由喷管出口处的湍流强度 $\overline{u_{m0}^2}/U_j^2$ 作量度。图 16.7 为脉动压力的一阶亚谐波的振幅分布 $\overline{p^2}(f_1, x_1)$,呈高斯型分布。在声激励强度逐渐增加时高斯型分布的长度尺度 l 趋近于亚谐波波长 $\lambda_1 = U_c f_1$,与脉动速度在功率谱中由幅频特性 $\overline{u^2}(f_1, x_1)$ 得到的振幅分布相似并有相近的长度尺度。图 16.8 表明两者的最大值 $\overline{p_m^2}(f_n)$ 和 $\overline{u_m^2}(f_n)/U_j^2$ 之间为线性关系。这里,频率为 f_n 的亚谐波单波振型中高斯型分布的最大值 $\overline{u_m^2}(f_n)$ 正是式(16.26)中用来表示简单波脉动速度的最大值 α 的平方。

在湍流流场边界以外,平均流速和脉动流速均为 0 的区域存在较强的有规律的脉动压力信号,这一现象表明在湍流流场之外存在着一个与脉动速度和平均速度相互作用的湍流脉动压力场,它们都统属于湍流的概念,但作用区域不相互覆盖。这表明湍流中脉动压力具有调和特性,而脉动速度和脉动雷诺应力属于流体力学动量方程中的对流项,不具有调和特性。在射流流动的边界上有

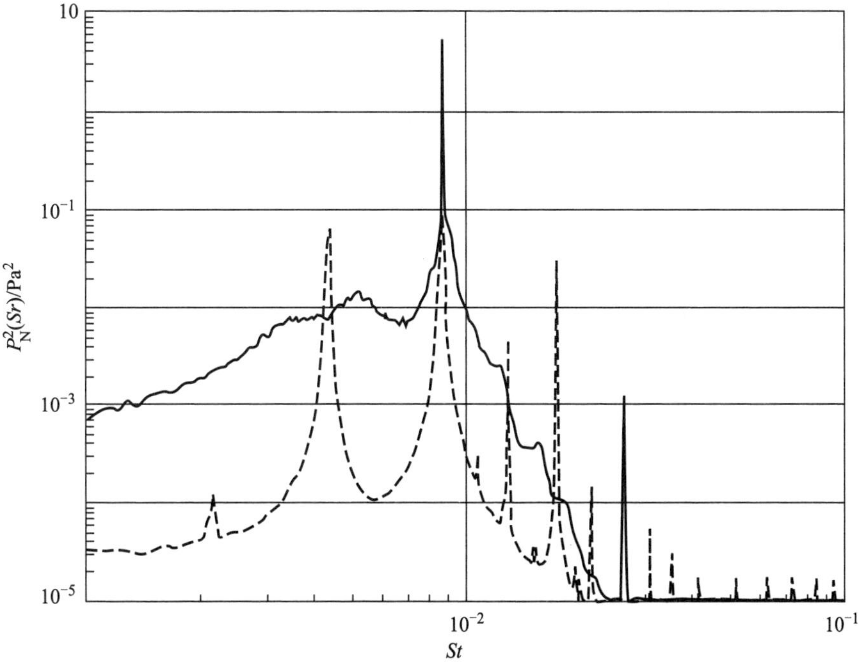

图 16.6　脉动压力谱，$U_j=70$ m/s，$x/D=0.20$；——，自然状态；— —，声激励状态

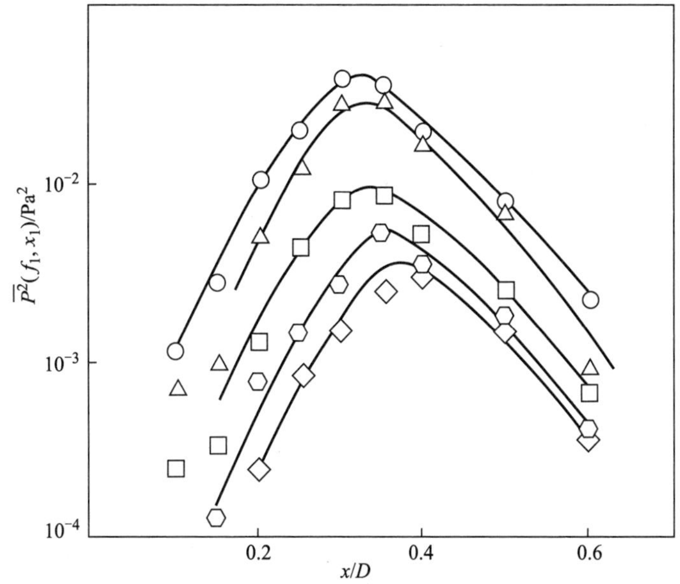

图 16.7　脉动压力第一阶亚谐波的轴向振幅分布

$U_j=30$ m/s：○，$\overline{u_{m0}^2}/U_j^2=5.4\times10^{-3}$；△，$2.3\times10^{-3}$；□，$1.2\times10^{-3}$；⬡，$6.2\times10^{-4}$；◇，自然状态

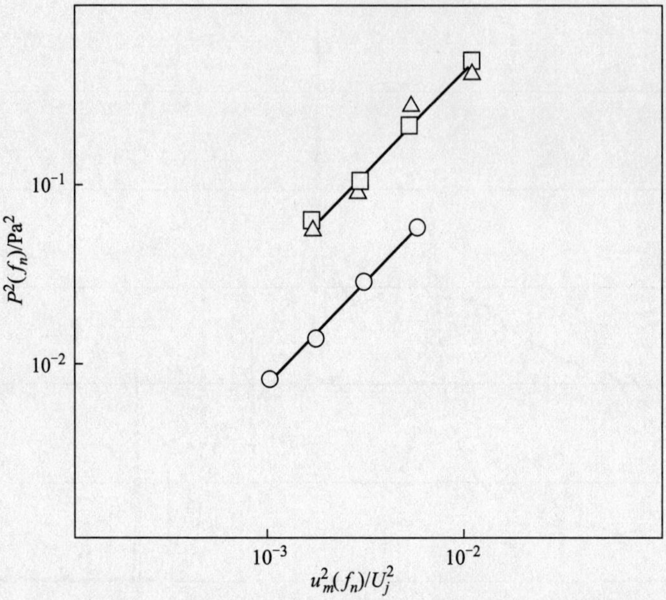

图 16.8 脉动压力最大幅值和脉动速度的振型最大幅值之间的关系

$U_j=30$ m/s：○，f_0；△，f_1；□，f_2

脉动压力产生的单层势及其法向导数产生的双层势。湍流流动中的动量和动能变化是有界的，而脉动压力产生的势有一定衰变规律因而是无界的。射流流场外围有如此清晰的压力脉动信号并确认是泊松方程的产物，并在实验中得到了证实。

脉动压力和脉动速度的各阶亚谐波振型的高斯型分布完全相似，最大值位置和长度尺度以相同的规律随声激励强度变化，这一客观事实证明在泊松方程中脉动雷诺应力的线性项对同一亚谐波振型中的脉动压力起主要作用，而非线性项由于幅值较小且作用于特征频率的倍频，其影响较小。因此，在一定射流速度下脉动压力和脉动速度之间的线性关系与泊松方程相符，是对周培源理论的重要证明。

湍流具有高随机性和高扩散性，雷诺应力可以显示湍流的动量传输，其显示效果远大于黏性应力，但是远低于脉动雷诺应力。涉及湍流本质的这些重要特性主要由脉动雷诺应力加以解释。它的非线性特性在频域中具有广谱特性，所驱动的压力脉动的调和特性作用于整流体空间的势场，具有比湍流扩散系数更强的扩散性。

Lighthill 理论用 NS 方程的重组解释湍流声产生机制。但是周培源理论指出，湍流宏观理论适用 NS 方程，可用湍流模式理论计算雷诺应力；但是更深层次的研究需用湍流微观理论，而不适用 NS 方程。两种理论对湍流声产生机制的解释不同，主要在于湍流声产生机制是否适用 NS 方程；换言之是否属于湍流微观理论的领域。这两大学派间的重大论争必须通过严格的系统的实验研究加以证明。

16.5　湍流声产生理论的实验证明

湍流声产生机制主要由以下要素确定：声源项及其谱特性、声源区体积、四极子效应、远声场指向性曲线和多普勒因子等。在不同射流速度和不同声激励强度下在相位随机因子最小化的条件下进行检验和对比。

首先，通过远声场指向性曲线的测量按照 Ffowcs Williams 和 Kempton 的公式(16.29)，计算远场声压与实测值$\overline{p^2}(f_n)$作比较(图 16.9)

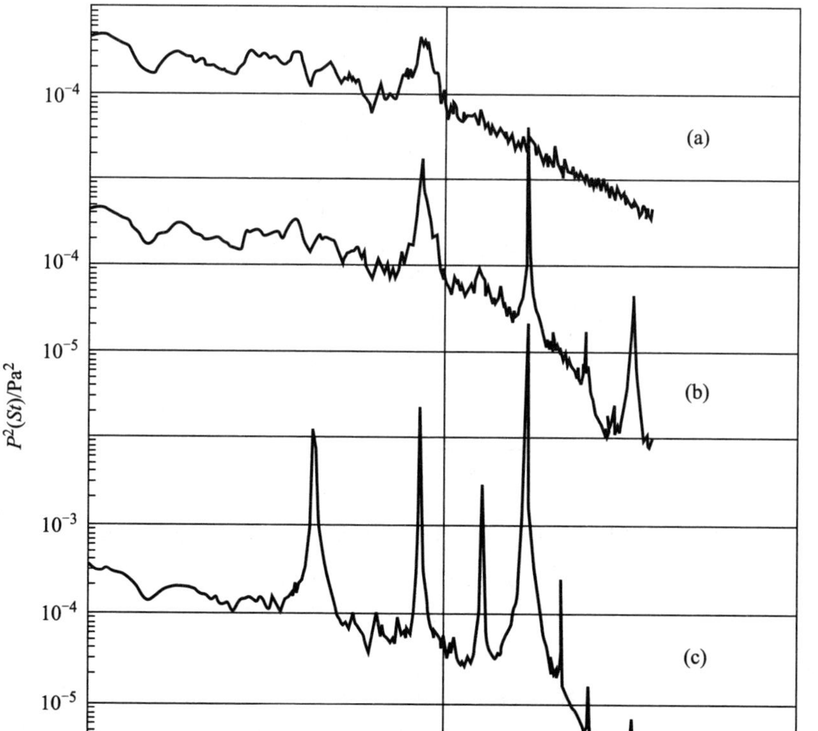

图 16.9　远场声压谱

$U_j = 60$ m/s：(a) 自然状态；(b) $\overline{u_{m0}^2}/U_j^2 = 1.7\times10^{-3}$；(c) $\overline{u_{m0}^2}/U_j^2 = 1.3\times10^{-2}$

图 16.10 为 $U_j=30$ m/s 时在不同声激励强度下远场声压 p 的指向性曲线,指向角 θ 表示成多普勒因子 $D=1-Ma_c\cos\theta$ 的形式,指向性曲线的声压强度 $\overline{p^2}(f_1)$ 随声激励强度增加,其斜率均为负值并趋向固定的极限值。在对极限状态下(即相位随机因子 $\langle\varepsilon^2\rangle\to 0$)的不同射流速度的指向性曲线作归一化后(图 16.11)

$$\begin{aligned}P&=\overline{p^2}(f_n)/\{\rho_0^2\hat{\alpha}^4k^4D^2l^2/a_0^4x^2\}\\&=\overline{p^2}(f_n)/\{\rho_0^2\hat{\alpha}^4Ma_j^4St_n^2(D/x)^2\}\\&\approx 300\exp\{45(1-D)^2\},\end{aligned}\tag{16.34}$$

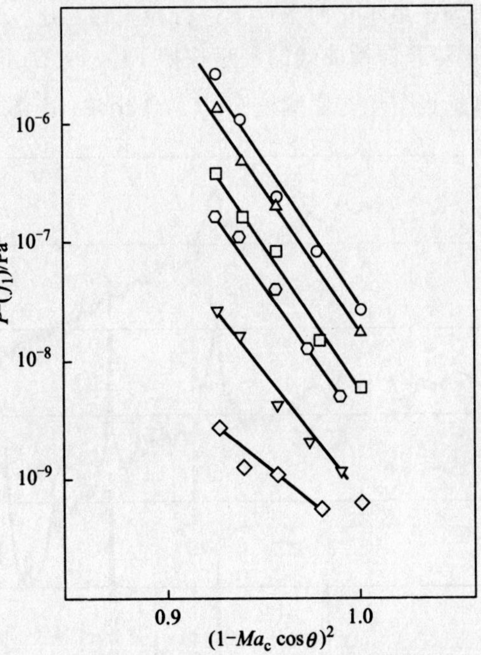

图 16.10 不同声激励水平下远场声压的第一亚谐波分量的指向性曲线

$U_j=30$ m/s:○,$\overline{u_{m0}^2}/U_j^2=4.0\times10^{-3}$;⬡,$1.1\times10^{-3}$;△,$2.9\times10^{-3}$;▽,$0.7\times10^{-3}$,□,$1.7\times10^{-3}$;◇,自然状态

其中 $k^4=(\omega_n/a_0)^4$ 为对流四极子因子,$V=D^2l$ 表示声源区体积;用无量纲参数表示时,$Ma_j=U_j/a_0$,$St_n=f_n\vartheta/U_j$ 为 n 阶亚谐频的无量纲频率。实验结果表明,在 $\langle\varepsilon^2\rangle\to 0$ 的条件下实测的声压强度 $\overline{p^2}(f_n)$ 高出计算值 $10^{15}\sim10^{25}$ 倍,指向性指数 $\frac{1}{2}k_n^2l^2=45$,约为理论值 $\frac{1}{2}k_n^2\lambda_n^2=2\pi^2$ 的 2.5 倍。因此,尽管实验证明高斯型声源项分布得到指数型指向性曲线,但是 Lighthill 气动声学理论认为脉

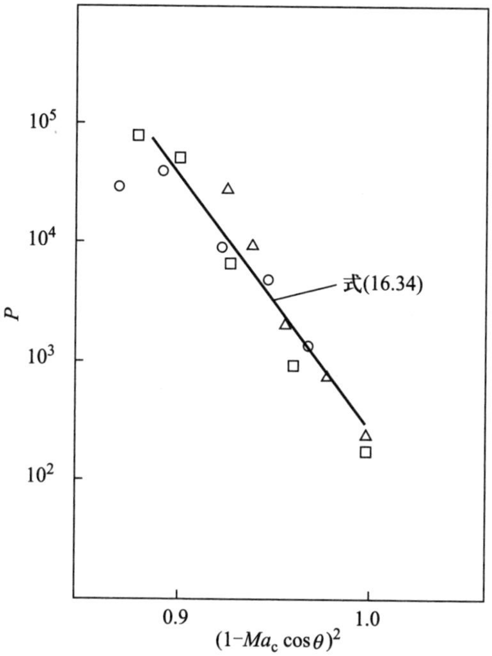

图 16.11　不同射流速度下归一化后的远场声压强度与多普勒因子之间的关系

射流速度:○,70m/s;□,50 m/s;△,30 m/s

动雷诺应力是声源项却并没有声辐射。由此表明,Lighthill 的气动声产生的基本方程只是 NS 方程的重组,不能得到由 NS 方程可以给出声产生的机制的证明。或者说湍流的声产生机制不适用于 NS 方程,需由湍流微观理论来解释。

Lighthill 理论的另一个重要依据是关于声源的对流四极子假设。在式(16.21)中将声源项对坐标的微商改用对时间的微商,得到以声波波长 λ_a 表示的四极子因子

$$k^4=(\omega_n/a_0)^4=(2\pi/\lambda_a)^4. \tag{16.35}$$

Laufer 和 Monkewitz 指出远场声谱中没有多普勒频移。更直接的实验检验方法是用远场参考点的声压与近场在射流外围沿流向移动的脉动压力信号作互谱以确定声源区的强度变化规律(图 16.12),互谱的幅值 $S_{\mathrm{NF}}(f_n,x_1)$表示声源区强度的变化呈高斯型(下标 NF 表远近场,near-far-field),与$\overline{u^2}(f_n,x_1)$和$\overline{p^2}(f_n,x_1)$一致,幅角 ϕ 沿流向线性增长,表明与远声场有确定的相位关系,因此声源区并没出现对流特性。由声源项对坐标微商得到四极子因子为 $k_n^4=(\omega_n/U_c)^4\gg k^4$ 由此表明,Lighthill 理论中将坐标微商改为对时间微商并无数学依据。对远场声压计算产生很大影响。通过一系列的实验表明,湍流中实际

存在的声源项不是脉动雷诺应力,而是脉动雷诺应力按泊松方程得到的脉动压力场,由脉动压力作为声学波动方程的声源项。后者表现流体的体积弹性特性,不反映流体的对流特性。Crighton 和 Huerre 对这项关于湍流声产生机制的实验成果极为重视并以姓字冠名称作 Laufer-Yan(颜)实验。

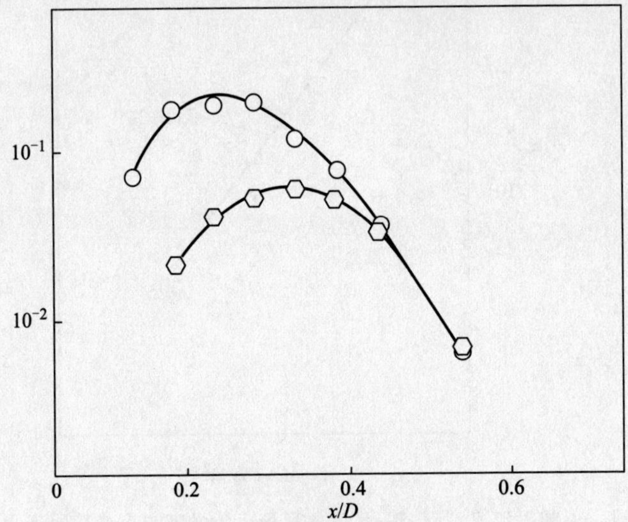

(a) 互谱幅值$s_{NF}(f_1)$

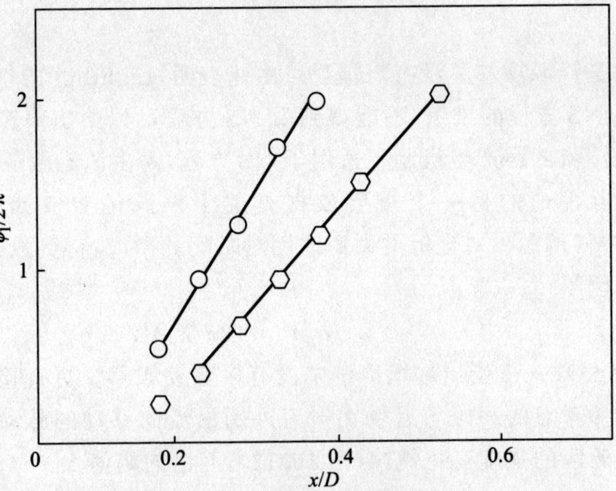

(b) 互谱的相位

图 16.12 远场声压与射流外沿脉动压力间互谱的流向变化

但是以上研究需要最后在实验中证明,由周培源理论由脉动雷诺应力驱动的脉动压力声源项所产生的远场声辐射与实测的远场声压相符。为了避免在射流流场中测量脉动压力产生较大的干扰,因而又采用声源像法由远声场的半球形凹镜将射流声源在球心的另一侧的流场以外的空间成像,测量声源像中的脉动压力分布(图 16.13)。其功率谱中有明显的基波和第一亚谐波谱峰。$\overline{p'^2}(f_n,x'_1)$沿 x'_1 轴呈高斯型分布(图 16.14),横向衰减较快。由此表明,射流剪切层振型的声源区不在射流外侧的环形剪切层中,而在射流核心区。因而在多普勒因子 D 中的对流马赫数 Ma_c 应该用射流马赫数 $Ma_j=U_c/a_0$ 取代,而声源区体积是 $V=\frac{1}{4}\pi D^2 l$。由于脉动压力的调和特性,射流核心区脉动压力高斯型分布的最大值$\overline{p_m^2}(f_n)$可以用剪切层中脉动雷诺应力的线性项表示,即$\overline{p_m^2}(f_n)\sim(2\rho_0 U_c\tilde{u})^2$。将式(16.29)中的相关参量做相应的改变后用无量纲形式表示

$$\overline{p^2}(f_n)\Big/\left\{\frac{\sqrt{\pi}}{2}T_\varepsilon\left(\frac{2\rho_0 U_c\tilde{u}Vk_n^2}{4\pi x}\right)^2\right\}\approx\exp(-KD^2),\tag{16.36}$$

其中 T_ε 为相干时间尺度,实验中由谱宽确定,K 为指向性指数。取自然对数后,则实测远场声压强度和由脉动压力计算得到的声压值之间的差别主要由指向性指数表示的奈培(Nb)值确定。这在射流声辐射场中主要表现在远场声压的指向性曲线的斜率随声激励强度增加,至饱和值$\frac{1}{2}k_n^2\lambda_n^2\approx 2\pi^2$ 时为止。在上述实验中射流速度从 15 m/s 到 70 m/s 的远声场的指向性曲线中指向性指数 K 的实验值和计算值约在 1 Nb 上下。以上实验证明,在射流剪切层中的脉动雷诺应力驱动下脉动压力具有调和特性,除了流动边界外形成影响整个流场的

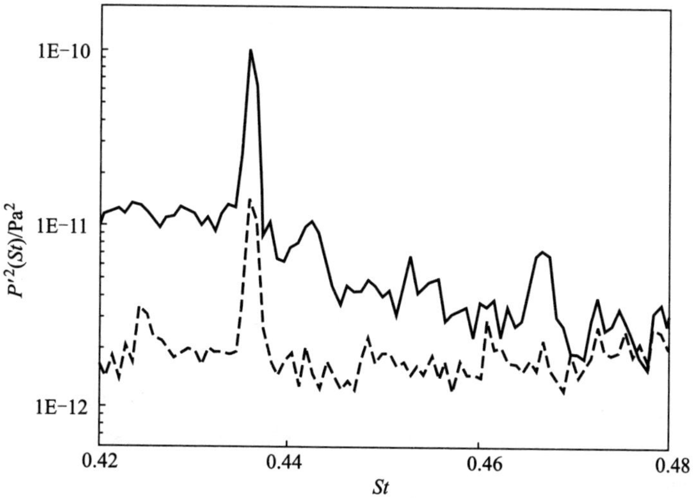

图 16.13　声源像区内脉动压的功率谱 $x'/D=0.1,r'/D=0.05$

单层势和双层势,而且在射流核心区湍流强度仅万分之几的均匀流场中形成与外围剪切层中脉动雷诺应力相当的较强脉动压力场并产生相应的声辐射。这是对周培源湍流理论的有力证明。

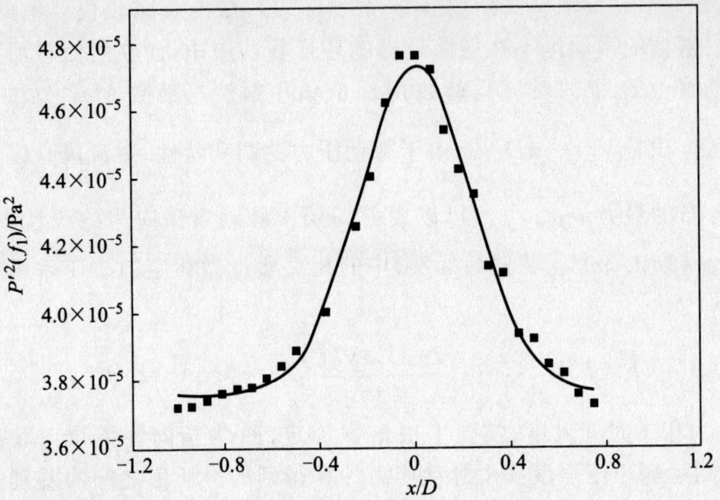

图 16.14 声源像区内脉动压力的轴向分布 $y/D=0$

参考文献

1. Rayleigh J W S. Theory of Sound. Dover,1945.
2. Lighthill M J. On sound generation aerodynamically, Ⅰ,Ⅱ. Proc Roy. Soc., 1952, A211: 564-587; 1954, A222: 1-32.
3. Lighthill M J. Sound generated aerodynamically, The Bakerian Lecture. Proc Roy. Soc., 1962, A267: 147-182.
4. Muller E A. Mechanics of Sound Generation in Flow. Springer, 1979.
5. Goldstein M E. Aeroacoustics. McGrow-Hill, 1976.
6. Crighton D G. Basic principles of aerodynamic noise generation. Prog. Aerospace Sci., 1975, 16: 31-96.
7. Crighton D G. Acoustic as a branch of fluid mechanics. J. Fluid Mech., 1981, 106: 261-298.
8. Powell A. Theory of vortex sound. J. Acoust. Soc. Amer., 1964, 36: 177-195.
9. Ribner H S. Eddy-Mach wave noise from a simplified model of a supersonic mixing layer. J. Fluid Mech., 1969, 38: 1-24.
10. Lush P A. Measurement of subsonic jet noise and comparison with theory. J. Fluid Mech., 1971, 46: 477-500.

11. Moore C J. The role of shear-layer instability waves in jet exhaust noise. J. Fluid Mech., 1977, 80: 321-367.

12. Laufer J, et al. Mechanism of noise generation in turbulent boundary layer. AGARDograph, 1964, 90.

13. Peterson R A, Kaplan R E, Laufer J. Ordered structures and jet noise. NASA Contractor Rept. CR-134733.

14. Crow S C, Champagne F H. Orderly structure in jet turbulence. J. Fluid Mech., 1971, 48: 547-591.

15. Crow S C. Acoustic gain of a turbulent jet. Am. Phys. Soc. Meeting, Univ. Colorado, Boulder, Paper IE.6, 1972.

16. Williams J E F, Kempton A J. The noise from the large-scale structure of a jet. J. Fluid Mech., 1978, 84: 673-694.

17. Liu J T C. Developing large-scale wavelike eddies and the near jet noise field. J. Fluid Mech., 1974, 62: 437-464.

18. Laufer J, Monkewitz P. On turbulent jet flow: a new perspective. AIAA Paper, 1980,0962.

19. Laufer J, Yan D C. Noise generation by a low-mach number jet. J. Fluid Mech., 1983, 134: 1-31.

20. Crighton D G, Huerre P. Shear layer pressure fluctuations and superdirective acoustic sources. J. Fluid Mech., 1990, 220: 355-368.

21. 颜大椿. 周培源湍流理论及其重大应用. 中国科学:物理学,力学,天文学,2013,43:1011-1014.

22. 孙智利. 湍流的声学行为. 北京大学力学与工程科学系博士论文,2002.

第五篇　湍流及相关实验研究

人们对湍流的研究有较长历史，但对现实生活中的各种湍流现象缺乏分类研究，更缺少深入的实验研究成果。本篇首先介绍了对湍流脉动速度的各阶矩的方程组作傅里叶变换后，脉动压力梯度定义在脉动速度和脉动压力构成的相平面中的虚轴上；均匀各相同性湍流和局部各向同性湍流中脉动速度的各阶矩则定义在实轴。进而，阐述周培源湍流理论，在各阶矩的方程组中的脉动压力梯度和脉动速度的互相关量经傅里叶变换后在相平面中可取任意值，全面反映了现实世界中的各种湍流现象。在周培源-钱学森实验中产生的以脉动压力主导的强湍流现象在以后不同条件下的实验中得到了证明。在热湍流、离散相湍流、风工程和风振等实验中也得到了进一步的验证。

第十七章 周培源湍流理论

湍流是经典物理的世纪难题。雷诺方程将欧拉方程或纳维-斯托克斯方程(Navier-Stokes 方程,简称 N-S 方程)中的湍流瞬时速度分解为平均速度和脉动速度,得到平均运动方程和湍流脉动方程。

17.1 周培源定理

采用爱因斯坦约定的将下标缩并的求和规则,并且下标中的逗号表示对其后下标的微商。可将平均运动方程和湍流脉动方程表示如下:

$$U_j U_{i,j} = -\frac{1}{\rho} P_{,i} + \nu \nabla^2 U_i + \frac{1}{\rho} \tau_{ij}, \tag{17.1}$$

$$\frac{\partial u_i}{\partial t} + T_{ij,j} = -\frac{1}{\rho} p_{,i} + \nu \nabla^2 u_i, \tag{17.2}$$

式中,U_i,U_j 分别为 i, j 方向的平均速度分量,P 为平均压力,u_i 为脉动速度,p 为脉动压力,ρ 为密度,ν 为运动黏度系数,$\tau_{ij} = -\rho\, \overline{u_i u_j}$ 为雷诺应力,$T_{ij} = \rho(U_i u_j + U_j u_i + u_i u_j - \overline{u_i u_j})$ 为脉动雷诺应力,其中上画线表示线下两个或多个变量的互相关量,下同。

湍流运动和层流不同,必须在确定平均运动方程中的雷诺应力后才能由平均运动方程确定流场中的平均速度和平均压力。湍流脉动方程表明,脉动速度的变化率由脉动雷诺应力和脉动压力确定,在黏性作用下衰减。由湍流脉动方程用乘积的分项求导公式,可得

$$\begin{aligned} &\frac{\partial}{\partial t} u_i u_k + u_i T_{kj,j} + u_k T_{ij,j} \\ &\quad = -\frac{1}{\rho}(u_k p_{,k} + u_i p_{,k}) + \text{黏性项}, \end{aligned} \tag{17.3}$$

$$\begin{aligned} &\frac{\partial}{\partial t} u_i u_j u_l + u_k u_l T_{ij,j} + u_i u_l T_{kj,j} + u_i u_k T_{lj,j} \\ &\quad = -\frac{1}{\rho}(p_{,i} u_k u_l + p_{,k} u_i u_l + p_{,l} u_i u_k) + \text{黏性项}. \end{aligned} \tag{17.4}$$

由于湍流流动中超低频的慢变运动对湍流的随机性和扩散性影响很小,在长时间的统计平均中可将统计平均量的时间导数忽略,则雷诺应力方程为

$$U_{i,j}\tau_{jk}+U_{k,j}\tau_{ij}+U_j\tau_{ik,j}-\rho\boldsymbol{G}_{ijk,j}$$
$$=-(\overline{p_{,i}u_k}+\overline{p_{,k}u_i})+\text{黏性项},\tag{17.5}$$

其中 $\boldsymbol{G}_{ijk}=\overline{u_iu_ju_k}$ 为脉动速度的三阶相关或称三阶矩。

多次分项求导，略去时间导数后作统计平均，可得脉动速度的三阶矩方程为

$$U_{i,j}\boldsymbol{G}_{jkl}+U_{k,j}\boldsymbol{G}_{jli}+U_{l,j}\boldsymbol{G}_{jik}+U_j\boldsymbol{G}_{ikl,j}+\boldsymbol{Q}_{ijkl,j}$$
$$=-\frac{1}{\rho}(\overline{p_{,i}u_ku_l}+\overline{p_{,k}u_iu_l}+\overline{p_{,l}u_iu_k})+\text{黏性项},\tag{17.6}$$

其中 $\boldsymbol{Q}_{ijkl}=\overline{u_iu_ju_ku_l}$ 为四阶矩。依次可得四阶矩方程，但还有高阶矩出现。

求解以上方程组中的平均速度、雷诺应力和三阶矩需要有两个假设。一个是纯数学的，使高阶矩降阶后实现方程封闭求解。另一个是确定方程中脉动压力梯度和脉动速度的互相关代入方程求解。大量实验表明，偶阶矩通常远小于奇阶矩，所以通常用偶阶矩降阶，对脉动速度用准正态假设，将四阶矩降阶为三项雷诺应力两两乘积之和，即

$$\boldsymbol{Q}_{ijkl}=\frac{1}{2\rho^2}(\tau_{ij}\tau_{kl}+\tau_{jk}\tau_{li}+\tau_{jl}\tau_{ik}).\tag{17.7}$$

而第二个假设是将脉动压力梯度表示成平均压力梯度和雷诺应力间乘积的线性公式，事实上，在现代科学技术条件下完全可以用直接测量脉动压力梯度和脉动速度的互相关量加以解决，由此得到湍流基本定理如下。

周培源定理 不可压缩湍流流动的平均速度、雷诺应力和脉动速度的高阶矩可由脉动压力梯度和脉动速度的互相关量确定。

关于周培源理论的进一步研究是在互相关量 $\overline{p_{,k}u_i}$ 和 $\overline{p_{,k}u_iu_j}$ 已经确定的条件下，如何利用以上平均运动方程、雷诺应力方程用迭代法和逐次逼近法确立流场中的平均速度、雷诺应力和高阶矩等统计特性；另外，更深层次的研究是根据统计理论，将脉动压力与脉动速度互相关系数的绝对值定义在 0 与 1 的区间内。由于脉动压力和脉动速度均为独立随机变量，当互相关系数为 0 时是各向同性湍流，湍流流动由脉动速度为主导，脉动压力对湍流的影响可忽略。然而当脉动压力和脉动速度的互相关系数为 1 时，由脉动速度为主导的湍流流动转化为以脉动压力为主导的强湍流动。因而证明周培源理论和其他各家湍流学说的关键性区别是：在互相关系数为 1 时是以脉动压力为主导的强湍流，以及其随互相关系数变化的规律。换言之，周培源理论可以通过实验证明，在一定流动条件下存在以脉动压力为主导的强湍流流动。

17.2　相平面中的互谱和相位角

在数字化技术快速发展的条件下，在湍流实验中用采样技术将脉动速度和脉动压力信号表示成时间序列 $u_i(n)$ 和 $p(n)$，分别做快速傅里叶变换(fast Fourier transform，FFT)后在频率域相应得到

$$X(m)=\mathrm{FFT}[u_i(n)],\quad Y(m)=\mathrm{FFT}[p(n)]. \tag{17.8}$$

按(6.51)和(6.52)式计算脉动速度和脉动压力的互谱 $S(X,Y)$ 和相位角 θ 分别为

$$S(X,Y)=\{\mathrm{Re}[X(m)+Y(m)]^2+\mathrm{Im}[X(m)+Y(m)]^2\}^{\frac{1}{2}}, \tag{17.9}$$

$$\tan\theta=\mathrm{Im}[X(m)Y(m)]/\mathrm{Re}[X(m)Y(m)]. \tag{17.10}$$

由于对函数的微商做 FFT 后出现虚数，因而脉动压力梯度定义在虚数轴上，并有

$$\mathrm{FFT}[p_{,l}(n)]=-\boldsymbol{k}_l\mathrm{FFT}[p(n)], \tag{17.11}$$

其中 $p_{,l}$ 为脉动压力在坐标分量 x_l 方向的梯度，$\boldsymbol{k}_l$ 为波矢在 x_l 方向的分量。对任意一种湍流流动可由周培源定理中脉动压力梯度与脉动速度的互相关量做 FFT，在相(复)平面中得到由互谱(或模)和相位角(或辐角)确定的坐标点。在不同条件下的湍流流动都可以在相平面上找到相应的位置，并随控制条件而变化。当坐标点接近实轴时为各向同性湍流，脉动压力的影响可略；当坐标点接近虚轴时则出现以脉动压力为主导的强湍流。

以脉动压力为主导的湍流并不少见，也是风洞设计中，必须考虑的问题。湍流风洞要求调节或改变相平面中湍流脉动的统计特性，但航空风洞要求有稳定的气流，不希望气流中有强烈的压力脉动和速度脉动。在北京大学风洞的设计中扩散段进口处有喇叭口，防止收缩段出口流量与扩散段进口流量不平衡形大涡。离进口约 1 m 处周向有一组消振孔，扩散段外围有直径稍大的消振环，防止在扩散段进口处产生由大涡造成的洞体振动。

湍流研究要求风洞脉动速度和脉动压力在一定范围变动，而在周培源理论的实验研究中要求脉动压力梯度和脉动速度的互相关量在定义域中任意变动，以验证是否有以脉动压力主导的强湍流，并可按周培源理论调节。为增强湍流脉动压力，采用了在气流中插入插板的方法，顺利地实现了调节。

1958 年周培源和钱学森先生在北京大学建立我国第一座大型湍流风洞，对以压力脉动为主的强湍流用 12 块矩形插板控制脉动压力强度。图 17.1 所示为 1973 年完成大气边界层风洞模拟的实验装置。

图 17.1 1973 年完成大气边界层风洞模拟的实验装置

17.3 牛顿势和单层-双层势

周培源在 1945 年的论文中为确定脉动压力梯度和脉动速度的互相关量对脉动压力做了进一步的深入分析。由于脉动压力的调和特性,脉动压力梯度同样适用泊松方程,求解可得

$$\frac{1}{\rho}p_{,k}=\frac{1}{4\pi}\iiint T_{mn,mnk}\frac{1}{r}\mathrm{d}V - \frac{1}{4\pi\rho}\oiint\left[\frac{1}{r}\frac{\partial}{\partial n}p_{,k}-p_{,k}\frac{\partial}{\partial n}\left(\frac{1}{r}\right)\right]\mathrm{d}S, \tag{17.12}$$

其中体积分项为脉动压力梯度在方程中的特解,又称牛顿势;面积分项为方程的通解,又称单层-双层势。脉动雷诺应力的梯度为

$$T_{mn,k}=u_{m,k}U_n+u_{n,k}U_m+(u_mu_n)_{,k}. \tag{17.13}$$

因此,脉动压力梯度和脉动速度 u_i 的时-空互相关量为

$$\frac{1}{\rho}\overline{p_{,k}u_i}=\frac{1}{4\pi}\iiint \overline{T_{mn,mnk}u_i}\frac{1}{r}\mathrm{d}V + \frac{1}{4\pi\rho}\oiint\left[\frac{1}{r}\frac{\partial}{\partial n}\overline{p_{,k}u_i}-\overline{p_{,k}u_i}\frac{\partial}{\partial n}\left(\frac{1}{r}\right)\right]\mathrm{d}S, \tag{17.14}$$

脉动压力梯度和脉动速度 u_i,u_j 的互相关量为

$$\frac{1}{\rho}\overline{p_{,k}u_iu_j}=\frac{1}{4\pi}\iiint \overline{T_{mn,mnk}u_iu_j}\frac{1}{r}\mathrm{d}V + \frac{1}{4\pi\rho}\oiint\left[\frac{1}{r}\frac{\partial}{\partial n}\overline{p_{,k}u_iu_j}-\overline{p_{,k}u_iu_j}\frac{\partial}{\partial n}\left(\frac{1}{r}\right)\right]\mathrm{d}S, \tag{17.15}$$

其中

$$\overline{T_{mn,mnk}u_i} = (\overline{u_n u_i}U_m + \overline{u_m u_i}U_n + \overline{u_m u_n u_i})_{,mnk}, \quad (17.16)$$

$$\overline{T_{mn,mnk}u_i u_j} = (\overline{u_n u_i u_j}U_m + \overline{u_m u_i u_j}U_n + \overline{u_m u_n u_i u_j})_{,mnk}. \quad (17.17)$$

参考文献

1. Chou P Y. On an expenion of Reynolds method of finding apparent stress and nature of turbulence. Chinese Journal of Physics，1940，4：1-53.
2. Chou P Y. On velocity correlations and the solutions of the equations of turbulent fluctuations. Quarterly of Applieid Mathematics，1945,3 (1)：38-54.
3. 颜大椿. 周培源湍流理论及其重大应用. 中国科学：物理 力学 天文学，2013,43(9)：1011-1014.
4. 颜大椿. 周培源湍流理论的实验研究——纪念周培源先生诞辰一百二十周年. 力学与实践,2022,44 (5) :1230-1233.
5. 颜大椿，周光炯，李晨兴. 北京大学 2.25 米大型低速风洞在基建、调试和校测中的若干问题. 第三届全国航空学会大会报告(北京) ，1959.
6. Laufer J ,Yen T C. Noise generation by a low Mach number jet. J. Fluid Mech. 1983,134：1-31.

第十八章　热　湍　流

18.1　洛伦兹混沌

二十世纪中叶，混沌、分形和非线性动力学研究形成高潮，其中以洛伦兹(Lorenz)混沌最为著名。

萨尔茨曼(Saltzman)由瑞利(Rayleigh)的热对流方程

$$\frac{\partial \nabla^2 \psi}{\partial t}+\frac{\partial(\psi, \nabla^2 \psi)}{\partial(x, y)}=g\alpha \frac{\partial \Theta}{\partial y}+\nu \nabla^4 \psi, \tag{18.1}$$

$$\frac{\partial \theta}{\partial t}+\frac{\partial(\psi, \theta)}{\partial(x, y)}=\frac{\Delta T}{d} \frac{\partial \psi}{\partial y}+\kappa \nabla^2 \theta \tag{18.2}$$

出发，其中 ψ 为流函数，g 为重力加速度，θ 为脉动温度，α 为热对流系数，Θ 为平均温度，κ 为热传导系数，d 为平板间隔，$\Delta T=T_{\mathrm{w}}-T_{\mathrm{e}}$，下标 w 和 e 分别表示壁面和环境。将脉动速度和脉动压力分别用双重傅里叶级数展开，则在傅里叶系数构成的 N 维相空间中存在三个独立变量构成的子空间，相空间中除此以外的任意点在时间过程中均为周期性轨道并在耗散过程中趋于零。

Lorenz 在平板间隔为 d，温差为 ΔT 的自由对流中选定三个傅里叶系数 X, Y, Z 构成三维独立子空间并代入，设 α 为纵向波数，k 为横向波数，可得

$$\psi=X \sin \frac{\alpha x}{d} \sin \frac{k z}{d}, \tag{18.3}$$

$$\theta=Y \cos \frac{\alpha x}{d} \sin \frac{k z}{d}-Z \sin \frac{2 k z}{d}. \tag{18.4}$$

代入 Rayleigh 方程和热交换方程，对 X, Y, Z 做无量纲化后，可得 Lorenz 方程

$$\begin{aligned}
\frac{\mathrm{d} X}{\mathrm{d} \tau}&=-\sigma X+\sigma Y, \\
\frac{\mathrm{d} Y}{\mathrm{d} \tau}&=-X Z+r X-Y, \\
\frac{\mathrm{d} Z}{\mathrm{d} \tau}&=X Y-b Z,
\end{aligned} \tag{18.5}$$

其中，$\sigma=\nu/\kappa$ 为普朗特(Prandtl)数，$b=4(1+\alpha^2/k^2)^{-1}$. 在瑞利数 $Ra=g\alpha\Delta T d^3/\nu\kappa$ 时失稳。Ra 的临界值 $Ra_{\mathrm{cr}}=(k^2+\alpha^2)^3/\alpha^2$，在 $r=Ra/Ra_{\mathrm{cr}}$ 大于 24.74 时出现混沌和奇怪吸引子。但是流函数定义在二维条件下，是二维随机

运动，不是湍流。

将平板一侧提高时，在浮力作用下形成温度边界层，混沌区上移。在平板竖直时自然对流边界层下游形成混沌区，最后成为具有高维随机运动的湍流。

18.2　自然对流边界层

竖直加热平板一侧的自然对流边界层，适用 Rayleigh 方程，对流函数和瞬时温度用双重傅里叶级数展开后得到温度耦合下的奥尔-索末菲(Orr-Sommerfeld)方程(参见(9.32)式)

$$(U-c)(\varphi''-\alpha^2\varphi)-U''\varphi=\frac{1}{\mathrm{i}\alpha G}(\varphi''''-2\alpha^2\varphi''+\alpha^4\varphi+s), \qquad (18.6)$$

$$(U-c)s-\Theta'\varphi=\frac{1}{\mathrm{i}\alpha G\sigma}(s''-\alpha^2 s), \qquad (18.7)$$

式中，U''和Θ'分别为平均速度剖面和平均温度剖面的二阶和一阶微商，s 为温度脉动的幅值函数。

在六阶常微分方程中除了有无黏性振型和黏性振型外，还有最先失稳的浮力振型。

自然对流边界层的纵向坐标用格拉斯霍夫(Grashof)数 $Gr=g\beta\Delta Tx^3/\nu^2$ 或修正 Grashof 数 $G=4(Gr/4)^{1/4}$ 作无量纲化参数，其中 β 为体膨胀系数。取横向坐标为 $\eta=\frac{1}{4}gG/k$，则无量纲平均速度剖面沿纵向随 G 的变化如图 18.1

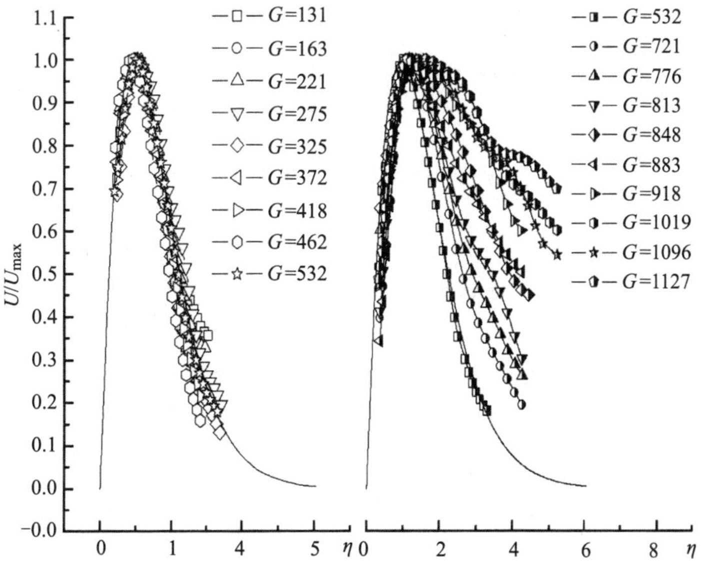

图 18.1　归一化平均速度剖面流向演化

所示。平均速度剖面在 $G<532$ 时为层流边界层,最大速度点和拐点分别在 $\eta=1.0$ 和 1.8 处,为浮力振型和无黏性振型的临界层位置,黏性振型的临界层在近壁区中。在 $G>532$ 时最大速度点移至 1.7～1.8 处,拐点移至 3.0 ～4.0 处,边界层厚度增加 5～10 倍以上。

温度耦合的 Orr-Sommerfeld 方程的特征解为

$$\phi(\eta)=a_1\phi_1(\eta)+a_2\phi_2(\eta)+a_3\phi_3(\eta), \tag{18.8}$$

$$s(\eta)=b_1s_1(\eta)+b_2s_2(\eta)+b_3s_3(\eta). \tag{18.9}$$

在纵向随 Grashof 数的变化过程中可以依次得到以上三种振型的中性曲线,如图 18.2 所示。图中 $B=\omega G^{1/3}$ 为修正无量纲频率,$\omega=(16x^3/vG)2\pi f$,f 为物理频率。

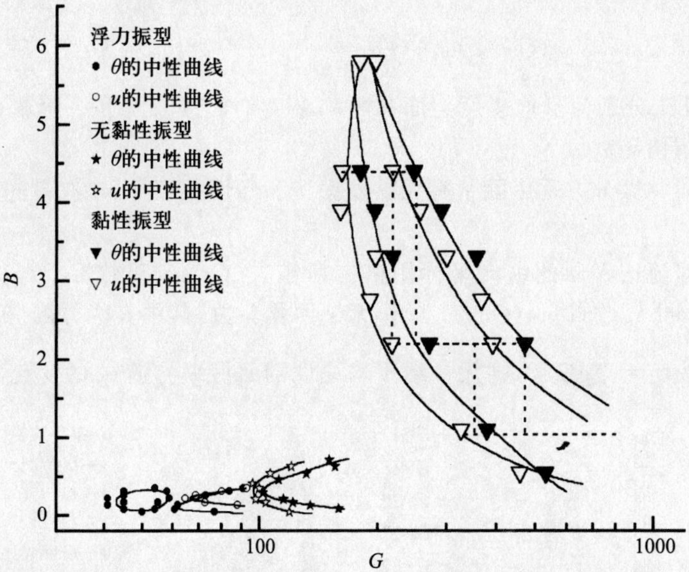

图 18.2 三种振型的脉动温度 θ、脉动速度 u 的中性曲线

浮力振型主要活动在 $40<G<100$ 区域,无黏性振型在 $100<G<200$ 区域,黏性振型在 80<G<532 区域经历三次倍周期分叉后进入湍流转捩区。

在 $532<G<848$ 区域的湍流转捩区,雷诺应力由 5 kPa 增长至 100 kPa 后再度下降至 2 kPa 后,流动出现混沌区,其间湍能产生项和雷诺应力均出现高峰,进入湍流区后产生多波数的脉动,雷诺应力的幅值下降,成为完全湍流。

18.3 逆 转 捩

工程中为了减少湍流摩擦阻力、降低能耗以及改善环境的需要,要求将湍流转化为层流，称为逆转捩或再层化。最早是理查森（Richardson）观察到暴雨后地面温度降低，在大气底层形成局部的层流。这时底层大气的剪切流中浮力在上升气流中产生湍能吸收项，在与湍能生成项相比后，得到表示大气稳定度的无量纲参数

$$Ri = \frac{\rho g \overline{bv}}{\overline{uv}\mathrm{d}U/\mathrm{d}y} = \frac{g}{T}\frac{\overline{\theta v}}{\overline{uv}\mathrm{d}U/\mathrm{d}y}, \tag{18.10}$$

称为 Richardson 数，其中 $\rho g b$ 或 $\frac{g\theta}{T}$ 为浮力脉动，θ 为温度脉动，v 为竖向脉动速度。当 Ri 在 0.5 以上时出现逆转捩。

尼科尔（Nichol，1970）在风洞上壁加热，在洞壁下侧气流中形成逆温层结，在壁温升至环境温度约 100℃以上时出现逆转捩。但是在边界层中雷诺应力极少出现负值，不能说明浮力对湍能的吸收作用。

为此，我们在二元风洞中加一个宽 0.3 m，长 2 m 的加热平板，与来流平行。平板下侧距前端 0.3 m 处加粗糙元形成湍流边界层；离前缘 0.5 m 处开始加热，壁温与外围温差为 90 ℃，来流风速为 2 m/s。图 18.3 表明，不加热时近壁区有大量湍斑，在加热后基本消失，速度剖面转换成为层流。

在边界层自 0.6～1.2 m 的范围内的各个截面的近壁处雷诺应力为负值，形成以雷诺应力为负的薄层。

按 Lorenz 理论，将流函数和脉动温度分别做多重傅里叶展开，并取前三项傅里叶系数 X, Y, Z，则雷诺应力为

$$\overline{uv} = \frac{\partial\psi}{\partial y}\cdot\frac{\partial\psi}{\partial x} = X^2 \sin 2kx \sin 2ky. \tag{18.11}$$

雷诺应力在边界层底部薄层形成大片的负值区，如图 18.4 所示，在纵向和横向均有以两倍波长的正弦函数规律的变化。

用非线性动力学参数分析逆转捩区各参数的变化，相关维数由 5.0 锐降至 2.6；最大李雅普诺夫（Lyapunov）指数由 0.65 锐降至 0；关联熵由 6.8 锐降至 0。以上实验表明，从湍流到层流的逆转捩过程中形成了逆向的混沌区。

在快速衰减过程中非线性项可略去，得简化 Lorenz 方程

$$\dot{X} = -\sigma X + \sigma Y,$$

$$\dot{Y} = rX - Y. \tag{18.12}$$

将其合并成二阶常微分方程

$$\ddot{X} - (1+\sigma)X + \sigma(1-r)X = 0, \tag{18.13}$$

可得逆转捩的临界 Rayleigh 数

$$Ra_{cr} = (\alpha^2 + k^2)/k^4. \tag{18.14}$$

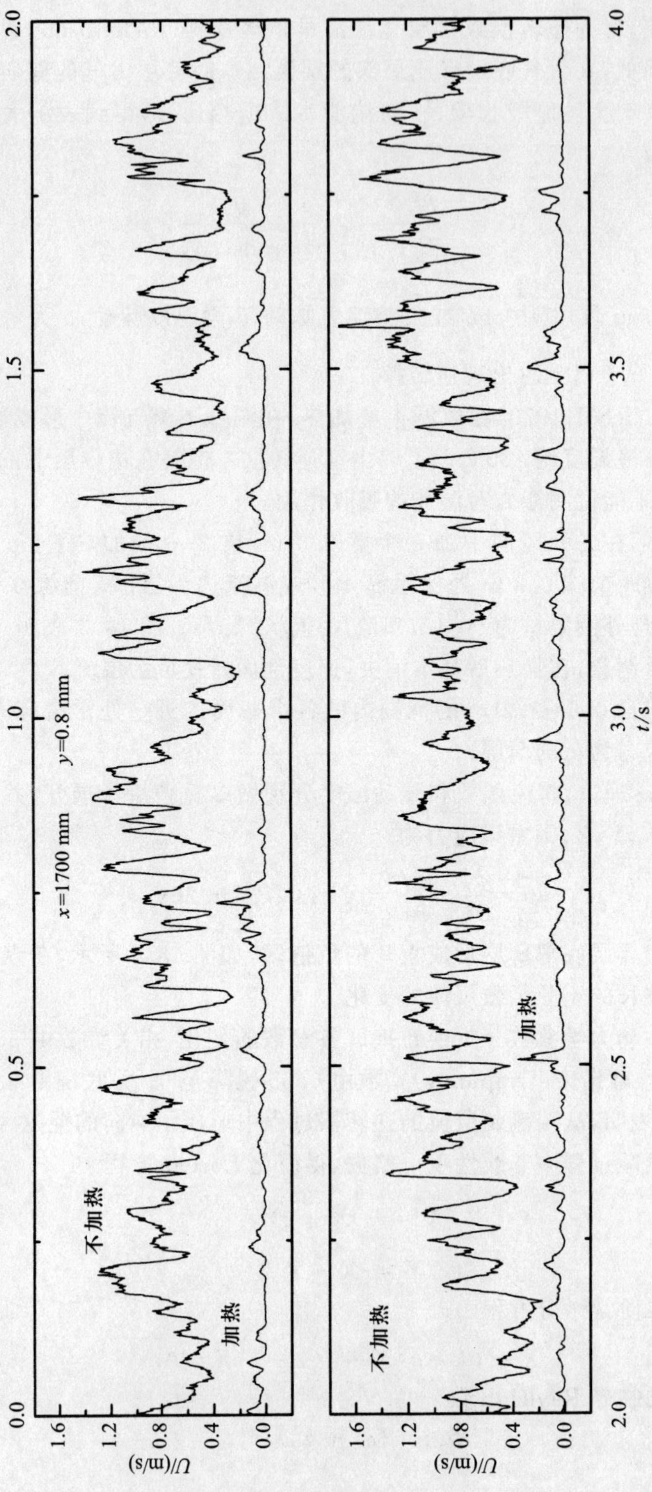

图18.3 1700 mm处加热平板近壁区的间歇现象

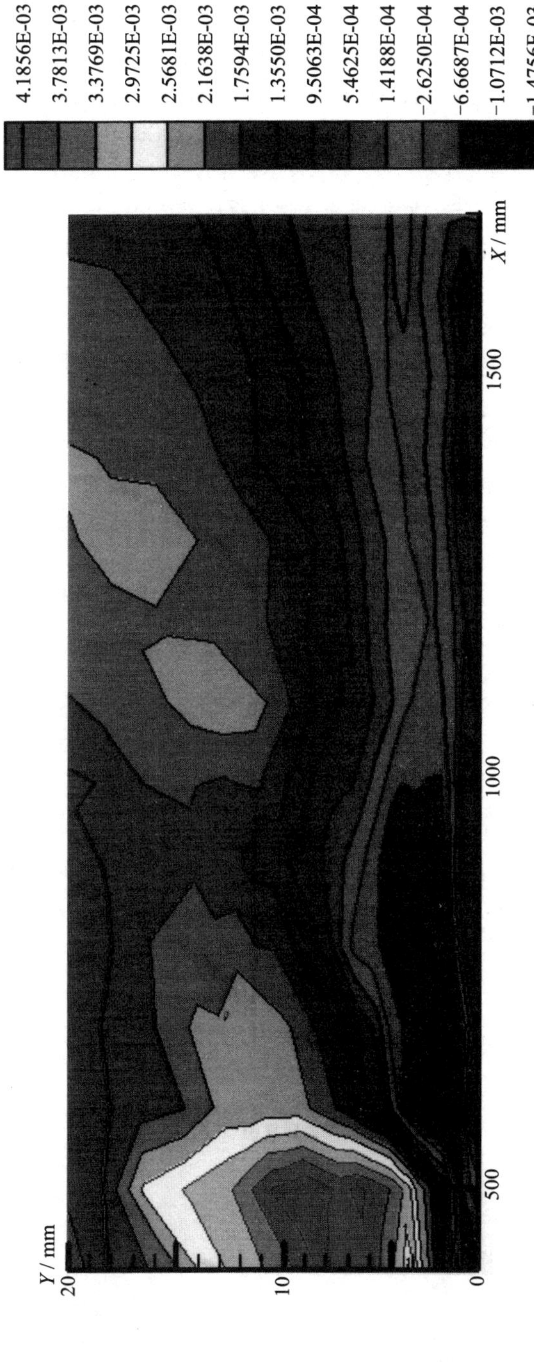

图18.4 加热状态下雷诺应力在 X-Y 平面内的分布放大图

参考文献

1. Lorenz E N. Deterministic nonperiodic flow. J. Atmos. Sci. ,1963, 20 :130-141.
2. Gebhart B, et al. Buoyancy-Induced Flows and Transport. Springer, 1988.
3. Dryzin P G, Reid W H. Hydrodynamic Stability. Cambridge University Press, 2004.
4. 鄄庆增. 圆柱绕流的非线性动力学. 力学进展,1994,24(4):525-546.
5. 黄永念. 非线性动力学引论. 北京:北京大学出版社,2010.
6. 陶建军. 竖直加热平板的自然对流边界层的内层稳定性. 北京大学力学与工程科学系博士论文, 1998.
7. 颜大椿,张汉勋. 自然对流边界层中湍流的发生. 力学学报,2003,35(6): 641-649.
8. 张汉勋. 自然对流边界层的稳定性和热转捩问题的实验研究. 北京大学力学与工程科学系博士论文, 2001.
9. 李轶明. 加热平板下湍流边界层的逆转捩现象. 北京大学力学与工程科学系博士论文, 2004.
10. 张振. 加热平板下湍流边界层逆转捩机制的实验研究. 北京大学力学与工程科学系博士论文, 2005.
11. Yan D C, Zhang Z, Shi H M, et al. Reverse transition of a turbulent boudary layer. Mod. Phys. Lett. B., 2005,19:1603-1606.

第十九章　离散相湍流

19.1　离散相湍流中颗粒的动力学方程

在两相流中连续相较早进入湍流状态。离散相中的颗粒群中单个颗粒满足以下动力学方程，其中方程的左侧为惯性力，右侧从等号起为阻力、附加质量力、加速度引起的压力梯度所产生的附加力[又称巴塞特(Basset)力]F_B：

$$m_p \frac{\mathrm{d}v_p}{\mathrm{d}t} - m_f \frac{\mathrm{d}v_f}{\mathrm{d}t} = c_D (v_f - v_p) + \frac{1}{2} m_f \left(\frac{\mathrm{d}v_f}{\mathrm{d}t} - \frac{\mathrm{d}v_p}{\mathrm{d}t} \right) + F_B. \quad (19.1)$$

颗粒群的平均阻力系数通常用极低雷诺数时的 Stokes 公式，但在连续相进入湍流状态后，单个颗粒的阻力系数在粒径与平均速度定义的雷诺数大于 100 时已进入超临界状态，形成离散相湍流，使颗粒群的平均阻力系数下降到 0.2～0.3 左右。在气-液两相流中气泡之间碰并或成组气泡的聚并成为常态。

19.2　离散相的湍流统计特性

将 N 个颗粒组成的一个集 B，集中各个颗粒的位置统一表示为 $B(x)$，其中 x 为集中各颗粒的位置，$\dot{x}_i$ 为各个颗粒的速度，集中各个颗粒的速度统一表示为记作 $\dot{B}(x)$，设 $f_N(x_1, x_2, \cdots, x_N; \dot{x}_1, \dot{x}_2, \cdots, \dot{x}_N, t)$ 为概率密度函数，并有

$$\frac{1}{N!} \iint f^N(x_1, x_2, \cdots, x_N; \dot{x}_1, \dot{x}_2, \cdots, \dot{x}_N, t) \mathrm{d}B \mathrm{d}\dot{B} = 1, \quad (19.2)$$

则颗粒群的平均位置为

$$n(x_1, x_2, \cdots, x_N; t) = \frac{1}{N!} \iint \sum \delta(x_k - x) f^N(B, \dot{B}, t) \mathrm{d}B \mathrm{d}\dot{B}, \quad (19.3)$$

颗粒群的平均空隙率为

$$\varepsilon(\boldsymbol{x}, t) = \frac{4}{3} \pi a^3 n(\boldsymbol{x}, t), \quad (19.4)$$

颗粒群的平均速度为

$$u(\boldsymbol{x}, t) n(\boldsymbol{x}, t) = \frac{1}{N!} \iint \sum x_k \delta(\boldsymbol{x}_k - x) f^N(B, \dot{B}, t) \mathrm{d}B \mathrm{d}\dot{B}. \quad (19.5)$$

以竖管气-液两相流为例,气泡以一定速度运动并在失稳后形成泡状流、段塞流、沫状流等各种流型。

19.3　空隙率波的测量

在竖管气-液两相流的空隙率波测量中,用管径两侧的电极板之间电阻的变化确定管道截面的平均空隙率。忽略气泡和流体间的惯性和滞后效应,空隙率波的波速可由沿管向一定距离的两个空隙率波探头所得信号的互谱和相位角得到。

19.4　气-液两相流的流型转换

由于泡状流中气泡的碰并和气泡的聚并,使气-液两相流形成多种不同的流型。可以从空隙率波信号、功率谱、概率密度分布等统计特性对它们加以区别,这在石油工程中有重要意义,现概括如图 19.1～19.4 所示,图中 PDF 为概率密度函数(probability density function)。图 19.1 所示为泡状流的空隙率波特性,泡状流时空隙率波为随机信号。图 19.2 所示为段塞流的空隙率波特性,图 19.3 所示为沫状流的空隙率波特性,图 19.4 所示为弹帽沫状流的空隙率波特性。

气-液两相流在不同流动条件下形成泡状流、段塞流、沫状流和弹帽沫状流等不同流型。泡状流在气泡大量聚并时形成段塞流,在空隙率较高时形成沫状流或弹帽沫状流。流型的转换会对两相流的物理特性产生重大影响。

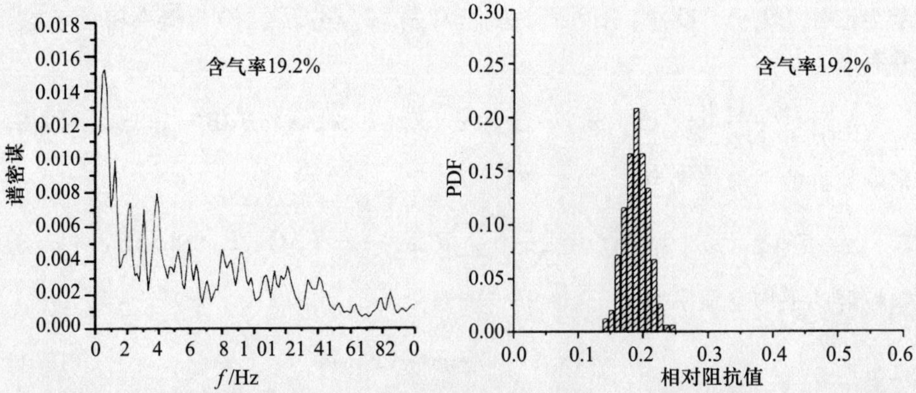

(a) 功率谱　　(b) PDF曲线

图 19.1　泡状流的空隙率波特征

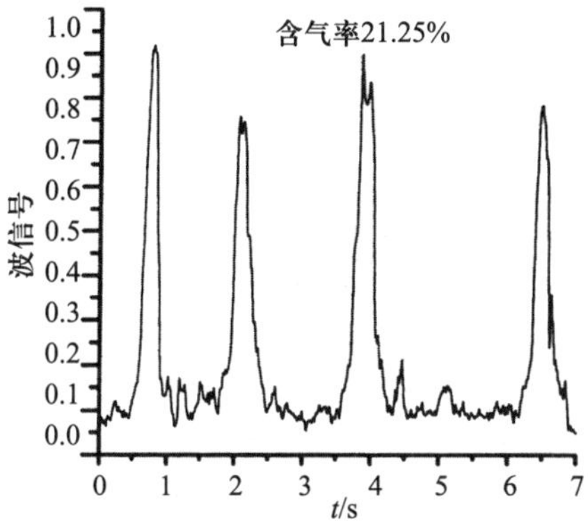

(a) 段塞流的空隙率波

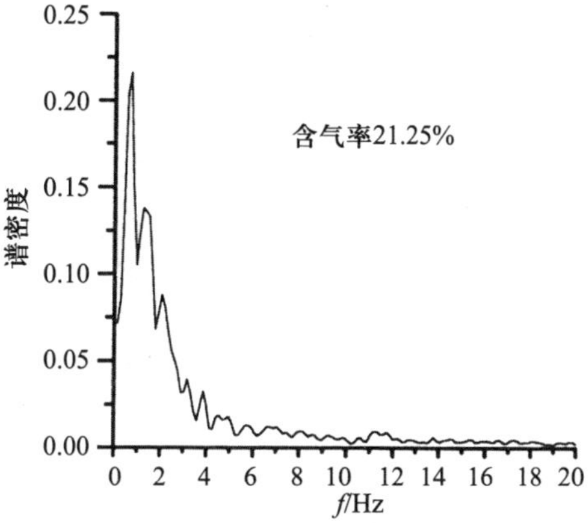

(b) 功率谱

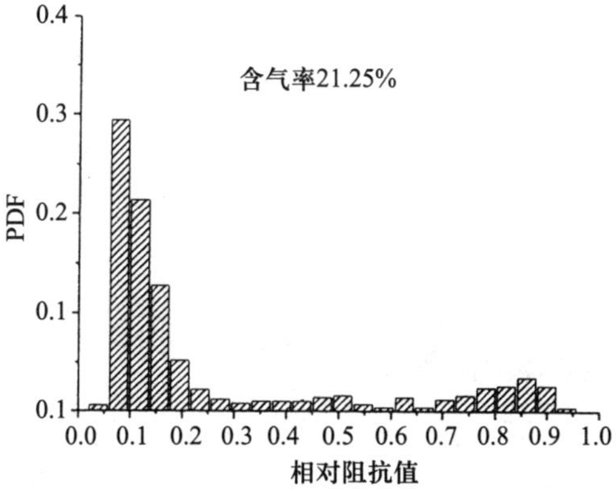

(c) PDF曲线

图 19.2　段塞流的空隙率波特性

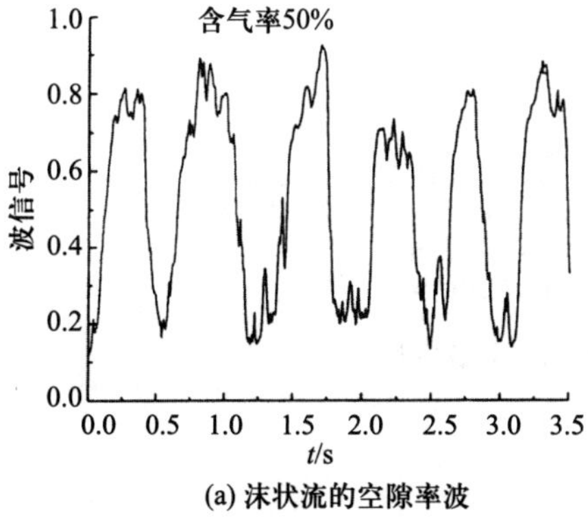

(a) 沫状流的空隙率波

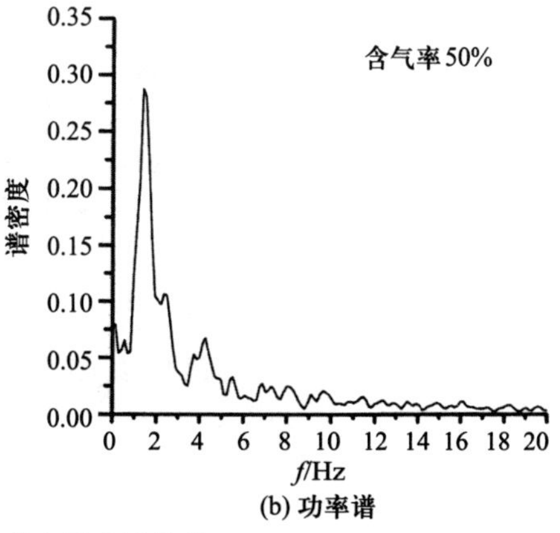

(b) 功率谱

图 19.3　沫状流的空隙率波特性

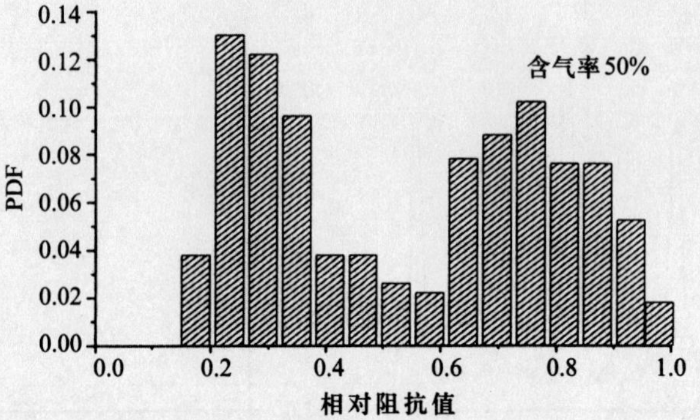

(c) PDF曲线

图 19.3 沫状流的空隙率波特性(续)

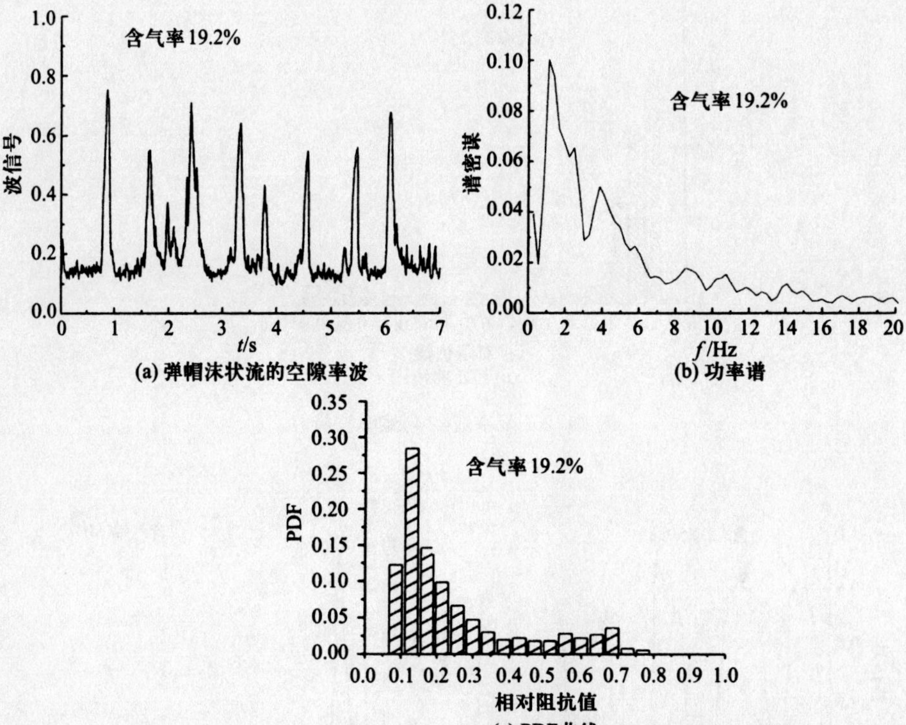

(a) 弹帽沫状流的空隙率波

(b) 功率谱

(c) PDF曲线

图 19.4 弹帽沫状的空隙波特性

参考文献

1. Clift R, Grace J R, Weber M E. Bubbles, Drops and Particles. Academic Press,1978.
2. Butterworth D, Hewitt G F.Two-Phase Flow and Heat Transfer. Oxford University Press (Harwell Series), 1977.
3. Hinze J O. Turbulence. 2nd Edition. McGraw Hill , New York,1975.
4. Wallis G B. One-Dimensional Two-Phase Flow. McGraw Hill,1969.
5. 刘大有. 两相流体动力学. 北京:高等教育出版社,1993.
6. 张建鑫,颜大椿,周光炯。气固两相流中颗粒群对于连续相湍流特性的影响. 第三届全国多相流、非牛顿流和物理化学流学术会议文集(杭州) ,1990,122-123.
7. Yan D C, et al. An experimental research on the gaseous jet penetration through liquid surface. Proc. 5th Intern. Symp. on Appl. of Laser Tech. to Fluid Mech. ,Lisbon,1990.
8. Sun B J,Yan D C. A study on energy concentration and self-resonating jet nozzle and its application in drilling engineering. The 3rd Intern. Conf. on Fluid Mech., Beijing, 1998.
9. Sun B J, Yan D C. The particle collision and coalescence in suspension with ultrasonic eradiation. The 2nd Intern. Symp. on Measuring Techniques for Multiphase Flow, Beijing, 1998.
10. 孙宝江. 垂直圆管中气液两相湍流流型转化机制. 北京大学力学与工程科学系博士论文, 1999.

第二十章 风工程和虎门大桥风振

随着高层、大跨度结构等各种大型建筑的兴起，以及对相关风毁事件的研究，逐步形成风工程学科，并对大雷诺数强湍流下建筑物的风荷载在雷诺数不高而湍流结构相似的风洞中进行了实验模拟。风工程学科中需要研究自然风的湍流特性、大型结构的湍流分离以及湍流对大型弹性结构的作用。

20.1 大型建筑的风工程

大气边界层的早期风洞模拟主要对平坦地形下中性大气边界层的 1/7 幂次率的风速方廓线进行模拟，并根据不同风况加以调整。在沿海台风多发地区，则需要根据历年气象资料针对台风谱的特性加以模拟，例如厦门国际会展中心、博鳌会议建筑群以及虎门悬索桥等。此外，要根据不同建筑物的需要安排特殊的实验内容，如对北京植物园大温室需模拟樱桃沟峡谷风场，对昆明园博园孔雀广场的断崖一侧需要模拟特殊地形的风场。又如北京的国家大剧院的设计如浑然一体的蛋壳，但在正中一分为二，在疾风作用下左右两片顶盖所受对称和非对称动态应力在连接部位的作用十分复杂，为此特别增加了全模型的动态压力测量，防止两侧壳体连接部位的损害。

在英国渡桥电厂冷却塔倒塌事件分析中，采用了模型与原型高达千分之一的缩尺比，模拟相应时-空互相关条件下的牛顿势。在风洞实验中得到和大雷诺数的原型一致的湍流分离状态下模型压力分布。在模型雷诺数与原型相差四五个量级的“亚临界雷诺数”的实验模拟中，得到与“超临界雷诺数”的高雷诺数条件下大型冷却塔原型完全相似的、在湍流分离条件下的表面压力分布。

20.2 虎门大桥桥址的台风谱测量

虎门大桥是我国第一座大型悬索桥，它濒临大海，常有台风过境，桥面标高 60 m，跨度 888 m，介于珠江口虎门炮台和威运炮台之间。台风谱测量位置定在东侧塔架旁的高 30 m 的金锁牌灯塔顶部，由对数率公式确定桥面风速。与图 2.34 的强风谱不同，应由柯尔莫哥洛夫(Kolmogorov)公式得到常态下的功率谱 $S(n)$，即

$$nS(n)=0.26\phi^{2/3}u_*f^{-5/3},\tag{20.1}$$

其中，u_* 为摩擦速度，ϕ 为大气稳定度修正因子，n 为频率，$f=nz/U$ 为无量纲频率，U 为塔顶风速，z 为塔高。

广东沿海在 1993 年的十余次台风中有两次过境虎门，间有暴雨，最大风速 28 m/s，竖向湍流强度高达 20%，大气稳定度在 0～0.06 之间。流向脉动速度的功率谱与卡曼(Kaimal)谱相近，

$$\frac{nS(n)}{u_*^3\phi^{2/3}}=\frac{460f}{(1+75f)^{5/3}}\tag{20.2}$$

竖向脉动速度的功率谱可拟合为

$$\frac{nS(n)}{u_*^2\phi^{2/3}}=\frac{5f}{(1+22f)^{5/3}}.\tag{20.3}$$

台风过境时它在无量纲频率为 0.075～0.31 之间的低频处较 Kaimal 谱高 1～3 倍。由此表明，在台风过境时无量纲频率主要向低端移动，脉动幅值明显增加，对引起悬索桥风振的主要振型的作用随之加强。

竖向脉动速度的功率谱如图 20.1 所示，图中 L 为湍流积分尺度。高频部分与哈里斯(Harris)强风谱(图 2.34)一致，但低频部分随机性强，与其他强风谱相比峰值明显高出一倍有余(图 20.2)。

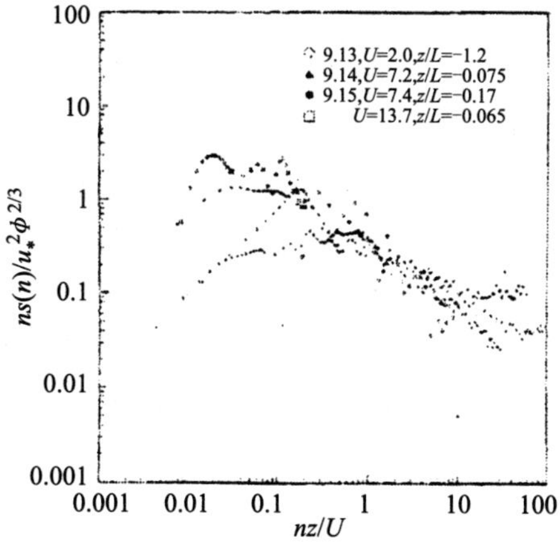

图 20.1 不同大气稳定度时高频段垂向风谱的相似特征

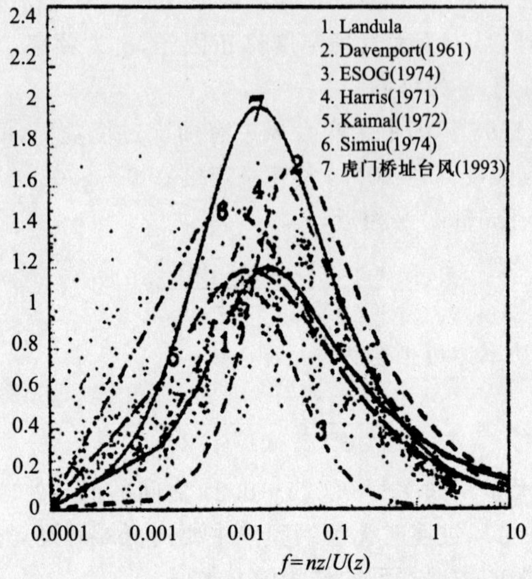

图 20.2 虎门桥址台风谱与其他强风谱资料的比较

20.3 虎门大桥风振的风洞模拟

虎门大桥主跨 888 m,宽 35.6 m,为我国第一座大型悬索桥。由于台风谱下悬索桥风载缺乏可供参考的资料,最大抗风能力按初步估计的颤振临界风速定为 70 m/s。为此按缩尺比 1/300 制作模型进行风洞实验。模型用主梁模拟全桥无风条件下的弯曲和扭转振型,外形分段用铝板壳体模拟箱梁的气动外形,按桥宽将两根通过桥两侧塔架的悬索用一组吊杆与主梁连接并承载悬索桥主梁的载荷,形成完整的弹性体系。

风洞先在悬索桥模型的上游用大气边界层模拟装置,并根据台风谱的特点进行调节,然后在悬索桥桥面标高位置进行台风谱模拟。在主梁安装加速度计测量主梁在主要节点位置的弯曲和扭转振型。桥面的平均风速由热线风速计测量。

来流风速由 10 m/s 逐渐增长时出现弯曲振动,在 25 m/s 出现颤振,按比例在原型的颤振临界风速为 54 m/s。参考其他风洞的实验资料和数值计算的结果,最终将虎门大桥抗风能力定为 61 m/s。

参考文献

1. Simiu E, Scalan R H. Wind Effects on Structures: An Introduction to Wind Engneering. 2nd Edition. New York, John Wiley & Sons, 1986.

2. Monin A S, Yaglom A M. Statistical Fluid Mechanics: The Mechanics of Turbulence. Cambridge, MIT Press, 1971.

3. Davenport A G. The spectrum of horizontal guestiness near the ground in high winds. J. Royal Meteorological Society, 1961, 87:194-211.

4. Harris R I.Measurement of wind structure at Height above Groud Level. Proc. of Symp on wind effect on Buildings and structues. Leicestrshire University, UK,1968.

5. Counihan J. Adiabatic atmospheric boundary layers: A review and analysis of data from the period 1880-1972. Atmospheric Environment,1975, 9: 871-905.

6. 颜大椿. 大气边界层模拟的湍流相似. 力学进展，1986,16(4)．

7. 颜大椿，李晨兴. 大型冷却增群风荷载问题的风洞模拟. 力学学报,1986,18(5):385-391.

8. 颜大椿,李晨兴,陈凌,等. 超临界状态下串列双圆柱绕流. 力学学报,1989,4:385-390.

9. Yan D C. Experimental reseach on the fluid field around a group of cicular cylinders. The1st Symp. Sino Japan Conf. on Flow Vizualization, 1988, 98-102.

10. Yan D C. Experimental research on the flow field around a Y shaped tower building. Symp. Asian Pasific Conf. Wind Engineering, 1986,1136-1139.

11. Yan D C, et al. Experimental research on the wind induced vibration of tiger gate suspension Bridge. The 3rd International Colloqium on Bluff Body Aerodynamics and Applications, Blacksburg, VA, USA 1996.

后 记

本书根据研究生通用教材的需要，选取了实验流体力学中较为广泛的学科内容。

实验流体力学中湍流理论及其工程应用一直是最令人关注的课题。长期以来，西方学界着重研究泰勒、冯·卡门和柯尔莫哥洛夫的均匀各向同性和局部各向同性湍流理论，认为脉动压力相对于脉动速度的互相关量为零，对湍流的影响可略，流体中能量由涡传输。周培源理论证明，湍流特性由脉动压力梯度和脉动速度的互相关量确定。周培源-钱学森实验证明，在各种湍流中存在以压力脉动为主导的强湍流流动，湍流特性由脉动压力对湍流的影响大小确定，湍流中的脉动压力大小由脉动压力和脉动速度在相平面中的相位角确定。这是湍流研究中的重要课题，对大量工程实践中的计算至关重要。

感谢北京大学工学院陶建军教授对书稿的细心审阅和北京大学出版社王剑飞编辑认真细致的勘误校正工作。

颜大椿

2023 年 10 月